冶金工业节能减排技术

张 琦 王建军 编著

冶金工业出版社
2013

内 容 提 要

本书分为三篇：钢铁工业节能理论及节能减排现状、钢铁工业节能减排技术和有色冶金工业节能减排技术，主要分析了冶金工业节能减排基础理论、方法和技术。具体内容包括：我国钢铁冶金、有色冶金工业的能源消耗、污染物排放特征和节能减排现状；节能与减排理论、思路和方法；针对钢铁冶金行业，重点分析了焦化、烧结、炼铁、炼钢和轧钢等生产过程节能减排技术及煤气利用、能源管理系统等综合节能技术；针对有色冶金行业，分析了铝、铜、铅锌等冶金过程节能减排技术等内容。

本书可供冶金行业的工程技术人员、科研人员、管理工作者及大专院校冶金工程、热能工程及相关专业的师生参考和阅读。

图书在版编目（CIP）数据

冶金工业节能减排技术/张琦，王建军编著 . —北京：
冶金工业出版社，2013.10
ISBN 978-7-5024-6284-0

Ⅰ.①冶… Ⅱ.①张… ②王… Ⅲ.①冶金工业—
节能—技术 Ⅳ.①TF

中国版本图书馆 CIP 数据核字（2013）第 241248 号

出 版 人　谭学余
地　　　址　北京北河沿大街嵩祝院北巷 39 号，邮编 100009
电　　　话　（010）64027926　电子信箱　yjcbs@cnmip.com.cn
责任编辑　谢冠伦　美术编辑　彭子赫　版式设计　孙跃红
责任校对　王永欣　责任印制　李玉山
ISBN 978-7-5024-6284-0
冶金工业出版社出版发行；各地新华书店经销；北京慧美印刷有限公司印刷
2013 年 10 月第 1 版，2013 年 10 月第 1 次印刷
169mm×239mm；21.5 印张；423 千字；333 页
69.00 元
冶金工业出版社投稿电话：（010）64027932　投稿信箱：**tougao@cnmip.com.cn**
冶金工业出版社发行部　电话：（010）64044283　传真：（010）64027893
冶金书店　地址：北京东四西大街 46 号（100010）　电话：（010）65289081（兼传真）
（本书如有印装质量问题，本社发行部负责退换）

前　　言

　　节能减排工作是国家的重要政策，冶金工业作为工业系统重要的组成部分，其节能减排的重要性不言而喻。冶金生产过程消耗大量的能源和资源，同时也产生大量的污染物。要实现冶金工业的节能减排，先进技术与装备是重点，分析冶金工业的能源消耗、污染物排放和关键节能减排技术意义重大。

　　进入21世纪后，冶金工业把系统节能作为指导方针，加快了节能减排技术的研究与应用。其中，国家首要推广的"三干一电"（高炉煤气干法除尘、转炉煤气干法除尘、干熄焦和高炉煤气余压发电）技术应用率逐年提高，冶金工业的节能减排工作取得了前所未有的成绩，但是与先进国家相比还有一定差距。随着全球能源和环境压力增大，特别是我国国民经济快速发展所面临的巨大能源需求和环境的压力，我国冶金工业的进一步发展受到资源、能源和环境的制约，可持续发展面临严峻的挑战。

　　本书内容紧紧围绕国家节能减排政策和《钢铁工业"十二五"发展规划》、《有色金属工业"十二五"发展规划》以及工业与信息化部颁布的《钢铁行业节能减排先进适用技术指南》，重点对钢铁冶金、有色冶金节能减排技术展开分析论述，希望能为读者提供一本实用的冶金工业节能减排方面的参考书。

　　全书共分三篇。上篇以冶金工业的资源、能源与环境问题开篇，共分3章，介绍了钢铁生产的工艺流程及特点，重点分析了钢铁工业节能减排现状以及钢铁工业的节能理论与方法、节能与减排等内容。中篇介绍了钢铁生产过程中的节能减排技术，共包含9章内容，第4章为钢铁工业节能减排技术概要，第5～10章分别从炼焦、烧结（球团）、炼铁、转炉炼钢、电炉炼钢、轧钢过程阐述了能源消耗、污染物排放和节能减排技术；第11章为冶金煤气综合利用技术，第12章为能源管理系统。下篇为有色冶金工业节能减排技术，共包含4章内容，主要介绍了铝、铜、铅锌冶金工业节能减排技术。

　　本书由张琦、王建军编著。张琦负责上篇、中篇的组织和撰写，王建军负责下篇的组织和撰写。其中，第1~5、7章由张琦撰写（其中3.2节、5.2.6节和7.2.3节由安静撰写）；第6章由董辉、刘文超撰写；第8、9章由王爱华、安静撰写；第10章由刘文超、安静撰写；第11、12章由王建军、张琦撰写；第13~16章由王建军撰写。

　　感谢教育部中央高校基本科研业务费专项资金对本书的资助（N110702001、N110402005）；感谢东北大学、国家环境保护生态工业重点实验室、材料与冶金学院、热能与环境工程研究所的各位领导、同事对本书给予的帮助。

　　感谢东北大学陆钟武院士、蔡九菊教授、鞍钢徐春柏处长对本书提出的宝贵意见。

　　由于书中涉及的内容较广，在编写过程中参考了大量国内外公开发表的论文资料和书籍，在此对这些文献的作者及其所在单位表示衷心的感谢！在本书的编写过程中，作者的学生贾国玉、郤晓师、孙皓、常志荣等进行了文献收集、文字录入和图表绘制等工作，对他们付出的辛勤工作表示感谢。

　　感谢冶金工业出版社的编辑在本书出版过程中付出的辛勤劳动。

　　冶金工业的节能减排技术进步很快，涉及的科学和工程领域很广。由于作者水平所限，书中不足之处，敬请读者批评指正。

张琦　王建军

2013 年 9 月

目 录

中篇　钢铁工业节能减排技术

下篇　有色冶金工业节能减排技术

冶金工业节能减排技术

钢铁工业节能理论及
节能减排现状

上篇

1 绪 论

1.1 钢铁工业的发展和技术进步

1.1.1 中国钢铁工业的发展

钢铁无论是材料的性能、适用性和经济性，资源的可靠性或是可回收利用程度以及实现可持续发展的可能性，都比其他材料更为优越[1]。钢铁以其优良的综合性能、较低的价格和易使用加工满足不同使用者的需求，从而成为"首选材料"、"必选材料"，成为推动全球经济不断发展和社会文明进步的重要物质基础。并且，由于其优良的再生、循环利用特性，在可预见的时间内，钢铁将继续对全球经济发展和社会文明进步起到积极的支撑作用[2]。钢铁工业是国民经济的重要支柱产业和基础产业，也是一个国家经济、社会发展水平以及综合实力的重要标志。钢铁工业是 21 世纪"很有魅力的工业"，是世界上最高产、高效和技术先进的工业之一，其发展状况对国民经济的影响举足轻重[3]。

20 世纪，世界钢铁工业得到空前的发展。1900 年世界钢产量为 2850 万吨，到 2000 年达到 8.4 亿吨，增长 28.5 倍，1900 ~ 2000 年全球累计钢产量 335 亿吨。进入 21 世纪，世界钢产量快速增长，进入钢铁工业第二个高速发展期。2002 年世界钢产量突破 9 亿吨，2004 年突破 10 亿吨，2005 年突破 11 亿吨；2000 ~ 2005 年年均粗钢增长约 5600 万吨，2006 年粗钢产量进一步跃升到 12.4 亿吨，2010 年达到 14.2 亿吨，目前仍处在高速增长期之内[4]。图 1 - 1 所示为 1900 ~ 2010 年世界钢产量的变化情况。

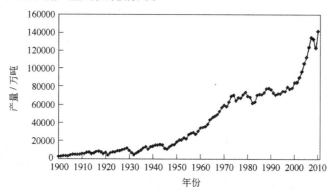

图 1 - 1 1900 ~ 2010 年世界钢产量的变化情况

中国钢铁工业的发展经历了曲折、徘徊、崛起和实现跨越式发展的历史进程。20世纪90年代以来，中国钢铁工业得到快速发展，取得了举世瞩目的成就，这一时期也是中国钢铁工业在全球崛起的时代。1990年以来，中国粗钢产量持续增长，如图1-2所示，自1996年突破1亿吨后，已连续16年保持世界第一，在全球钢铁工业占有重要地位。到2004年，中国粗钢产量达到27246万吨，占世界粗钢产量的25.8%；2007年，又跃升到48966万吨，占世界粗钢产量的36.4%。2012年，中国粗钢产量已达71654万吨，占世界粗钢产量的46.3%。

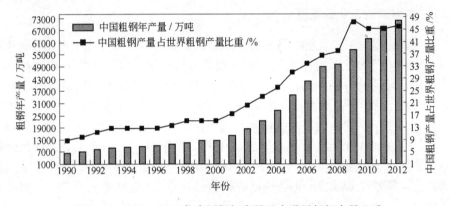

图1-2 1990~2012年中国粗钢产量及占世界粗钢产量比重

在产量快速增长的同时，中国钢铁工业总体发展水平也有了较大的提高，宝钢、首钢、武钢、鞍钢、攀钢等大型企业的主要技术装备水平已达到或超过世界先进水平。同时，我国钢铁工业对工艺流程和钢材产品结构进行调整，取得重大进展，一些高端、高附加值产品的产量和比重大幅增加，提高了企业在国内外市场激烈竞争中的适应能力，在世界上占有了一席之地。

中国钢铁工业的快速发展不仅体现在钢产量的增加上，更重要的是工艺流程和钢厂结构得到了调整和优化。其原因一方面是在经济全球化的大环境中，我国政府宏观经济政策的正确引导以及由此产生的工业化、城市化发展步伐的加快所带动巨大市场对钢铁产品需求的拉动作用；另一方面是对钢铁行业技术进步战略的正确判断、选择和有序展开，使我国钢铁工业技术进步和结构优化，取得了突出成就，使全行业对国内外市场激烈竞争的适应能力大大提高；同时积极利用国际资源以及连铸、连轧机、高炉、转炉等大批技术装备的国产化，也是我国钢铁工业得以快速发展的直接原因[5]。

多年来，我国钢铁工业的快速发展对经济社会的发展起了重要作用，有力地支撑了我国的工业化进程和国民经济的快速增长。然而，钢铁工业是资源、能源密集型产业，一段时期以来，我国钢铁工业走过的是一条高能源消耗、高资源消耗和相应高污染的粗放式增长道路，资源、能源和环境已日益成为制约其发展的重要因素[6]。进入 21 世纪，国际钢铁工业共同的时代命题是市场竞争力和可持续发展问题。我国钢铁工业要解决资源、能源和环境对进一步发展的制约，提高市场竞争力、实现可持续发展并与环境友好[7]。

"十五"及"十一五"时期是我国钢铁工业发展速度最快、节能减排成效显著的时期，市场配置资源的作用不断加强，各种所有制形式的钢铁企业协同发展，有效支撑了国民经济平稳较快发展。但是，产品结构、布局等结构性矛盾依然突出，资源、环境等外部因素对行业发展的制约作用逐步增强。

1.1.2 钢铁工业的技术进步

中国钢铁工业 20 世纪 90 年代快速发展的原因主要有：市场需求的拉动；技术进步战略的正确选择；有效投资与技术进步战略结合，产生协同效应；工艺、装备国产化与单位产能投资额的降低；大量利用国际铁矿、铬矿、锰矿资源的促进作用。特别是连铸技术，高炉喷吹煤粉技术，高炉一代炉役长寿技术，棒、线材连轧技术，流程工序结构调整综合节能技术，转炉溅渣护炉技术等六个关键共性技术的正确选择与展开[6]。在六项关键共性技术中，连铸技术是核心。连铸技术的快速发展，促进了整个生产流程的衔接、匹配和系统优化，具有明显的关联带动作用和协同效应。六项关键共性技术的先后突破和有时序性的集成，使中国大多数钢铁企业的生产流程产生了结构性的变化，可以说是绝大多数钢铁企业在增产、节能、提高产品质量、减少各工序的消耗与排放、提高劳动生产率等方面都具有明显效果的技术整合过程。

进入 21 世纪后，我国钢铁工业的技术装备水平得到大幅度提高。"十一五"时期，重点钢铁企业 1000m³ 及以上高炉生产能力所占比例由 48.3% 提高到 56.7%，大部分企业已配备铁水预处理、钢水炉外精炼设施，精炼比达到 70%。轧钢系统基本实现全连轧，长期短缺的热连轧、冷连轧带钢轧机分别由 26 套和 16 套增加到 72 套和 50 套。宝钢、鞍钢、武钢、首钢京唐、马钢、太钢、沙钢、兴澄特钢等大型钢铁企业技术装备达到国际先进水平[8]。目前，世界上最先进、最大型的冶金装备几乎在中国都有，如 5500m³ 以上的高炉、5500mm 大型宽厚板轧机、2250mm 宽带钢热连轧机和 2180mm 宽带钢冷连轧机[9]。

"十一五"期间，节能减排成效显著，我国共淘汰落后炼铁产能 12272 万吨、炼钢产能 7224 万吨，干熄焦、高炉喷煤、高炉煤气和转炉煤气干法回收、蓄热燃烧技术等一批节能减排技术得到大面积推广，企业能源管理水平不断提高，重点钢铁企业吨钢综合能耗从 694kgce 下降到 605kgce，下降了 12.8%；吨钢二氧化硫排放量从 2.83kg 下降到 1.63kg，下降了 42.4%；吨钢耗新水量由 8.6t 下降到 4.5t，下降了 47.7%。重点推广"三干三利用"节能减排技术

（干法熄焦，高炉煤气干法除尘，转炉煤气干法除尘；水综合利用，副产煤气利用，高炉渣、转炉渣的综合利用）[9]，有力地促进了钢铁工业节能减排工作的推进。

"十一五"期间，我国钢铁工业节能减排取得了很大进步，但是与国际先进水平相比仍有一定差距。一是仍存在约7500万吨炼铁、4000万吨炼钢等落后产能；二是一些节能减排技术尚未推广应用，如烧结脱硫技术应用率仅为20%；三是企业能源管理水平有待提高；四是钢材"减量化"应用亟需推进；五是还没有形成完善的各产业间循环经济体系。总体上看，我国钢铁工业节能减排仍有可挖掘的潜力。进入"十二五"时期后，我国钢铁工业仍面临着品种质量亟待升级、布局调整进展缓慢、能源环境和原料约束增强、自主创新能力不强等主要问题。因此，亟需在"十二五"期间，加快产业升级、深入推进节能减排、强化技术创新和技术改造、淘汰落后生产能力、优化产业布局、增强资源保障能力、加快兼并重组、加强钢铁产业延伸和协同及进一步提高国际化水平，全面提升我国钢铁工业核心竞争力。

1.2 钢铁生产的工艺流程及特点

1.2.1 钢铁生产的工艺流程及能耗和排放

1.2.1.1 钢铁生产的工艺流程

钢铁工业是典型的流程工业，随着冶金科学技术的进步，钢铁制造流程逐步走向大型化、连续化、自动化和高度集成化。目前，世界钢铁冶炼的工艺流程主要有两类：一类是高炉—转炉生产流程（简称BF—BOF长流程），它是指从铁矿石开始，经采矿、选矿、烧结、炼铁、炼钢、轧钢等工序生产钢铁产品的流程，该流程应用最广，全球约70%的钢铁企业采用这种流程，其特点是资源、能源消耗量大，污染物排放严重；另一类是电炉流程（简称EAF短流程），它是指以废钢及部分铁水为原料，经过电炉炼钢、连铸、热轧等工序生产钢铁产品，该流程的典型特点是流程短、能源消耗低，如图1-3所示[10]。

钢铁生产流程随着冶金理论和工程技术的进步，不断发生变迁，逐步走向大型化、连续化、自动化和高度集成化，其多年来的流程演变过程如图1-4所示[1]。可见，钢铁生产流程经历了从简单到复杂，再从复杂到简单的演变过程。连铸（凝固）工序不断向近终型、高速化方向发展，促进了钢铁生产流程向连续化、紧凑化、协同化的方向演变。连铸（凝固）工序之前，生产工序呈不断解析、优化的趋势。虽然工序数目有所增加，但其实是另一种类型的简化，即工序功能集合的简化。铁水"三脱"预处理和钢的二次冶金工艺的出现使包括转

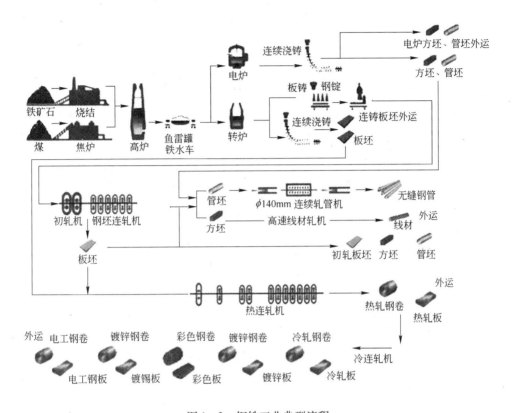

图1-3　钢铁工业典型流程

炉、电炉在内的各工序的功能日益简化和优化，有利于缩短冶炼时间，使连铸工序以前诸工序的时间节奏更快，生产效率更高。热送热装、一火成材技术的发展，使连铸工序之后的工序明显呈现出越来越简化、集成、紧凑和连续的特征。由于生产流程更加顺畅，有效地提高了生产效率和产品质量。

1.2.1.2　不同生产流程的能耗及排放

钢铁生产流程是影响钢铁企业成本、能耗和环境负荷的关键因素，直接决定企业的各项指标。生产流程的优劣直接关系和决定着钢铁企业的能耗和环境指标，分析和研究典型生产流程对我国钢铁企业具有普遍的指导意义。为了使研究对象更具代表性，东北大学、钢铁研究总院相关研究人员深入宝钢、首钢、鞍钢、济钢、唐钢、莱钢、兴澄、三明等国内不同类型钢铁企业进行大量调研，在此基础上，综合分析国内外不同类型钢铁企业及其结构调整和优化特点，构造出物质流、能量流匹配、协调的7种典型钢铁生产流程，并对其进行相关分析和讨论[11, 12]，为进一步深入研究我国钢铁企业资源、能源和环境负荷问题，探索钢

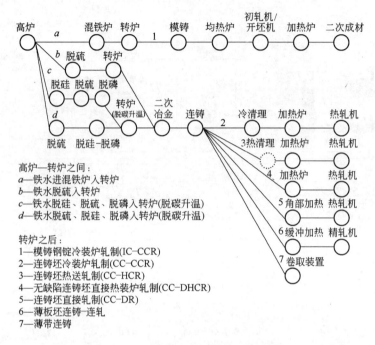

高炉—转炉之间：
a—铁水进混铁炉入转炉
b—铁水脱硫入转炉
c—铁水脱硅、脱硫、脱磷入转炉(脱碳升温)
d—铁水脱硫、脱硅、脱磷入转炉(脱碳升温)

转炉之后：
1—模铸钢锭冷装炉轧制(IC-CCR)
2—连铸坯冷装炉轧制(CC-CCR)
3—连铸坯热送轧制(CC-HCR)
4—无缺陷连铸坯直接热装轧制(CC-DHCR)
5—连铸坯直接轧制(CC-DR)
6—薄板坯连铸-连轧
7—薄带连铸

图1-4　钢铁生产长流程的演变过程

铁工业生态化发展模式提供了依据和参考。

　　构造的长流程为：（1）年产量 600～800 万吨的平材生产流程；（2）年产量 240～280 万吨的平材生产流程；（3）年产量 140 万吨的长材生产流程；（4）年产量 170 万吨的长材生产流程。

　　构造的短流程为：（1）年产量 60～70 万吨的合金钢长材生产流程；（2）年产量 180～200 万吨的长材生产流程；（3）年产量 100 万吨的普通长材生产流程。

　　A　长流程能耗指标

　　4 种长流程的主要物料和能源消耗见表 1-1。由表可见，流程（2）的吨钢能耗为 637.34kgce，在 4 个流程中最低，即能源效率指标最好。该流程为年产量 280 万吨的薄板坯连铸流程，由 2 个 1580m³ 高炉，配 2 个 120t 转炉、2 台薄板坯连铸机和热轧机构成，工序间物流、能流衔接配合较顺畅、协调。其次是流程（1），即年产量 800 万吨的板坯连铸流程，由 2 个 4063m³ 大高炉，配 2 个 300t 大转炉、3 台 2 机 2 流板坯连铸机、1 台 2050mm 热轧机和 1 台 1580mm 热轧机构成。此外，这两种流程中转炉煤气等余热余能资源的回收利用较好，电耗、水耗都较低，这也是其指标优于其他流程的重要因素。

流程（1）与流程（2）相比，在炼铁-炼钢区间，流程（1）指标较好；在连铸-连轧区间，流程（2）指标较好。

表 1-1　4 种长流程的主要物料和能源消耗

序号	产品	钢年产量/万吨	废钢/万吨	铁水/万吨	煤比/t·t^{-1}	焦比/t·t^{-1}	COG/m^3·(t干煤)$^{-1}$	BFG/m^3·t^{-1}	LDG/m^3·t^{-1}	电/kW·h·t^{-1}	水/t·t^{-1}	氧气/m^3·t^{-1}	吨钢能耗/kgce[①]
流程（1）	平材	800	224.1	762.0	200	300	380	1500	100	440	4.5	58	686.84
流程（2）	平材	280	77.7	264.2	180	300	380	1500	100	400	4.0	54	637.34
流程（3）	长材	145	41.3	139.6	150	420	330	1800	80	520	7.4	59	759.20
流程（4）	长材	175	30.1	178.3	150	420	350	1800	80	450	7.0	58	712.14

① 电力标准煤折算系数为 0.404kgce/(kW·h)，以下同。

B　短流程能耗指标

3 种短流程的主要物料和能源消耗见表 1-2。由表可见，流程（2）的吨钢能耗为 252.9kgce，在 3 个流程中最小，即能源效率指标最好。该流程为年产量 200 万吨的电炉薄板坯连铸生产流程，由 2 个 150t 电炉、2 台 2 流薄板坯连铸机和 1 台薄板热轧机构成，采用了连铸坯 1000℃ 全部热送热装技术。其次是流程（3），即年产量 100 万吨的方坯连铸流程，由 1 个 100t 电炉和 1 台 4 机 4 流小方坯连铸机组成，生产普通棒材。流程（1）是合金钢生产线，由 1 台 100t 电炉，配 1 台 5 机 5 流方坯合金钢连铸机，由于产品性能和工艺要求较高，能耗指标高于其他电炉流程。

表 1-2　3 种短流程的主要物料和能源消耗

序号	产品	钢年产量/万吨	废钢/万吨	生铁/万吨	电/kW·h·t^{-1}	水/t·t^{-1}	氧气/m^3·t^{-1}	吨钢能耗/kgce
流程（1）	合金钢长材	70	61.4	16.16	420	3.0	30	320.8
流程（2）	普通平材	200	156.8	70.74	358	2.5	35	252.9
流程（3）	普通棒材	100	88.7	23.34	376	3.0	35	274.6

C　流程能源、环境指标汇总

上述 7 种典型流程的资源、能源和环境指标见表 1-3。由表可见，长流程中流程（2）的总体指标较好，短流程中流程（2）的总体指标较好。这说明在产品种类和生产规模相似的情况下，这两种流程结构较为合理。

表1-3 7种典型流程指标汇总表

序 号	产品	钢年产量/万吨	资源效率	能源效率	排放量/kg·(t 钢)$^{-1}$			环境效率/t 钢·t^{-1}		
					CO_2	SO_2	NO_x	CO_2	SO_2	NO_x
长流程 (1)	平材	800	1.05	1.46	2308.3	3.21	2.57	0.43	311.53	389.11
长流程 (2)	平材	280	1.06	1.57	2251.5	3.1	2.45	0.44	322.58	408.16
长流程 (3)	长材	145	1.04	1.32	2285.9	3.6	2.46	0.44	277.78	406.50
长流程 (4)	长材	175	0.98	1.40	2435.9	3.39	2.17	0.41	294.99	460.83
短流程 (1)	合金钢长材	70	4.56	3.12	130.8	0.076	0.55	7.65	13158	1818
短流程 (2)	普钢	200	2.98	3.95	125.6	0.075	0.5	7.96	13333	2000
短流程 (3)	普通棒材	100	4.51	3.64	129.5	0.075	0.5	7.72	13333	2000

1.2.2 钢铁生产的特点

1.2.2.1 资源、能源消耗量大

钢铁工业是资源、能源密集型行业。在消耗大量资源和能源的同时,也产生大量的副产品,这些副产品如果不进行处理就直接排放,将对环境产生不良影响。2010 年,钢铁工业消耗成品铁矿石 9.2 亿吨、焦炭 3.3 亿吨,能源消耗占全社会总能耗高达 13.9%。我国为世界第一大铁矿石生产国,2010 年生产铁矿石 10.7 亿吨,同比增长 21.59%,但主要为低品位铁矿石;同年进口铁矿石6.18 亿吨,比上年减少了 913.47 万吨,下降 1.4%,对外依存度为 62.5%,进口量和对外依存度 10 年来首次下降,其主要原因是自产矿有了较大幅度提高[13]。

在钢铁工业能源消耗结构中,煤炭占主导地位,其次是电力,其他能源所占比例较低。2007 年,我国钢铁工业能源消耗结构如图 1-5 所示,可见,煤炭类(含焦炭、原煤等)消耗占 70.04%,电力消耗占 10.88%[14]。

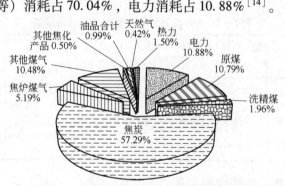

图 1-5 2007 年中国钢铁工业能源消耗结构

1.2.2.2 生产规模、物流吞吐大

钢铁生产过程包括大量产品生产和原燃料输入。典型的钢铁企业生产规模

有：800～1000 万吨、600～800 万吨、300～400 万吨、100～200 万吨。钢铁生产流程包括大量的能源、物质转换，同时有污染物排放，对环境影响大。每吨钢涉及的物流量约为 5～6t。

1.2.2.3　制造流程工序多，结构复杂

钢铁生产流程是一类开放的、远离平衡的、不可逆的复杂过程系统。它可以抽象为铁素物质流在碳素能量流的推动作用下，按照一定的程序，沿着一定的流程网络，完成最终钢铁产品的生产。从工程角度上看，钢铁生产流程是包括原料和能源的储运、原料处理（包括烧结、球团等）、焦化、炼铁、铁水预处理、炼钢、钢水二次冶金、凝固成形、铸坯再加热、轧钢及深加工等诸多工序的准连续或间歇的生产过程。

1.3　我国钢铁工业节能减排现状

1.3.1　钢铁工业能耗现状

1.3.1.1　我国钢铁工业节能历程

20 世纪 70 年代后期，两次石油危机引发石油价格剧烈增长，导致工业部门能源费用增加，也唤起了人们节约能源的意识。受世界能源危机的影响，国际钢铁工业节能研究工作得到重视，美国、日本、韩国等国家在节能方面取得了很多成果。日本钢铁工业节能始于 1973 年第一次石油危机，1987 年以后日本的钢铁工业经历了由节能管理向降低能源成本的思想转换，开始建设能源管理中心，20 世纪 90 年代后期加大对余热余能的回收利用和节能新技术的开发，其节能工作位于世界前列。

我国钢铁工业节能工作起步较晚，1978 年才初步开始，而当时钢产量仅为 3178 万吨[15]。1978～1980 年，为节能起步阶段，重点是宣传节能的意义，组建节能队伍，以重点企业和地方骨干企业为对象调查能源消耗，抓节能管理，堵塞跑冒漏滴，通过"扫浮财"、抓能源管理，扭转了以往钢铁企业不考核能源消耗、不统计能源数据的历史，减少了能源的损失和浪费。1980～1990 年，为单体设备、工序节能阶段，这期间节能工作由单体设备扩大到生产工序，由钢铁企业扩展到铁矿山、铁合金、碳素、耐火材料和丝绳企业，使冶金工作直接考核的能耗量达到行业内耗能量的 80% 左右。制定了 15 种冶金炉窑的"热平衡测试、计算办法"和 19 种"工序（产品）节能规定"，在冶金系统内贯彻执行；广泛开展了炉窑、工序和企业的节能晋等升级以及对比剖析、节能咨询、节能培训等活动，推动企业节能工作的深入开展，并重点推广低碳厚料层烧结、高炉热风炉烟气余热利用等 30 项节能技术，加快了钢铁企业的节能改造步伐。从 1990 年至今，为系统节能阶段，节能的着眼点从注重单体设备节能和工序节能转向企业的

整体节能，既节约能源，又节约非能源。通过平炉改转炉、模铸改连铸、多火成材改为一火成材等一系列生产结构调整和"以连铸为主"的工艺流程优化，使钢铁制造流程逐渐趋于连续化、紧凑化、减量化；重点推广了一大批节能减排技术，如 CDQ、TRT、转炉煤气干法除尘、余热余能回收发电、热装热送、蓄热燃烧等，能源管理从经验型向科学化、现代化、信息化管理型转变，节能工作取得了显著成效。

1.3.1.2 我国钢铁工业节能进展

钢铁工业是高耗能行业，是国家推进节能减排工作的重点行业。我国钢铁工业能源消耗占国民经济总能耗的 10% 左右。近年来，随着钢产量的增加，这一数值有所增加，2010 年超过 16%，如图 1-6 所示。

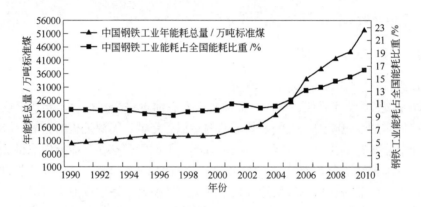

图 1-6 1990～2010 年间中国钢铁工业能耗总量

由于不断加强能源管理、完善能源利用设施和采用各种先进的节能技术，我国钢铁工业节能降耗取得了显著成绩，吨钢综合能耗呈逐年下降趋势，且幅度较大，全行业的吨钢综合能耗由 1980 年的 2.040tce 降到 2000 年的 1.180tce（2000年以后的统计对象改为大中型钢铁企业，取消对钢铁行业能耗数据的统计），下降率为 42.16%；大中型钢铁企业的吨钢综合能耗从 1980 年的 1.646tce 下降到 2005 年的 0.741tce，下降率为 54.98%；大中型钢铁企业的吨钢可比能耗从 1980年的 1.285tce 下降到 2005 年的 0.714tce，生产每吨钢节约能源 571kgce，吨钢能耗下降率为 44.44%，年均节能率达到 2.32%[16]，如图 1-7 所示。2005 年以后，国家统计局重新调整了钢铁工业电的标准煤折算系数，规定用"电热当量值"（1kW·h＝0.1229kgce）替换冶金工业一直沿用的"电热等价值"（1kW·h＝0.404kgce），致使 2005 年前后的吨钢能耗指标可比性较差。

图 1-8 为 1980～2010 年间我国大中型钢铁企业的吨钢可比能耗变化规律图[17]。其中，2005 年以后的能耗数据是修正过的（各年份消耗外购电的折标准

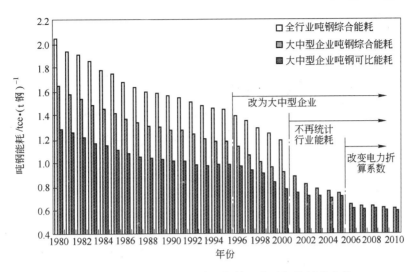

图 1-7　1980~2010 年间我国钢铁工业吨钢能耗的变化

煤系数统一用"电热等价值")。由图可见，我国钢铁工业自 1980 年开展节能工作以来，30 年间吨钢能耗曲线出现两次周期性变化，每次 15 年；两条吨钢能耗曲线形状相似，下降规律相同。前 5 年，能耗曲线下降最快，年均节能率最大；中间 5 年，随着吨钢能耗的逐年降低，能耗曲线变缓，年均节能率减小；后 5 年，曲线变得更为平缓。例如，在"六五"时期，由于当时各生产工序的基础能耗较高，所以最初实施单体设备节能的效果明显，年均节能率达 2.96%；到了"七五"时期，继续降低工序能耗的直接节能效果变差，年均节能率减小到 2.05%；进入"八五"时期就更低了，只有 0.45%；"九五"期间，中国钢铁工业从单体设备节能扩展到系统节能，通过生产结构调整和工艺流程优化等措施，使得中国吨钢能耗第 1 次出现大幅度下降趋势，年均节能率上升到 4.34%；到了"十五"时期，随着生产结构的逐渐改善和各工序钢比系数的逐年降低，间接节能效果在不断减弱，年均节能率再次回落到 1.78%；而"十一五"期间的年均节能率只有 0.68%。

但是，"十一五"以来，我国钢铁工业能源效率明显提高，2010 年我国重点钢铁企业的能效与 2006 年相比提高约 6.2%[9]。一大批节能减排技术得到发展和应用，取得的成绩主要有：

(1) 干熄焦技术 (CDQ) 的发展和应用。干熄焦装置从 2005 年的 36 套增加到 2010 年的 112 套，在建的干熄焦装置还有近 50 套。干熄焦炭产能相应地从年产 3800 万吨增加到 10895 万吨，约占我国炼焦产能的 24%。重点钢铁企业的干熄焦装置普及率从 2005 年的 26% 提高到 2010 年的 85%，我国干熄焦套数和干熄焦能力均居世界第一。2005 年后，处理能力从 2005 年的 65~105t/h 扩展到

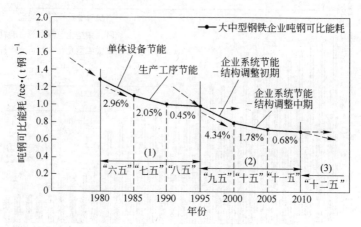

图 1 - 8　1980 ~ 2010 年间我国大中型钢铁企业吨钢可比能耗的变化

最大 260t/h 的不同系列的干熄焦设备均可国内供应。

（2）高炉炉顶余压发电技术的发展和应用。到 2010 年底，我国总计有超过 600 座高炉配备了 597 套高炉炉顶余压发电设备（TRT），比 2005 年增加了 357 套，产生了巨大的效益。2010 年，通过应用该项技术全年回收电量约 12 亿千瓦时，年减少 CO_2 排放量 1000 万吨。重点钢铁企业中大于 1000m³ 高炉的 TRT 普及率比 2005 年提高了 27 个百分点，达到 98%。2010 年，吨铁发电量达到 32kW·h，比 2005 年提高了 7kW·h。首钢京唐的两座 5500m³ 高炉均采用干法除尘，并已稳定运行超过两年，TRT 吨铁发电量达到 56kW·h。目前，配备干式 TRT 的大型高炉已超过 100 座，首钢京唐、宝钢、莱钢、济钢、包钢、鞍钢、唐钢、韶钢均有应用。

（3）钢厂冶金煤气综合利用率逐年改善，其他余热利用技术开始应用。2010 年，高炉煤气利用率从 2005 年的 89.54% 提高到 94.72%，焦炉煤气利用率从 2005 年的 94.20% 提高到 98.34%，转炉煤气的回收利用量从 2005 年的 54m³/t 提高到 81m³/t（回收量未折算成标准热值 8360kJ/m³）。特别是利用冶金煤气的燃气 - 蒸汽联合循环发电（CCPP）技术开始在钢铁行业得到应用，到 2010 年已建成 15 套 CCPP 煤气发电机组，总装机容量达到 2200MW，目前还有 15 套机组正在设计和建设中。

与此同时，烧结矿显热回收技术、煤调湿技术、高炉脱湿鼓风技术和能源管控一体化等技术也有不同程度的应用。

随着这些节能技术的应用，我国钢铁企业节能减排状况得到大幅度改善。表 1 - 4 为重点钢铁企业能耗情况[18]，表 1 - 5 为 2005 年、2010 年重点钢铁企业节能减排指标[9]。由表可见，"十一五"期间，钢铁工业主要节能减排指标有较大进步[9, 19]。

表1-4 重点钢铁企业能耗情况 （kgce/t）

年份	吨钢综合能耗	吨钢可比能耗	烧结	球团	焦化	炼铁	转炉	电炉	轧钢
2006	645	623.04	55.61	33.08	123.11	433.08	9.09	81.26	64.98
2007	628	614.61	55.21	30.12	121.72	426.84	6.03	81.34	63.08
2008	629.93	609.61	55.49	30.49	119.97	427.72	5.74	80.81	59.58
2009	619.43	595.38	54.95	29.96	112.28	410.65	3.24	72.52	57.66
2010	604.60	581.14	52.65	29.39	105.89	407.76	-0.16	73.98	61.69
2011	601.72		54.34	29.60	106.65	404.07	-3.21	69.0	60.93

表1-5 2005年、2010年重点钢铁企业节能减排指标

年份	吨钢综合能耗/kgce	万元增加值能耗/tce	工序能耗（标煤）/kg·t^{-1}					吨钢耗新水量/t	水重复利用率/%	吨钢COD排放量/kg	吨钢SO$_2$排放量/kg	吨钢粉尘排放量/kg
			焦化	烧结	炼铁	转炉	电炉					
2005	694	6.78	139.64	60.13	445.71	18.65	96.93	8.6	94.0	0.254	2.83	2.18
2010	604.6	5.21	105.89	52.65	407.76	-0.16	73.98	4.11	97.2	0.076	1.63	

1.3.2 钢铁工业污染物减排现状

能源消耗是决定钢铁工业生产成本和利润的重要因素，也是影响环境保护的主要原因。节能可降低单位钢铁产品的能源消耗，实现少消耗、少排放、多产出，实际是从源头减少了各种排放物，即节能和环境保护是相辅相成的。

我国钢铁工业的高能耗、高物耗给环境带来了沉重的负担，环境污染是我国钢铁工业必须面对的重要问题。以较少的能源、资源消耗，合理的钢产量规模，高效的产品，较低的环境负荷支持我国的工业化过程是钢铁工业的历史责任。

中国钢铁工业的环境保护，从20世纪70年代开始，经历了近40年的发展历程，已发生了巨大的变化。特别是宝钢环保技术的引进与创新，为我国钢铁工业环境保护树立了榜样。随着先进环保技术的不断研发与有效实施，我国钢铁工业环境保护指标逐渐改善。2000年以来，我国大中型钢铁企业的环保指标变化情况见表1-6[20, 21]。

表1-6 我国大中型钢铁企业主要环保指标

环 保 指 标	2000	2002	2005	2008	2010
吨钢耗新水量/m³	24.75	15.05	8.6	5.18	4.11
吨钢外排废水量/t	17.22	9.07	4.66	2.51	2.04
水重复利用率/%	87.04	89.53	94.04	96.60	97.2
废水处理率/%	98.63	99.91	99.56	99.98	
外排废水达标率/%	88.90	94.14	96.81	97.57	
吨钢 COD 排放量/kg	0.99		0.25	0.12	0.07[①]
吨钢 SO₂ 排放量/kg	5.56	3.34	2.83	2.23	1.63[①]
吨钢烟尘排放量/kg	1.70		0.53	0.45	
有组织废气处理率/%	96.01	97.97	98.06	99.66	
有组织废气排放达标率/%	90.66	94.49	96.93	99.07	
高炉渣综合利用率/%	86.18	89.52	91.82	95.36	97.4
钢渣利用率/%	82.14	86.92	90.37	93.89	93.6
焦炉煤气回收利用率/%	98.00	97.20	95.48	97.62	98.24
高炉煤气利用率/%	91.73	92.46	90.74	94.01	95

①来源于钢铁工业"十二五"发展规划。

从表1-6可以看出，2000~2010年十年间，我国钢铁工业主要环保指标除了焦炉煤气回收利用率和高炉煤气利用率先下降再逐渐提高外，其他指标均呈逐年改善趋势，其中吨钢耗新水量、吨钢外排废水量、吨钢 COD 排放量、吨钢 SO₂ 排放量和吨钢烟尘排放量下降趋势明显，吨钢耗新水量从 24.75m³ 降到 4.11m³，降幅达到 83.39%；吨钢外排废水量从 17.22t 降到 2.04t，下降 88.15%；吨钢 COD 排放量从 0.99kg 降到 0.07kg，下降 92.93%；吨钢 SO₂ 排放量从 5.56kg 降到 1.63kg，下降 70.68%。废水处理率在 2002 年即达到了 99% 以上，有组织废气处理率和排放达标率在 2008 年达到 99% 以上，高炉渣和钢渣的利用率在 2005 年达到 90% 以上。

中国钢铁工业协会统计数据显示，2012 年 1~10 月份，重点统计钢铁企业用水总量比上年同期减少了 3308.5 万立方米，减幅为 0.06%；取新水总量比上年同期减少了 5598.16 万立方米，减幅为 3.84%；重复用水量比上年同期增加了 0.225 亿立方米，增幅为 0.04%；水重复利用率为 97.50%，比上年同期提高 0.10%；吨钢耗新水量下降到 3.78m³/t，与上年同期相比降低 1.88%。外排废水总量比上年同期减少了 6534.92 万立方米，减幅为 12.67%；化学需氧量、氨氮、挥发酚、氰化物、悬浮物和石油类等污染物排放与上年同期相比分别下降了 15.28%、22.19%、26.12%、28.87%、10.92% 和 21.08%。SO₂ 排放量比上年同期减少了 3.04%；烟、粉尘排放量比上年同期减少了 11.62%。固体废弃物中，钢渣利用率比上年同期下降了 1.55%；高炉渣、含铁尘泥利用率比上年同期分别上升了 11.64% 和 1.89%。可燃气体中，高炉煤气利用率比上年同期上升0.33%；转炉煤气、焦炉煤气利用率同比分别上升了 3.34% 和 0.40%。高炉煤气放散量比上年同期下降了 8.08%；焦炉煤气放散量同比下降了 35.27%；转炉煤气回收量同比上升了 4.71%；转炉煤气吨钢回收量为 95m³/t，同比上升了 7.37%。

虽然我国钢铁工业的环保指标逐年改善，但是就全行业而言，还有较大的改善空间，而且由于装备水平高低、地区差异、技术优劣、经济强弱以及其他原因，我国钢铁工业的环境保护现状与国外先进水平相比，仍存在着一定程度的差距。我国钢铁行业与工业发达国家同类企业有关污染物排放指标的对比见表1-7[22]。从表中可以看出，我国钢铁行业环境保护虽取得了较大的进步，但要赶上工业发达国家水平还有很长的一段路要走。我国目前还在为提高各类污染物的排放达标率"奋斗"，而工业发达国家已不存在达标率这个概念，所追求的是持续不断地降低吨钢污染物的排放量。

表 1-7　国内外重点企业环保指标比较

环保指标	我国平均水平		世界先进水平
	2006 年	2009 年	2006 年
吨钢耗新水量/m³	6.56	4.43	2.4
吨钢 SO₂ 排放量/kg	2.66	1.56	0.4
吨钢粉尘排放量/kg	1.17	1.10	0.3~0.9
吨钢 COD 排放量/kg	0.228	0.073	

"十一五"期间，我国钢铁行业在能源综合利用、节水和水资源综合利用、固体废弃物综合利用和减少污染物排放等领域取得了很大成绩。但节能减排是我国经济社会发展的一项长期战略方针，因此，钢铁工业"十二五"发展规划仍把"坚持绿色发展"作为基本原则，倡导积极开发、推广使用高效能钢材，推进"两化"深度融合，加快资源节约型、环境友好型的钢铁企业建设，大力发展清洁生产和循环经济，积极研发和推广使用节能减排和低碳技术，加强废弃物的资源化综合利用。规划提出"十二五"时期节能减排的主要目标是：淘汰400m³ 及以下高炉（不含铸造铁）、30t 及以下转炉和电炉；重点统计钢铁企业焦炉干熄焦率达到 95% 以上；单位工业增加值能耗和二氧化碳排放量分别下降18%；重点统计钢铁企业平均吨钢综合能耗低于 580kgce，吨钢耗新水量低于4.0m³，吨钢二氧化硫排放量下降 39%，吨钢化学需氧量下降 7%，固体废弃物综合利用率达到 97% 以上。根据规划，"十二五"时期我国钢铁工业发展的主要

指标见表 1 - 8[23]。

表 1 - 8 "十二五"时期我国钢铁工业发展的主要指标

序号	指　　标	2005 年	2010 年	2015 年	"十二五"时期累计增长（减少）[①]/%
1	行业前十家产业集中度提高/%	34.7	48.6	60	11.4
2	单位工业增加值能耗降低/%				18
3	单位工业增加值二氧化碳排放量降低/%				18
4	企业平均吨钢综合能耗降低/kgce	694	605	≤580	≥4
5	吨钢耗新水量降低/m^3	8.6	4.1	≤4.0	≥2.4
6	吨钢 SO_2 排放量降低/kg	2.83	1.63	≤1	≥39
7	吨钢 COD 排放量降低/kg	0.25	0.07	0.065	7
8	固体废弃物综合利用率提高/%	90	94	≥97	≥3
9	研究与实验发展经费占主营业务收入比重/%	0.9	1.1	≥1.5	≥0.5

注：除第 1 项外，其余 8 项都是钢铁科技发展必须实现的指标。

① 2015 年比 2010 年增加（减少）的百分点。

2 钢铁工业的节能理论与方法

2.1 能源及冶金能源

2.1.1 能源及其分类

　　凡是能够提供能量（如热能、机械能、电能、光能等）的资源，都称为能源[16]。大自然赋予我们多种多样的能源，一是来自太阳的能量，除辐射能外，还有经其转换的多种形式的能源；二是来自地球本身的能量，如热能和原子能；三是来自地球与其他天体相互作用所产生的能量，如潮汐能。能源目前没有统一的分类方法，可以从不同角度进行多种分类，一般可分为一次能源和二次能源、常规能源和新能源、再生能源和非再生能源等。能源分类见表 2-1[19]。

表 2-1　能源分类

类　　别		常规能源	新能源
一次能源	非再生能源	化石能源：煤炭、石油、天然气、油页岩	核燃料：铀、钚、氘、钍、氚
	再生能源	水力能、生物质能	原子能、风能、海洋能、潮汐能、地热能
二次能源		电力、汽油、柴油、重油、石油液化气、焦炭、煤气、水蒸气、氢能、醇类燃料、沼气	

2.1.1.1　一次能源和二次能源

　　一次能源是从自然界取得的未经加工的能源，如开采出的原煤、原油、天然铀矿和天然气等。二次能源是由一次能源经过加工、转换得到的能源，如焦炭、煤气、煤油、汽油等燃料。大部分的一次能源都需要经过转换使其变成容易输送、分配和使用的二次能源，以适应消费者的需求[19]。

2.1.1.2　常规能源和新能源

　　能源按使用状况可分为常规能源和新能源。常规能源是指当前被广泛使用且量大的能源，如煤炭、石油、天然气、核能等。新能源是指在当前技术和经济条件下，尚未被人类广泛大量利用，但已经或即将被利用的能源，如太阳能、地热能、风能、潮汐能、生物质能与核聚变能等。

2.1.1.3　再生能源与非再生能源

在一次能源中，不会随人们的使用而减少的能源称为再生能源，如太阳能、水能、生物能、风能、地热能和海洋能等。而化石燃料和核裂变燃料，如煤、原油、天然气、油页岩、核能等都会随着使用而逐渐减少，称为非再生能源。

2.1.2　我国能源结构

我国煤炭资源比较丰富，能源结构以煤为主，以油、气为辅。其中煤炭比重约为 70.6%，超出世界平均水平约 40%，天然气比重最低，仅 3.7%，远低于23.8% 的世界平均水平，如图 2 - 1 所示。

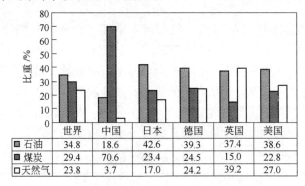

	世界	中国	日本	德国	英国	美国
石油	34.8	18.6	42.6	39.3	37.4	38.6
煤炭	29.4	70.6	23.4	24.5	15.0	22.8
天然气	23.8	3.7	17.0	24.2	39.2	27.0

图 2 - 1　2009 年世界各国一次能源消费结构

从世界主要国家天然气消费比重横向比较来看，我国天然气能源利用严重不足。我国与资源禀赋最为接近的美国及印度两国相比，天然气消费比重分别低23.3% 和 5.5%。随着世界经济的发展，推进绿色、环保、低碳经济的呼声日渐高涨，促使各国能源结构不断优化，煤炭比重不断下降，天然气等清洁能源比重不断上升[24]。

2011 年，我国能源消费总量达 34.8 亿吨标准煤，成为世界第一大能源消费国。随着工业化、城镇化的深入推进，我国能源消费仍将持续增长。在今后相当长的时间里，我国以煤为主的能源结构难以改变，经济社会发展面临的能源压力将持续增大。因此，促进能源技术进步，加快开发可再生能源，推动能源转型发展，是今后能源建设和改革的重要任务。

2000 ~ 2011 年我国能源生产量和消费量见表 2 - 2。

2.1.3　冶金能源种类及用途

冶金能源是指用于冶金工业的能源，它占全国总能耗的 10% 以上，仅次于建材、建筑行业，位于第三位。冶金生产常用的能源有煤、焦炭、柴油、汽油、重油、燃料油、石油焦、天然气、发生炉煤气、焦炉煤气、高炉煤气、转炉煤

表2-2 2000~2011年我国能源生产量和消费量

年份	能源生产总量/万吨标准煤	占能源生产总量的比重				年份	能源消费总量/万吨标准煤	占能源消费总量的比重			
		原煤/%	原油/%	天然气/%	水电、核电、风电/%			原煤/%	原油/%	天然气/%	水电、核电、风电/%
2000	128978	72	18.1	2.8	7.2	2000	138553	68.0	21.9	2.1	8.0
2001	137445	71.8	17	2.9	8.2	2001	143199	67.3	21.3	2.3	9.1
2002	143810	72.3	16.6	3	8.1	2002	151797	66.5	21.2	2.3	9.9
2003	163842	75.1	14.8	2.8	7.3	2003	174990	69.0	20.3	2.4	8.3
2004	187341	76	13.4	2.9	7.7	2004	203227	68.0	20.2	2.4	9.5
2005	205876	76.5	12.6	3.2	7.7	2005	224682	68.8	19.1	2.5	9.5
2006	221056	76.7	11.9	3.5	7.9	2006	246270	69.3	18.7	2.8	9.2
2007	235445	76.6	11.3	3.9	8.2	2007	265583	69.5	19.7	3.5	7.3
2008	260000	76.7	10.4	3.9	9	2008	285000	68.7	18.7	3.8	8.9
2009	274618	77.3	9.9	4.1	8.7	2009	306647	70.4	17.9	3.9	7.8
2010	296916	76.5	9.8	4.3	9.4	2010	324939	68	19	4.4	8.6
2011	317987	77.8	9.1	4.3	8.8	2011	348002	68.4	18.6	5	8

注：数据源于国家统计局网站。

气、电力、氧气、氮气、氩气、压缩空气和水等。

2.1.3.1 冶金能源种类

冶金能源分为购入能源和自产能源。购入能源有洗精煤、无烟煤、动力煤、燃料油、天然气、电力等；自产能源有自发电、焦炭、焦炉煤气、高炉煤气、转炉煤气、氧氮氩、压缩空气和水等。

2.1.3.2 冶金能源结构

钢铁工业主要消耗的能源是煤炭，其次是电力。图 2 – 2 为主要产钢国钢铁工业能源结构。目前，国内外钢铁工业能源结构朝着"多买煤，少购电，不用石油类燃料和天然气"的方向发展。

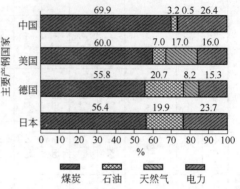

图 2 – 2　主要产钢国钢铁工业能源结构

2.1.3.3 能源的计量单位及折算系数

能源计量可以以实物单位计量，也可以以能量单位计量。如，1t 煤也可以表示为 0.7143tce（吨标准煤）。在我国，冶金生产中一般以标准煤作为能源统计的计量单位。计算能源消耗时，各种能源均需折算成标准煤量。用能单位实际消耗的燃料能源应以其低（位）发热量为计算基础折算为标准煤量，并规定低（位）发热量等于 29307kJ 的燃料，称为 1kg 标准煤[21]。

用能单位外购的能源和耗能工质，其能源折算系数可参照国家统计局公布的数据；用能单位自产的能源和耗能工质所消耗的能源，其能源折算系数可根据实际投入产出自行计算。

其中，燃料的标准煤折算系数一般取其热值进行折算。如，高炉煤气热值（标态）约为 800kcal/m³，可按以下步骤进行折算：

$$1kcal = 4.1816kJ$$

$$1kgce = 29307kJ$$

则高炉煤气的标准煤折算系数（标态）为：0.114kgce/m³。

耗能工质的标准煤折算系数可按式（2 – 1）进行计算：

$$b_k = g_{k-1}^C + g_{\alpha-k}^C - g_{\zeta-k}^C \tag{2 – 1}$$

式中　b_k——某种能源介质 k 的标准煤折算系数，kgce/t、kgce/m³ 及 kgce/(kW·h)等；

　　　g_{k-1}^C——能源转换过程中原料带入的能量，kgce/t、kgce/m³ 及 kgce/(kW·h)等；

　　　$g_{\alpha-k}^C$——能源转换过程中外部供入的各种能量之和，kgce/t、kgce/m³ 及

kgce/(kW·h) 等;

$g_{\zeta-k}^{C}$——能源转换过程中回收外供的能量,kgce/t、kgce/m³ 及 kgce/(kW·h) 等。

当无法获得各种燃料的低(位)发热量实测值和单位耗能工质的耗能量时,可参照表2-3和表2-4[21]。

表2-3 各种能源折标准煤参考系数

能源名称		平均低位发热量	折标准煤系数
原 煤		20908kJ/kg (5000kcal/kg)	0.7143kg/kg
洗精煤		26344kJ/kg (6300kcal/kg)	0.9000kg/kg
其他洗煤	洗中煤	8363kJ/kg (2000kcal/kg)	0.2857kg/kg
	煤泥	20908~12545kJ/kg (2000~3000kcal/kg)	0.2857~0.4286kg/kg
焦炭		28435kJ/kg (6800kcal/kg)	0.9714kg/kg
原油		41816kJ/kg (10000kcal/kg)	1.4286kg/kg
燃料油		41816kJ/kg (10000kcal/kg)	1.4286kg/kg
汽油		43070kJ/kg (10300kcal/kg)	1.4714kg/kg
煤油		43070kJ/kg (10300kcal/kg)	1.4714kg/kg
柴油		42652kJ/kg (10200kcal/kg)	1.4571kg/kg
煤焦油		33453kJ/kg (8000kcal/kg)	1.1429kg/kg
渣油		41816kJ/kg (10000kcal/kg)	1.4286kg/kg
液化石油气		50179kJ/kg (12000kcal/kg)	1.7143kg/kg
炼厂干气		46055kJ/kg (11000kcal/kg)	1.5714kg/kg
油田天然气		38931kJ/m³ (9310kcal/m³)	1.3300kg/m³
气田天然气		35544kJ/m³ (9310kcal/m³)	1.2143g/m³
煤矿瓦斯气		14636~16726kJ/m³ (3500~4000kcal/m³)	0.5000~0.5714kg/m³
焦炉煤气		16726~17981kJ/m³ (4000~4300kcal/m³)	0.5714~0.6143kg/m³
高炉煤气		3763kJ/m³	0.1286kg/m³
其他煤气	(1) 发生炉煤气	5227kJ/kg (1250kcal/m³)	0.1786kg/m³
	(2) 重油催化裂解煤气	19235kJ/kg (4600kcal/m³)	0.6571kg/m³
	(3) 重油热裂解煤气	35544kJ/kg (8500kcal/m³)	1.2143kg/m³
	(4) 焦炭制气	16308kJ/kg (3900kcal/m³)	0.5571kg/m³
	(5) 压力气化煤气	15054kJ/kg (36000kcal/m³)	0.5143kg/m³
	(6) 水煤气	10454kJ/kg (2500kcal/m³)	0.3571kg/m³

能源名称	平均低位发热量	折标准煤系数
粗苯	41816kJ/kg (10000kcal/m³)	1.4286kg/kg
热力（当量值）		0.03412kg/MJ
电力（当量值）	3600kJ/(kW·h) (860kcal/(kW·h))	0.1229kg/(kW·h)
电力（等价值）	按当年火电发电标准煤耗计算	
蒸汽（低压）	3763MJ/t (900Mcal/t)	0.1286kg/kg

注：数据引自《综合能耗计算通则》（GB/T 2589—2008）。

表 2 - 4　耗能工质能源等价值

品　种	单位能耗工质耗能量	折标准煤系数
新水	2.51MJ/t (600kcal/t)	0.0857kg/t
软水	14.23MJ/t (2300kcal/t)	0.4857kg/t
除氧水	28.45MJ/t (6800kcal/t)	0.9714kg/t
压缩空气	1.17MJ/m³ (280kcal/m³)	0.0400kg/m³
鼓风	0.88MJ/m³ (210kcal/m³)	0.0300kg/m³
氧气	11.72MJ/m³ (2800kcal/m³)	0.4000kg/m³
氮气（作副产品时）	11.72MJ/m³ (2800kcal/m³)	0.4000kg/m³
氮气（作主产品时）	19.66MJ/m³ (4700kcal/m³)	0.6714kg/m³
二氧化碳	6.28MJ/t (1500kcal/t)	0.2143kg/m³
乙炔	243.67MJ/m³	8.3143kg/m³
电石	60.92MJ/kg	2.0786kg/kg

注：耗能工质是指在生产过程中所消耗的不作为原料使用、也不进入产品、在生产或制取时需要直接
　　消耗能源的工作物质。

2.2　节能的基本原理

2.2.1　节能概念

所谓节能，即节约能源。它是指采取技术上可行、经济上合理、环境和社会可接受的一切措施，来提高能源资源的利用效率（世界能源委员会 1979 年提出的定义）。节能就是尽可能地减少能源消耗量，生产出与原来数量、质量相同的产品；或者是以相同数量的能源消耗量，生产出比原来数量更多或质量更好的产品。冶金工业要应对当前严峻的能源挑战，不仅要节约用能，更要科学用能，前

者是指少用能,后者是指优化用能。

在具体节能工作中,不仅要注意节约能源,而且还要注意节约非能源。冶金工业节能工作应从直接节能与间接节能两个方面开展。一是应用先进的生产工艺或技术,以提高生产过程中的能源利用效率,从而降低单位产品能耗,称之为直接节能;二是通过技术和管理手段减少原料、辅料消耗,减少废弃物的产生,加强废弃物和余热余能的回收利用,调整产品结构,提高产品质量,延长设备寿命等措施降低能耗,称之为间接节能。

2.2.2 节能的基础理论

2.2.2.1 能量及其转换基础

能量有机械能、热能、电能、磁能、化学能、核能、光/辐射能等多种形态,这些形态可以相互转换。能量根据可转换性的不同,可以分为三类[25]:

第一类是可以不受限制的、完全转换的能量。例如电能、机械能、位能(水力等)、动能(风力等),称为高级能。从本质上说,高级能是完全有序运动的能量。它们在数量上和质量上是完全统一的。

第二类是具有部分转换能力的能量。例如,热能、物质的热力学能、焓等。它只能一部分转换为第一类有序运动的能量,即根据热力学第二定律,热能不可能连续地、全部地转变为功,它的热效率总是小于1。这类能属于中级能。它的数量与质量是不统一的。

第三类是受自然界环境所限,完全没有转换能力的能量。例如处于环境状态下的大气、海洋、岩石等所具有的热力学能和焓。虽然它具有相当数量的能量,但在技术上无法使它转变为功。所以,它们是只有数量而无质量的能量,称为低级能。

热力学中定义:在环境条件下,能量中可转化为有用功的最高份额称为该能量的㶲。或者,热力系只与环境相互作用,从任意状态可逆地变化到与环境相平衡的状态时,做出的最大有用功称为该热力系的㶲。在环境条件下,不可能转化为有用功的那部分能量称为㶲。

能量和㶲、㶲的关系如图2-3所示。

A 㶲

㶲是为了衡量能量的可用性而提出的指标,也称为"可用能"。它是指物质或物流由于其所处的状态与某一基准状态不平衡而具有的做功能力。㶲是系统与环境相互作用的产物,是以给定环境为基准的相对量。㶲一般分为物理㶲和化学㶲。

物理㶲是指系统经可逆物理过程达到约束性死态时,能最大限度转化为有用功的那部分能量。换句话说,如果以物理死态为基准,物理㶲就是处于任意状态

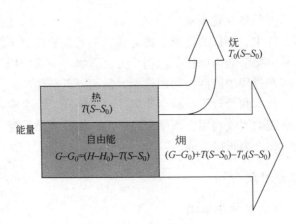

图 2 - 3 能量和㶲、㶲的关系

的系统所具有的㶲。

物理㶲分为机械㶲和热㶲。其中，机械㶲是由力不平衡引起的，又称压㶲；而热㶲则是由热不平衡引起的。

化学㶲是指系统与环境之间由约束性平衡经可逆物理与化学过程达到非约束性平衡时能最大限度地转换为有用功的那部分能量。换句话说，如以非约束性死态为基准，则化学㶲是系统在约束性死态下所具有的㶲。

化学㶲分为扩散㶲和反应㶲。由于某种或某些物质的浓度不平衡，系统通过可逆的扩散过程，变化到非约束性死态的浓度时，系统对外做的最大有用功称为扩散㶲。由于组成物质的不平衡，系统由给定物质通过可逆化学反应，变化为环境的组成物质时，系统对外做的最大有用功称为系统的反应㶲。

下面介绍冶金生产中几种常见㶲的计算方法：

(1) 温度㶲。当只是工质的温度与环境温度不同，而压力与环境压力相同时，它所具有的㶲值称为温度㶲。当工质无相变，并已知其比热容时，

$$dH = c_p dT \qquad (2-2)$$

$$dS = \frac{\delta q}{T} = \frac{c_p dT}{T} \qquad (2-3)$$

则温度㶲为：

$$E_x = (H - H_0) - T_0(S - S_0) = \int_{T_0}^{T} c_p dT - T_0 \int_{T_0}^{T} \frac{c_p}{T} dT = c_p(T - T_0)\left(1 - \frac{T_0}{T - T_0}\ln\frac{T}{T_0}\right) \qquad (2-4)$$

(2) 压力㶲。压力㶲是指温度与环境温度相同，而压力与环境压力不同时，工质所具有的㶲值。

封闭体系工质的压力㶲为：

$$E_{xp} = -nRT_0 \int_p^{p_0} \frac{\mathrm{d}p}{p} + nRT_0 p \int_p^{p_0} \frac{\mathrm{d}p}{p^2} = nRT\left[\ln\frac{p}{p_0} - \left(1 - \frac{p_0}{p}\right)\right] \quad (2-5)$$

式中　n——气体的物质的量；

　　　R——摩尔气体常数，$R = 8.314\mathrm{J/(mol \cdot K)}$。

（3）具体物质的㶲。

1）水蒸气。水蒸气是最常用的一种工质，它的热力性质已详细地制成图表，只需确定水蒸气的压力和温度，即可利用㶲焓图查得其㶲值。

2）水。只需确定水的压力和温度，即可利用㶲焓图查得其㶲值和焓值。水的㶲焓图中给出了环境温度分别为 0℃、10℃、25℃、40℃ 的 $E_x - h$ 曲线。若环境温度为其他值时，可采用内插法求得其㶲值。

3）空气。空气的物理㶲可按式（2-6）计算：

$$E_{xph} = H - H_0 - T_0(S - S_0) = c_p(T - T_0) - T_0\left(c_p\ln\frac{T}{T_0} - R\ln\frac{p}{p_0}\right) + \frac{C^2}{2} \quad (2-6)$$

空气的化学㶲可按式（2-7）计算：

$$E_{xch} = -RT_0\left(\sum\varphi_i^0\ln\varphi_i^n - \sum\varphi_i^0\ln\varphi_i^0\right) \quad (2-7)$$

当空气温度大于 80℃ 时，化学㶲占总㶲的百分比将低于 5%；当空气温度大于 100℃ 时，化学㶲可忽略不计。

4）燃料。工业上用的燃料大部分是组分较为复杂的物质，通常情况下，其化学㶲远大于物理㶲。因此，一般所说的燃料㶲指的是化学㶲，可以用 Z - Rant 提出的近似计算式进行估算：

气体燃料　　　　　　　$E_{xf} = 0.95Q_h$ 　　　　　　　　　　（2-8）

液体燃料　　　　　　　$E_{xf} = 0.975Q_h$ 　　　　　　　　　（2-9）

固体燃料　　　　　　　$E_{xf} = Q_1 + rw$ 　　　　　　　　　（2-10）

式中　E_{xf}——单位燃料的㶲值；

　　　Q_h——单位燃料的高发热量值；

　　　Q_1——单位燃料的低发热量值；

　　　r——水的气化潜热；

　　　w——燃料中水的质量分数。

5）燃烧产物。冶金生产中燃料的燃烧产物–烟气的㶲可用下式计算：

$$E_{xg} = E_{xph} + E_{xd} \quad (2-11)$$

$$E_{xph} = c_p\left[(T_g - T_0) - T_0\ln\left(\frac{T_g}{T_0}\right)\right] \quad (2-12)$$

$$E_{xd} = RT_0\sum\varphi_i^g\ln\frac{p_i^g}{p_i^0} \quad (2-13)$$

式中　E_{xg}——烟气的㶲；

E_{xph}——烟气的物理㶲；

E_{xd}——烟气的扩散㶲；

T_g——烟气的温度㶲；

φ_i^g——i 组分在烟气中的摩尔成分。

B　炕

炕是指能量中不能够转变为有用功的那部分能量，即无效能、无用功。自然环境的热能以及从环境输入、输出的热能全为炕。

C　能级

如前所述，任何能量 E 都由㶲（E_x）和炕（A_n）两部分组成，即：

$$E = E_x + A_n \qquad (2-14)$$

对于可无限转换的能量，$A_n = 0$，如机械能、电能全部是㶲，$E_x = E$；对于不可转换的能量，$E_x = 0$，如环境介质中的热能全为炕。不同形态的能量或物质处于不同状态时，包含的㶲和炕比例各不相同。

能级（Ω，kJ（㶲）/kJ（能量））是反映能量品质的一个量，它可以定义为㶲值（E_x）与相应总能量（E）之比，即：

$$\Omega = E_x/E \qquad (2-15)$$

对于热能，其能级可按恒温热源与变温热源计算如下：

恒温热源：

$$\Omega = 1 - T_0/T \qquad (2-16)$$

变温热源：

$$\Omega = 1 - \frac{T_0}{T - T_0} \ln \frac{T}{T_0} \qquad (2-17)$$

对于电能，其能级：

$$\Omega = 1$$

对于机械能，其能级：

$$\Omega = 1$$

化学能的能级可近似地处理如下：

气体燃料：$\Omega = 0.95$；液体燃料：$\Omega = 0.975$；固体燃料：$\Omega = 1.0$。

2.2.2.2　能量分析及评价方法

能量分析，简单地说，就是应用能量传递和转换理论来分析用能过程的合理性和有效性。用能的合理性指的是用能方式是否符合科学原理；用能的有效性是指用能的效果，即能量被有效利用的程度。通过能量分析，可以找出用能过程的薄弱环节，从而确定节能的方向和途径。

热力学第一定律和热力学第二定律是能量分析的两大定律。在工程热力学范围内，主要考虑的是热能与机械能之间的相互转换与守恒，热力学第一定律可表述为：热可以变为功，功也可变为热。一定量的热消失时必产生相应量的功；消耗一定量的功时必出现与之对应的一定量的热。热力学第一定律说明了不同形式的能量在转换时，数量上的守恒关系，但是它没有区分不同形式的能量在质上的差别。热力学第二定律指出了能量转换的方向性。它指出：自然界的一切自发的变化过程都是从不平衡状态趋于平衡状态，而不可能相反。热力学第二定律是阐述与热现象相关的各种过程进行的方向、条件及限度的定律。其有两种最基本的、广为应用的表达形式：热不可能自发的、不付代价地从低温物体传至高温物体；不可能制造出从单一热源吸热、使之全部转化为功而不留下其他任何变化的热力发动机。

能源应用科学史上，先后形成了分别以热力学第一定律和第二定律为基础的两种能量分析方法：建立在热力学第一定律基础上的焓分析法和建立在热力学第二定律基础上的㶲分析法及能级分析法。这几种能量分析方法也是冶金节能分析与评价的基本方法和手段。

A　焓分析法

焓分析是人们最早应用的，也是工程上应用最广的能量分析方法。它以热力学第一定律为基础，以热效率为评价准则。

焓分析的实质是能量守恒。对任何的能量转换系统来说，能量守恒定律可写成下列简单的文字表达式：

$$〔输入能量〕-〔输出能量〕=〔储存能量的变化〕 \qquad (2-18)$$

对于封闭系统，热力学第一定律的表达式为：

$$Q = \delta E + W \qquad (2-19)$$

式中　Q——输入的热量（热量输出时，取负值）；

　　　W——输出的功量（功量输入时，取负值）；

　　　δE——存储能量的变化，包括宏观运动的动能、位能以及热力学能的变化，存储能量增加时取正值。

焓分析的步骤为：

（1）根据能量系统的热力学模型，建立系统的能量平衡；

（2）根据能量平衡，计算热效率，用以评价用能系统的优劣；

（3）计算各项热损失，找出热损失最大的薄弱环节和部位，从而确定节能潜力所在。

在很长的一段时间里，尤其是工业发展的初期，能量分析（焓分析）一直指导人类的能源利用并对工业的发展起了巨大的促进作用。在近一百多年的工业史上，工程师们采用以热力学第一定律为基础的焓分析理论和方法来解决能量系统设计、改进中的种种问题，取得了一些成果。随着工业的发展，能源利用方面出现了效率大提高的时期，在这一时期内各种不同动力装置或用能设备的效率大约提高了 5～10 倍。在能源的储量和产量甚为丰富的时代，焓分析在发挥巨大作用的同时，也隐瞒了其不足之处。它只反映了能量的数量守恒关系，并未考虑能量在质的方面的区别，也就是把不同质的能量视为"等价"的。显然，这是与能量的实际效用不相符合的。众所周知，量相同而质不同的能量，其实际效用是不同的，甚至可以有极大的差别。例如，1kg 压力为 1MPa，温度为 400℃的过热水蒸气，使其膨胀到压力为 0.1MPa，理论上可做出 755kJ 的功。若使水蒸气的能量传给水，尽管水得到的能量还是那么多，却不再具有做功能力。这就是说，水蒸气和水的能量虽然数量相同，而质却有显著的差别。焓分析法在许多问题的分析方面显示了其不足之处，遇到了许多解释不了的情况，现举一例说明：

冬季火炉供暖，设燃料发出的热量为 Q_1，室内空气接受的热量为 Q_2。假设保温良好，则 $Q_1 = Q_2$，其热效率为 100%。根据热力学第一定律，已没有节能潜力可挖。而若是采用另一种供暖方式：热机－热泵供暖，如图 2－4 所示，设室温为 $T_2 = 293K$，室外温度为 $T_0 = 273K$。所用燃料使一恒温热源维持 $T_1 = 1800K$ 的高温。根据热力学的基本原理可知，在理想的情况下，供暖的"效率"可达到：

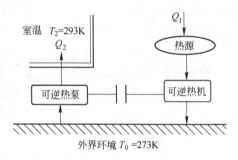

图 2－4 热泵工作原理

$$\frac{Q_2}{Q_1} = \frac{1 - \dfrac{T_0}{T_1}}{1 - \dfrac{T_0}{T_2}} = \frac{1 - \dfrac{273}{1800}}{1 - \dfrac{273}{293}} = 1243\%$$

也就是说，同样的供暖面积，采用热泵供暖方式所需的能量仅仅是电供暖的 1/12。就这个例子而言，用焓分析中的热效率是解释不了的。

B 㶲分析法

随着生产规模和产值的成倍增长，廉价能源日益接近枯竭，如今尖锐的能源供需矛盾对节能提出了更高的要求。随着节能工作的深入，仅用以热力学第一定律为基础的焓分析来指导评价能量的利用已经显得越来越不够了，以热力学第一定律、第二定律为基础的㶲分析法开始逐步得到应用。

㶲分析法确认了不同能量之间所具有的质的差别，并在分析中同时体现能的量和质的作用，具有科学性和准确性。自 20 世纪 50～60 年代㶲的概念被提出并引入中国后，㶲分析法被越来越多地用于我国冶金生产的能量分析领域。

能量中可用的部分被称为㶲，不可用部分被称为炕。在实际的能量转换过程中，一部分可用能将转换为不可用能，即㶲，所以㶲的收支是不平衡的，㶲减少的量称为㶲损失。通常所说的㶲平衡是指㶲与㶲损失之和保持平衡，也就是能量守恒。根据热力学第一定律，在不同的能量转化过程中，总㶲和总㶲（即总能量）应保持不变；根据热力学第二定律，总㶲只可能减少，最多保持不变。

㶲分析体现了不同能量的可转换性不同和其可利用性不相等，也就是它们的质量不同。当能量已无法转变成其他形式时，它就失去了利用价值。

对环境状态而言，能量中没有可用能部分，即对于低级能，$E_x = 0$，$E = A_n$；

对高级能，能量中全部为可用能，即 $E = E_x$，$A_n = 0$；

对热能这样的中级能，$E > E_x$，$E = E_x + A_n$。

对能量的利用不仅要从量的角度来考察，还要从质的方面来分析，这已是当务之急。从㶲的角度去考察节能工作，就会认识到节能实质上就是节㶲。

㶲损失主要由两部分组成，即外部㶲损失和内部㶲损失。外部㶲损失是由于㶲未被利用而造成的损失，相当于能量平衡中能量损失项所对应的㶲损失，例如被高温烟气带走的㶲等，它通过适当的回收装置有可能被回收；内部㶲损失是由于过程不可逆造成的㶲损失，它不改变能量的数量，只是降低能量的质量，使可用能转变为不可用能，该损失项在能量平衡中无法反映，要减少这类损失，只能从设法减小过程的不可逆性入手。

㶲的概念及理论的重要意义，主要不是在于可以计算出物流或能流在某个状态的㶲，而是在于从状态的㶲值入手，可以进一步研究各个实际过程特别是发生在各个热设备中用能过程的㶲变。

㶲分析的一般步骤：

（1）对分析对象进行全面调查，重点要弄清设备或系统中的能流状态；

（2）分析系统中的能量转化关系，特别是各设备之间的能量关系；

（3）拟定㶲分析模型；

（4）计算物流的㶲值或过程的㶲损；

（5）计算各项㶲分析指标，即㶲分析的评定准则；

（6）应用热力学理论分析所得结果，提出分析结论；

（7）根据分析结果及结论，提出设备或系统的节能改造方案或改进意见。

通过用㶲分析理论来分析冶金生产中各种余热余能资源量及其潜力，可以从可用性的角度对冶金用能的回收价值做出评价，从而确定其回收方向与途径。

C 能级分析法

能级分析是建立在热力学第二定律的基础上的。它的评价指标"能级降"指的是用能过程中能量质量的损失程度。基于能级分析的理论，在能量利用过程中，我们应遵循两个原则：匹配用能和能量梯级利用，最大限度地减少用户和供能方的能级降。

由热力学第二定律可知，能量在利用过程会贬值，反映在能级上就是能级的降低。在能级分析中，一般用供能方和用能方的能级降来表示能量利用的程度，即：

$$\Delta\Omega = \Omega_{供} - \Omega_{用} \qquad (2-20)$$

能级降越小，表示能量利用过程中能量质量损失越小。

2.2.2.3 能量评价方法的应用

在焓分析中，评价能量利用系统的指标是热效率；在㶲分析中，评价能量利用系统的指标是㶲效率；而能级分析提出以能量利用过程中的能级降作为评价指标。从前面的理论分析我们知道，焓分析只考虑能量的数量而忽略了能量的质量，因此，热效率也只是能量数量的一个指标；而能级分析中的能级降只考虑能量的质量而忽略了能量的数量。这两个指标都不能全面地评价能量利用优劣。例如：某钢厂轧钢连续加热炉，钢坯 20℃入炉时，炉子热效率约为 50%；钢坯 800℃入炉时，炉子热效率约为 45%。显然，800℃热装料入炉比 20℃冷装料入炉要节能。可见，热效率并不能反映能量利用优劣，不能作为能量利用的评价指标。

就能源转换设备而言，热效率、㶲效率、单位产品能耗三个指标的评价结果是一致的；可是，对工艺性用能设备或用能系统而言，受热工制度的影响，三者的评价结果在有些时候是不一致的。另外，由于效率指标在不同热工设备之间或同一种设备在不同工况条件下缺乏可比性的缘故，热工设备的热力学完善性与它所在更大用能系统的合理性时常是矛盾的，所以只有余热回收利用环节所在工序（或系统）产品能耗的改变（影响）量才是评价热工设备完善性和用能系统合理性的统一判据。钢铁企业与单位产品能耗相关联的指标有各生产工序的工序能耗和整个企业的吨钢能耗。

A 高炉炼铁过程

高炉炼铁过程的焓分析和㶲分析结果见表 2-5，部分高炉煤气（大约为高炉煤气总能量的 1/4）被用于热风炉加热但是没有包含在表中，因为热风炉可视为高炉工艺内部的一部分能量回收过程。所有的能量和㶲输入主要来自冶金焦，37.4% 的能量和 32.4% 的㶲随铁水输出。高炉煤气带出 40%～50% 的能量和㶲，这些能量和㶲部分地回收用于预热热风炉，包括高炉煤气输出外用的化学能和㶲，高炉的能量效率和㶲效率分别达 67.3% 和 61%，与一般的化工工艺相比，可以说高炉的效率是相当高的。

表 2-5 高炉炼铁过程的能量和㶲平衡

主要衡算项		能量/MJ·(t 铁水)⁻¹	占输入能量的比例/%	㶲/MJ·(t 铁水)⁻¹	占输入㶲的比例/%
输　入					
	焦炭	25205	94.1	26415	95.5
	烧结矿、矿石、熔剂	1339	5	1086	3.9
	钢渣（平炉）	243	0.9	163	0.6
	合　计	26787	100	27664	100
输　出					
有用流出物	金属熔体化学部分	8780	32.8	8206	29.7
	金属熔体物理部分	1231	4.6	754	2.7
	高炉煤气化学部分	8018	29.9	7913	28.6
	小计	18029	67.3	16873	61
排弃物	熔渣	3261	12.2	2543	9.2
	高炉煤气物理部分	1432	5.3	515	1.9
	损失的高炉煤气	1432	5.3	1080	3.9
	其他	2633	9.8	1192	4.3
	小计	8758	32.7	5330	19.3
不可逆过程的损失	高炉内			3623	13.1
	热风炉内			1838	6.6
	小计			5461	19.7
合　计		26787	100	27664	100

　　由表可知，被丢弃的能量包括高炉渣和损失的高炉煤气带走的热，其中包含输出的高炉煤气的显热，这部分能量之和达到输入能量的 32.7%，但是相应的㶲只占输入㶲的 19.3%。

　　相当高比例的㶲消耗在高炉的不可逆过程中，主要有：（1）焦炭燃烧；（2）从燃气（2270~2470K）到炉料（1770~1820K）的热传递；（3）金属和渣溶液的形成；（4）热风炉内热风的燃烧和传热。

　　B　锅炉发电热力系统

　　以按朗肯循环工作的同一凝汽式发电厂为实例，对蒸汽电站进行焓分析和㶲分析。结果表明，虽然电站的能量损失和㶲损失差不多，但各主要部件所占份额却大不相同（见表 2-6）。焓分析法中的能量损失以散失于环境为准，不区分能量品位的高低，故凝汽器的损失最大（55.7%）；而㶲分析方法的可用能损失，以过程的不可逆性为准，指的是在不可逆过程中可用能转换为㶲的部分，至于产生的㶲是在当时就排向环境，或暂时仍包含在工质内，通过后续设备再排向环境是无关紧要的。锅炉的能量损失虽不多（只占供入能量的10%），但由于燃烧、传热的严重不可逆性，㶲损失却占供入㶲的56.7%，其中尤为巨大的是换热温差导致的㶲损失。在凝汽器中的能量损失虽然很大，但其品位很低，主要是锅炉、汽轮机等设备中已转变为㶲的能量，凝汽器造成的㶲损失却很小，仅占供入㶲的3.5%，而锅炉的㶲损失最大（56.7%）。按焓分析法，提高电站效率的主攻方向是改进凝汽器；按㶲分析法，则认为凝汽器中所损失的大量能量是无法转换成电能的低级能，而锅炉中损失的是高级能。因此，提高电站效率的主攻方向应该是锅炉而不是凝汽器。但是，锅炉中燃烧与传热过程的不可逆性（不可逆㶲损失）是客观存在的，若一味地追求减少这种不可逆程度，必然要使过程无限缓慢（如因传热温差太小），设备生产效率不高，在经济上也不合理。因而，只有把两种分析方法结合好，才能真正做到最佳化。

表2-6　按朗肯循环工作的凝汽式发电厂热损失和㶲损失

焓分析法的热损失			㶲分析法的㶲损失		
项　目	数值 /kJ·kg^{-1}	所占份额 /%	项　目	数值 /kJ·kg^{-1}	所占份额 /%
锅炉	373.8	10	锅炉	2121.1	56.7
蒸汽管道	21.3	0.6	蒸汽管道	18.5	0.5
汽轮机			汽轮机	207.5	5.6
凝汽器	2083.29	55.7	凝汽器	131.7	3.5
装置做出的功	1259.8	33.7	装置做出的功	1259.8	33.7
总损失	2478.39		总损失	2478.8	
动力装置效率		33.7	动力装置效率		33.7

焓分析法只表明能量数量转换的结果，不能揭示能量损失的本质原因。㶲方法不仅表明能量转换的结果，并能确切揭示能量损失的部位、数量及其损失的原因，考虑了不同能量有其质（品位）的区别。两者从不同的角度分析，丰富了对同一事物不同侧面的认识，基于热力学第二定律的分析，是在热力学第一定律基础上进行的，二者相辅相成、互为补充，却不能相互代替。

2.2.3　冶金节能的方向与途径

2.2.3.1　冶金节能的方向

吴仲华院士曾经为科学用能总结出16个字："分配得当、各得所需、温度对口、梯级利用"[26]。节能实质上是通过科学用能，实现按质用能和梯级用能，从而减少能源利用过程中的外部损失和内部损失。

陆钟武院士针对钢铁工业节能问题提出了载能体的概念，并在此基础上提出了钢铁工业节能的三大方向。这三个方向也是整个冶金工业的节能方向[16]。

（1）降低第一类载能体（原材料和动力）的单耗及载能量，重点是降低那些能值高的原材料和动力的消耗。

（2）降低各生产环节的燃料（第二类载能体）的单耗及载能量，要通过结构调整、流程优化、提高设备效率和原燃料条件来实现燃料消耗的降低。

（3）回收生产过程中散失的载能体和各种能量，关键要加强生产过程中各种废弃物及余热余能的回收利用。

节能工作要两手一起抓，一手抓节约能源，一手抓节约非能源。

为了完成《钢铁工业"十二五"发展规划》中的节能减排目标，减少原料、能源和环境约束，提高市场竞争力，"十二五"期间我国钢铁工业需要从以下方面推进节能减排工作：

（1）加快淘汰落后产能，优化生产结构，实现结构节能。总体来看，我国钢铁工业的产业集中度还不高，落后产能还普遍存在。根据《淘汰落后产能工作考核实施方案》（工信部产业［2011］612号），"十二五"期间应淘汰落后炼铁产能4800万吨、炼钢产能4800万吨、焦炭4200万吨，降低生产中的铁钢比，鼓励多使用球团矿，提高高炉喷煤比，推广"一罐到底"生产技术，采用高效连铸技术，提高热送热装比例和直接轧制技术的应用，使生产流程紧凑化、高效化、连续化，大幅降低能耗。

（2）加大节能技术的研发和推广力度，实现技术节能。"十二五"期间，钢铁行业应大力推广成熟、适用的节能技术，如高压干熄焦、小球烧结、干式TRT、转炉干法除尘、蓄热燃烧等技术；重点完善和推广尚未完全普及，但已经相对成熟的技术，如煤调湿、烧结余热发电、烧结烟气循环、降低烧结漏风、高炉脱湿鼓风、低温余热蒸汽发电等；加大煤气资源化、高炉煤气富化、钢铁渣显热利用、铸坯显热利用等前沿技术的研发力度。同时，加大对新技术的关注力度，争取成熟一个推广一个，如干式真空处理、焦炉上升管余热利用技术等。

（3）提高能源管理水平，实现管理节能。"十二五"期间应加强钢铁企业能源管理能力建设，重点做好企业能源审计、建立企业能源管理负责人制度、能源管理体系认证和能源管理中心建设等四项工作。目前，国标《能源管理体系要求》（GB/T 23331—2009）已经实施，已有宝钢、沙钢等数家企业通过了管理体系认证。"十二五"期间，更多企业应加强体系建设工作，从而对进一步提高企业能源管理水平起到促进作用。

（4）加强中低温余热资源利用，进一步挖掘节能潜力。低品质的余热在钢铁企业量大、面广。烧结工序环冷机和主烟道烟气余热还未被普遍利用；高炉冲渣热水的余热节能潜力很大；转炉余热利用率尚有提高空间；热轧一次材余热回收比例不高，可采取整合方式进一步提高利用率。可以说，钢铁行业低温余热资源综合利用将会成为钢铁行业"十二五"节能的主战场和进一步挖掘的节能潜力所在。

（5）构建行业之间能源循环利用。钢铁企业重点要与化工、电力、城市供热等企业之间建立起能源循环经济。以钢铁副产煤气、余热余压利用为核心，链接钢铁行业与电力行业，构建冶金炉窑—副产煤气—共同火电—电力回供的钢铁–电力循环经济产业链。以焦化副产品综合利用为核心，链接钢铁行业与化工行业，构建焦炉煤气、焦油、粗苯—石化产品的钢铁–化工循环经济产业链。以钢铁企业大量富余的余热资源为中心，给城市供热，或供给造纸厂、化工厂等用热企业，比企业转换利用效率更高。

（6）积极应对气候变化。据国际能源署提供的数据，钢铁工业排放的 CO_2 量占人类 CO_2 排放量的 4% ~5%，因此，钢铁工业应积极承担应对气候变化的责任。目前，欧盟、日本、韩国等国家和地区已经率先开展低碳技术路线研究，我国钢铁工业也应该尽早开展研发工作，占领未来低碳技术的制高点，通过借鉴其他国家在钢铁工业 CO_2 减排方面的成功经验，结合我国钢铁工业的特点和实际情况，提出适合我国钢铁工业、切实可行的技术路线和减排措施。

2.2.3.2 冶金节能的途径

一般说来，冶金生产的节能途径分为工艺节能、设备节能、余热余能回收利用及管理节能等几个方面。

A 工艺节能

所谓工艺节能，是指通过冶金工艺的改进、提升或采用先进工艺来实现节能。在工艺方面，可以采取的节能措施有：

（1）采取先进生产工艺，取代落后工艺，是工艺节能的根本性措施。钢铁工艺采用连铸工艺取代模铸工艺，有色冶金采取富氧顶吹冶炼工艺取代反射炉、鼓风炉等冶炼方式后，均取得了非常显著的节能效果，大幅降低了单位产品能耗。

（2）提高矿石/精矿品位，实施精料方针，降低冶炼能耗。无论是有色冶金还是钢铁冶金，这一工艺措施都会产生较为不错的节能效果。

（3）采取强化冶炼措施，提高冶金生产与能源利用效率。采用热风、富氧及气体搅拌等方式，已成为目前冶炼中常用的冶炼强化方式，特别是在有色冶金生产中采用顶吹、侧吹、底吹等一种或多种冶金强化方式，不仅可以提高生产效率，而且可以大幅提高冶炼设备的能源利用效率。

（4）加强工序之间的热衔接，提高生产流程的连续性，可减少过程热损失，减少下游工序能源消耗。钢铁生产中高炉–转炉区段的铁水转运的"一罐到底"模式、连铸–加热炉区段的连铸坯热装热送模式已经为钢铁工业节能做出了重要贡献。

（5）加强自动控制，实现设备的优化运行。冶金生产中，采用自动控制系统，可稳定和改善工艺过程，使整个冶炼系统处于最优或较优的运行状态，从而实现能源的节约。

B 设备节能

设备节能已是一项极为普及的节能措施，是通过改造或更新设备、设备大型化而实现节能。在设备方面，可以采取的措施有：

（1）设备工艺改造。如换热式加热炉改造为蓄热式加热炉，可将加热炉的单位产品能耗降至 1.0GJ/t 以下。

（2）设备节能改造。对设备的保温措施和燃料燃烧方式、余热利用方式进行改造，可提高设备的能源利用效率，减低设备单位产品能耗。

（3）设备大型化。设备的大型化可以带来产量提高、热损失相对减少、能源利用率提高等诸多好处。

C 余热余能回收利用

冶金工业在消耗能源推动物料转变的同时会产生大量的余热余能，各种余热余能的有效回收利用已成为冶金工业进一步节能的重要途径。

调查表明，我国钢铁工业吨钢余热余能资源总量为 455.1kgce/t 钢，回收利用量为 207.3kgce/t 钢，回收利用率 45.6%。其中，余热资源总量为 243.8kgce/t 钢，回收利用 36.8kgce/t 钢，回收利用率仅 15.1%；余能资源总量为 211.3kgce/t 钢，回收利用 170.5kgce/t 钢，回收利用率达 80.7%。理论计算表明，我国钢铁工业目前还有 80.7kgce/t 钢的余热余能回收潜力，是进一步节能的努力方向。

我国有色冶金工业的余热资源量约为 2000 万吨标准煤/年，其中约 70% 是烟气余热，而目前烟气余热的回收利用率不足 40%，是未来节能的重要方向。

D 管理节能

管理节能是节能中重要但容易被忽略的一个环节。近年来，随着节能压力的逐步增大和节能空间的逐步减小，管理节能逐步地受到重视。冶金企业可通过建立能源管理体系和建设能源管理系统这两项重要举措实现管理节能。

能源管理体系就是从体系的全过程出发，遵循系统管理原理，通过实施一套完整的标准、规范，在组织内建立起一个完整有效、形成文件的体系，注重建立和实施过程的控制，使组织的活动、过程及其要素不断优化，通过例行节能监测、能源审计、能效对标、内部审核、组织能耗计量与测试、组织能量平衡统计、管理评审、自我评价、节能技改、节能考核等措施，不断提高能源管理体系持续改进的有效性，实现能源管理方针和承诺并达到预期的能源消耗或使用目标。建立能源管理体系一般按如下步骤进行：领导决策与准备→范围界定→初始能源评价→体系策划→能源管理体系文件的编制→体系运行→内部审核和管理评审。能源管理体系的建立，可以帮助企业以高效的方式开展节能管理工作，落实政府各项强制性要求，制定全面深入的综合节能方案，最终使企业具备持续节能的能力，大幅提升企业能源的管理效率，降低能源消耗。

　　能源管理系统是借助于完善的数据采集网络获取生产过程的重要参数和相关能源数据，实现能源综合监控、基础能源管理、能源平衡调度等能源管控功能，最终实现决策支持信息化系统。建设公司一体化的集中统一的能源管理系统是数字化能源管理的技术支持措施，也是大型冶金企业提高节能效益的重大技术装备措施，应从企业发展战略的高度认识建设企业能源管理系统的必要性和迫切性。

　　目前，企业能源管理系统技术的发展已从单纯设备监控转向过程和系统综合监控，并继续向管控一体化方向发展。我国大多数大中型钢铁企业已经或正在建设能源管理系统，有色企业的相关工作则刚刚起步。钢铁行业的应用效果表明，能源管理系统可为冶金企业带来 2% ~3% 的节能量。

2.3　钢铁工业节能分析方法

　　就工业节能而言，其具体途径或方法包括单体设备的节能和系统节能两个方面。能量的转换和利用，都是通过设备来实现的，锅炉、工业炉窑、电加热器、风机、水泵等都是单体耗能设备，为了降低单体设备的能源消耗，提高其能源利用水平，必须对能量利用过程进行分析，挖掘节能潜力，这就是单体设备的节能。而系统节能是将能源系统作为一个整体来考虑，对工业生产中用能的全过程进行综合研究，分析系统内部各要素之间的相互关系和作用，并进行优化，从而提高能源利用率。以下几种方法主要从系统节能的角度进行分析。

2.3.1　吨钢能耗分析法

　　吨钢能耗分析法是既考虑能源消耗又考虑非能源消耗的分析方法。最具代表性的吨钢能耗分析方法是东北大学陆钟武院士于 20 世纪 80 年代提出的 $e-p$ 分析法。

　　吨钢能耗的 $e-p$ 分析法是钢铁联合企业进行能耗分析的有效方法。其表达式为：

$$E = \sum_{i=1}^{n} e_i p_i \qquad (2-21)$$

式中　E——吨钢能耗，kgce/t 钢；

　　　e_i——第 i 道工序的工序能耗，kgce/t 产品；

　　　p_i——第 i 道工序的钢比系数，t 产品/t 钢。

　　由吨钢综合能耗表达式可知，影响吨钢综合能耗的直接因素有两大类：一是各工序的工序能耗，二是各工序的钢比系数。所以，为了降低吨钢能耗，一要降低各工序的工序能耗，二要降低各工序的钢比系数，两者缺一不可。

在分析钢铁工业能耗时，用 $e-p$ 分析法可求出统计期内因 e_i 变化引起的吨钢能耗改变量（即直接节能量）以及因 p_i 变化引起的吨钢能耗改变量（即间接节能量）。计算公式为：

$$\Delta E = \sum_i e''_i(p''_i - p'_i) + \sum_i p'_i(e''_i - e'_i) \qquad (2-22)$$

式中　e'_i，e''_i——分别为统计期始、末第 i 道工序的工序能耗；

p'_i，p''_i——分别为统计期始、末第 i 道工序的钢比系数。

式（2-22）中，两组括弧内的差值分别代表统计期始末某工序的钢比系数、工序能耗的改变量。等式右侧的第一项是因钢比系数变化（企业结构调整）获得的节能量，称为间接节能量；第二项是因工序能耗变化（各工序节能）获得的节能量，称为直接节能量。应用式（2-22）分析我国钢铁工业从 1980～2010 年间的节能效果，见表 2-7。

表 2-7　1980～2010 年中国钢铁工业吨钢可比能耗的变化及其节能效果

项　目		单位	"六五"(1980～1985)	"七五"(1985～1990)	"八五"(1990～1995)	"九五"(1995～2000)	"十五"(2000～2005)	"十一五"(2005～2010)	吨钢节能量合计(1980～2010)
吨钢能耗可比变化量		kgce	-179.0	-89.0	-37.0	-199.0	-67.0	-24.0	-595.0
		%	30.08	14.96	6.22	33.45	11.26	4.03	100.0
其中	直接节能量	kgce	-124.3	-56.5	-20.4	-103.3	-38.3	-16.5	-359.3
		%	69.44	63.48	55.14	51.91	57.16	68.75	60
	间接节能量	kgce	-54.7	-32.5	-16.6	-95.7	-28.7	-7.5	-235.7
		%	30.56	36.52	44.86	48.09	42.84	31.25	40

由表 2-7 可知，30 年来中国钢铁工业的吨钢可比能耗由 1285kgce/t 钢下降到 690kgce/t 钢，总节能量为 595kgce/t 钢，其中直接节能 359.3kgce/t 钢，约占吨钢节能量的 60%；间接节能 235.7kgce/t 钢，约占吨钢节能量的 40%。

2.3.2　物质流-能量流分析法

殷瑞钰院士指出，钢铁企业的生产过程实质上是物质、能量的流动过程，是物质流在能量流的驱动和作用下，在流程网络中按照一定的"程序"动态有序地运行[1]。

物质流-能量流分析法把冶金生产系统抽象为物质流转变过程和能量流转变过程，剖析物质流、能量流在钢铁生产过程中的运行行为、效果及二者的相互作用机制，为冶金企业的进一步节能寻求新的突破口。

该方法通过构建物质流模型、能量流模型及物质流 – 能量流耦合模型，分析企业在物质流、能量流优化方面的节能潜力。

（1）物质流模型。各种物料沿着产品生命周期的轨迹流动形成物质流。将某个生产单元或工序的物质流分为来自上道工序物质流、循环利用物质流等流股，构造冶金生产单元、生产工序及生产流程的物质流模型。应用该模型剖析各股物质流大小及物质流参数对工序金属收得率、流程资源效率和工序物流比系数的影响。

将冶金流程网络总结为串联型和串 – 并联型，剖析流股交叉干扰及通路堵塞等因素对流程网络中物质流的运行时间周期及连续化度的影响，进而提出了流程网络优化的措施。

（2）能量流模型。各种能源沿着转换、使用、回收、排放的路径在冶金企业内流动形成能量流。将某个能源转换单元或工序的能量流分为被转换的能源、转换后的能源产品等流股，建立能源转换单元、转换工序及转换网络的能量流模型；应用模型研究各股能量流对工序能源产品能值的影响；分析各种转换方式权重、转换装置数量、装置能量转换效率及能量输送效率对能源转换网络产品能值的影响。

（3）物质流 – 能量流耦合模型。物质流与能量流在冶金生产中协同作用：能量流推动物质流的转变，过剩的能量流或依附于物质流进入下一道生产工序，或分离运行形成独立的能源回收 – 转换网络。由此建立物质流 – 能量流耦合模型，应用模型分析冶金企业物质流 – 能量流协同运行的节能潜力。

物质流 – 能量流分析方法已在钢铁行业得到广泛应用，在流程与区段界面优化、余热余能回收利用方面发挥了重要作用。

2.3.3 过程集成方法

所谓过程集成（Process Integration，以下简称 PI）是把整个过程工业系统集成起来作为一个有机结合的整体来看待，达到整体设计最优，从而使一个过程工业系统能耗最小、费用最低，对环境污染最小[27]。过程集成方法的研究始于 20 世纪 70 年代末，它从过程设计的整体考虑，综合利用物质和能量，着眼于从工艺过程本身发掘清洁生产的机会。它不仅考虑物质流的流程生成，而且将物质流、能量流、信息流加以综合集成，从而找到理想的生产过程。

过程集成是在过程综合的基础上发展起来的比较新的领域，最初主要用于系统节能，并发展了用于换热网络分析和设计的系统方法——夹点技术[28]，在过程工业领域得到广泛应用。从 20 世纪 80 年代开始，过程集成逐渐成为节能的热点，由于夹点技术能取得明显的节能和降低经济成本的效果，因此其在各国日益受到重视。在换热网络的集成思想和夹点技术的基础上，其应用领域逐步扩展到提高原料利用率、降低污染物排放和过程操作等方面。20世纪90年代，总部设在巴黎的国际能源组织IEA（International Energy Agency）成立了PI委员会，目的是开发推广PI技术，以节能和减少环境影响为宗旨，18个国家参加了该组织。据统计，世界上涉及PI的组织有35个大学、科研及专业公司。另外一个重要PI研究中心是英国曼彻斯特理工大学（UMIST）成立的"过程基础研究共同体（PIRC，Process Integration Research Consortium）"，已有27个公司和大学参与其中。随着过程集成技术的发展，其应用尺度不断向更小分子和更大规模的化学供应链扩展，过程集成的方法也不仅限于夹点分析，数学规划、人工智能技术以及这两种方法与热力学方法的交叉和结合也被引入过程集成[29]。

　　热交换换热网络综合是过程集成的典型例子。热交换器中有热流也有冷流，几台热交换器可以组合形成热交换网络。Linnhoff提出用表示于温焓图上的过程曲线来分析冷热流体综合情况。图2-5（a）是三个已知进出口温度T、流量m及热物理性质C_p的热流过程，A、B、C分别代表三个热流过程$m$kg流量温度降低1℃所释放出的热量。将三个热流过程叠加后构成图2-5（b）所示的组合曲线。若将冷流过程也综合，即可得到图2-6上表示的结果。以上所述清楚地显示了节能目标达到的程度，其中冷热流体最小温差处，可称为"节点"；两曲线两端点处的焓差，即为外部冷却与外部加热的能量。在节点以上过程需要外部加热（需另加热源），在节点以下需外部冷却（需另加冷源）。显然，应寻求外部加热和外部冷却量的最小值，否则过程的节能效益就差。节点温差对于用户有一个整体用能与热交换负荷为最优分配的最小值ΔT_{min}。在给定ΔT_{min}下的综合焓温图，可反复试算，以实现节能要求。

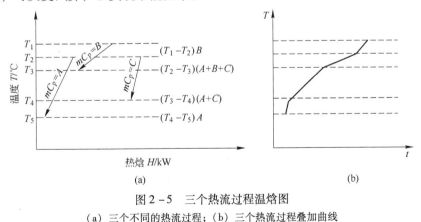

图2-5　三个热流过程温焓图
（a）三个不同的热流过程；（b）三个热流过程叠加曲线

2.3.4　能源系统模型化方法

　　用模型化方法研究能源系统的优化问题已得到国内外研究人员的认可，并在实际应用中起到了节能、减排和降低成本的作用。国内外学者和工程技术人员采用系统分析的模型化方法把各个设备、各生产工序及各个厂矿的能源生产和能源使用联系起来，建立能源系统模型，研究能源的投入产出、生产优化、需求预测等。近年来，国内外学者主要通过建立物料平衡模型、能源供需平衡模型等，分析钢铁企业能源消耗、生产成本和污染物排放等的影响因素，找出解决措施[30~33]。

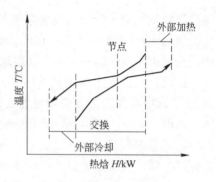

图 2-6　热交换过程焓温图

运用数学方法研究用能系统的方法，其基本内容是建立用能系统模型，例如回归统计模型、投入产出模型、一般线性规划模型、混合整数模型、静态模型、动态模型、纯能源模型、能源经济耦合模型等。用系统节能观点优化企业内上、下工序间的配合，设备群的负荷分配，能源的分配以及梯级利用，是能源模型化方法的研究重点。目前，我国钢铁企业已经深入开展了企业系统节能，并取得了显著成效，但还有很多工作需要做，如产品的结构优化、能源介质的预测与优化等。

2.3.5　投入产出分析法

投入产出分析法，又称"部门平衡"分析法或"产业联系"分析法，是由美国经济学家瓦·列昂捷夫提出。投入产出分析法主要通过编制投入产出表及建立相应的数学模型来反映经济系统各个部门（产业）之间的相互关系。自 20 世纪 60 年代以来，这种方法就被经济地理学家广泛地应用于区域产业构成分析、区域相互作用分析以及资源利用与环境保护研究等各个方面。在现代经济地理学中，投入产出分析方法是必不可少的方法之一。

在节能分析中引入这一分析方法，目的是建立企业内部的各生产工序所消耗的能源和非能源（投入）与该工序生产的产品数量和质量（产出）之间的相互关系，从而明确企业的节能方向与途径。

应用投入产出分析法，可计算冶金企业产品的直接消耗系数与完全消耗系数，预测企业产品产量及能源、非能源购入量，计算产品能值，预测企业能耗总量，计算企业节能量，评价节能技术[16]。

3　钢铁工业的节能与减排

3.1　钢铁工业的节能

3.1.1　能耗指标及影响因素分析

3.1.1.1　钢铁企业的能耗指标

对于钢铁冶炼过程而言，需要消耗大量的物质和能源，为了分析和评价钢铁企业的能耗水平，首先对能耗指标作简要说明。目前，钢铁行业内使用的能耗指标主要有：吨钢综合能耗、吨钢可比能耗和工序能耗。

A　吨钢综合能耗

吨钢综合能耗定义为企业在统计期内消耗的能源总量除以同期内合格的钢产量。统计范围包括：焦炭、烧结、球团、炼铁、炼钢、连铸、轧钢和为钢铁工业生产服务的运输、机修、动力（含自发电）等。企业能量的统计方法应符合 GB/T 2589、GB/T 3484、GB/T 2587、GB/T 8222 等的规定。用于统计的量、单位、符号应符合 GB 3101 的规定。用能单位能源计量器具配备和管理应符合 GB 17167 的规定。

全国吨钢的平均综合能耗等于全国钢铁工业在统计期内所消耗的能源总量除以钢产量。企业的吨钢综合能耗（kgce/t 钢）等于该企业在统计期内所消耗的能源总量除以同期钢产量，即：

$$吨钢综合能耗 = \frac{能耗总量}{钢产量} \tag{3-1}$$

式中　能耗总量 = 企业购入能源量 ± 库存能源减增量 – 外销能源量

　　　　　　 = 企业各部位耗能量之和 + 企业能源亏损量

　　　钢产量 = 合格钢锭产量 + 合格连铸坯产量

这里需要指出，由于各国钢铁工业的生产结构不同、统计口径不同，所以不能用吨钢综合能耗作为各国钢铁工业之间对比的依据。同理，由于各钢铁企业的生产结构不同，能源转换水平不同，也不能用吨钢综合能耗指标作为各企业之间评比考核的依据。

B　吨钢可比能耗

吨钢可比能耗定义为在统计期内，每生产 1t 合格钢，从炼铁（包括烧结、焦化）、炼钢直到成材配套生产所必需的耗能量及企业燃料加工与输送、机车运输能耗与企业能源亏损所分摊在每吨钢的耗能量之和。

吨钢可比能耗界定了统计范围，特别强调了"配套"生产吨钢这一口径，从而消除了企业生产构成差异对能耗的影响。如企业购入或外销生铁时，在计算吨钢可比能耗的过程中应将这部分生铁的生产能耗补入或扣除，以符合"配套"的原则。

C　工序能耗

工序能耗是指企业中的各工序生产 1t 合格产品直接消耗的能源量，即：

$$工序能耗 = \frac{工艺过程及辅助生产消耗的能量 - 回收并外供的能量}{合格产品的产量}$$

在计算过程中，煤、油、气、电等各种能源的消耗量均按规定折算成标准煤。常用能源折标准煤系数和耗能工质能源等价值系数见表 2 - 3 和表 2 - 4。

吨钢综合能耗、吨钢可比能耗、工序能耗组成了现有钢铁工业能耗指标体系。客观而言，我国钢铁工业节能 30 年，吨钢综合能耗、吨钢可比能耗、工序能耗组成的指标体系及其评价方法的作用"功不可没"；通过对能耗指标的分析，可在一定程度上找出各工序、各环节的节能潜力，从而为企业的节能降耗决策与措施提供依据。

但随着我国钢铁工业的飞速发展，钢铁企业节能减排工作的不断深入，能耗指标不断降低，这种以吨钢综合能耗、吨钢可比能耗、工序能耗组成的现有钢铁工业能耗指标体系逐步显现出其不完善性，已难以适应当前我国钢铁工业的发展形势。因此，从钢铁工业的发展来看，需要用更加合理的指标来客观评价其能源消耗。这就必须要提到吨产品能耗这一重要概念。吨产品能耗是指生产单位产品企业所累计消耗的能源量，包括所耗物质流的载能量和所耗能量流的载能量，其数值上等于各生产工序和能源转换工序的材比系数与其工序能耗乘积之和。吨产品能耗是评价大宗钢材产品能耗水平的重要指标，在同类大宗钢材产品之间具有可比性。条件成熟时，它是同类终端大宗产品能耗的可比指标。

用吨产品能耗、吨钢能耗和工序能耗对钢铁企业能源消耗进行评价，使企业间的能耗指标更具有可比性。其中，终端产品的划分要依据能源管理手段和能耗统计数据的完备程度而定，按大宗钢材分类，宜粗不宜细。

3.1.1.2　影响能耗指标的因素

影响能耗指标的因素有很多，由吨钢能耗 $e - p$ 分析法可知，影响吨钢能耗的直接因素有两大类：一是各工序的工序能耗，二是各工序的钢比系数。所以，为了降低吨钢能耗，一要降低各工序的工序能耗，二要降低各工序的钢比系数，两者缺一不可。

根据工序能耗的定义，可知影响生产工序能耗的直接因素有三方面：（1）某工序所消耗各种能源介质（燃料和动力）的实物量多少；（2）对应每一种能源介质的标准煤折算系数大小，也就是这种能源在其生产、转换过程所消耗的能源量；（3）余热余能回收量的高低。即：

$$工序能耗 = \frac{\sum 燃料及动力介质实物消耗量 \times \alpha - 回收并外供的能量}{合格产品的产量}$$

式中　α——燃料及动力介质的标准煤折算系数，kgce/单位产品。

能源消耗量等于每种能源的实物消耗量与其标准煤折算系数乘积之和，受实物消耗量的多少及其折算系数大小两方面的影响。影响能源实物消耗量多少的因素是多方面的，主要有装备水平、原燃料条件、操作方法等因素；某种能源的折算系数与其能源转换工序的转换效率有关，转换效率越高，能源转换工序的能耗越低，标准煤折算系数就越小；影响余热余能回收量的主要因素是回收装置水平和利用程度，余热余能回收越多，工序能耗就越低。

钢比系数是统计期内各道生产工序的实物产量与钢产量之比，代表企业的生产结构。各工序的钢比系数对吨钢能耗有直接影响，一般来说，在其他条件一定的情况下，各工序的钢比系数愈小，吨钢综合能耗就愈低。然而，有两个工序要特殊加以说明，那就是炼钢和轧钢。炼钢工序的钢比系数是"钢钢比"，它必等于1，所以不必研究它对吨钢综合能耗的影响问题，但是，炼钢工序内部转炉、电炉两种炼钢方法的比例，却是需要重视的问题，因为它对于吨钢综合能耗是有影响的。轧钢工序的钢比系数对吨钢综合能耗的影响，虽然在影响的方向上同其他工序一致，但是绝不能单从节能观点出发希望它降下来。相反，提高轧钢工序的钢比系数（材钢比）才是努力的方向，这是一般常识。

下面从5个方面来分析能耗的影响因素。

A　生产流程对能耗的影响

钢铁工业所需的铁矿石、废钢、淡水等资源，对能耗的影响很大。我国以贫矿为主，所以带来一系列不利于节能降耗和环保的问题。钢铁制造流程又以高炉－转炉长流程为主，由该流程生产的钢产量占全国粗钢产量的80%以上；电炉炼钢流程钢产量只有不到10%[12]，而国外先进国家该流程生产的钢产量占其粗钢产量的比例均在20%以上。与国外相比，我国电炉钢产量较低，如图3－1所示。以废钢为源头的电炉流程与以铁矿石为源头的高炉－转炉流程相比，每吨钢可节约铁矿石1.3t，降低能耗350kgce，减排$CO_2$1.4t（不计短流程中电力的CO_2排放），减排废渣600kg。由于我国社会废钢积蓄量少、钢铁工业产量增长快，废钢资源相对短缺，电炉钢比例将长期处于20%以下，2010年仅为9.8%。利用废钢资源有利于降低钢铁工业的能源消耗和环境负荷，特别是CO_2的排放量，但是，由于废钢资源缺乏和价格高等原因制约了废钢的使用，国家应从政策上鼓励企业多进口废钢、多用废钢，进一步加大废钢的利用和重视电炉短流程的发展。要尽可能地回收折旧废钢，并使其回到钢铁工业中来，作为原料重新使用。这样，才能用较少的能源生产较多的钢材。

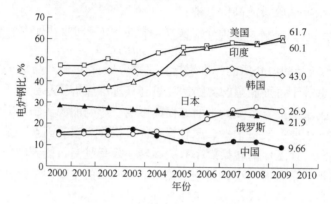

图 3-1　世界主要产钢国电炉钢比

　　2006 年我国废钢资源量为 9109 万吨，2010 年达到 11925 万吨，2001～2010 年期间我国废钢消耗量见表 3-1。我国钢铁企业的废钢比仍远远低于世界平均水平。2009 年，除中国外的世界其他国家共产钢 6.5 亿吨，消耗废钢 3.8 亿吨，废钢比达 0.58，我国废钢比仅为 0.14。2010 年，我国粗钢产量 63874 万吨，炼钢消耗废钢 8810 万吨，综合吨钢废钢消耗 138kg[9]。其中，钢铁企业自产废钢 3300 万吨，废钢产生率 5.16%。

表 3-1　2001～2010 年我国废钢消耗量

年　份		2001	2002	2003	2004	2005	2006	2007	2008	2009	2010
废钢消耗量/万吨		3440	3997	4820	5430	6330	6720	6850	7380	8370	8810
其中	转炉消耗/万吨	1311	1647	1718	2065	2487	2788	3193	3468	3960	4540
	电炉消耗/万吨	1928	2318	3062	3036	2718	2873	3520	3730	4340	4130
	其他消耗/万吨	201	32	40	329	1125	1059	137	182	70	140
综合单耗/kg·t⁻¹		226	215	217	191	178	160	140	144	145	138
其中	转炉单耗/kg·t⁻¹	104	109	94	89	79	73	74	80	66	80
	电炉单耗/kg·t⁻¹	803	760	784	729	650	571	602	629	520	524

　　由表 3-1 可见，2001～2010 年期间我国废钢消耗量虽有较大增长，但由于粗钢产量增长过快，废钢产生率在下降，废钢资源明显供小于求，致使吨钢废钢消费量下降。随着钢产量增长速度的放缓和废钢产生量的增加，钢铁料消耗及转炉与电炉的比例会向着废钢比重增大的方向发展，将有力促进钢铁企业的节能减排工作。

B 铁钢比对能耗的影响

因为高炉炼铁的能耗在钢铁生产过程中所占比例最大，炼钢生铁消耗的多少是影响企业铁钢比高低的主要因素。铁钢比是指生产 1t 钢所耗铁水量与钢水量的比值，它是影响吨钢能耗的重要因素。铁钢比高必然导致钢铁工业能耗上升，铁钢比低就意味着炼钢使用铁水的量少而使用废钢的量多。

2010 年世界铁钢比平均为 0.7388，我国为 0.9440，除中国外的世界平均铁钢比为 0.5734。而同期美国铁钢比为 0.327，欧盟 27 国为 0.5446，德国为 0.6461，英国为 0.7451。铁钢比升高 0.1，会使吨钢综合能耗上升 50kgce/t 左右。我国铁钢比高，导致吨钢综合能耗比国际先进水平高约 110～250kgce/t[18]。由于我国钢铁需求量大，社会积蓄的废钢量少，短期内降低铁钢比还不现实。同时，大量使用废钢也会使钢材质量下降，在利用废钢生产高质量钢材方面还需要开发相应的技术。

C 能源结构对能耗的影响

以煤为主、贫油、少气的能源结构对钢铁制造流程的节能减排有重要影响，我国钢铁工业能源结构中煤炭和电力比例最高。煤炭在应用过程中的能源转换效率和能源使用效率比石油和天然气要低，仅此一项，我国钢铁工业的能耗要比工业发达国家的能耗高 15～20kgce/t[21]。

随着国际和我国能源格局的变化，应鼓励钢铁企业采用多元化能源结构，优先利用天然气等清洁能源。

D 能源转换水平对能耗的影响

能源转换水平的高低对能源消耗有很大的影响，表 3-2 为我国不同企业发电和制氧能耗比较。可以看出，若吨钢电耗按 600kW·h 计算，因发电能耗水平不同导致吨钢能耗上升 84.6kgce；按吨钢制氧 90m^3 计算，因制氧能耗水平不同导致吨钢能耗上升 14.9kgce。

表 3-2 我国不同企业发电和制氧能耗比较

企业名称	A	B	C	D	E	F	G	H	差距
发电能耗 /kgce·(kW·h)$^{-1}$	0.327	0.456	0.448			0.461	0.468		0.141
制氧能耗 /kgce·m^{-3}	0.266	0.432	0.423	0.298	0.347	0.408	0.344	0.292	0.166

2005 年，我国将电力标准煤折算系数从 0.404kgce/(kW·h) 调整为 0.1229kgce/(kW·h)，使得电力消耗折标煤后降低了 69.57%，进而严重地影响了我国钢铁工业总用能水平的考核，给能耗的统计与分析带来了很大的影响。

我国目前执行的电力标准煤折算系数 0.1229kgce/(kW·h) 是 1kg 标准煤的

发热值与 $1kW \cdot h$ 电能的理论比值。实际上，煤的发热量在转换为电能的时候受到热力学第二定律的限制，其能源转换效率是有限的。我国火力发电的平均标准煤耗量为 $0.4kgce/(kW \cdot h)$，按我国当前电力行业供电煤耗的先进水平计算，供电标准煤耗为 $0.2909kgce/(kW \cdot h)$。日本钢铁工业电力标准煤折算系数为 $0.357kgce/(kW \cdot h)$、西欧钢铁企业是在 $0.320kgce/(kW \cdot h)$ 左右，我国调整电力折标准煤系数之后，造成统计基准的变化，使我国钢铁工业能耗与国外失去了可比性。

E　技术装备水平对能耗的影响

冶金技术装备是向大型化、高效化、自动化、连续化、紧凑化、长寿化和生产过程环境友好方向发展的。目前，我国冶金技术装备水平发展不平衡，处于多层次、不同装备水平、各种技术经济指标共存的阶段，达到国际水平的约占 $1/3$，有 20% 左右的企业技术装备和生产指标相对落后，属淘汰之列。

（1）小高炉的能耗要高于大高炉 $80 \sim 90kgce/t$。鼓风机每产生 $1m^3$ 风，要消耗 $0.085kgce/t$ 的能量。$4000m^3$ 级高炉的风耗在 $950m^3/t$ 左右；中小高炉一般是采用大风机、大风量，进行高强度冶炼，来获得高利用系数，导致吨铁风量偏高，小高炉吨铁风耗在 $1300m^3$ 以上。应采取降低燃料比的操作方针来实现高利用系数。太钢、宝钢、首钢、武钢等企业的高炉燃料比在 $500kg/t$ 以下，而高炉利用系数可在 $2.5t/(m^3 \cdot d)$ 左右，吨铁风量在 $930 \sim 1100m^3/t$ 之间，这是一种科学的高炉操作方针。

小高炉炉顶压力一般在 $100kPa$ 以下，而大高炉炉顶压力在 $235kPa$ 左右，相差 $135kPa$。炉顶压力提高 $10kPa$，可降低燃料比 $0.3\% \sim 0.5\%$，相当于 $1.15kgce/t$ 左右。由于炉顶压力的差距，会使小高炉炼铁能耗上升 $15.578kgce/t$。

小高炉的生铁中硅含量一般在 0.8% 左右，而大高炉一般是在 0.4% 左右。生铁中硅含量下降 0.1%，可使高炉焦比下降 $4kg/t$，相当于能耗 $4kgce/t$。

小高炉煤气中 CO_2 含量在 18% 左右，大高炉在 $22\% \sim 24.5\%$ 之间。CO_2 含量升高 0.5%，可使工序能耗降低 $8.5kgce/t$，由此造成小高炉能耗比大高炉高 $24kgce/t$。

（2）小转炉煤气和蒸汽回收装置配置不齐全，或回收量低，使二次能源损失严重。大转炉可回收煤气 $100m^3/t$、蒸汽 $50kg/t$，可回收 $28.5kgce/t$ 左右的二次能源，实现转炉"负能炼钢"。而我国 $20t$ 以下的转炉，一般没有煤气和蒸汽回收装置，能耗较高。

（3）生产流程连续化、紧凑化可节能。炼钢厂不设混铁炉，铁水直接去炼钢，可使铁水物理热损失减少。钢坯进行热送热装，直接轧制，可实现轧钢节能 30% 以上。

3.1.2　典型钢铁企业的能源消耗

近年来，全国钢铁企业在节约能源、余能余热回收利用、提高能源利用效率等方面做出了卓有成效的工作，同时在提高技术节能、结构节能和管理节能上取得了很好的效果，这些工作有力地促进了我国钢铁企业的吨钢综合能耗、吨钢可比能耗和各个生产工序的工序能耗不同程度的下降，从而促进了全行业单位产品能耗的下降[34]。但是，由于我国钢铁企业数量多、分布广，各钢铁企业间的装备水平、工艺流程有很大不同，企业的能源消耗水平也不同，详见表 3-3。2010 年我国大中型钢铁企业能耗总量为 26036 万吨标准煤，比 2009 年增长6.18%，吨钢综合能耗为 604.6kgce/t，比 2009 年降低 62.21kgce/t。

表 3-3　大中型钢铁企业吨钢综合能耗

企业名称	吨钢综合能耗/kgce·t⁻¹	
	2009 年	2010 年
宝山钢铁集团有限公司	619.91	591.26
江苏沙钢集团有限公司	590.12	580.11
武汉钢铁（集团）公司	633.03	637.93
鞍钢股份有限公司	630.90	634.00
马钢股份有限公司	649.86	643.07
首钢集团	624.06	616.12
唐山钢铁集团有限责任公司	579.99	569.52
莱芜钢铁集团有限公司	632.89	621.76
包头钢铁（集团）有限责任公司	717.34	708.62
本溪钢铁（集团）有限责任公司	722.59	678.72
安阳钢铁集团有限责任公司	665.12	651.39
广西柳州钢铁（集团）公司	687.88	631.69
山东日照控股集团有限公司	576.51	571.79
济南钢铁集团总公司	591.61	588.69
新余钢铁有限责任公司	644.70	614.09
酒泉钢铁（集团）有限责任公司	583.56	526.31
太原钢铁（集团）有限公司	559.00	553.51
唐山国丰钢铁有限公司	555.98	545.75
北台钢铁公司	741.93	706.24
湘潭钢铁集团有限公司	640.99	613.1
萍乡钢铁有限责任公司	547.87	515.48

续表 3 – 3

企业名称	吨钢综合能耗/kgce · t⁻¹	
	2009 年	2010 年
承德钢铁集团有限责任公司	671.59	668.03
南京钢铁集团有限公司	621.16	619.25
邯郸钢铁集团有限责任公司	561.66	548.03
涟源钢铁集团有限公司	643.68	616.79
昆明钢铁集团有限责任公司	607.35	621.07
宣化钢铁集团有限责任公司	649.82	645.32
攀枝花钢铁（集团）公司	724.52	704.8
河北敬业企业集团	594.10	589.18
天津天铁冶金集团有限公司	581.34	572.95
通化钢铁集团有限责任公司	661.29	681.12
广东韶关钢铁集团有限公司	723.02	706.62
江苏永钢集团公司	549.24	549.38
天津天钢集团有限公司	633.10	614.95
福建三钢（集团）有限责任公司	550.81	547.31
河北津西钢铁股份有限公司	577.52	567.10
陕西龙门钢铁（集团）有限责任公司	605.46	518.08
杭州钢铁（集团）公司	517.60	508.72
武汉钢铁（集团）鄂城钢铁有限责任公司	661.86	661.23
凌源钢铁集团有限责任公司	590.52	579.88
天津荣程联合钢铁集团有限公司	615.00	610.41
水城钢铁（集团）有限责任公司	657.19	659.70
抚顺新抚钢有限责任公司	595.75	583.22
西林钢铁集团有限公司	584.63	527.19
青岛钢铁控股集团有限责任公司	626.19	628.68
邯郸纵横钢铁有限公司	559.29	555.83
江苏淮钢集团公司	560.49	554.76
长治钢铁（集团）有限公司	715.08	709.05
天津钢管集团有限公司	341.20	409.36
四川川威钢铁集团有限公司	683.98	676.79
重庆钢铁股份有限责任公司	664.01	672.49
冷水江钢铁有限责任公司	668.48	628.07

企业名称	吨钢综合能耗/kgce·t⁻¹	
	2009 年	2010 年
河南济源钢铁（集团）有限公司	595.45	607.75
南昌钢铁有限责任公司	635.78	603.51
德龙钢铁有限公司	562.07	562.67
舞阳钢铁有限责任公司	230.44	202.28
新兴铸管股份有限公司	611.28	604.73
四川达州钢铁集团有限责任公司	605.22	598.19
湖北新冶钢有限公司	645.68	609.17
石家庄钢铁有限责任公司	621.17	584.88
攀钢集团成都钢铁有限责任公司	698.73	698.39
营口中板厂	616.00	654.36
北京建龙重工集团有限公司	591.84	591.45
东北特殊钢集团有限责任公司	388.39	365.41
江苏沙钢集团锡兴特钢有限公司	562.00	499.90
广州钢铁企业集团有限公司	605.11	588.26

注：1. 表中数据为中国钢铁工业协会会员企业的统计数据；2. 电力标准煤折算系数为电力当量值
（约 0.1229kg/(kW·h)）。

3.2 钢铁工业的减排

3.2.1 钢铁工业污染物产生

钢铁工业的采矿、选矿、烧结、炼铁、炼钢、轧钢、焦化以及其他辅助工序都不同程度地有污染物产生与排放。生产 1t 钢要消耗原材料 6~7t，包括铁矿石、煤炭、石灰石和锰矿等，其中约 80% 变成各种废物或污染物排入环境。排入大气的污染物主要有 SO_2、烟尘、粉尘、NO_x、氟化物和氯化物等；排入水体的污染物主要有 SS、COD、酚、氰和重金属等有毒有害物质；固体废物主要为高炉渣、钢渣以及含铁尘泥等。钢铁生产工艺流程中污染物的产生情况如图3-2所示[35]。

3.2.1.1 钢铁工业废气来源及主要特征

由于钢铁工业的烧结、球团、炼焦、化学副产、炼铁、炼钢、轧钢、锻压、金属制品与铁合金、耐火材料、碳素制品以及动力等生产环节的各种窑炉都产生大量的工业废气。因此，钢铁工业废气的排放量大，污染面广。

A 钢铁工业废气的来源

钢铁工业废气的来源主要有三：（1）铁矿山原料和燃料运输、装卸及加工

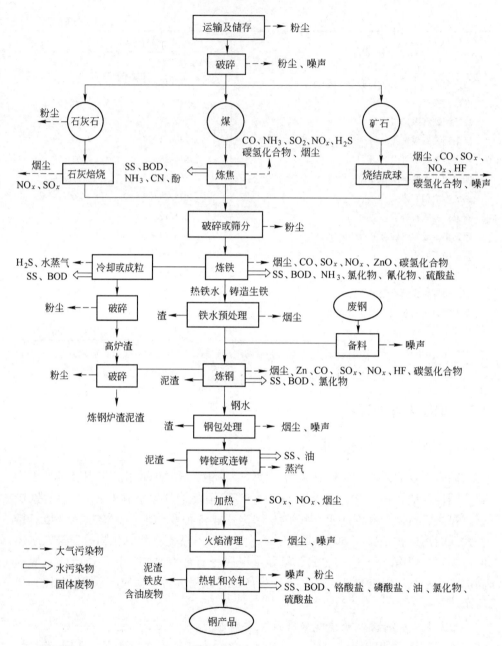

图 3-2　典型钢铁联合企业主要工艺及其污染物排放

等过程产生大量的含尘废气；（2）钢铁企业的各种窑炉在生产过程中产生大量
的含尘及有害气体的废气；（3）生产工艺过程化学反应排放的废气，如冶炼、
炼焦、钢材酸洗过程中产生的废气。

B　钢铁工业废气的组成与特征

钢铁工业排放的废气包括烟尘、粉尘、二氧化硫、氮氧化物、氟化物等，其中二氧化硫、烟尘和工业粉尘的排放量最大。钢铁工业排放的废气具有如下特征[36]：

（1）烟尘颗粒细，吸附力强。钢铁工业冶炼过程中排放的多为氧化铁烟尘，其粒径大多在 $1\mu m$ 以下，比表面积大，吸附能力强，易成为吸附有害气体的载体。

（2）废气温度高，治理难度大。冶金窑炉排出的废气温度一般为 400 ~ 1000℃，最高可达 1600℃。由于烟气温度高，对管道材质、构件结构以及净化设备的选择均有特殊要求。高温烟气中还含有硫、水和一氧化碳，这要求烟气在净化时必须妥善处理好"露点"及防火、防爆问题。这些特点造成了高温烟气治理的艰巨性和复杂性。

（3）烟气阵发性强，无组织排放多。钢铁生产中，高炉出铁、出渣、开堵铁口，转炉兑铁水、吹氧冶炼、出钢，电炉加料、熔化、氧化、还原、出钢以及浇注钢锭等冶炼过程，其烟气的产生具有阵发性，而且随冶炼过程的不同，散发烟气量也不同，波动极大。一般净化系统主要是控制烟气量最大的冶炼过程（即一次烟气），而对一次集尘系统未捕集到和其他辅助工艺过程中散发的烟气（即二次烟气），另外设置二次烟气净化系统，否则会无组织地通过厂房的天窗或窗户外逸。通常一次烟气中的烟尘约占总烟尘量的 90% ~ 93%，而二次烟气中的烟尘虽仅占 7% ~ 10% 左右，但其尘粒细、分散度高，对环境的污染更大。

（4）废气具有回收价值。钢铁生产过程排出的废气中，高温烟气的余热可以通过热能回收装置转换为蒸汽或电能。而且，炼焦及炼铁、炼钢过程中产生的煤气，已成为钢铁企业的主要燃料，并可外供使用。另外，各废气净化过程中所收集的尘泥，绝大部分含有氧化铁成分，可采用各种方式回收利用。

3.2.1.2　钢铁工业废水来源及主要特征

钢铁工业用水量大，生产过程中排出的废水主要来源于生产工艺过程用水、设备与产品冷却水、设备与场地冲洗水等。70%以上的废水来源于冷却水，生产工艺过程排出的水只占较小的一部分。废水含有随水流失的生产用原料、中间产物和产品以及生产过程中产生的污染物。

A　钢铁工业废水分类

（1）按所含主要污染物的性质可分为含有机污染物为主的有机废水、含无机污染物为主的无机废水以及产生热污染的冷却水。例如焦化厂的含酚、氰废水是有机废水，炼钢厂的转炉烟气除尘废水是无机废水。

（2）按所含污染物的主要成分可分为含酚废水、含油废水、含铬废水、酸性废水、碱性废水与含氟废水等。

（3）按生产工序可分为烧结废水、焦化废水、炼铁废水、炼钢废水、轧钢废水、酸洗废水以及矿山废水、选矿废水等。

B 钢铁工业废水主要污染物与特征

钢铁工业废水的水质，因生产工艺和生产方式不同而有很大差异，有时即使采用同一种工艺，水质也有很大变化。如氧气顶吹转炉除尘废水，在同一炉钢的不同吹炼期，废水的 pH 值可在 4 ~ 14 之间变化，悬浮物可在 250 ~ 2500mg/L 之间变化。间接冷却水在使用过程中仅受热污染，经冷却后可回用。直接冷却水因与产品物料等直接接触，含有同原料、燃料、产品等成分有关的多种物质。归纳起来，钢铁工业废水中含有的污染物主要有如下几种[37]：

（1）无机悬浮物。无机悬浮物主要由加工过程中铁鳞形成产生的氧化铁所组成，其来源如原料装卸遗失、焦炉生物处理装置的遗留物、酸洗和涂镀作业线水处理装置以及高炉、转炉、连铸等湿式除尘净化系统或水处理系统等。正常情况下，这些悬浮物的成分在水环境中大多是无毒的（焦化废水的悬浮物除外），但会导致水体变色、缺氧和水质恶化。

（2）有机需氧污染物。钢铁工业排放的有机污染物种类较多，如炼焦过程排放的有机物包括苯、甲苯、二甲苯、萘、酚和 PAH 等。以焦化废水为例，据不完全分析，废水中含有 52 种有机物，其中苯酚类及其衍生物所占比例最大，约占 60% 以上，其次为喹啉类化合物和苯类及其衍生物，所占的比例分别为 13.5% 和 9.8%，以吡啶类、苯类、吲哚类、联苯类为代表的杂环化合物和多环芳烃所占比例在 0.84% ~ 2.4% 之间。

（3）重金属。钢铁工业生产废水含有不同程度的重金属，如炼钢产生的废水可能含有高浓度的锌和锰，而冷轧机和涂镀区的排放物可能含有锌、镉、铬、铝和铜。重金属进入水体后，除部分被水生生物吸收外，其他大部分易被水中各种有机或无机胶体和微粒物质吸附，经聚集而沉积水底，最终通过生物链而严重影响人类健康。

（4）油与油脂。钢铁工业油和油脂污染物主要来源于冷轧、热轧、铸造、涂镀和废钢储存与加工等。油在废水中通常有以下四种形式：

1）浮油铺展于废水表面形成油膜或油层。这种油的粒径较大，一般大于 100μm，易分离。混入废水中的润滑油多属于这种状态。浮油是废水含油量的主要部分，一般占废水中总含油量的 80% 左右。

2）分散于废水中油粒状的分散油，呈悬浮状，不稳定，长时间静置不易全部上浮，油粒径约为 10 ~ 100μm。

3）乳化油在废水中呈乳化（浊）状，油珠表面有一层由表面活性剂分子形成的稳定薄膜，阻碍油珠黏合，长期保持稳定，油粒微小，粒径约为 0.1 ~ 10μm，大部分在 0.1 ~ 2μm 之间。轧钢产生的含油废水常属此类。

4）溶解油，以化学方式溶解的微粒分散油，油粒直径比乳化油还小。

一般而言，油和油脂较为无害，但排入水体后引起水体表面变色，会降低氧传导作用，对水体鱼类等水生生物破坏性很大，当河、湖水中含油量达到 0.01mg/L 时，鱼肉就会产生特殊气味，含油量再高时，将会使鱼呼吸困难而窒息死亡。每亩水稻田中含 3～5kg 油时，就会明显影响农作物生长。乳化油中含有表面活性剂，具有致癌性物质，它在水中危害更大。

（5）酸性废水。钢材酸洗通常采用硫酸、盐酸，不锈钢酸洗常采用硝酸 - 氢氟酸混酸。酸洗过程中，由于酸洗液中的酸与铁的氧化作用，使酸的浓度不断降低，生成的铁盐类不断增高，当酸的浓度下降到一定程度后，必须更换酸洗液，这就形成酸洗废液。经酸洗的钢材常需用水冲洗以去除钢材表面的游离酸和亚铁盐类，这些清洗或冲洗水又产生低浓度含酸废水。

酸性废水具有较强的腐蚀性，易于腐蚀管渠和构筑物。排入水体，会改变水体的 pH 值，干扰水体自净，并影响水生生物和渔业生产；排入农田土壤，易使土壤酸化危害作物生长。当中和处理的废水 pH 值为 6～9 时才可排入水体。

3.2.1.3 钢铁工业固体废弃物的来源及特征

钢铁工业固体废弃物是指在冶炼和加工等生产过程及其环境保护设施中排出的固体或泥状的废弃物[38]，主要包括高炉渣、钢渣、铁合金渣和含铁尘泥等。

A 高炉渣

高炉渣是高炉炼铁过程中产生的废渣。当炉温达到 1300～1500℃ 时，炉料熔融，矿石中的脉石、焦炭中的灰分和助熔剂等非挥发性组分形成以硅酸盐和铝酸盐为主浮在铁水上面的熔渣，称为高炉渣。高炉渣的产生量与矿石品位的高低、焦炭中灰分的多少以及石灰石、白云石的质量等因素有关，也和冶炼方法有关。通常每炼 1t 生铁产生 300～900kg 炉渣。

a 高炉渣成分

高炉渣的矿物组成与生产原料和冷却方式有关，其主要成分为 CaO、SiO_2、Al_2O_3、MgO 和 Fe_2O_3 等氧化物，还常常含有一些硫化物，如 CaS、MnS 和 FeS 等，有时还含有 TiO_2、P_2O_5 等杂质氧化物。

氧化钙（CaO）是矿渣的主要化学成分之一，其含量一般为 25%～50%。矿渣中 CaO 含量越高，活性也就越大，但当其含量超过 51% 时，矿渣的活性反而降低。氧化铝（Al_2O_3）也是决定矿渣活性的主要成分，一般为 5%～33%。矿渣中 Al_2O_3 含量越高，矿渣的活性也越大。当矿渣中的 Al_2O_3 和 CaO 含量都较大时，矿渣活性最好。氧化硅（SiO_2）在矿渣中的含量为 30%～50%，一般来说，SiO_2 含量较高时，矿渣的活性较差。氧化镁（MgO）在矿渣中的含量一般为 5%～12%，在 MgO 含量不超过 20% 的情况，MgO 含量越大，矿渣的活性也越好。氧化锰（MnO）在矿渣中的含量很少，是有害的化学组成，它会使矿渣的活性降低，一般要求其含量不超过 4%。硫化物在矿渣中常以 CaS 形式出现，一般按照下式水解，水解产物中 $Ca(OH)_2$ 对矿渣的活性有激发作用：

$$2CaS + 2H_2O \longrightarrow Ca(OH)_2 + Ca(SH)_2$$

矿渣中除上述主要成分外，还可能含有少量的 FeO、Fe_2O_3 和 TiO_2 等，这些氧化物对矿渣活性的作用和其存在形式与含量有关，同时这些氧化物之间还可能相互作用、互相影响。

b　高炉渣分类

高炉渣的分类主要有三种方法：

（1）按照冶炼生铁的品种可分为：1）铸造生铁矿渣，即冶炼铸造生铁时排出的矿渣；2）炼钢生铁矿渣，即冶炼供炼钢用生铁时排出的矿渣；3）特种生铁矿渣，即用含有其他金属的铁矿石熔炼生铁时排出的矿渣。

（2）按照矿渣的碱度区分可分为碱性渣、中性渣和酸性渣。高炉渣的碱度（以 M_0 表示）是指高炉渣中碱性氧化物（CaO 和 MgO）之和与酸性氧化物（SiO_2 和 Al_2O_3）之和的比值。碱性渣是碱度 $M_0 > 1$ 的矿渣；中性渣是碱度 $M_0 = 1$ 的矿渣；酸性渣是碱度 $M_0 < 1$ 的矿渣。这是高炉渣最常用的一种分类方法。碱度比较直观地反映了高炉渣中碱性氧化物和酸性氧化物含量的关系。

（3）高炉渣的冷却方式不同，得到的高炉渣性能也不同。常用的熔融高炉渣冷却方法有急冷（也称水淬）、半急冷和慢冷（又称热泼）三种，对应的成品渣分别称为水渣、膨胀渣和重矿渣。

B　钢渣

钢渣是炼钢过程中排出的废渣，钢渣产生量为钢产量的 10% ~ 12%。随着我国钢铁产量的逐年递增，钢渣产生量也日益增多。

a　钢渣的来源与分类

钢渣主要来源于四个方面：（1）铁水与废钢中所含元素氧化后形成的氧化物；（2）金属炉料带入的杂质，如泥砂等；（3）加入的造渣材料，如石灰石、萤石、硅石等；（4）被侵蚀、剥落的炉衬材料和补炉材料等。

按炼钢炉型的不同，钢渣可以分为转炉渣和电炉渣。其中，电炉渣又分为氧化渣和还原渣。钢渣主要是碱性渣，这是由炼钢工艺所决定的。钢渣在 1500 ~ 1700℃下形成，高温下呈液态，缓慢冷却后呈块状，一般为深灰色、深褐色、白色。

b　钢渣的化学组成

钢渣的主要化学成分为 CaO、SiO_2、FeO、Al_2O_3、MgO 和 P_2O_5，有些还含有 V_2O_5、TiO_2 等。各种成分的含量随原料、炼钢炉型、钢冶炼阶段、钢种、炉次的不同，有较大差异。

与高炉渣和水泥熟料不同，钢渣的特点是铁氧化物以 FeO 和 Fe_2O_3 形式同时存在，以 FeO 为主。此外，钢渣中还含有一定量的 P_2O_5，其原因是炼钢的过程中脱硫除磷所致，由于 P_2O_5 的存在，阻碍了硅酸三钙（C_3S）的生成，同时磷

的存在易造成 C_3S 分解，降低钢渣的活性。

　　c　钢渣的矿物组成

　　钢渣的主要矿物组成为钙镁橄榄石、硅酸二钙、硅酸三钙、铁酸二钙和 RO（镁、铁、锰等的氧化物），还有部分氟磷灰石和游离氧化钙（f – CaO）等。钢渣的矿物组成与钢渣的化学成分有关，并取决于钢渣的碱度。随着碱度不同，钢渣中主体矿物相有所差别。

　　d　其他性质

　　（1）密度和容重：钢渣含铁量高，密度较大，一般为 $3.1 \times 10^3 \sim 3.6 \times 10^3$ kg/m³，其容重（堆积密度）受成分和粒度组成影响，一般为 $1.6 \times 10^3 \sim 2.26 \times 10^3$ kg/m³。

　　（2）易磨性：钢渣结构致密，且含铁量高，因此较耐磨，粉磨电耗相对较高。易磨性可用易磨指数表示，标准砂为 1，高炉水渣为 0.96，钢渣为 0.7。

　　（3）活性：钢渣中的硅酸三钙、硅酸二钙等是活性矿物，具有水硬胶凝性。当钢渣碱度 R 为 1.8~2.5 时，其中 C_3S 和 C_2S 含量之和为 60%~80%；当 R 在 2.5 以上时，C_3S 为钢渣主要矿物，其活性矿物的水硬性需很长时间才能表现出来。高碱度钢渣可用于水泥生产，钢渣水泥一般具有早期强度低和后期强度增长较快的特点。

　　（4）稳定性：钢渣中的组分 f – CaO、f – MgO、C_3S 和 C_2S 等在一定程度上都具有不稳定性。碱度高的熔融炉渣缓慢冷却时，C_3S 在 1250~1100℃ 温度区域内会分解生成 C_2S 和 f – CaO；C_2S 在 675℃ 发生相变，导致钢渣体积膨胀 10%；此外，f – CaO 和 f – MgO 可分别水化消解成 $Ca(OH)_2$ 和 $Mg(OH)_2$，导致钢渣体积膨胀。

3.2.2　污染物的治理

　　我国钢铁工业从 20 世纪 90 年代以来进行了大规模的结构调整和技术改造，在此过程中十分重视节能环保的投入，颁布和实施了系列钢铁工业环境保护新标准，对于促进我国钢铁工业的节能减排和可持续发展起到了积极的推动作用。

3.2.2.1　大气污染物治理

　　我国钢铁工业每年废气排放量（标态）可达几万亿立方米，废气排放量大，对大气环境污染严重。为了减少钢铁工业对大气环境的影响，一直以来，相关企业和政府部门做了大量的工作。例如，宝钢、莱钢等一批企业相继进行了烧结烟气脱硫改造、高炉煤气干法除尘改造以及转炉煤气电除尘的改造等项目，对减少二氧化硫、烟尘和粉尘对大气环境的影响起到了积极的作用。在整个钢铁行业的共同努力下，我国钢铁工业的大气环境保护工作取得了明显的进步。2001~2009 年期间，我国钢铁工业废气处理率和排放达标率均逐年上升，分别由 97.96%、

94.02%上升至99.84%、99.44%，吨钢二氧化硫、烟尘和工业粉尘的排放量均呈显著下降趋势，与2001年相比，2009年分别下降了54.93%、67.74%和71.94%[5]。2012年6月，我国环保部发布了系列钢铁工业大气污染物排放标准，涵盖铁矿采选、烧结和球团、炼铁、炼钢、轧钢、铁合金以及炼焦7个方面，对颗粒物、二氧化硫等钢铁工业排放的大气污染物提出了更高的要求。

在全国各工业行业中，钢铁工业二氧化硫排放量占工业排放总量的8%以上，仅次于火电工业，居全国第二位。对钢铁企业而言，烧结工艺产生的二氧化硫排放量占的比例最大，已达到40%~60%[7]，因此，对烧结烟气进行脱硫是减排二氧化硫的重要途径。为此，钢铁行业做了大量的工作，在烧结烟气脱硫方面取得了重大进展。目前，我国已有石灰石–石膏法、循环流化床、氨法和活性炭法等十余种烧结烟气脱硫技术在钢铁企业得到应用。各类技术竞相发展，适合不同烧结工艺和条件的脱硫技术逐渐成熟，为未来我国烧结烟气脱硫全面实施奠定了基础。截至2011年底，钢铁行业共建成烧结机烟气脱硫装置317台套，占全部烧结机台数的25.6%。脱硫烧结机总面积达到47295.8 m^2，占全部烧结机总面积的36.3%。钢铁行业烧结机烟气脱硫装置总投资约120亿元。2010年，重点统计钢铁企业吨钢二氧化硫排放量为1.63kg，比2005年下降42.4%。在当前全国烧结单机平均面积大幅度增加的情况下，加强烧结烟气高水平脱硫专项技术装备的研究开发，尽快解决烧结机脱硫问题，已成为钢铁行业实现循环经济和可持续发展的重大课题。

为了应对国际社会对"碳减排"的需求，近年来我国钢铁企业相继改进装备及技术工艺，使钢铁工业的二氧化碳排放总量增幅远低于钢产量的增幅。吨钢二氧化碳排放量呈逐年下降趋势，生产1t粗钢的二氧化碳直接排放量由2005年的3.0t下降到2008年的约1.92t，下降约41.64%。但目前中国钢铁工业碳排放量依然较高，2010年钢铁工业碳排放量占全国碳排放量的12%，是世界平均水平5%的2.4倍。据欧钢联统计，中国钢铁工业二氧化碳排放量超过全球钢铁工业总排放量的50%，而欧盟27个成员国仅占8%。由此可见，我国钢铁工业"碳减排"的任务仍十分艰巨。

3.2.2.2 节水及水污染物治理

钢铁工业是用水大户，也是排水大户。随着水资源的短缺，废水回用与节水已成为钢铁企业生存与发展的重大战略问题。"十一五"期间，随着节水工作的深入，钢铁行业在基本实现以直流改循环、建污水处理厂等措施的基础上，逐步发展到采用节水工艺、使用节水系统及设备、稳定水质等措施。污水深度处理、焦化废水处理回用、利用非常规水资源等成为了节水的主要途径。目前，钢铁行业普遍采取的节水、废水处理技术及措施主要有：

（1）节水工艺技术：主要有高炉干法除尘技术、干熄焦技术、转炉干法除尘技术、高炉渣粒化技术、钢渣滚筒法液态处理技术和钢渣风淬技术；

（2）废水处理技术：主要有焦化废水处理与回用技术、冷轧废水处理与回用技术、综合污水处理与回用技术等；

（3）冷却过程节水技术：高效空冷技术、加热炉汽化冷却技术、连铸喷雾冷却技术和蒸发式冷却塔等；

（4）科学合理的用水系统：分质用水系统、串级用水系统、循环用水系统和污水回用系统等；

（5）采用非常规水资源：开发利用厂区雨水、城市污水、苦咸水、海水和矿井水等。

通过各种节水及废水处理技术的实施及改进，我国钢铁工业节水及水污染物治理取得了明显的成果。"十一五"期间，我国钢铁行业取水总量逐年下降，由2005年的30.38亿立方米下降到2010年的25.77亿立方米，年均下降3.03%，累计节水91.01亿立方米。同时，吨钢取水量也由2005年的8.6m^3下降到2010年的4.11m^3，年均下降10.44%。"十一五"期间，钢铁行业水重复利用率逐年提高，新水利用系数逐年上升。水重复利用率由2005年的94.04%提高到2010年的97.2%，提高了3.16%；新水利用系数由2005年的0.44上升到2010年的0.58，上升了31.8%[20]。

2012年6月，国家环保部发布了新的《钢铁工业水污染物排放标准》（GB 13456—2012），新标准大幅降低了钢铁联合企业悬浮物、化学需氧量和氨氮等主要污染物的排放限值及吨产品排水量，增加了总铁、总铜、总砷、总铬、总铅、总镍、总镉和总汞等污染物控制项目，使标准控制的污染物项目更加全面，更能体现保护人体健康和生态环境的要求。另外，新标准明确规定了各类污染物监控的位置，执行基准水量排放浓度，体现了由浓度控制逐步向总量控制转变。新标准的颁布和实施对于促进钢铁企业的清洁生产和节水减排起到了积极的促进作用。

3.2.2.3 钢铁渣综合治理

随着我国钢铁工业的发展，钢铁渣的产生量逐年增加。2011年钢渣的产生量达到9042万吨，高炉渣的产生量达到21420万吨。实现钢铁渣的高价值利用与"零排放"已经成为发展循环经济、保护生态环境、节能减排、加速建设资源节约型和环境友好型社会的一项紧迫任务。

我国政府高度重视资源综合利用，把其作为经济建设的一项重大技术经济政策和长远的战略方针，积极鼓励和大力引导，使钢铁渣高价值利用有了长足发展。钢铁渣处理技术不断创新，技术水平逐步提高，一批新技术和装备得到大力推广应用，比如钢渣余热自解热闷技术、钢渣生产钢渣粉和钢铁渣复合粉技术等，使综合利用途径更加明确。另外，投资运营方式发生转变，一些专业环保运行管理公司建成并实施专业化管理，钢铁渣处理利用标准体系的建立和实施，使钢铁渣综合利用率不断提高。

"十一五"期间，重点钢铁企业固体废弃物综合利用率由 2005 年的 89.4% 上升到 2010 年的 96.1%，增加了 6.7%。其中，高炉渣的利用率由 91.8% 上升到 97.4%，钢渣利用率由 90.4% 上升到 93.6%，尘泥利用率由 98.5% 上升到 99.2%。而且，"十一五"期间不仅固体废弃物利用率普遍提高，综合利用产值也有较大增长。2010 年，固体废弃物综合利用单位产品的产值为 97.9 元/t，比 2005 年增长了 34.5%，这说明全行业固体废弃物综合利用附加值在提高。

2011 年 12 月，国家发展和改革委员会发布了"十二五"期间《大宗固体废物综合利用实施方案》，提出要重点建设一批钢渣预处理和"零排放"示范项目，建设 10 个利用高炉渣和钢渣生产水泥与复合粉作混凝土掺和料的示范项目，这些重点工程将投资 120 亿元，实现年消纳 5475 万吨钢渣，预计年产值 125 亿元。目前，在国家有关法规和优惠政策的支持下，政府大力推进，企业积极实施，已经初步形成了适合我国国情的钢铁渣综合利用的技术路线和投资运营管理模式。

上篇参考文献

[1] 殷瑞钰. 冶金流程工程学 [M]. 2 版. 北京：冶金工业出版社，2009.

[2] 张寿荣. 21 世纪前期钢铁工业的发展趋势及我国面临的挑战 [J]. 宏观经济研究，2008 (1)：3~10.

[3] [美] 卡瓦纳 L. 钢铁工业技术开发指南 [M]. 韩静涛，王福明，等译. 北京：科学出版社，2000.

[4] World Steel Association. Steel statistical yearbook [M]. 2011.

[5] 李世俊. 中国钢铁工业"十一五"发展趋势 [C] //全国能源与热工学术年会论文集. 2006：33~72.

[6] 殷瑞钰，王晓齐，李世俊，等. 中国钢铁工业的崛起与技术进步 [M]. 北京：冶金工业出版社，2004.

[7] 殷瑞钰. 世界钢铁工业的时代命题 [J]. 冶金经济和管理，2000 (4)：4~5.

[8] 张春霞，殷瑞钰，秦松，等. 循环经济社会中的中国钢厂 [J]. 钢铁，2011，46 (7)：1~6.

[9] 中国金属学会，中国钢铁工业协会. 2011~2020 年中国钢铁工业科学与技术发展指南 [M]. 北京：冶金工业出版社，2012.

[10] 王立，童莉葛. 热能与动力工程专业实习教程 [M]. 北京：机械工业出版社，2010.

[11] 钢铁研究总院，东北大学，等. 钢铁工业生态化模式及其管理和评价体系（内部资料），2007.

[12] 杜涛. 关于钢铁企业气体污染物减量化研究 [D]. 沈阳：东北大学，2005.

[13] 陈浩. 中国铁矿石价格指数发布 [J/OL]. 中国证券报，2011，[2012-12-22]. http://stock.sohu.com/20110921/n320023664.shtml.

[14] 郦秀萍，张春霞，周继程，等. 钢铁行业发展面临的挑战及节能减排技术应用 [J]. 电力需求侧管理，2011，13 (3)：4~9.

[15] 李桂田. 中日钢铁工业节能历程的比较 [J]. 冶金能源，1998，17 (1)：3~10.

[16] 陆钟武，蔡九菊. 系统节能基础 [M]. 沈阳：东北大学出版社，2010.

[17] 蔡九菊，孙文强. 中国钢铁工业的系统节能和科学用能 [J]. 钢铁，2012，47 (5)：1~8.

[18] 王维兴. 钢铁工业能耗现状和节能潜力分析 [J]. 中国钢铁业，2011 (4)：19~22.

[19] 冯俊小，李君慧. 能源与环境 [M]. 北京：冶金工业出版社，2011.

[20] 冶金工业规划研究院. 我国钢铁工业发展循环经济"十一五"回顾与"十二五"展望 [J]. 冶金经济与管理，2012 (2)：8~12.

[21] 李光强，朱诚意. 钢铁冶金的环保与节能 [M]. 北京：冶金工业出版社，2010.

[22] 杨景玲，张建. 钢铁工业环境保护现状和发展趋势 [C] //中国金属学会. 2010 年全国能源环保生产技术会议文集，2010：16~21.

[23] 中华人民共和国工业和信息化部. 钢铁工业"十二五"发展规划 [R]. 2011.

[24] 国际能源网. 我国能源结构分析 [J/OL]，2012，[2012-12-22]. http://www.in-

en. com/article/html/energy_ 15151515871200162. html.

[25] 汤学忠. 热能转换与利用 [M]. 北京：冶金工业出版社，2002.

[26] 吴仲华. 从能源科学技术看能源危机的出路 [M]. 北京：知识出版社，1980.

[27] 傅秦生. 能量系统的热力学分析方法 [M]. 西安：西安交通大学出版社，2005.

[28] Linnhoff B, Boland B, et al. A user Guide on Process Integration for the Efficient Use of Energy [M]. Rugby：The Institution of Chemical Engineers，1982.

[29] Smith R. State of the Art in Process Integration [J]. Appl. Therm. Eng. , 2000, 20：1337～1345.

[30] Gong M. Optimization of industrial energy system by incorporating feedback loops into the MIND method [J]. Energy, 2003 (28)：1655～1669.

[31] Wang C, Ryman C. A model on CO_2 emission reduction in integrated steelmaking by optimization methods [J]. Internationa Journal of Energy Research, 2008, 32：1092～1106.

[32] Gou H, Olynyk S. A Corporate Mass and Energy Simulation Model for An Integrated Steel Plant [J]. Iron and Steel Technology, 2007, 4 (4)：141～150.

[33] Andersen J P, Hyman B. Energy and material flow models for the US steel industry [J]. Energy, 2001, 26：137～159.

[34] 王维兴. 2010 年重点钢铁企业技术经济指标评述 [J/OL]. 中国钢铁企业网，2011，http：//www. chinasie. org. cn/news_ info. aspx? lei = 36&id = 66344.

[35] 王海涛，王冠，张殿印. 钢铁工业烟尘减排与回收利用技术指南 [M]. 北京：冶金工业出版社，2012.

[36] 唐平，曹先艳，赵由才. 冶金过程废气污染控制与资源化 [M]. 北京：冶金工业出版社，2008.

[37] 王绍文，邹元龙，杨晓莉，等. 冶金工业废水处理技术及工程实例 [M]. 北京：冶金工业出版社，2008.

[38] 柴立元，彭兵. 冶金环境工程学 [M]. 北京：科学出版社，2010.

冶金工业 节能减排技术

钢铁工业节能减排技术　中篇

4　钢铁工业节能减排技术概要

"十一五"以来，钢铁企业积极贯彻国家钢铁产业政策，采用先进节能技术，以干熄焦、高炉煤气干法除尘和转炉煤气干法除尘以及煤气和余热余能集成发电为代表的"三干一电"和以高炉渣、转炉渣为代表的固体废弃物综合利用相结合，并积极建设能源管理系统，在节能减排方面取得了新的进展。

节能减排途径有技术节能、结构节能和管理节能，而技术节能是最为重要的节能减排途径。"十二五"乃至更长时间是钢铁工业实现由大到强转型和发展的关键期，推广和研发节能减排技术是实现转型的重要手段。

中华人民共和国工业和信息化部颁布的《钢铁行业节能减排先进适用技术指南》中提出了适合在我国钢铁行业内推广的 46 项节能减排技术和 14 项重点关注的前沿技术。根据钢铁生产企业特点、各类技术在生产过程中的功能及前沿性技术细分为：生产过程节能减排技术、资源能源回收利用技术、污染物治理控制技术、综合性节能减排技术及重点关注的新技术等五大类，见表 4 - 1 ~ 表 4 - 5[1]。

表 4 - 1　生产过程节能减排技术清单

序号	技术名称	工序
1	煤调湿技术（CMC）	焦化
2	捣固炼焦技术	焦化
3	小球烧结工艺技术	烧结
4	降低烧结漏风率技术	烧结
5	低温烧结工艺技术	烧结
6	厚料层烧结技术	烧结
7	链算机—回转窑球团生产技术	球团
8	高炉炼铁精料技术	炼铁
9	高炉高效喷煤技术	炼铁
10	高炉脱湿鼓风技术	炼铁
11	转炉"负能炼钢"工艺技术	炼钢
12	炼钢连铸优化调度技术	炼钢
13	高效连铸技术	炼钢

序号	技 术 名 称	工 序
14	薄板坯连铸技术	炼钢
15	废钢加工分类预处理技术	炼钢
16	电炉优化供电技术	炼钢
17	连铸坯热装热送技术	轧钢
18	低温轧制技术	轧钢
19	热带无头轧制、半无头轧制技术	轧钢
20	在线热处理技术	轧钢

表 4-2 资源能源回收利用技术清单

序号	技 术 名 称	工 序
1	干熄焦技术	焦化
2	烧结余热回收利用技术（发电）	烧结
3	球团废热循环利用技术	球团
4	高炉炉顶煤气干式余压发电技术（TRT）	炼铁
5	高炉热风炉双预热技术	炼铁
6	高炉煤气汽动鼓风技术	炼铁
7	转底炉处理含铁尘泥技术	提高固废资源利用
8	高炉渣综合利用技术	提高固废资源利用
9	转炉烟气高效利用技术	炼钢余热资源利用
10	电炉烟气余热回收利用除尘技术	炼钢余热资源利用
11	钢渣处理及综合利用技术	提高固废资源利用
12	轧钢加热炉蓄热式燃烧技术	提高能源利用效率
13	轧钢氧化铁皮资源化技术	提高固废资源利用

表 4-3 污染物治理控制技术清单

序号	技 术 名 称	工 序
1	焦炉煤气高效脱硫净化技术	焦化
2	焦化酚氰污水处理技术	焦化
3	烧结烟气湿法脱硫技术	烧结
4	烧结烟气半干法或干法脱硫技术	烧结
5	高炉煤气干法布袋除尘技术	高炉
6	转炉烟气干法除尘技术	炼钢
7	塑烧板除尘技术	热轧

表4-4 综合性节能减排技术清单

序号	技术名称	工序
1	能源管理中心	综合管理
2	燃气－蒸汽联合循环发电技术	提高二次能源利用
3	全燃高炉煤气锅炉发电技术	提高二次能源利用
4	原料场粉尘抑制技术	铁前
5	双膜法污水处理回用技术	提高水资源利用
6	絮凝沉淀－V型滤池污水处理技术	提高水资源利用

表4-5 重点关注的新技术

类别	序号	技术名称	工序
工艺过程节能减排技术	1	SCOPE21炼焦技术	焦化
	2	非高炉冶炼技术	炼铁
	3	薄带连铸技术	炼钢
	4	精炼干式真空泵脱气技术	炼钢
资源、能源回收利用技术	5	焦炉处理废塑料技术	焦化
	6	高炉喷吹焦炉煤气技术	炼铁
	7	高炉喷吹废塑料技术	炼铁
	8	高炉炉顶煤气循环技术	炼铁
	9	炼钢熔渣粒化新技术	炼钢
	10	不锈钢渣干法处理技术	炼钢
污染物治理技术	11	烧结烟气选择性脱硫技术	烧结
	12	烧结烟气循环富集脱硫技术	烧结
	13	烧结、电炉炼钢中二噁英类物质的减排技术	烧结、电炉
	14	炉窑氮氧化物控制技术	各种炉窑

5 炼焦生产与节能减排

5.1 炼焦生产

炼焦生产以煤为原料，通过焦炉生产焦炭供高炉炼铁使用。我国既是世界焦炭生产大国，也是焦炭消费大国。2010 年，我国生产焦炭 39100 万吨，比 2009 年增长 10.1%，其中机焦产量占 90% 以上；铸造焦 500~600 万吨；半焦（兰炭）约 1500 万吨。表 5-1 为中国近年来焦炭产量。

表 5-1　中国近年来焦炭产量

年　份	2001	2002	2003	2004	2005	2006	2007	2008	2009	2010
中国焦炭总产量/万吨	13130	14289	17776	20873	25412	29768	33554	32700	35510	39100
其中：机焦产量/万吨	9442	10830	13146	17733	23000	26279	30537	31500	33500	36757
机焦产量占总产量/%	71.9	75.8	74	85	90.5	88.3	91	96.3	94.3	94
世界焦炭总产量/万吨	33600	35800	39000	42677	47703	52000	56101	55012	53502	60050
中国总产量占世界总产量/%	39.1	39.9	45.6	48.9	53.3	57.2	59.8	59.4	66.4	65.1

注：焦炭产量未包含台湾地区产量。

2010 年，我国消费焦炭 38430 万吨，同比增长 8.3%，这是我国焦炭消费史上最多的一年。2010 年，我国出口焦炭 335 万吨，落后于波兰的 660 万吨，位居世界第二位[2]。

表 5-2 为我国炼焦产能结构。由表可见，我国 7m 及以上现代化大型焦炉 52 座，总产能达 4300 万吨，占全国总产能的 9.4%；4.3m 以下的顶装焦炉和 3.2m 以下的捣固焦炉落后产能约 3000 万吨，占全国总产能的 6.6%，需要淘汰；我国已投产的捣固焦炉超过 250 座，产能 1 亿吨以上，占全国总产能的约 1/4；钢铁企业焦炉产能占全国总产能的 40%；独立焦化厂产能占全国总产能的 60%[2]。

表 5-2　我国炼焦产能结构

炉　型	座数	年产能/万吨	占全国总产能/%
≥7m 顶装焦炉	52	4300	9.4
5~6m 顶装焦炉	170	9000	19.7
4.3m 顶装焦炉	560	17700	38.8

炉　型	座数	年产能/万吨	占全国总产能/%
6.25m 捣固焦炉	10	500	1.1
5.5m 捣固焦炉	75	4500	9.9
4.3m 捣固焦炉	170	6600	14.5
小于4.3m 顶装焦炉和小于3.2m 捣固焦炉	>1000	3000	6.6
总　计	>2000	45600	100

5.1.1　炼焦工艺及设备

目前，国内钢铁企业大多采用传统的炼焦技术，其基本工艺是将几种炼焦用煤按一定要求破碎，再按一定比例混合后进入焦炉炼焦。煤在焦炉内隔绝空气加热到1000℃，可获得焦炭、化学产品和煤气，此过程称为高温干馏或高温炼焦，一般简称炼焦。在钢铁企业中，焦炉是能源加工和转换设备，它不仅提供了炼铁所需的焦炭，而且是企业高热值气体燃料——焦炉煤气的生产设备。

炼焦过程实际是洗精煤转换成焦炭、焦炉煤气以及各种化学产品的过程，是配合煤在隔绝空气的条件下进行加热干馏的过程。配合煤装入炼焦炉内，大体经过四个阶段：（1）干燥期，即煤外在水分蒸发阶段；（2）热解期，即开始形成胶质体阶段；（3）半焦收缩期，即胶体继续受热时开始热分解，固化形成半焦；（4）焦炭形成期，即半焦进一步受热，一方面分解析出气体，另一方面缩合，焦炭变紧变硬最终形成焦炭。整个过程所产生的气体称为荒煤气，荒煤气通过冷凝、冷却、吸收、净化处理，可以得到净化煤气及其他化工产品[3]。

焦化生产主要包括储配煤、炼焦、熄焦、筛贮焦和煤气净化等单元操作过程。储配煤主要是将精煤储存在煤场，然后通过运煤通廊将煤运送到煤塔进行粉碎配比；炼焦主要是将配比好的煤装入焦炉进行干馏，干馏好的焦炭采用推焦机推出，这个过程会产生装煤和出焦废气，是焦化工序主要的废气源；熄焦是采用介质将焦炭降温熄灭，可采用干法熄焦；筛贮焦是将熄灭的冷焦进行筛分，分成不同粒度级别的产品通过运焦通廊送往焦库；煤气净化是针对炼焦产生的荒煤气进行除尘净化，满足后续用户使用煤气的质量要求并减少燃烧过程中污染物的排放。

5.1.2　炼焦能源消耗及污染物排放

5.1.2.1　炼焦工序能源消耗

炼焦的主要原料是洗精煤。燃料是高炉煤气、焦炉煤气或高、焦混合煤气，此外还消耗蒸汽、工业水和电力等。其主要产品是焦炭，副产品是焦炉煤气、焦油和粗苯等。焦化工序是重要的能源转换工序。表 5-3 和表 5-4 为焦炉的物料平衡和能量平衡[4]。

表 5-3 焦炉的物料平衡

收 入			支 出		
项 目	数 值		项 目	数 值	
	含量/kg·t^{-1}	所占比例/%		含量/kg·t^{-1}	所占比例/%
干煤（G_m）	900.00	90.00	焦炭（G_J）	675.00	67.50
入炉煤带入水（G_s）	100.00	10.00	焦油（G_{JY}）	36.00	3.60
			粗苯（G_B）	10.44	1.04
			氨（G_A）	2.16	0.22
			净煤气（G_{mq}）	155.34	15.53
			入炉煤带入水（G_s）	100.00	10.00
			化合水（G_{sx}）	21.06	2.11
合计（$\sum G$）	1000.00	100.00	合计（$\sum G'$）	1000.00	100.00

表 5-4 焦炉的能量平衡

热 收 入			热 支 出		
项 目	数 值		项 目	数 值	
	含量/kJ·t^{-1}	所占比例/%		含量/kJ·t^{-1}	所占比例/%
加热煤气燃烧热（Q_1）	2742667	93.67	焦炭带出热量（Q'_1）	1098563	37.52
加热煤气带入显热（Q_2）	24993	0.85	焦油带出热量（Q'_2）	78336	2.68
漏入的荒煤气燃烧热（Q_3）	111577	3.81	粗苯带出热量（Q'_3）	19013	0.65
助燃空气显热（Q_4）	15571	0.53	氨带出热量（Q'_4）	4007	0.14
干煤带入显热（Q_5）	24716	0.84	净煤气带出热量（Q'_5）	374368	12.79
入炉煤中水分带入显热（Q_6）	8364	0.29	水分带走热量（Q'_6）	512252	17.50
			废气带走热量（Q'_7）	509897	17.42
			不完全燃烧损失的热量（Q'_8）	41966	1.43
			炉体表面散热损失（Q'_9）	289486	9.87
合计（$\sum Q$）	2927888	100.00	合计（$\sum Q'$）	2927888	100.00

由焦炉热平衡可知，从焦炉炭化室推出的 950～1050℃ 红焦带出的显热（高温余热）占焦炉支出热的 37.52%。650～700℃ 焦炉煤气带出热（中温余热）占焦炉支出热的 33.76%。其中，水分带出的热量占焦炉煤气支出热的 51.84%。目前普遍的做法是：先在桥管和集气管喷洒循环氨水与荒煤气直接接触，靠循环

氨水大量气化，使荒煤气急剧降温至 80～83℃；降温后的荒煤气在初冷器中再用冷却水间接冷却至 25℃；氨水经冷却和除焦油后循环使用。在该工艺过程中，荒煤气中所含有的大量热能在与氨水热交换的过程中被冷却氨水带走，冷却后的氨水通过蒸发脱氨而后排放；可见，该工艺在消耗大量氨水增加生产成本的同时，荒煤气余热资源也无法回收而损失掉。因此，荒煤气带出显热的回收，对焦化厂节能、降耗、提高经济效益具有非常重要的作用。

260℃焦炉烟道废气带出热（低温余热）占焦炉支出热的 18.85%（含不完全燃烧的损失热量）。炉体表面散热损失占焦炉支出热的 9.87%，其大小与结焦时间、炼焦炉结构、加热制度、季节以及气候条件等有关。

焦化工序的一个重要特点是：它在消耗燃料和动力的同时还产出或回收可供其他工序使用的燃料和动力，如焦炉煤气、焦油、粗苯以及蒸汽和电力等，产出或回收的这些燃料和动力在企业能源平衡中占有重要地位。因此，在考察焦化工序的工序能耗时，一定要注意到它的消耗与产出之间的关系，要把它消耗的能源同工序能耗区分开来。工序能耗，也就是净能耗，在数值上等于消耗的能源与回收的能源两者之间的差值。焦化工序是否浪费能源，应看它净能耗的高低，而不应看它所消耗的能源量的大小。

表 5-5 为近年来我国大中型钢铁企业焦化工序的能耗情况。

表 5-5 近年来我国大中型钢铁企业焦化工序的能耗情况

年份	耗洗精煤/t·t^{-1}	M_{40}/%	M_{10}/%	灰分/%	硫分/%	工序能耗/kgce·t^{-1}
2000	1.395	81.79	7.12	12.2	0.55	160.20
2001	1.384	82.06	7.04	12.23	0.56	153.98
2002	1.37	81.1	7.13	12.41	0.57	150.32
2003	1.383	81.25	7.06	12.54	0.61	148.51
2004	1.381	81.4	7.15	12.76	0.63	142.21
2005	1.384	81.82	7.1	12.77	0.65	142.21
2006	1.39	82.94	6.81	12.54	0.65	123.41①
2007	1.388	83.16	6.75	12.52	0.68	126.89
2008	1.382	83.12	6.84	13.03	0.74	119.97
2009	1.372	84.02	6.83	12.5	0.71	112.28
2010	1.378	84.58	6.68	12.66	0.72	105.89
2011	1.384	84.69	6.59	12.66	0.77	106.65

注：表中数据来源于中国钢铁工业协会。

①从 2006 年起，电力折算系数由 0.404kgce/(kW·h) 调整为 0.1229kgce/(kW·h)。

降低炼焦工序能耗的措施有：（1）提高炼焦煤质量，降低消耗；（2）回收炽热焦炭的物理热；（3）减少和回收荒煤气带出的热量；（4）回收燃烧产物带走的热量等。

《钢铁工业节能减排水平评价与"十二五"可持续发展战略报告》提出，重点大中型企业到 2015 年，按国家产业政策和准入条件，焦化工序能耗达标率要从 2009 年的 92.6% 提高到 100%，焦炉煤气实现零排放。

5.1.2.2 炼焦工序污染物排放

焦化生产过程所产生的污染物种类繁多，它们主要存在于废水和废气中。焦化过程是钢铁联合企业中最大的烟气发生源之一，焦炉煤气具有较高的热值，是优质的气体燃料，但焦炉煤气中含有各种结构复杂的有机硫及多种化学物质，如硫化氢、氨、氰化氢、萘和焦油等，在利用之前必须进行净化处理，以减少对环境的污染。另外，炼焦生产在装煤、炼焦、推焦以及熄焦过程中产生大量的烟尘和粉尘，其中含有苯可溶物和苯并芘等有毒有害物质。焦化废水主要来源于原煤高温干馏、煤气净化和焦化副产品精制等过程。焦化废水成分复杂，含有多种有机、无机污染物，如氨氮、氰化物、硫氰酸盐、酚类化合物、多环芳烃（PAHs）、含氮杂环化合物、含氧或含硫杂环化合物以及长链的脂肪族化合物等。其酚类化合物质量分数占总有机物的 85% 左右，对 COD 的贡献达 80%；无机物则以氰化物、硫氰酸盐和氨氮为主[5]。这些污染物浓度高、毒性强、难降解、具有致癌性，会对环境和生态系统造成持续性的破坏和影响。

5.2 炼焦过程节能减排技术

5.2.1 干熄焦技术

传统的熄焦工艺采用湿法熄焦，炽热的焦炭出炉后由装焦车运至熄焦塔内，由上部喷淋装置喷洒冷却水，冷至 200℃ 左右运至凉焦台，经筛分处理后送至高炉。这种方式由于投资小、上马快，一度在我国得到了普遍的应用。但是这种方式损耗了炽热焦炭的显热，而且由于急冷产生的热应力造成了焦炭破裂，机械强度下降，使高炉冶炼条件恶化；同时由于焦炭的水分增加，水中含有硫化物易产生腐蚀等，带来了一系列的不利影响。

干（法）熄焦（Coke Dry Quenching，简称 CDQ）技术是相对于用水熄灭炽热红焦的湿熄焦技术而言的，是目前国内外广泛应用的一项节能技术。其基本原理是利用冷的惰性气体，在干熄炉内与炽热红焦换热，从而冷却焦炭、回收热量。干法熄焦与湿法熄焦相比，可回收 80% 的焦炭显热，既改善了焦炭质量，又防止环境污染。我国宝钢、鞍钢、武钢、马钢和济钢实施干熄焦技术后，在回收蒸汽、发电、改善焦炭质量、降低高炉焦比等几个方面均获得了很好的社会和经济效益，直接降低焦化工序能耗约 40kgce/t 焦炭。

5.2.1.1 干熄焦技术的发展

干熄焦技术是在 20 世纪 60 年代初期由苏联国立焦化设计院试验研究创立的。由于其巨大的经济效益和社会环境效益，很快在德国、日本等发达国家推广。70 年代中期，印度、巴基斯坦等发展中国家也相继引进。80 年代，我国也先后在宝钢和浦东煤气厂引进两套完整的装置，宝钢从日本引进的两组干熄焦装置从 1985 年投产以来，至今已安全生产 20 多年，运行稳定。济钢干熄焦工程利用现有老焦炉湿法熄焦改干法熄焦及余热回收利用节能示范工程于 1998 年底全部完成，1999 年 4 月试车一次成功并投入运行。我国于 2000～2006 年先后在首钢、宝钢（二期）、武钢、沙钢等 20 个企业引进和合作设计建成 25 套以上干熄焦装置，2007 年又先后在马钢、包钢、济钢、柳钢、本钢、鞍钢等建成 10 套干熄焦装置，到 2010 年达 112 套，在建的干熄焦装置还有近 50 套。干熄焦年产能相应地从 2005 年的 3800 万吨增加到 10895 万吨，约占我国炼焦产能的 24%。重点钢铁企业的干熄焦普及率从 2005 年的 26% 提高到 2010 年的 85%，我国干熄焦装置和熄焦能力均居世界第一。2005 年后，处理能力从 2005 年的 65～150t/h 扩展到最大 260t/h，不同系列的干熄焦设备均可由国内供应。

在日本、韩国等能源紧缺的国家，CDQ 得到广泛应用。据日本能源学会统计，目前，日本 46 组焦炉中有 41 组采用了 CDQ 技术（按焦炭产量计，普及率约 90%）。

钢铁工业的快速发展，对于干熄焦的技术需求越来越迫切。干熄焦装置的大型化和高温高压自然循环余热锅炉的开发，是未来干熄焦技术的发展方向。目前，最大型的 CDQ 装置在日本福山制铁所，其处理红焦能力达到 200t/h，产生蒸汽量 116.5t/h，每小时发电量 34200kW。日本在中温中压混合循环余热锅炉的基础上，又成功地研制出高温高压自然循环干熄焦余热锅炉，将余热锅炉的蒸汽压从 4.6MPa（温度 450℃）提高到 9.8MPa（温度 540℃）。在我国，济钢是第一家从日本新日铁引进高温高压自然循环余热锅炉的企业，到目前为止，采用高温高压锅炉的干熄焦约为 30%[6~8]。

5.2.1.2 干熄焦基本原理与工艺过程

干熄焦是采用惰性循环气体熄灭焦炭，并将余热回收发电的一项重大节能技术。干熄焦技术改变了传统湿法熄焦技术余热资源浪费、水资源浪费以及含有粉尘和有毒、有害物质的尾气对大气环境严重污染的固有缺陷，是焦化行业装备现代化的重要标志[9]。

图 5-1 为干熄焦工艺流程示意图。炭化室中推出的 950～1050℃ 红焦经导焦栅落入焦罐车上的焦罐内。焦罐车由电机车牵引至提升机井架底部，再由提升

机将焦罐提升至干熄炉炉顶，通过装入装置将焦炭装入干熄炉。炉中焦炭与惰性气体直接进行热交换，冷却至250℃以下。冷却后的焦炭经排焦装置卸到传送带上，再经炉前焦库送筛焦系统。180℃的冷惰性气体由循环风机通过干熄炉底的供气装置鼓入炉内，与红焦炭进行热交换，出干熄炉的热惰性气体温度约为850℃。热惰性气体夹带大量的焦粉，经一次除尘器进行沉降，气体含尘量降到6g/m³以下，进入余热锅炉换热，在这里惰性气体温度降至200℃以下。冷惰性气体由余热锅炉出来，经二次除尘器，含尘量降到1g/m³以下后由循环风机送入干熄炉循环使用。余热锅炉产生的蒸汽或并入厂内蒸汽管网或用于发电。

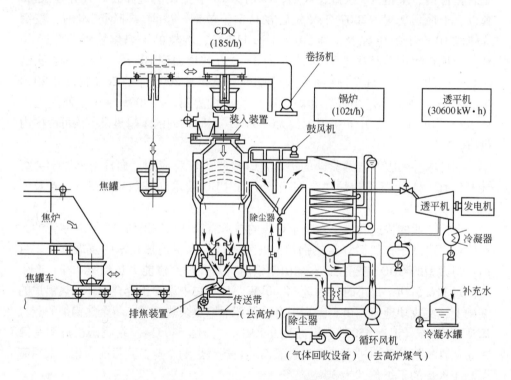

图5-1 干熄焦工艺流程示意图

干熄焦装置的主要设备包括：电机车、焦罐及其运载车、提升机、装入装置、排焦装置、干熄炉、供气装置、循环风机、余热锅炉、一次除尘器和二次除尘器等。

日本福山制铁所干熄焦主要设备参数见表5-6。宝钢干熄焦设备设计参数和操作实绩见表5-7。

表 5－6 日本福山制铁所干熄焦主要设备参数

项　目	4 号 CDQ	5 号 CDQ	3 号 CDQ
对应焦炉	4B 号、4C 号	5A 号、5B 号、5C 号	3A 号、3B 号、4A 号
对应炉孔数/孔	50、55	均为 55	52、52、70
熄焦能力/t·h^{-1}	125	200	180
主蒸汽量/t·h^{-1}	69.0	116.5	111.7
蒸汽压力/MPa	10.0	8.2	8.2
蒸汽温度/℃	534	514	514
发电量/kW	28600	34200	32200
发电机容量/kV·A	31875	36667	34000

表 5－7 宝钢干熄焦设备设计参数和操作实绩

项　目		设计参数	操作实绩
蒸汽回收量/kg·t^{-1}		420 ~ 450	526 ~ 626
耗电量/kW·h·t^{-1}		20	23 ~ 25.3
氮气耗量/m^3·t^{-1}		4	平均4.7
循环气体成分	$w(CO_2)$	10 ~ 15	14.0 ~ 18.0
	$w(CO)$	8 ~ 10	< 4.0
	$w(H_2)$	2 ~ 3	< 1.0
	$w(O_2)$	0 ~ 0.2	0
	$w(N_2)$	70 ~ 75	70 ~ 74
锅炉入口温度/℃		780 ~ 800	780 ~ 800
锅炉出口温度/℃		< 200	< 200
锅炉	蒸发量/t·h^{-1}	37.5	37.5
	压力/MPa	4.6	4.6
	温度/℃	450	450

5.2.1.3　干熄焦工艺的技术特点

采用干熄焦装置可回收红焦显热，节约工业水消耗，降低焦化工序能耗；减少环境污染，改善环境质量；同时，还能改善焦炭质量，降低高炉焦比，提高产量。其技术特点如下：

（1）回收红焦显热与节能。采用干熄焦技术可回收约80%的红焦显热，平均每熄1t焦炭，可回收3.82MPa、450℃蒸汽0.5～0.6t，直接送入蒸汽管网或发电。采用中温中压锅炉，全凝发电95～105kW·h/t焦；采用高温高压锅炉，可使发电效率提高10%，全凝发电110～120kW·h/t焦[10]。据国外某公司对其企业内部炼铁系统所有节能项目的效果分析，干熄焦装置节能量占炼铁系统总节能量的50%。

（2）改善焦炭质量。与常规湿熄焦相比，采用干熄焦技术可使焦炭水分降低3%～6%，焦炭抗碎强度M_{40}提高3%～8%，焦炭耐磨强度M_{10}改善0.3%～0.8%，焦炭热性能指标反应后强度CSR提高2.56%～3.34%，反应性CRI降低1.66%～2.52%，焦炭粒度均匀，水分稳定；高炉焦比降低2%～4%，生产能力提高1%～3%，降低强黏结性的焦、肥煤配入量15%～20%，或在配煤中可多用10%～15%的弱黏结性煤，这些对炼铁系统产生了明显的延伸经济效益。

（3）减少环境污染。干熄焦利用惰性气体在密闭系统中将红焦熄灭，并配备良好的除尘设施，基本不污染环境。此外，由于干熄焦能够产生蒸汽并用于发电，因此，避免了生产等量蒸汽燃煤对大气的污染（5～6t蒸汽需要1t动力煤），尤其减少了CO_2、SO_2向大气的排放。对规模100万吨/年的焦化厂而言，采用干熄焦技术，每年可以减少8～10万吨动力煤燃烧对大气的污染，即每年少向大气排放144～180t烟尘、1280～1600t SO_2，特别是少向大气排放8～10万吨 CO_2，减少了温室效应。

（4）节水。采用传统的湿熄焦，每熄灭1t红焦要消耗0.45t水。而采用干熄焦技术后，熄焦工序可不用水，但设备的零星用水不可避免，扣除这部分用水，吨焦平均节水0.43t。

（5）投资和能耗高。目前，干熄焦装置工程费投资在110～120元/吨之间，而传统湿熄焦装置工程费投资为10～15元/吨。干熄焦本身能耗约为29kW·h/t，湿熄焦仅为2kW·h/t，但干熄焦带来的经济效益、环境效益、资源效益和节能效果完全可以抵消其投资高及运行能耗高带来的不足。

5.2.2　型煤炼焦技术

炼焦工序作为冶金焦和焦炉煤气的供应者，在高炉—转炉长流程中占有特别重要的地位。近年来，随着高炉的大型化、喷煤比的逐年增加以及焦煤和肥煤资源的相对紧缺，生产高质量的冶金焦和降低炼焦工序能耗已成为钢铁企业追求的目标之一。焦炉生产率、焦炭质量以及焦炉的加热方式、焦炉煤气的利用程度，都将直接影响钢铁企业的能源平衡和能源利用水平，甚至会改变其生产模式和生产效率。型煤炼焦技术是综合运用煤预热、煤调湿、选择性破碎和型煤化的快速炼焦新技术。一方面，它充分地回收焦炉废气和焦炉煤气显热来干燥入炉煤，可使入炉煤的水分由10%下降到6%（入炉煤起尘的极限水分）；另一方面，入炉煤经筛分后按粒度大小分级，选择其中少量煤（一般为细颗粒的煤粉）与黏结剂混合、预热并制成型煤，从而达到多用弱黏结性煤炼焦的目的。采用煤调湿 - 配型煤快速炼焦技术，可使炼焦能耗减少 335MJ/t 焦炭（折合约 11.4kgce/t 焦炭），回收利用焦炉废气和焦炉煤气显热约 8kgce/t 焦炭，除去技术本身采取的耗能措施，最后能使工序能耗降低约 16kgce/t 焦炭。

5.2.2.1 配型煤炼焦的基本原理

在炼焦过程中，型煤块与粉状煤料配合时，之所以能提高焦炭的质量，或在不降低焦炭质量的前提下少配用一些强黏结性煤，是因为它能改善煤料的黏结性和炼焦时的结焦性能。其基本原理如下：

（1）配入型煤块，提高了装炉煤料的密度，装炉煤的堆积密度约增加 10%。这样能降低炭化过程中半焦阶段的收缩，从而减少焦块裂纹。

（2）型煤块中配有一定量的黏结剂，从而改善了煤料的黏结性能，对提高焦炭质量有利。

（3）型煤块的视密度为 $1.1 \sim 1.2 t/m^3$，而一般粉煤装炉仅为 $700 \sim 750 kg/m^3$。成型煤种煤粒互相接触远比粉煤紧密，在炭化过程中软化到固化的塑性区间，煤料中的黏结组分和惰性组分的胶结作用可以得到改善，从而显著地提高了煤料的结焦性能。

（4）高密度型煤块与粉煤配合炼焦时，在熔融软化阶段，型块本身产生的膨胀压力，对周围软化煤粒施加的压紧作用大大超过了一般常规粉煤炼焦，促进了煤料颗粒间的胶结，使焦炭结构更加致密。

5.2.2.2 配型煤炼焦工艺流程

配型煤炼焦的典型流程有：新日铁配型煤技术、住友配型煤技术、德国 RBS 法配型煤技术、美国 CBC 法配型煤技术等。

A 新日铁配型煤技术

新日铁配型煤流程如图 5 - 2 所示。取 30% 经过配合、粉碎的煤料，送入成型工段的原料槽，煤从槽下定量放出，在混煤机中与喷入的黏结剂（用量为型煤量的 6% ~7%）充分混合后，进入混捏机。煤在混捏机中被喷入的蒸汽加热至 100℃ 左右，充分混捏后，进入双辊成型机压制成型。热型煤在网式输送机上冷却后送到成品槽，再转送到贮煤塔内单独储存。使用时，在塔下与粉煤按比例配合装炉。热型煤在网式输送机上输送的同时进行强制冷却，因此设备较多，投资相应增加。

B 住友配型煤技术

黏结性煤经配合、粉碎后，大部分（约占总煤量的 70%）直接送储煤塔，小部分（约占总煤量的 8%）留待与非黏结性煤配合。约占总煤量 20% 的非黏结性煤在另一粉碎系统处理后，与小部分黏结性煤一同进入混捏机。混捏机中喷

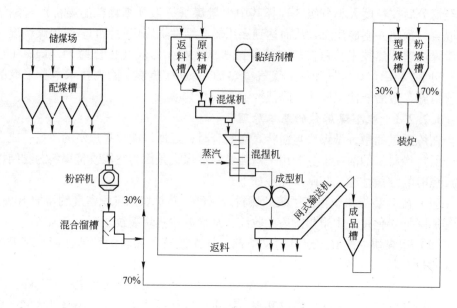

图 5 - 2　新日铁配型煤流程

入约为总煤量 2% 的黏结剂。煤料在混捏机中加热并充分混捏后，进入双辊成型机压制成型。型煤与粉煤同步输送到储煤塔。此工艺流程是配型煤炼焦用得比较多的流程，它将非黏结性煤加入添加剂，使之达到与黏结性配煤组分几乎一样的炼焦效果，也就是使整个炼焦煤组分均匀化，所以此工艺可不建成品槽和网式冷却输送机。其优点是工艺布置较简单、投资省，型煤与粉煤在同步输送和储存过程中即使产生偏析，也不影响炼焦质量。其流程如图 5 - 3 所示。

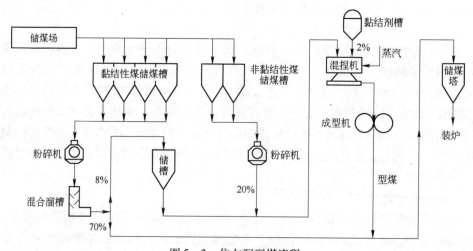

图 5 - 3　住友配型煤流程

C　德国 RBS 法配型煤技术

德国 RBS 工艺流程如图 5-4 所示，煤料由给料机定量供入直立管内，粒径小于 10mm 的煤粒在此被从热气体发生炉所产生的热废气加热到 90～100℃ 而干燥到水分小于 5%。煤粒出直立管后，分离出粗颗粒。粗颗粒经粉碎机后返回直立管或直接送到混捏机，与 70℃ 的粗焦油和从分离器下来的煤粒一起混捏。混捏后的煤料进压球机在 70～90℃ 成型。热型块在运输过程中表面冷却后装入储槽，最后混入细煤经装煤车装炉。这种配入型煤的煤料入炭化室后，其堆密度达 800～820kg/m³，结焦时间缩短到 13～16h，比湿煤成型的工艺流程的生产能力大 35%。该工艺复杂，技术难度高，基建和生产费用较高。

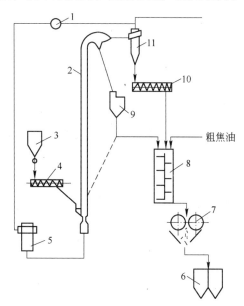

图 5-4　RBS 工艺流程
1—风机；2—直立管；3—原料煤仓；4—定量给料机；
5—热气发生炉；6—型煤储槽；7—压球机；8—混捏机
9—破碎机；10—螺旋给料器；11—分离器

D　美国 CBC 法配型煤技术

美国 CBC 流程是将全部炼焦原料煤不配黏结剂压成型块，然后再破碎到一定粒度装炉。这种新流程要求成型压力较大，原料煤细度要求高，同时粒度比例控制也有严格规定。不过，国内某厂采用通常的成型设备，100% 炼焦煤料成型，然后让其破碎。用这样一种简单处理方法进行试验，对焦炭质量的改善，比前述的 3 种成型煤流程并不逊色。由于它不需要添加价格高昂的黏结剂，工艺流程也较简单，故有其一定的优越性。但因它需要全部原料煤成型，成型设备大，工业化生产也存在一定困难。

5.2.2.3　配型煤炼焦的特点

配型煤炼焦工艺在工业生产上的效果（以配入比 30% 为例），主要表现在三个方面：

（1）在配煤比相同的条件下，配型煤工艺所生产的焦炭与常规配煤生产的焦炭比较，耐磨强度 M_{10} 值可降低 2% ~ 3%，抗碎强度 M_{40} 变化不大或稍有提高，JIS 转鼓试验指标 DI_{15}^{150} 值可提高 3% ~ 4%；

（2）在保持焦炭质量不降低的情况下，配型煤工艺较常规炼焦煤工艺，强黏结性煤用量可减少 10% ~ 15%；

（3）焦炭筛分组成有所改善，粒径大于 80mm 级产率有所降低，80 ~ 25mm 级显著增加（一般可增加 5% ~ 10%），小于 25mm 级变化不大，因而提高了焦炭的粒度均匀系数。

5.2.3　煤调湿技术

煤调湿（Coal Moisture Control，简称 CMC）是"装炉煤水分控制工艺"的简称，它是一种炼焦用煤的预处理技术，即通过加热来降低并稳定、控制装炉煤的水分，然后装炉炼焦，从而控制炼焦耗热量、改善焦炉操作、提高焦炭产量或扩大弱黏结性煤用量的技术。

CMC 不同于煤预热和煤干燥：煤预热是将入炉煤在装炉前用气体热载体或固体热载体快速加热到热分解开始前温度（150 ~ 250℃），此时煤的水分为零，然后再装炉炼焦；而煤干燥没有严格的水分控制措施，干燥后的水分随来煤水分的变化而改变。CMC 有严格的水分控制措施，能确保入炉煤水分恒定，不追求最大限度地去除装炉煤的水分，而只把水分调整稳定在相对低的水平（一般为 5% ~ 6%），使之既可达到提高效益的目的，又不致因水分过低引起焦炉和回收系统操作困难。

目前，我国的钢铁冶金企业普遍面临着高炉大型化的问题，富氧喷煤技术的应用使焦比大幅度下降，对焦炭质量提出越来越高的要求。优质炼焦煤供应日趋紧张，在现行常规的备煤炼焦工艺中，依靠在炼焦配煤中增加优质炼焦煤的配入比例来提高焦炭质量的方法也越来越不现实。而炼焦煤水分偏大（尤其北方、雨季），又直接影响焦炉生产以及焦炭质量的提高。因此，各家企业都在积极寻求解决问题的方法，其中，煤调湿技术就是一种控制装炉煤水分的行之有效的方法。

CMC 以其显著的节能、环保和经济效益受到普遍重视。美国、前苏联、德国、法国、日本和英国等都进行了不同形式的煤调湿试验和生产，其中，发展最快的是日本，早在 1982 年，由新日铁开发出第一代导热油煤调湿装置并应用于生产，1991 年又开发出第二代蒸汽回转式干燥机煤调湿装置在君津厂投产，1996 年在室兰厂投产了第三代烟道气流化床煤调湿装置[11]。目前，日本全国共有 16 个焦化厂 51 组（座）焦炉，其中有 36 组（座）焦炉配置了煤调湿装置，占焦炉总数的 70.5%[2]。

"十一五"期间，我国煤调湿技术从无到有，经历了科研开发、设计建设、开工调试、稳定生产的全过程。自行开发了以焦炉烟道气为热源，采用气流调湿分级一体化、全沸腾风选调湿机、振动流化床风选等技术的多种煤调湿装置，并先后在济钢、昆钢、马钢、邯钢和鞍钢鲅鱼圈投产或设计建设。我国自行设计的以低压蒸汽为热源、采用国产多管回转式干燥机的煤调湿装置先后在宝钢、太钢和攀钢投产[6]。

5.2.3.1 煤调湿的优点

煤调湿的优点包括：

（1）入炉煤堆密度增加。装炉煤水分的降低，使装炉煤堆密度提高，干馏时间缩短，因此，焦炉生产能力可提高 3% ~11%。据测算，每降低 1% 的水分，堆密度相应增加 1.0% ~1.5%，从而达到在炭化室有效容积不变的情况下，可以多装煤，从而达到增产的效果。

（2）焦炉结焦时间缩短。每降低 1% 的水分，可以缩短结焦时间为 0.5% ~1.0%，据此可以增加每天的出焦孔数，因此也能增加焦炭产量。

（3）改善焦炭质量。每降低 1% 的水分，焦炭强度可以增加 0.15% ~0.2%，在保持原来的焦炭强度条件下，可以增加弱黏结煤的配煤比例。一般情况下，可以增加 5% ~8% 的弱黏结煤，具体数值要根据生产过程中对煤种进行试验而确定。

（4）降低炼焦耗热量。由于入炉煤水分的降低，可以降低炼焦耗热量，每降低 1% 的水分可以节能 41.8 ~83.6MJ/t 煤。当煤料水分从 11% 下降至 6% 时，炼焦耗热量降低 310MJ/t 干煤。

（5）减少剩余氨水量。由于入炉煤总水分的降低，剩余氨水量降低，相应减少蒸氨用蒸汽，可以减少焦化污水的处理量。

（6）降低 CO_2 排放。减少温室效应，平均每吨入炉煤可减少约 35.8kg 的 CO_2 排放量。

（7）延长焦炉寿命。因煤料水分稳定在 6% 的水平上，使得煤料的堆密度和干馏速度稳定，有益于改善焦炉的操作，保持焦炉操作的温度，有利于延长焦炉寿命。

5.2.3.2 煤调湿工艺及其特点

A 第一代导热油煤调湿工艺

第一代 CMC 是采用导热油干燥煤。利用导热油回收焦炉烟道气的余热和焦炉上升管的显热，然后，在多管回转式干燥机中，导热油对煤料进行间接加热，从而使煤料干燥。1983 年 9 月，第一套导热油煤调湿装置在日本大分厂建成投产。日本新能源产业技术开发机构（简称 NEDO），于 1993～1996 年在我国重庆钢铁（集团）公司实施的"煤炭调湿设备示范事业"就是这种导热油调湿技术。重庆钢铁集团的煤调湿工艺流程，如图 5－5 所示。

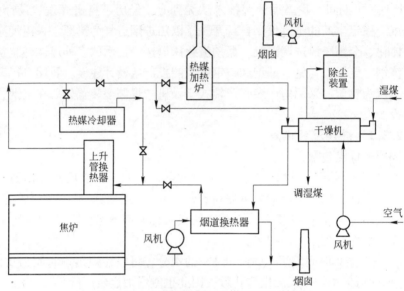

图 5－5　重庆钢铁集团的煤调湿工艺流程

此装置处理的煤料是经配合粉碎后的焦炉入炉湿煤，装置的处理能力为 140t/h 调湿煤，可以满足 3 座焦炉生产的需要，表 5－8 为该装置的主要技术经济指标。

表 5－8　装置的主要技术经济指标

处理煤量	140t/h 调湿煤
入干燥机煤料水分	平均 10.5%（最高 11.5%）
出干燥机煤料水分	6.50%
装炉煤水分	6%
节省炼焦耗热量	267.64kJ/kg 煤
焦炉生产能力可提高	7.70%
减少氨水量	6.3t/h

此套装置是由热媒油换热循环系统、煤料输送干燥机组、控制室、通风除尘机组、焦油脱渣以及供电等公用设施等组成。装置的主体机组布置在重钢焦化厂煤场东侧；上升管换热器设在 3 号、4 号、5 号焦炉炉顶；烟道换热器共三组，分别布置在 3 号、4 号和 5 号焦炉烟囱附近。煤调湿装置主要是由热媒油循环系统和煤料输送干燥系统两大系统组成。热媒油循环过程为：自干燥机出来的温度

较低的热媒油先经烟道废气换热，再经上升管与荒煤气换热，用循环泵加压后再经管式加热炉或冷却器送入干燥机。管式加热炉和冷却器是为了保证循环热媒油的温度而设置的，通过控制热媒油的温度从而达到控制调湿后煤料水分的目的。被干燥的煤料从原有的煤转运站接来，先储存在湿煤仓，湿煤仓储量约为3h用量，以满足干燥系统检修和临时故障排除的需要，然后湿煤进入干燥机，干燥后的煤料经胶带输送机送到5号焦炉新煤塔顶，供3号、4号、5号3座焦炉使用。为了保证系统安全运行，设有上升管事故备用水箱。

煤料水分降低后，装煤时会有大量煤尘混入煤焦油中，这使焦油中渣量增加，为了保证焦油质量，在煤气净化车间鼓风冷凝工段增设一套焦油脱渣处理设施，用高速离心机脱除焦油中的渣子。焦油渣送到煤场混入炼焦煤中炼焦。

2001年，由于焦炉装煤除尘和加煤除尘环保设备尚未解决，不能达到环保要求，岗位操作环境恶劣，粉尘严重超标。操作人员无法进行加煤和装煤操作，煤调湿停止运转（热媒油系统正常运行）。

该工艺的缺点是流程复杂、设备庞大、操作环节多、投资高，故很少采用。

B　第二代蒸汽煤调湿工艺

第二代CMC采用蒸汽干燥煤料，也称为回转式干燥机煤调湿。利用干熄焦蒸汽发电后的背压汽或工厂内的其他低压蒸汽作为热源，在多管回转式干燥机中，蒸汽对煤料间接加热干燥。这种CMC最早于20世纪90年代初在日本君津厂和福山厂投产。目前，在日本运行的CMC绝大多数为此种形式。日本JFE西日本制铁所（福山地区）蒸汽煤调湿流程如图5-6所示。

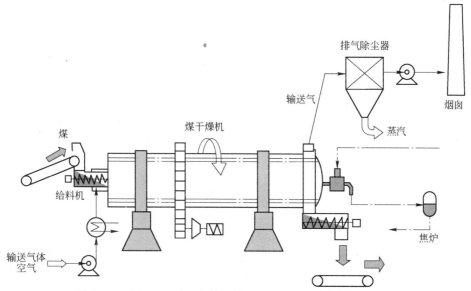

图5-6　日本JFE西日本制铁所（福山地区）蒸汽煤调湿流程

多管回转式干燥机像一个回转窑，窑内与窑身平行装有多层同心圆排列的蒸汽管。湿煤通过螺旋给料机送入回转窑，与管内蒸汽进行间接换热，同时还向回转窑通入预热的空气，与湿煤并流通过回转窑进行直接换热。目前，日本还有大分厂、福山厂、千叶厂也是这种结构的干燥机。JEF 西日本制铁所（福山地区）CMC 设备规格参数见表 5-9。

表 5-9　JEF 西日本制铁所（福山地区）CMC 设备规格参数

调湿前水分	9.00%	传热管径	125、100、90、80A
调湿后水分	6.00%	传热管长度	25m
装入时水分	5.60%	传热管数量	216 根
调湿能力	270Dry – T/Hr	传热面积	1800m²
干燥机本体尺寸	3.8m×25mL	传热系数	251.04kJ/(m²·h·℃)
本体倾斜	8/1000	蒸汽压力	0.7~12MPa
收集灰尘机		喷射型除尘机（930m³/h）	

这种蒸汽加热的多管回转式干燥机有两种结构形式：一种是蒸汽在管内，煤料在管外，这种结构适用于煤料中杂物多的状况，见图 5-7 所示。另一种是煤料在管内，蒸汽在管外，如图 5-8 所示。

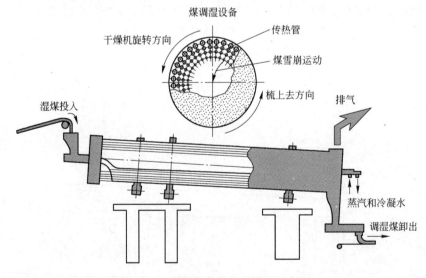

图 5-7　煤料在管外的干燥机示意图

蒸汽煤调湿装置设备少，流程简单。煤料与蒸汽间接换热，CMC 装置本身不需设置庞大的除尘设施。表 5-10 为日本以低压蒸汽为热源的煤调湿装置参数，表 5-11 为我国以低压蒸汽为热源的煤调湿装置参数。

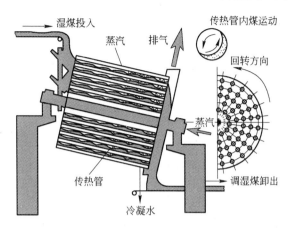

图 5-8　煤料在管内的干燥机示意图

表 5-10　日本以低压蒸汽为热源的煤调湿装置参数

公司	焦化厂	焦炉组别	形　式	能力/(t/h×台)	投产年月
新日铁	大分	1号、2号	间接加热回转式	260×1	1983年9月
	八幡	4号、5号	间接加热回转式	240×1	1996年9月
	君津	1~3号	间接加热回转式	190×2	1991年4月
JFE	东（千叶）	5~7号	间接加热回转式	340×1	1991年4月
	西（仓敷）	1~6号	间接加热回转式	440×2	1992年
	西（福山）	5号	间接加热回转式	270×1	1990年2月
住友金属	鹿岛	1号	间接加热回转式	330×1	1996年4月
	鹿岛	2号	间接加热回转式	400×1	1992年2月

表 5-11　我国以低压蒸汽为热源的煤调湿装置参数

厂名	规模	多管回转式干燥机	热　源	设计调湿等级	实际生产控制煤水分
宝钢	330t/h	1套	蒸汽33.6t/h，1.2~1.6MPa	约10%~6%	7%
太钢	400t/h	1套	蒸汽36.75t/h，1.2~1.6MPa	约10%~6%	7.5%~8%
攀钢	380t/h	1套	蒸汽35.8t/h，1.2~1.6MPa	约10%~6%	捣固9%
台湾中钢		1套	蒸汽1.8MPa	至6%	7.5%

　　我国的本钢一铁焦化厂、沈阳煤气二厂采用的是以汽化上升管为热源的煤调湿工艺，即以上升管汽化冷却装置产生的蒸汽为主要热源，以烟道废气的显热为辅助热源，上升管汽化冷却装置产生的蒸汽经过蒸汽混合器进入多管回转干燥机

与湿煤进行间接热交换。由风机抽出230℃的烟道废气送入多管回转干燥机，将煤在干燥机内蒸发出的水分引入除尘器，除尘后经烟囱排入大气。该工艺将入炉煤水分由10.5%减少到6%，焦炉耗热量降低263.5MJ/t，目前已成功运行20多年。

该工艺的缺点是煤料与蒸汽间接换热、设备投资大，且没有利用烟道气的废热。

C 焦炉烟道气煤调湿（流化床煤调湿）

第三代CMC采用最新一代的流化床装置。它是采用焦炉烟道废气或焦炉煤气为热载体，与湿煤料直接换热，带走煤中水分，含细煤粉的废气进入袋式除尘器过滤，然后由抽风机送至烟囱外排的煤调湿方法。1996年10月，日本在北海制铁株式会社室兰厂投产了采用焦炉烟道气对煤料调湿的流化床装置，其流程如图5-9所示。

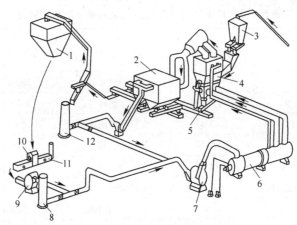

图5-9 流化床煤调湿工艺流程

1—干煤槽；2—袋式除尘器；3—料斗；4—流化床干燥器；5—螺旋输送机；6—热风炉；
7，9—抽风机；8，12—烟囱；10—煤塔；11- 焦炉

含水10%~11%的煤料由湿煤料仓送往两个室组成的流化床干燥机中，煤料在气体分布板上由1室移向2室，从分布板进入的热风直接与煤料接触，对煤料进行干燥，干燥后水分降到6.6%（由煤调湿装置出口到焦炉的运输过程中还会蒸发0.6%的水分，这样保证进焦炉的煤含水稳定在6%的设计值），干燥后，煤料温度为55~60℃的70%~90%的粗煤粒从干燥机排入螺旋输送机，剩下的10%~30%的粉煤随70℃干燥气体进入袋式除尘器，回收的粉煤排入螺旋输送机。粉煤和粗粒煤混合后经管道式皮带机由干煤槽送到焦炉煤塔。

干燥用的热源是焦炉烟道废气，其温度为180~230℃。抽风机抽吸焦炉烟道废气，送往流化床干燥机。与湿煤料直接换热后的含细煤粉的废气入袋式除尘

器过滤，然后由抽风机送至烟囱外排。

此装置还设有热风炉，当煤料水分过高或焦炉烟道废气量不足或烟道废气温度过低时，可将抽吸的烟道废气先送入热风炉，提高烟道废气的温度。生产实践证明，焦炉满负荷生产时，烟道废气量足够，其温度也较高，完全可以满足煤调湿的需要，因此，不需开启热风炉。

流化床干燥机内的分布板是特殊钢材制作的筛板，干燥机的其他部分均可用普通碳钢材制作。在 CMC 的几个部位上设置有氧监测仪，自动报警，以保证生产安全平稳。

这种采用烟道废气的流化床 CMC 装置工艺流程短，设备少且结构简单，具有投资省、操作成本低，便于检修、占地面积小等优点。煤料与烟道废气直接换热，效率高，但是，因有 10% ~ 30% 的细煤粉被废气携带出，所以必须设置庞大的除尘设施。表 5 - 12 为我国以焦炉烟道废气为热源的煤调湿装置参数。

表 5 - 12　我国以焦炉烟道废气为热源的煤调湿装置参数

项　目	位置	干燥机	煤料移动	功　能	煤水分降低
济钢焦化（焦炉烧 BFG）	粉碎机前	气流床分级	回转式移动刮板推动	调湿、风选和型煤	2% ~ 3%
昆钢大板桥（焦炉烧 COG）	粉碎机前	气流床分级	回转式移动刮板推动	调湿、风选	2% ~ 2.5%
马钢焦化（焦炉烧 BFG）	粉碎机后	流化床	高速斜向气流推动	调湿	降至 6.0%
邯钢焦化（焦炉烧 BFG）	粉碎机前	全沸腾床分级	全沸腾螺旋式流化	调湿、风选和型煤	降至 6.0%
鞍钢鲅鱼圈（焦炉烧 BFG）	粉碎机前	振动流化床分级	振动力推动	调湿、风选	降至 6.0%

第三代煤调湿工艺具有以下特点：

（1）在不影响焦炉操作的情况下，充分利用焦炉烟道废气作为干燥热源，降低了热能消耗，而蒸汽管干燥机（简称 STD）和回转管式干燥机（简称 CIT）则需要以蒸汽或其他热媒作为热源。在焦炉采用混合煤气加热，且正常生产的情况下，产生的废气热量可以降低焦炉入炉煤量 4% ~ 5% 的水分，节约了能源，减少了温室气体的排放，热能消耗为 STD、CIT 干燥机热能消耗的 60% ~ 70% 左右。

（2）流化床干燥机为箱体结构，没有旋转部件，干燥机本体生产过程中的维护量极低，新日铁室兰制铁所于 1996 年 10 月投产的 FB 干燥机至今仍在使用，且干燥机本体没有任何维修。STD 和 CIT 干燥机则需要倾斜布置，煤在下落的过程中，干燥机本体也需要转动，转动部件较多，生产中需要的维护量加大。而且由于干燥机内部腐蚀的原因，需要定期维修外壳和内部不锈钢管。

（3）热交换方式为热废气与湿煤进行直接换热，热交换效率高，STD 和 CIT 干燥机则是采用间接换热，热效率相对较低。

（4）设备采用特殊材料较少，降低了设备投资，约为 STD 干燥机价格的

60% ~70%。而 STD 和 CIT 干燥机由于设备的运转，容易产生疲劳和腐蚀，因此本体结构需要采用特殊钢材，造价相对较高。

（5）干燥机气体分散板根据湿煤的水分、废气的温度等选择不同孔的分布，以确保煤能均匀地干燥。

（6）干燥后煤的温度较低，约为 50 ~60℃，较 STD 和 CIT 干燥机干燥煤的温度低约 20℃。因此，煤在输送过程中的水分蒸发量少，不易扬尘。

5.2.3.3 煤调湿技术的节能效益

以某焦化厂为例，该厂有两座 55 孔 4.3m 焦炉和两座 55 孔 6m 焦炉，年产焦炭 180 万吨。若采用 CMC 技术，节能效果和经济效益分析如下：

（1）采用 CMC 技术后，煤料含水量每降低 1%，炼焦耗热量降低 62MJ/t 干煤。当煤料水分从 11% 下降至 6% 时，炼焦耗热量节约 310MJ/t 干煤，折合标煤 10.6kg。对于年产 180 万吨的焦化厂，年需炼焦煤（干煤）约 237.6 万吨，则年节约炼焦耗热量折合标煤 25186 吨。按每吨标煤价格 800 元计算，年可实现经济效益 2015 万元。

（2）由于装炉煤水分降低，装炉煤堆密度提高，干馏时间缩短，焦炉生产能力可以提高约 11%。年产 180 万吨焦化厂采用 CMC 技术后，焦炉生产能力可以提高 11%，则年产焦炭可达 200 万吨。即在现有焦炉不变的前提下增产 20 万吨焦炭，按吨焦价格 1500 元计算，增产创造的产值达 3 亿元；按吨焦利润 200 元计算，增产创造的效益达 4000 万元。

（3）改善焦炭质量，焦炭强度提高 1% ~ 1.5%；或在保证焦炭质量不变的情况下，可多配弱黏结煤 8% ~ 10%。以该厂为例，年需炼焦煤约 264 万吨（含水 11%）。按保证焦炭质量不变的情况下，以多配弱黏结煤 8% 计算，考虑到弱黏结煤（气煤）与焦煤价格相差约 100 元/吨，则年节约原料采购费用：264 万吨 ×8% ×100 元/吨 =2112 万元。

（4）煤料水分的降低可减少 1/3 的剩余氨水量，相应减少 1/3 剩余氨水蒸氨用蒸汽，同时减轻废水处理装置的生产负荷。年产 180 万吨焦炭蒸氨用蒸汽量约 7t/h，若节约 1/3，则年节约蒸汽 7t/h × 1/3 × 8760h = 20440t。按蒸汽价格 120 元/吨计算，年节约蒸汽费用 245 万元。

（5）减少温室气体排放。采用 CMC 技术后，平均每吨入炉煤可减少约 35.8kg 的二氧化碳排放量。上述焦化厂年需炼焦煤（干煤）约 237.6 万吨。按平均每吨煤减少 35.8kg 二氧化碳排放计算，年可减排二氧化碳约 8.5 万吨。

CMC 技术具有显著的节能、环保和经济效益，上述年产 180 万吨焦化厂实施煤调湿技术后年可创造效益约 8372 万元，减排二氧化碳 8.5 万吨。

5.2.3.4 采用 CMC 需注意的问题

（1）煤料水分的降低，使炭化室荒煤气中的夹带物增加，造成粗焦油中的渣量增加2~3倍，为此，必须设置三相超级离心机，将焦油中的渣分离出来，以保证焦油质量。

（2）炭化室炉墙和上升管结石墨有所增加，为此，必须设置除石墨设施，以有效地清除石墨，保证正常生产。

（3）调湿后煤料用皮带输送机送至煤塔过程中散发的粉尘量较湿煤增加了1.5倍，为此，应加强输煤系统的严密性和除尘设施。

（4）调湿后煤料在装炉时，因含水分低很容易扬尘，必须设置装煤地面站除尘设施。因此，对已投产的焦炉而言，若因场地紧张或其他原因不能设置装煤地面站除尘设施，则不易补建煤调湿装置。

5.2.4 日本SCOPE21炼焦新技术

针对当今炼焦工艺存在的许多需要解决的问题（如煤资源的有效利用、环境保护等），1994年，日本钢铁联盟与日本煤利用中心合作投入110亿日元（约等于7.5亿元人民币），开展为期10年的SCOPE21（SCOPE21——Super Coke Oven for Productivity and Environmental Enhancement toward the 21st Century）新炼焦技术的研究，以应对21世纪初到来的焦炭供应不足的问题。

5.2.4.1 工艺概况

SCOPE21炼焦工艺流程如图5-10所示，其工艺特征是：对原料煤进行干燥分级后，将粗粒煤和细煤分别快速加热至350~400℃，细煤成型后与粗粒煤一

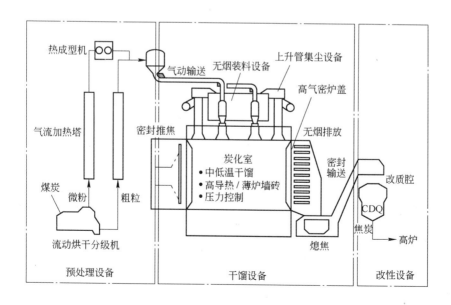

图5-10 SCOPE21炼焦工艺流程图

起混合，由此能改善非黏结煤的黏结性，大幅度提高焦炭生产率，节省能耗。然后，采用无烟输送的方法将高温加热的煤装入炉壁耐火砖薄、热导率高的炼焦炉室进行炼焦，然后在比通常干馏温度低的温度（中低温干馏温度）下进行推焦，并采用 CDQ（干熄焦）的焦炭质量改进仓对推出的焦炭进行再加热，由此能确保焦炭质量与普通炼焦法相同，大幅度提高了焦炭生产率并改善了环境[12]。

具体表现在：

（1）煤资源得到有效利用。现行炼焦法只能使用 20% 左右的非黏结煤，而采用 SCOPE21 工艺却能使用高达 50% 的非黏结煤，通过采用煤的快速加热技术，能提高煤的黏结性，同时采用细煤成型技术，可以提高装入煤的松装比重。

（2）提高生产率。为大幅度提高焦炭生产率，对装入煤进行了高温预热、减小炭化室炉壁厚度、提高炭化室炉壁的热导率、对煤进行均匀加热，结果能在比通常干馏温度 1000℃ 低的温度下进行推焦，从而大幅度缩短了干馏时间。在这里，干馏温度不足的部分可以采用干熄焦设备（CDQ）进行再加热，以确保焦炭质量。

（3）改善环境。由于采用活塞输送方式对煤进行密闭输送和调整焦炉炉内压力及推焦时的密闭除尘等方法，可以防止煤气从焦炉泄漏，并彻底杜绝炼焦时产生的冒烟、粉尘飞扬和臭味散发的现象。另外，通过改善焦炉的燃烧结构，实现了低 NO_x 燃烧。

（4）节能。通过对装入煤进行高温预热，提高了干馏开始温度，通过中低温干馏，降低了推焦的温度，由此减小了间接加热干馏炉的能耗。另外，对产生的煤气和燃烧废气的显热进行回收，节省了能源。

5.2.4.2 进展及效果

A 小规模试验

对 SCOPE21 工业化生产设备的设想是：由于一座 4000m³ 的大高炉的日出铁量为 1 万吨，因此，SCOPE21 的焦炭生产能力必须达到大约 4000t/d（换算成煤炭量的处理能力为 240t/h）。在此前提下，设定煤的预处理设备应比实验室设备大 10~20 倍，干馏炉尽可能与工业化生产规模相同。在新日铁名古屋制铁所内建了实验规模的工厂，该设备的煤预处理量为 0.6t/h，是半工业性工厂的 1/10 规模。从 1998 年 10 月~2003 年 3 月进行了试验操作。它采用流化床干燥分级设备对细煤进行分级，通过控制气体流速，能将细煤的粒度控制在规定范围内。采用气流预热塔加热设备对粗粒煤进行加热，能将细煤加热到 300℃ 这一目标值。即使是难以均匀加热的粗粒煤（0.5~6mm），只要控制所要求的热风温度，粗粒煤的颗粒温度偏差就可以控制在 50℃ 以内，基本能加热到 380℃。由此确认了

SCOPE21 的重要工序——煤预处理工序（干燥分级—快速加热—热态成型—高温煤的输送）设备的性能，为半工业性工厂设计积累了数据。

采用与工业化生产规模相等（炉高 7.5m、炉宽 450mm、炭化室间距 1500mm）的燃烧试验炉（燃烧室 1 列、燃烧室高度 7.1m、燃烧室 12 个、虚拟炭化室 2 个、蓄热室分成两个门）对热导率高、耐火砖炉壁薄的燃烧炉性能进行了评价，同时开发了均匀加热、低 NO_x 燃烧的技术。开发炉的燃烧室结构比现有的好，即使在 1200℃ 以上的高温加热下，也能将废气中的 NO_x 浓度控制在规定值 100×10^{-6} 以下。

B　半工业性工厂试验

开发工作的最后阶段是在新日铁名古屋制铁所内建半工业性工厂，包括从煤预处理到干馏炉等全套设备，从 2002 年 3 月～2003 年 3 月进行了试验操作。半工业性工厂试验的目的在于验证开发基本思路，取得工业生产设备设计所需的工艺技术数据。

a　设备概况

半工业性工厂由煤预处理设备及干馏炉构成，如图 5 - 11 所示。

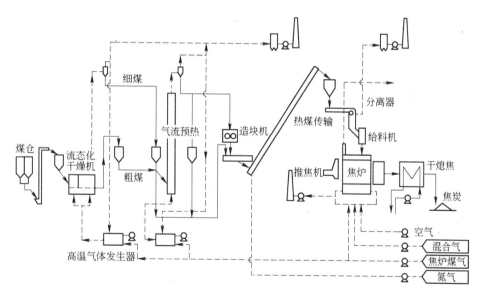

图 5 - 11　SCOPE21 炼焦工艺的半工业性工厂流程

具体的设备构成如下：

（1）煤预处理设备。煤的预处理能力是工业化生产设备的 1/20，根据实验装置的试验成果，确定了基本技术参数。

（2）干馏炉。干馏炉为一个炭化室。炉长是工业化生产设备的 1/2，炉高和炉宽的尺寸与工业化生产设备相同。该干馏炉可以反映出前述的燃烧结构最佳化试验的结果，并能获得环保措施的设计数据。

　　b　半工业性工厂试验操作

　　半工业性工厂操作大致可分为低炉温的一次操作（炉温 1100 ~ 1150℃）和高炉温的二次操作（1200 ~ 1280℃）两个阶段。半工业试验大约进行了一年时间的操作。总的干馏试验次数为 440 次，基本达到了开发目标。

　　（1）焦炭质量。作为装入原料，黏结煤和非黏结煤的配比各 50%。另外，煤的预处理是先在流化床将煤加热到 300℃，然后在气流塔将粗粒煤和细煤都加热到 380℃。采用这种装入原料煤进行操作的 1 年中焦炭平均强度 $DI_{15}^{150} = 84.8$，比现行炼焦工艺的焦炭平均强度 82.3 高 2.5。焦炭平均强度的提高不仅是由于提高煤松装密度的作用所致，也是煤快速加热的作用所致。

　　（2）生产率。在装入煤的温度 330℃、炉温 1250℃ 的条件下，采用普通湿煤操作的干馏时间是 17.5h，而采用 SCOPE21 可将干馏时间缩短至 7.5h，提高焦炭生产率 2.4 倍。另外，虽然 SCOPE21 采用高温、快速干馏操作，但作为焦炉操作的石墨黏附量与普通操作法相同，且细煤部分的成型对抑制石墨的生成非常有利。

　　（3）改善环境。采用活塞输送方式输送高温煤的输送速度在 350t/h 以上，输送稳定，满足了工业化生产设备的要求。

　　干馏炉燃烧废气中的 NO_x 与试验结果完全一致，炉温在 1250℃ 时，NO_x 浓度在 100×10^{-6} 以下。

　　防止干馏炉煤气泄漏的措施，已确认有效的办法是调整炉内压力，同时获得了工业化生产设备设计用的推焦时的局部除尘数据。

　　（4）节能效果。若发电效率为 38.2%，SCOPE21 工艺比现行工艺（湿煤操作 + CDQ 热回收）节能 21%，这是因为 SCOPE21 工艺虽然煤预处理工序的电耗有所增加，但干馏炉的煤气燃烧能耗下降效果显著。

　　c　工业化生产设备的主要技术参数

　　日本炼焦工作者经过 10 年努力研究的 SCOPE21 项目已经完成了最终阶段的工业性工厂试验，基本达到了当初设定的目标值，取得了巨大的成果。至今所取得的成果必将充分应用于即将到来的焦炉更新改造中，为世界的炼焦技术做出巨大的贡献。2005 年 4 月，新日铁计划采用 SCOPE21 工艺在大分钢厂建设一个 100 万吨/年的炼焦炉（64 孔），2008 年 2 月建成投产（工期 35 个月），总投资 370 亿日元（约折合 23.2952 亿元人民币），2008 年 5 月转入综合运转。JFE 钢铁同样也准备在福山的工厂建设一个焦炉组，这个焦炉组将会使公司增加 50 万吨的产量，同时也是第一个采用 SCOPE21 技术燃烧排气 NO_x 低的焦炉组。SCOPE21 炼焦工艺工业化生产设备的主要技术参数与比较见表 5 - 13[8]。

表 5 – 13　SCOPE21 炼焦工艺工业化生产设备的主要技术参数与比较

工序/设备		项　目	普通焦炉	SCOPE21
装入煤		湿度/%	9	
		温度/℃	25	330
		块煤比/%		30
煤预处理		流化床干燥炉		240t/h
		空气预热器		粗粒煤160t/h；细煤80t/h
		制块机		80t/h
高温煤的输送				活塞式输送机400t/h×2
焦　化		燃料温度/℃	1250	1250
		结焦时间/h	17.5	7.4
焦炉特征	尺寸	高/m	7.50	7.50
		长/m	16.00	16.00
		宽/m	0.45	0.45
		炭化室容积/m³	47.0	47.0
	炭化室墙砖	厚度/mm	100	70
		热导率/W·(m·K)⁻¹	致密砖 1.97	超级致密砖 2.67
		炭化室数量	126	53

注：焦炉焦炭产量均为4000t/d。

5.2.5　利用焦炉处理废塑料技术

利用焦化工艺处理废塑料技术实际上是废塑料与煤共焦化技术，是基于炼焦炉的高温干馏技术，将废塑料与煤一起转化为焦炭、焦油和煤气，实现废塑料的100%资源化利用和无害化处理。它是传统煤炼焦技术与现代废塑料加工处理技术的有机结合，对废塑料原料要求相对较低，只需对废塑料进行破碎、热缩和成型处理即可与煤混合入焦炉，对炼焦炉、化产回收及煤气净化系统也无需作任何改动，是一项节约资源、保护环境的技术。国内关于废塑料与煤共焦化技术的中试研究结果表明，在不影响焦炭质量的情况下，煤中添加废塑料的比例可达到2%。该项技术具有以下优点：

（1）处理废塑料的规模大。

（2）工艺简单，投资较小，建设期短，无需对传统焦化工艺进行改造。

（3）利用废塑料代替部分炼焦用煤，既有效解决了"白色污染"问题，又节约了炼焦配煤资源，具有明显的社会效益和环境效益。

（4）该技术在不影响焦炭质量的前提下，可增加焦油和焦炉煤气产率。

首钢开发的利用废塑料作黏结剂生产塑料型煤技术，其原理是利用煤预热技术和型煤生产技术与废塑料加工技术有机结合，利用废塑料的熔融黏结性能将煤粉黏结成型，制成塑料型煤，同时实现废塑料与煤粉的均匀混合以及废塑料缩体加工，再将塑料型煤与炼焦配煤混合入炉炼焦。利用现有成熟的焦化工艺和设备大规模处理废塑料，使塑料在高温、全封闭的还原气氛下，转化为焦炭、焦油和煤气，实现废塑料大规模无害化处理和资源化利用。

新日铁则采用将废塑料处理后（压块）加入焦炉中使用，该技术首先在名古屋厂实验，实验成功后于 2000 年分别在名古屋厂和君津厂投运，处理量（资源化量）达到 8.4t/h，2002 年八幡和室兰厂也相继投产，处理能力为 4.2t/h。2002 年度，新日铁共回收利用废塑料 12 万吨。

利用焦炉将废塑料和焦煤压块处理可以处理大量的废塑料，其废塑料的加入量可占焦炭产量的 2% 左右。

焦炉喷吹塑料节省能源、资源的比较见表 5 - 14。

表 5 - 14　焦炉喷吹塑料节省能源、资源的比较

名　称		未喷塑料	喷塑料	增减量
焦炉	装煤量/kg · (t 铁水) $^{-1}$	826.2	777.7	- 48.5
	干馏热量/MJ · (t 铁水) $^{-1}$	1971	1958	13

5.2.5.1　焦化工艺处理废塑技术原理

利用焦化工艺处理废塑料技术是可以大规模处理混合废塑料的工业实用型技术。该技术的基本指导思想是利用废塑料代替部分煤炼焦，将废塑料转化为焦炭、焦油和煤气，实现废塑料的 100% 资源化利用和无害化处理。废塑料是“白色污染”的主要来源，也是一种成分复杂的可回收资源，对其进行合理处理和有效利用已经成为迫在眉睫的问题。生活垃圾中的废塑料种类繁多，且含有很多杂质，对其进行分选和清洁的难度较大，这就制约了废塑料作为一种材料的回收利用，也增大了热解油化回收等的难度。利用焦化工艺处理废塑料技术是废塑料热解油化技术的新发展，是传统煤炼焦技术与现代废塑料加工处理和热解油化回收技术的有机结合。该技术对废塑料原料要求相对较低，废塑料的颗粒大小可在一个较大的范围，降低了破碎难度；废塑料加工要求相对较低，只需对废塑料进行破碎、与煤混合和成型处理即可转化为炼焦原料；其炼焦工艺沿用现有配煤炼焦工艺和配型煤炼焦工艺，无需对现有炼焦设备进行大幅度改动，设备投资小；利用现有焦炉产品回收系统即可实现产物的回收利用，无需其他后续设备；该技术可以做到允许含氯的废塑料进入焦炉，含氯废塑料在干馏过程中产生的氯化氢可以在上升管喷氨冷却过程中被氨水中和，形成氯化铵进入氨水中，从而有效避免氯化物造成的二次污染和对设备及管道的腐蚀。由于该技术具有投资小、不新增环境问题、社会效益显著等优点，因此易于推广应用。该技术具有以下可

行性：

（1）理论可行性。炼焦过程实际上是在焦炉环境下的高温热解过程，废塑料属于高分子碳氢化合物，其热分解产物与煤的热解产物一样，都由炭素固体、焦油和热解气体组成，理论上废塑料可以与煤混合后在焦炉环境下共热解；废塑料与煤存在共同的热分解温度区间，这为废塑料与煤在共焦化过程中产生"协同作用"提供了前提条件，有望改善焦炭质量。

（2）经济效益可行性。由于利用焦化工艺处理废塑料技术的工艺简单，除废塑料破碎设备和造型煤设备外，无需增加其他设备，因而前期投资小；又由于废塑料比煤廉价，利用废塑料代替一部分炼焦用煤，可降低炼焦成本。

（3）社会和环境效益可行性。利用焦化工艺处理废塑料，既解决日益严重的"白色污染"问题，又不产生新的污染源，其产物的处理完全由焦化工艺的焦油和煤气等处理设备完成，充分体现了"钢铁企业的城市化功能"；利用废塑料代替部分炼焦煤炼焦，可节约炼焦煤资源。

5.2.5.2　首钢焦炉处理废塑料的新工艺与特点

20世纪90年代以来，部分研究者从塑料、合成树脂、橡胶轮胎等高分子废料再利用的角度出发，进行添加上述废料与煤共热解或共焦化研究，以期上述废料能与煤发生良好的协同效应，能作为配煤炼焦的黏结剂，减少炼焦煤的用量，同时能够获得焦化副产品煤焦油、煤气[13~15]。

A　首钢焦炉处理废塑料的新工艺

利用焦化工艺处理废塑料技术需要考虑添加废塑料的多少对炼焦产物的影响，尤其是对焦炭质量的影响。研究工作表明，如果简单地把废塑料添加进焦炉与煤混合共焦化，将使焦炭质量下降。所以，寻求新的废塑料添加工艺已迫在眉睫。国内外研究现状表明，有两种方式有望改善焦炭质量、扩大废塑料添加比例：一是添加有机添加剂；二是将废塑料事先进行预处理。对于第一种方法，日本专利 P2000 – 53970A 提出利用重质油和煤焦油沥青作为炼焦的黏结剂，以提高焦炭质量，该工艺不但操作复杂，而且能耗较高，对焦炭质量改善效果也不明显。对于第二种方法，新日铁等将废塑料分选并进行挤塑造粒，然后与炼焦配煤一起炼焦，年处理废塑料达12万吨。但是，这种处理工艺不仅成本较高，而且废塑料的添加量仍然要受到限制（添加量不能大于1.5%），没有提高焦炭质量的功能。

首钢集团在吸收国外成功经验并结合国内相关研究的基础上，分别在实验室以及首钢焦化厂4号焦炉上，围绕废塑料与煤共焦化的关键技术，从配料组成、混合方式、热解制度直到工业应用进行了系统的实验研究，开发了一种新型的利用废塑料与煤共热熔融处理制塑料型煤的废塑料处理新工艺。该工艺巧妙地改进了传统废塑料加工技术，开创了新的废塑料与煤热熔融加工方法，并形成了具有自主知识产权的专利技术。废塑料制型煤炼焦新技术工艺流程如图 5-12 所示。

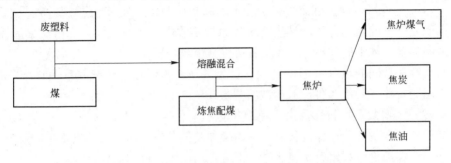

图 5-12 焦化工艺处理废塑料新技术工艺流程

该技术提出一种利用废塑料作黏结剂与炼焦配煤熔融混合处理生产型煤的方法及系统，其目的在于提供一种工艺相对简单，同时能够增加焦炭强度，改善操作环境，以及增加焦炉生产能力的方法和系统。其特点在于首先将热载体（煤）预热到能够使废塑料熔融但不分解的温度，然后将破碎后的废塑料片加入预热后的热载体（煤）中，进行热熔融处理，使得废塑料软化熔融、分散并附着渗透在煤的表面及孔隙中，再将废塑料与煤共熔融混合物料进行热压成型，制成"塑料型煤"，最后以一定比例配入炼焦炉中与煤混合共焦化处理。该技术改进了传统废塑料加工技术，开创了新的废塑料热熔融加工方法，并实现废塑料预处理技术与传统煤预热技术的有机结合。首钢废塑料处理新工艺流程为：先将废塑料破碎至一定粒度，再将其与煤均匀混合、黏结、镀膜并压制成型煤，最终与炼焦配煤进入焦炉炼焦。

B 首钢焦炉处理废塑料的工艺特点

系列实验研究表明，首钢集团自主研发的废塑料处理新工艺具有如下特点：

（1）该新工艺将废塑料与炼焦配煤热熔融混合，使废塑料均匀分散并黏附在炼焦配煤的表面，不但解决了废塑料与煤混合产生偏析的技术难题，而且解决了传统预热煤技术中的扬尘问题，实现了预热煤技术与废塑料热加工技术的完美结合。

（2）新工艺实现了煤与废塑料无添加剂热压成型，所得的炼焦型煤机械强度高，耐磨损和防水功能强，取得了型煤炼焦技术的重大突破，该技术的实施完全可以实现不用添加剂就可大幅增加焦炭的强度和产量，获取优质冶金焦炭，同时可明显提高焦油与焦炉煤气的产量和质量。

（3）新工艺中的废塑料添加量可以达到 4%，从而实现利用焦化工艺处理废塑料技术在处理量上的突破，该技术的工业化应用达到焦化厂日常生产条件，实现了焦化和环境效益的双赢，开创了利用焦化工艺治理我国"白色污染"的新途径，具有广阔的工业应用前景。

5.2.6 炼焦工艺废水处理与回用技术

焦化废水属于有毒有害、难降解的高浓度有机废水，已成为现阶段环境保护领域亟待解决的一个难题。采用普通活性污泥法、两段生物法和延时曝气法等技术处理焦化废水仅对其中含碳污染物具有大幅度去除的功能，而对于焦化废水所含的高浓度含氮污染物去除率很低，不能满足国家规定的污染物综合排放标准。因此，需要对焦化废水中的含氮污染物进行强化处理。在焦化废水中，氮主要以氨氮、有机氮、氰化物和硫氰化物的形式存在，氨氮占总氮的60%~70%，氰化物、硫氰化物及绝大部分有机氮也能在微生物的作用下转化为氨氮。因此，焦化废水中氮的去除都是由氨氮经一系列微生物作用，发生生化反应转化为 N_2 等气体形式，从水中散逸出去而被去除。目前，应用于焦化废水生物脱氮的工艺主要是以 A – O 为核心的 A – A – O、A – O – O 工艺。

5.2.6.1 A – A – O 法

A – A – O 法也称为 A^2O 法，是厌氧 – 缺氧 – 好氧生物脱氮除磷工艺的简称。A – A – O 生物脱氮工艺，第一个 A 段为厌氧段，采用生物膜法；第二个 A 段为缺氧段，也采用生物膜法；O 段为好氧硝化段，采用活性污泥法。

A 工艺流程

某企业焦化废水处理的工艺流程如图 5 – 13 所示[9]。

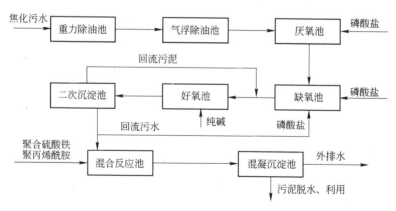

图 5 – 13 某企业 A – A – O 法焦化废水处理工艺流程

焦化废水首先经过预处理，然后由泵送往厌氧池，废水与池中组合填料上的生物膜（厌氧菌）进行生化反应，降解部分有机物，同时提高废水的可生化性。缺氧池以进水中的有机物作为碳源和能源，以二沉池部分出水的硝态氮作为氧源，在池中组合填料上的生物膜（兼性菌团）作用下进行反硝化脱氮反应，使废水中的氨氮、COD 等污染物质得以降解去除。缺氧池出水流入好氧池与经污泥泵提升送回到好氧池的活性污泥充分混合，废水中氨氮在此被氧化成硝态氮。可以设置微孔曝气器来增加废水中的溶解氧，并对混合液进行搅拌。另外，还投加纯碱和磷酸盐，纯碱按好氧池混合液流向分段投加。当好氧池泡沫多时，打开消泡水管阀门进行消泡。二沉池主要用来分离好氧池出来的泥水混合物。分离出来的活性污泥作为回流污泥返回好氧池，剩余污泥送污泥浓缩池进一步浓缩处理。二沉池部分出水进入混合反应池并加入混凝剂，以去除废水中悬浮物。混凝反应后的废水在混凝沉淀池进行泥水分离后外排，池底污泥再进一步脱水处理。

B 工艺特点

(1) 与 A - O 工艺相比，A - A - O 工艺提高了废水的可生化性，处理效果优于 A - O 法，尤其表现在对 COD 的去除。

(2) A - A - O 工艺利用原废水中的碳源作为反硝化时的电子供体，无需外加碳源。

(3) 由于厌氧段的生物选择性，能更好地控制丝状菌的增长，避免污泥膨胀，使运行更稳定、管理更方便。

(4) 该工艺流程较为简单，但由于增设了一个厌氧段（厌氧池），与 A - O 工艺相比，基建费用相对增加。

5.2.6.2 A - O - O 法

A - O - O 法也是以基本硝化与反硝化原理而开发的处理工艺，根据焦化废水处理过程分为前置反硝化和后置反硝化。前置反硝化需将硝化液回流至缺氧池，按回流方式不同，可分为内循环和外循环。后置反硝化无需回流，但需为反硝化提供碳源。

A 工艺流程

a 后置反硝化（$O_1 - A - O_2$）工艺

后置反硝化（$O_1 - A - O_2$）工艺为宝钢三期从美国引进的，其工艺流程如图 5 - 14 所示[8]。

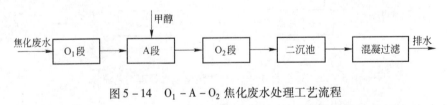

图 5 - 14 $O_1 - A - O_2$ 焦化废水处理工艺流程

O_1 处理系统由预曝气系统、曝气系统、曝气鼓风系统和沉淀池组成。在预曝气系统和曝气系统中，蒸氨废水将完全被硝化，然后在沉淀池中进行泥水分离，分离水进入脱氮系统，沉淀池底部活性污泥通过污泥回流装置进入预曝气池和曝气池内。

A-O₂脱氮系统由脱氮供给系统和脱氮过滤系统组成。脱氮供给系统由脱氮给水槽和给水泵组成；脱氮过滤系统由脱氮滤池、脱氮鼓风机、脱氮循环水槽、反硝化污泥槽及再曝气池组成。经硝化的废水进入脱氮滤池，并在反硝化细菌作用下，被还原成氮气从水中溢出。但该工艺需要向脱氮滤池投加碳源甲醇，无疑增加了运行成本。

b　前置反硝化（A-O-O）工艺

A-O-O工艺是宝钢化工公司在总结一、二期A-O工艺基础上而形成的，其工艺流程如图5-15所示[8]。

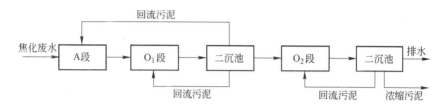

图5-15　焦化废水处理工艺流程

A-O-O工艺初步设想是短流程脱氮，因为从氮的微生物转化过程来看，氨被氧化成硝酸盐是由两类独立的细菌催化完成的两个不同反应，应该可以分开。对于反硝化菌，生物脱氮过程也可以经 $NH_4^+ \rightarrow HNO_2 \rightarrow HNO_3$ 途径完成。短流程脱氮就是将硝化过程控制在 HNO_2 阶段而终止，随后进行反硝化。HNO_2 属"三致"物质，具有一定耗氧性，影响出水 COD 和受纳水体的溶解氧。因此，在 A-O 工艺后增加 O₂ 段，将 O₁ 段出水中的 NO_2^- 进一步氧化为 NO_3^- 外排，同时，进一步降低 COD。

B　工艺特点

A-O-O工艺是在 A-O 工艺基础上发展而来的，从运行效果来看，不仅 A-O-O 工艺处理废水的效果好于 A-O 工艺，而且还具有如下优点：

（1）反硝化过程需要的碳源可节省40%，在 C/N 一定的情况下可提高总氮的去除率；

（2）水力停留时间可缩短，反应器容积也可相应减少；

（3）碱耗可降低20%左右，处理成本降低；

（4）需氧量可减少25%左右，动力消耗低；

（5）污泥量可减少50%左右；

（6）运行成本可降低1/3左右。

6　烧结（球团）生产与节能减排

6.1　烧结生产与节能减排

6.1.1　烧结生产

　　所谓烧结就是将粉状含铁物料与燃料、熔剂按一定比例混合，再加水湿润、混匀并制粒成烧结料，铺于烧结机台车上，通过点火、供风，借助燃料燃烧产生高温和一系列物理化学变化，生成部分低熔点物质，并软化熔融产生一定数量的液相，然后这些液相物质将铁矿物颗粒黏结起来，冷却后即成为具有一定强度的多孔块状烧结矿。

6.1.1.1　烧结工艺及设备

　　根据烧结过程的特点和所用设备，烧结可分为抽风烧结、鼓风烧结和在烟气内烧结等。其中，抽风烧结又可分为连续式和间歇式，连续式可分为环式烧结机和带式烧结机。目前，抽风带式烧结机在世界范围内使用最为广泛。抽风带式烧结过程的基本设备包括烧结机和冷却机，此外，还包括熔剂和燃料的破碎筛分设备、配料与混料设备等，其主要设备及生产流程如图6-1所示[16]。

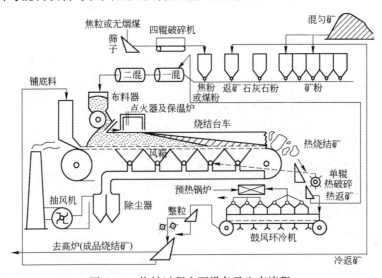

图6-1　烧结过程主要设备及生产流程

烧结矿的形成过程伴随着燃料的燃烧和热交换、水分的蒸发和冷凝，碳酸盐、硫化物的分解和挥发，铁矿石的氧化和还原反应，有害杂质的去除以及粉料的软化熔融和冷却结晶等一系列物理化学变化。这些变化主要发生于烧结的"五层结构"中，即点火开始以后，沿烧结料层高度温度变化的情况，由上而下依次为烧结矿层、燃烧层、预热层、干燥层和过湿层；随着烧结过程的进行，后四层相继逐渐消失，最后只剩下烧结矿层。

从烧结机（台车）尾部卸下的烧结矿温度高达 700～800℃，通常采用强制通风冷却。强制通风冷却可分为抽风式和鼓风式两种。鼓风冷却具有热交换充分、冷却效果好、占地面积小、单位烧结矿所需冷却风量小、维修简单、余热利用率较高等优点。因此，20 世纪 70 年代以后，抽风冷却已经很少被采用，鼓风冷却成为发展趋势。在鼓风冷却中，以带式和环式最为常用，且以环式冷却机为主[17]。

6.1.1.2 烧结工序能耗和污染物排放

A 烧结工序能耗

在钢铁企业中，烧结工序的能耗通常占钢铁企业总能耗的 8%～15%。烧结工序能耗构成中，固体燃料消耗占工序总能耗的75%～80%，电力消耗占 13%～20%，点火燃耗占 5%～10%[10]。目前，我国大中型钢铁企业的烧结工序能耗平均为 70kgce/t 烧结矿左右（采用传统的电折标煤系数，0.404kgce/(kW·h)），该能耗指标和发达国家的先进指标相比要高出约 20kgce/t 烧结矿。

分析某企业烧结过程的热量收支情况[18]（见图 6-2），可知：

烧结过程的热量收入主要是固体燃料、点火煤气、返矿及粉尘中残炭等燃烧

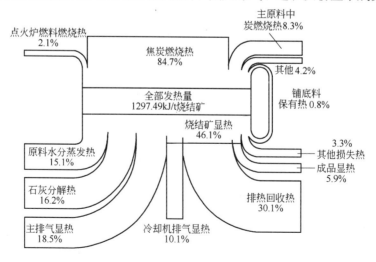

图 6-2　烧结过程的热量收支图

的化学热，还包括各种物料的显热和化学反应热等；热量支出主要是烧结矿和烧结废气带走的物理热，化学不完全燃烧与残炭损失的化学热，蒸发、分解耗热以及散热损失等。热量支出中，烧结矿显热约占总热量的46%，烧结机烟气的排热约18%，这两部分热量支出均属于可回收利用的显热。可见，通过采用有效的余热回收技术，回收烧结矿显热以及烧结烟气显热可大幅度降低烧结工序能耗，缩小我国烧结工序能耗与先进国家的差距。

B 烧结工序污染物排放

烧结是钢铁企业的固体废物处理中心，铁鳞、除尘污泥、除尘灰等生产过程中产生的绝大多数含铁废物都能作为烧结生产原料，重新回到生产流程中。但是，烧结工艺本身也是钢铁生产过程一个主要的污染源，它向周围环境排放废水、废气、粉尘、废热和噪声等各种污染物，因此，烧结过程污染预防是钢铁企业环保工作的重点。

烧结过程排放的污染物排放主要包括粉尘（烟尘、工业粉尘、尘泥）和废气（含 SO_x、NO_x 及锌、镉、铬、锰、铅等重金属成分的烟气）。粉尘主要来源于烧结台车下面的抽风系统（占90%以上），其次是源于卸矿、熔剂和燃料的破碎和筛分；另外，返矿给料、打水和混料以及倒运和转运次数多，也使粉尘量增加。目前，我国烧结工序吨矿粉尘的产生量约为 33.25kg，粉尘排放量约为 1.02kg，烧结工序粉尘排放量约占钢铁工业总排放量的45%。由于烧结过程漏风率（40% ~ 60%）较高以及固体料循环率高，使烧结烟气量大大增加，而烧结烟气中 SO_x 和 NO_x 浓度很低，处理成本高。烧结工序 SO_2 排放量约占钢铁工业总排放量的60%。此外，烧结过程还有少量的废水排放，主要包括用于废气湿法除尘的废水、设备冷却水、场地及设备清洗水等。

6.1.2 烧结过程节能减排技术

通过烧结过程的能量收支分析可知，烧结矿显热和烧结烟气显热之和占烧结过程总热量支出的60%以上。因此，目前烧结过程节能减排的相关技术主要是围绕回收利用烧结矿显热和烧结烟气显热展开，在回收利用这两部分显热的同时，实现污染物排放的降低。显热回收利用的方式主要有两种，即动力回收与直接热回收。其中，动力回收是将热介质通入余热锅炉而后产生蒸汽再转换成电力；直接热回收主要包括热风烧结、点火助燃与烧结混合料预热干燥。

6.1.2.1 国内外烧结节能减排技术发展

A 国外烧结节能减排技术发展

日本对烧结过程余热资源回收利用的研究起步较早。20 世纪 70 年代末期，日本住友金属工业公司在和歌山 4 号烧结机系统上开始尝试对烧结矿显热的回收（见图 6 - 3），即将冷却废气通入余热锅炉生产蒸汽（蒸汽小时生产量为 10 ~

20t），且采用完全循环双通道方式即烟气再循环方式，使得最终进入余热锅炉的废气温度提高了50℃，达到375℃。而后日本钢管公司在扇岛厂和福山厂分别建造了利用冷却废气生产蒸汽并发电的余热回收与利用系统，该系统采用烟气再循环技术，在环冷机的高温段输入100℃的循环空气，循环空气经过冷却机后上升到350℃，再送至余热锅炉生产出蒸汽并发电。

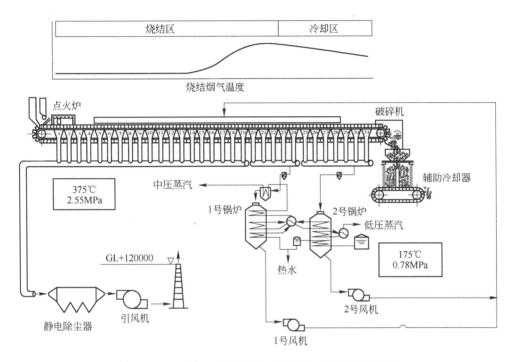

图6-3　和歌山4号烧结机余热回收与利用系统示意图

20世纪80年代初，世界各发达国家开始着手研究烧结机余热的回收与利用，德国蒂森钢铁公司施韦尔根钢厂把冷却废气直接供给烧结机点火炉作为助燃空气，平均节约能源30MJ/t烧结矿。苏联马凯耶夫钢铁厂利用点火后烧结料层表面的高温辐射热加热空气，然后将加热后的空气进行热风烧结，这样既改善了表面层烧结矿的质量，又节省了烧结过程的固体燃料消耗，平均节约21.56%。此后，日本新日铁等公司又尝试将烧结余热用于点火炉前烧结原料的干燥，并取得了一定成果。

而后的十几年的时间里，围绕动力回收（即生产蒸汽而后发电）和直接热回收（即热风烧结、点火炉助燃空气）等烧结余热，各国均开展了深入的研究，取得了显著的效果。

20世纪末和本世纪初，全球的钢铁企业面临着能源供应紧缺和环境负荷加重的双重压力，在这种情况下，国外发达国家一些大型钢铁企业开始着手研究注重环境保护和能源节约的烧结余热回收与利用技术。荷兰 Hoogovens Ijmuiden 公司研制了一种 EOS（Emission Optimised Sintering）技术（见图 6-4），其技术核心是：抽取 40% ~ 45% 的烧结废气返回到烧结机台面，再与新鲜空气混合进入集气罩，其内气体的氧浓度为 14% ~ 15%；将余热用于预热点火炉的助燃空气；两者回收的能量分别为 18% 和 2.2%，共占总能量需求量的 20.2%。其效果是：烧结机的废气排放总量减少 40% ~ 50%，粉尘排放量减少 60%（经旋风除尘器回收粉尘的减少量），SO_2 排放量减少 15% ~ 20%，NO_x 排放量减少 30% ~ 45%，碳氢化合物排放量减少 50%，烧结机的固体燃料消耗降低 10% ~ 15%。

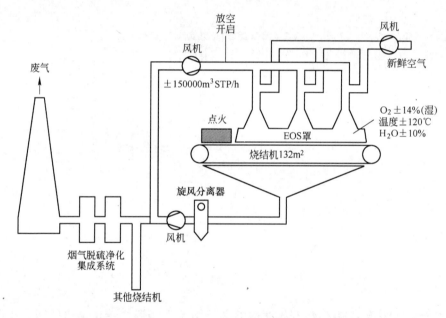

图 6-4 Hoogovens Ijmuiden 公司某烧结机 EOS 系统示意图

另外一种比较典型的应用是奥地利 Voes-Stahl 烧结厂的节能减排系统（见图 6-5），其比较关键的技术是：延长了 18m 的 5 号烧结机并保持原废气排放量不变，一方面将 11 ~ 16 号风箱的高温烧结废气返回到烧结机台面循环使用；另一方面将来自烧结矿冷却器的部分冷却废气与通向烧结机台面的烧结废气混合，以补充循环废气中氧气含量的不足。其效果是：使烧结机日产量提高了 30.7%，废气排放量减少 17.4% 以上，降低固体燃料消耗 10%，降低点火炉煤气燃耗 20%。

经过 30 余年的发展，烧结余热回收与利用取得了长足的进步。如今，国外烧结余热回收与利用的先进技术指标如下：烧结余热回收与利用的普及率在

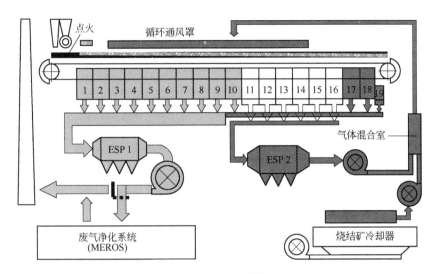

图 6-5　Voes-Stahl 烧结厂的节能减排系统示意图

90%以上，余热回收与利用率达 30%以上，吨矿回收电力 20kW·h，工序可比能耗 50kgce/t（采用传统的电折标煤系数，0.404kgce/(kW·h)）。

B　我国烧结节能减排技术发展

我国烧结过程节能减排技术起步较晚，与世界先进国家存在着较大差距。直至 20 世纪 80 年代后期，随着我国钢铁企业能源供应问题的日趋严峻，大中型钢铁企业才先后开始了烧结余热资源回收与利用的研究工作。

1987 年，宝钢首次从日本新日铁引进了余热回收的全套技术和装备，在一台 450m² 烧结机上用烧结矿冷却废气产生蒸汽（部分蒸汽并网），装机容量约 5100kW，是我国第一台现代化的大型余热回收装置。该项工程对降低宝钢烧结工序能耗和减少环境污染起到了非常重要的作用。

1988 年，合肥钢铁公司炼铁厂在烧结矿冷却废气作为点火炉助燃空气的基础上，增大冷却废气回收量，再将部分废气输入给余热锅炉生产蒸汽和热水；1994 年，济钢烧结厂将 1 台 120m² 烧结机的余热通向余热锅炉，产生 260℃的过热蒸汽，并入蒸汽管网；1997 年，太钢烧结厂将 2 台 134m² 烧结矿环冷机的余热通向余热锅炉，采用废气再循环方式，产生 1.0MPa、194℃的饱和蒸汽，并入蒸汽管网；2000 年，首钢烧结厂完成了 4 台烧结机总烧结面积为 675m² 的余热回收系统工程，实现了烧结生产用汽的自给自足；2003 年，鞍钢在利用烧结矿冷却废气生产蒸汽的基础上，将一部分冷却废气优先引入烧结机台面，为烧结生产提供 300℃的热风；另将一部分冷却废气通入点火炉前料面上，用于干燥预热烧结混合料；通过生产实践表明，热风烧结和干燥预热烧结混合料收到了节能与增产的双重效果。此外，马钢二烧、梅山烧结厂、武钢一烧、安阳钢铁公司烧结厂攀钢烧结厂等先后建成了烧结余热蒸汽回收系统。

2004 年，马钢引进日本川崎技术及设备，在 2 台 328m² 烧结机组上建成了国内第一套烧结余热发电系统（2005 年 9 月投产），装机容量 17.5MW，年发电约为 0.7 亿千瓦时，经济效益在 4000 万元以上，年节约能源 3 万吨标准煤。而后，济钢在消化吸收国外先进技术的基础上，依靠国产化设备，在 1 台 300m² 烧结机上建成了国内第二套烧结余热发电系统（2007 年 1 月投产），其装机容量 8.25MW（实际 10MW），生产过热蒸汽 36.4t/h，低压饱和蒸汽 10.4t/h，年发电 0.6 亿千瓦时。2007 年以来，鞍钢、邯钢、安钢、玉溪新兴等公司都先后签订或实施了烧结余热发电项目，烧结余热发电技术发展势头强劲。

6.1.2.2 烧结生产过程中的工艺节能技术

我国烧结原料以细精矿为主，粒度细、透气性差，影响烧结矿产量和质量的同时，也影响了烧结过程能耗及污染物排放。因此，应结合小球烧结技术，厚料层烧结技术、控制固体燃料消耗等工艺节能技术，实现降低烧结生产过程的能源消耗。

A 小球烧结技术

小球烧结技术早在 20 世纪 80 年代就已在日本被广泛采用，成为这一时期烧结工艺的一个重大突破。小球烧结是将铁矿粉、返矿、熔剂和部分固体燃料等按一定比例混合后，通过造球机造球，并外滚一定量的焦粉和煤粉，然后进行烧结，最终生产出一种集球团矿、烧结矿优点于一体的人造富矿。尽管如此，小球烧结不同于球团焙烧，它仍是一种烧结料熔融固结的结块工艺。

目前为止，小球烧结技术已取得了长足的进展。通过对混合料预先制粒，使料层透气性大为改善，料层阻力减小，减少烧结漏风率，能够很好地实现厚料层烧结，并能降低烧结负压，节省抽风机电耗约 40%，配合采用燃料分加技术（偏析布料），可以更好的改善固体燃料的燃烧条件，降低固体燃料消耗。

B 厚料层烧结技术

厚料层烧结是指采用较高的料层进行烧结，是当今世界钢铁企业十分推崇的新技术。厚料层技术是充分利用烧结的"自身蓄热作用"，可以减少燃料用量，使烧结料层的氧化气氛加强，烧结矿中 FeO 的含量降低，还原性变好，同时延长高温时间，达到降低能耗、改善烧结矿质量的双重效果，能够降低焦比。降低固体燃耗的最有效措施就是厚料层烧结技术，实现厚料层烧结后，不仅能改善烧结矿的质量，而且也能降低固体燃料消耗，降低能耗。实施厚料层操作应该与强化制粒、燃料分加、小球烧结、蒸汽预热混合料、铺底料工艺、均质烧结等相关技术相结合，全面降低烧结工序能耗。宝钢 3 号烧结机的料层厚度达到了 670mm 以上，该技术处于国际一流、国内领先水平。

此外，由于厚料层烧结，难以烧好的表层烧结矿数量减少，成品率提高。国内某烧结机改造，料层厚度由 500mm 提高至 600mm 后，每吨成品烧结矿工序能耗降低 1.15kgce，转鼓强度提高 2.5%，烧结矿平均粒度提高 2mm，成品率上升 1.4%，返矿量降低 23.8%，FeO 降低 0.58%。我国大中型烧结机的料层厚度（包括铺底料厚度），当以铁精矿为主时，采用小球烧结法时不宜低于 580mm，以铁粉矿为主时不宜低于 650mm。

C　控制固体燃料消耗技术

（1）烧结生产用焦粉粒度控制技术。控制焦粉粒度是降低烧结生产焦粉消耗的主要措施之一，燃料粒度过大或过小均会影响烧结料层的透气性，影响烧结燃烧带的状态，使燃料消耗增加，同时也会影响烧结矿的质量。

（2）合理添加生石灰技术。生石灰对烧结燃料燃烧有催化作用，可降低烧结点火温度，提高烧结燃料燃烧速度，提高烧结透气性，减少烧结过程中焦粉消耗。

D　均质烧结－热风烧结－二次低温点火一体化技术

均质烧结技术要求烧结过程中的物质交换、能量交换始终处于均一状态，其特点是将目前普遍采用的高负压大风量变为低负压小风量生产，可大幅度降低固体燃耗和气体燃耗，同时降低烧结返矿率；采用热风烧结工艺，把冷却废风引到烧结机上，分别对点火前的烧结混合料进行预热和点火后的烧结饼保温，研究表明，热风烧结可节约固体燃料消耗，并改善烧结矿质量，小于 400℃ 时，每 100℃ 风温固体燃耗降低 5%；大于 400℃ 时，每 100℃ 风温固体燃耗降低 2.5%；采用连续二次低温点火技术，一次点火温度 500~700℃，二次点火温度 850~950℃，与传统烧结点火温度相比，降低 200℃ 左右。二次连续点火是靠点火器在台车料面上形成一个高温高压区，把火焰向两侧挤压，解决了台车两侧热量不足的问题，提高了成品率，目前，采用二次连续低温点火工艺，点火燃耗的国内先进水平为 0.07GJ/t 烧结矿（宝钢）。

6.1.2.3　烧结余热发电技术

烧结余热发电技术是指将烧结余热资源转换为蒸汽进而发电。目前，实际应用的余热发电方式按循环介质的种类分，有废热锅炉法、加压热水法和有机媒体法三种[19]。

（1）废热锅炉法。冷却机前段温度在 400℃ 以上的废气采用废热锅炉法回收余热并发电。图 6-6 为废热锅炉法的流程示意图。冷却废气在废热锅炉内进行热交换后把水变成蒸汽，蒸汽推动蒸汽透平带动发电机发电。废热锅炉内的部分热水进入脱气器后再进锅炉循环。余气和热水从透平排出在复水器内冷却后循环使用。

在技术上，废热锅炉法的介质循环比较简单，但由于废气中含有灰尘，需要考虑防磨损的措施。废热锅炉法的单位电力输出功率的设备费用较其他方式低。

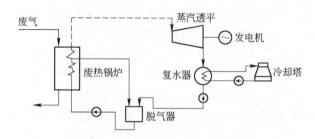

图 6-6 废热锅炉法的流程示意图

日本的扇岛、和歌山、福山等烧结厂均采用这种方法回收余热。

（2）加压热水法。图 6-7 为加压热水法的流程示意图。加压水在热水锅炉中经热交换后变成加压热水，然后加压热水进入热水透平，在热水透平内，热水蒸发为蒸汽，再进入蒸汽透平驱动发电机发电。在热水透平内未蒸发的热水进入闪烁器，闪烁器内由压力作用的排出水经复水器冷却后循环使用。

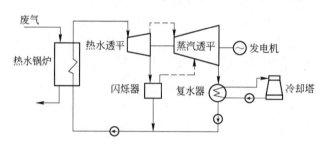

图 6-7 加压热水法的流程示意图

加压热水法的特点是废热回收量高，适用于分散、量少、间断废热的回收，特别适用于废气温度在 300~400℃ 之间的余热回收，这是废热锅炉所不具备的。日本的若松烧结厂的余热发电系统就是这种方式。

（3）有机媒体法。就废热循环来说，有机媒体法和废热锅炉法类似，所不同的是使用低沸点的有机媒体代替水作为热交换和循环的介质。和水比较，有机媒体介质的潜热/显热比小，热回收量大；在常温下，有机媒体的饱和压力在大气压以上，复水器不需要真空。但由于有机媒体换热效率比水低，热交换器尺寸大，其所需的多段闪烁透平的制造尚有困难。

图 6-8 为有机媒体法的流程示意图。介质在进入蒸发器前，利用废气余热首先进行预热以提高温度，经预热的有机媒体在蒸发器内蒸发、过热，然后推动透平带动发电机发电。从透平排出的介质尚具有一定的温度，为提高热回收率，设置再生器将凝缩后的媒体加热以回收这部分热量。这种方式适用于回收废气温度在 200℃ 以下的显热。日本君津 3 号烧结机的余热发电系统采用的就是这种

方式。

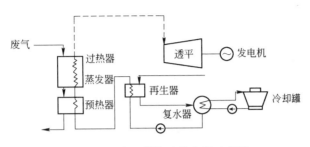

图 6 - 8 有机媒体法的流程示意图

6.1.2.4 烧结余热分级回收利用技术

基于我国烧结余热发电存在的不足，依据热力学第一、第二定律，采用能级分析法，提出烧结余热的分级回收与梯级利用技术。该技术是我国烧结余热高效回收利用的主要技术之一。

烧结过程的余热资源主要有两部分（见图 6 - 9）：烧结过程的烟气显热以及烧结产品显热，前者从烧结机下部抽出被烧结烟气带走，后者从烧结矿冷却机上部排出被热风（即冷却废气）携带，分别占工序热量收入的 15% ~ 20% 和 40% ~ 45%。上述两种余热资源的高效回收与利用，是进一步降低烧结工序能耗的潜力所在。

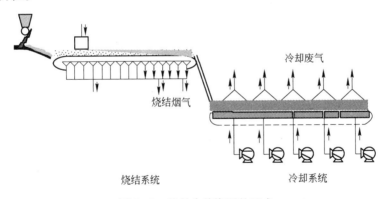

图 6 - 9 烧结余热资源的组成

烧结余热利用应遵循"温度对口、梯级利用"的原则，在热量供求方面最大程度地实现"量"与"质"的匹配，力求能级差最小，㶲效率最高。根据烧结余热品位较低及其载体流量较大的特点，对冷却废气和烧结烟气进行分级回收，在优先考虑改善烧结工艺条件的前提下，将不同品位的余热分别用于：对高温热源实施动力回收，用于余热锅炉生产高品质蒸汽并发电；中、低温热源实施直接热回收，用于预热干燥烧结原料、点火炉的助燃空气、为热风烧结提供热风等。该项技术的研发，旨在集成国内外先进技术，最大限度地降低烧结工序能耗和烧结返矿率、减少烧结烟气和粉尘排放量，通过热风烧结改善烧结矿质量，为高炉节能创造条件。

分级回收与梯级利用技术不仅关注余热锅炉后续环节，而且注重了余热锅炉之前环节。分级回收与梯级利用技术集成了多种余热回收利用的先进技术，明确了动力回收与直接热回收的关系，即余热优先用于改善烧结工艺条件，后用于蒸汽回收或电力回收。

将分级回收与梯级利用技术逐步实施于国内某大型烧结机，则其余热回收与利用指标将处于国内领先水平，预计烧结工序能耗降低 6kgce/t 烧结矿，吨矿发电量 20kW·h 以上，废气减排 20% 以上。

A 分级回收与梯级利用的工艺流程

根据热力学第一、第二定律，提出了烧结余热的三级回收与利用系统（见图 6 - 10）。

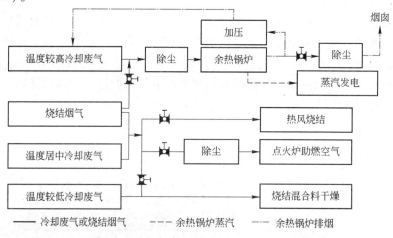

图 6 - 10 烧结余热分级回收与梯级利用中废（烟）气流程示意图

（1）一级回收与利用系统：该系统设置在第一余热回收区，主要回收温度较高的冷却废气（即一、二级冷却废气）。将一级冷却废气连同大部分烧结烟气经除尘后通入余热锅炉，产生的蒸汽用于发电；锅炉采用烟气再循环方式，使得锅炉入口的热废气温度提高 50℃。这里，冷却废气取的是冷却机前部的废气，即一、二级冷却废气。

（2）二级回收与利用系统：该系统设置在第二余热回收区，主要回收温度居中的冷却废气（如三级冷却废气）和烧结烟气。温度居中的冷却废气连同烧结烟气可经除尘后通入点火炉，作为助燃空气；返回烧结机台面，进行热风烧结；通入点火炉前，进行烧结料预热干燥，既降低了点火用燃气单耗，又降低了点火温度，改善料层透气性。实质上，这部分冷却废气取的是冷却机中部靠前位置的废气。冷却废气各段的划分和流量的设置主要取决于梯级利用情况。

（3）三级回收与利用系统：该系统设置在第三余热回收区，主要回收冷却机尾部温度较低的冷却废气（如四级冷却废气，烧结烟气等），其主要用于干燥和预热烧结原料，为烧结工艺低能耗高质量创造条件。

B　分级回收与梯级利用的关键问题

就烧结烟气的余热而言，其回收利用主要是烧结台车后半段烧结烟气的高温部分。国内一般采用抽风烧结，使烧结机主抽风系统呈负压，造成外界的常温空气从设备缝隙处进入烧结机主抽风系统，俗称吸冷风即烧结机漏风。国内烧结机的漏风率一般在 40% ~ 60% 之间，因此，减小烧结机的漏风率是提高烧结烟气温度的主要手段。

减小烧结机漏风是烧结行业的一大世界性难题。烧结机漏风主要集中在：风机与烧结风箱之间、头尾密封装置与台车底面之间、烧结台车本体、台车与风箱滑道之间等部位。减小吸冷风可从两方面采取措施：一是减小烧结机系统与外界的压差；二是改进烧结机的结构。将一定温度的冷却废气引入到烧结机前的料层封闭罩内进行热风烧结，可在一定程度上减小烧结机系统与外界的压差，同时减小冷风与料层的接触面积。三是改进烧结机的密封结构，如高负接触头尾密封、无铆接板簧滑道密封、星轮齿形变齿矩设计等新型烧结台车密封技术。此外，合理划分各取风段也是有效减少烧结机漏风的有效措施之一。

烧结烟气直接热回收利用的难点在于烧结烟气的温度与气氛（氧含量、SO_2 等）是沿烧结机长度变化的，而热风烧结、点火炉助燃空气均受到这两点因素的影响。关键技术有：选取合适的高温段烟气即适宜取风区域；掺混部分新鲜空气，使温度和气氛均满足热风烧结需求。

值得注意的是，将高温段烟气加以利用，必然会降低未得以余热利用的剩余部分烟气的平均温度。为了避免剩余烟气对管道、烟囱等部件产生腐蚀，就必须使剩余烟气的平均温度保持在露点腐蚀温度（酸露点）以上。考虑到烟气的酸露点在没有脱硫之前约为 110℃，而且烟囱、管道内的烟气温度分布并不是想象的那样均匀，同时结合目前钢铁企业各种炉窑烟气温度控制情况，将烟气平均温度控制在 150℃ 以上。根据对国内某大型烧结机全方位热工测试与分析，同时结合 SO_2 和 H_2O 分布特点可知，在维持原有烧结漏风率（即不对烧结漏风做任何改进）的前提下，将靠近烧结机烧结终了端的烟气（流量约占总烟气流量的 16% ~ 20%）加以余热回收利用，则剩余烟气的平均温度在 200℃ 以上。另外，根据欧盟钢铁生产 BAT 数据估算，将靠近烧结机烧结终了端的烟气（流量约占总烟气流量的 16%）加以余热回收利用，则剩余烟气的平均温度在 230℃ 以上。综上所述，只要控制好进行余热回收利用的烧结烟气流量，即可保证剩余部分烟气不发生露点腐蚀。

6.1.2.5 烧结烟气脱硫技术

烧结烟气中的SO_2主要来自铁矿石和烧结用的燃料。铁矿石中的硫含量随产地不同有很大差异，其范围在0.01% ~ 0.3%之间，燃料中的硫含量也与此范围差不多。烧结烟气中SO_2的控制方法有三种：吸收、吸附和使用低硫原燃料。一般根据脱硫产物的形态可将燃烧后脱硫分为湿法、干法和半干法三种。湿法脱硫包括石灰石 – 石膏法、氨吸收法、氢氧化镁法、海水法、钢渣石膏法、双碱法等；半干法脱硫包括循环流化床法（CFB）、增湿灰循环脱硫法（NID）、密相塔法和喷雾干燥法（SDA）等；干法脱硫包括活性炭法和电子束法等。本节主要介绍石灰石 – 石膏法、循环流化床法和活性炭法。

A 气喷旋冲烧结烟气脱硫技术

石灰石 – 石膏法是目前世界上工业烟气脱硫工艺中应用最广泛的一种脱硫技术。2005年，宝钢研究院在国内率先以石灰石 – 石膏法为基础技术路线，研发了气喷旋冲烧结烟气脱硫成套工艺和装备技术。该技术已于2008年投产，并达到了预定的技术经济指标。

a 工艺原理

烟气中的主要有害成分有SO_2、HCl、NO_x等，石灰石浆液主要由Ca^{2+}、Mg^{2+}等离子组成。它们在溶液中相互作用，生成多种反应产物。烟气中的SO_2与石灰石浆液经过一系列的化学反应，最后生成石膏。主要化学反应如下：

（1）脱硫反应

1）SO_2的吸收：

$$SO_2 + H_2O \longrightarrow H_2SO_3 \tag{6-1}$$

$$H_2SO_3 \Longrightarrow H^+ + HSO_3^- \Longrightarrow 2H^+ + SO_3^{2-} \tag{6-2}$$

2）石灰石的溶解：

$$CaCO_3 \Longrightarrow Ca^{2+} + CO_3^{2-} \tag{6-3}$$

3）中和反应：

$$2H^+ + SO_3^{2-} + Ca^{2+} + CO_3^{2-} \longrightarrow CaSO_3 + CO_2 \uparrow + H_2O \tag{6-4}$$

4）氧化反应：

$$CaSO_3 + 1/2O_2 \longrightarrow CaSO_4 \tag{6-5}$$

5）亚硫酸钙结晶：

$$CaSO_3 + 1/2H_2O \longrightarrow CaSO_3 \cdot 1/2H_2O \tag{6-6}$$

6）硫酸钙结晶：

$$CaSO_4 + 2H_2O \longrightarrow CaSO_4 \cdot 2H_2O \tag{6-7}$$

（2）副反应

1）脱HCl：

$$2HCl + CaCO_3 \longrightarrow CaCl_2 + H_2O + CO_2 \qquad (6-8)$$

2）脱 HF：

$$2HF + CaCO_3 \longrightarrow CaF_2 + H_2O + CO_2 \qquad (6-9)$$

3）脱 NO_x：

$$4NO + 3O_2 + 2H_2O \longrightarrow 4HNO_3 \qquad (6-10)$$

$$4NO_2 + O_2 + 2H_2O \longrightarrow 4HNO_3 \qquad (6-11)$$

$$2HNO_3 + CaCO_3 \longrightarrow Ca(NO_3)_2 + H_2O + CO_2 \qquad (6-12)$$

4）由于烟气在浆液中强烈掺混，对微细粉尘有较强的溶解作用。因此，烟气中吸附在微细粉尘上的二噁英等有机物可得到较好的去除。

b 工艺流程

待处理烧结烟气经增压风机升压后，首先进入吸收塔前的冷却预处理装置，与冷却工艺水和冷却浆液接触，随后进入气喷旋冲吸收塔，烟气经气喷旋冲装置由气喷管下部的气喷孔高速喷入吸收浆液中。由于特殊的气喷管结构和阵列形式，使得喷出的烟气在浆液中产生剧烈的对冲、剪切、旋转、破碎等效应，从而进行充分的气液传质并发生化学吸收反应，同时烟气中残留的烟尘等污染物也在这一过程中被进一步去除。反应后生成的亚硫酸钙在吸收塔下部浆液区，与氧化风机鼓入的氧化空气作用，被强制氧化成硫酸钙，进而结晶生成石膏。烟气在吸收塔浆液区被弥散成微细气泡，在三相传质反应过程中得以净化，直至气泡上升至液面处破裂，完成净化过程。经过组合式除雾器前后两级的粗、精气液分离作用后，净烟气达到设定指标要求，由烟囱排放。工艺流程如图6-11所示[20]。

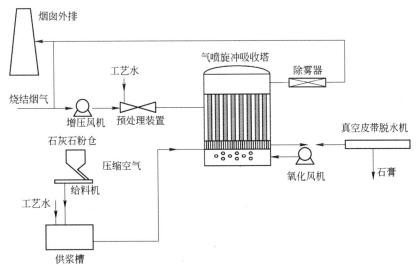

图6-11 宝钢气喷旋冲烧结烟气脱硫工艺流程

c　工艺技术特点

该工艺专门针对烧结生产特点和烧结烟气特性而开发，追求并实现了脱硫剂的价廉易得，以废治废；工艺简捷，系统运行稳定、可靠；投资成本和运行费用的经济性好，副产物石膏品质好可以利用，符合循环经济要求；污染物去除效率高，而且一举多得，可去除 HCl、HF、NO_x 和二噁英等多种污染物。

B　LJS 烧结烟气脱硫技术

LJS 烧结烟气脱硫技术是福建龙净脱硫脱硝工程有限公司针对我国烧结烟气特点开发的烧结烟气脱硫及多组分污染物协同净化技术。该技术已经在福建三钢和梅钢等烧结机成功应用。

a　工艺原理

该工艺是以循环流化床原理为基础，采用消石灰作为吸收剂，通过对吸收剂的多次再循环，延长吸收剂与烟气的接触时间，以提高吸收剂的利用率和脱硫效率。循环流化床脱硫塔内进行的化学反应非常复杂，一般认为石灰粉、工艺水和烟气同时加入流化床中，会发生以下主要反应：

（1）生石灰粉与雾化液滴结合产生消化反应：

$$CaO + H_2O \longrightarrow Ca(OH)_2 \qquad (6-13)$$

（2）SO_2 被液滴吸收：

$$SO_2 + H_2O \longrightarrow H_2SO_3 \qquad (6-14)$$

（3）$Ca(OH)_2$ 与 H_2SO_3 发生反应：

$$Ca(OH)_2 + H_2SO_3 \longrightarrow CaSO_3 \cdot H_2O + H_2O \qquad (6-15)$$

（4）部分 $CaSO_3 \cdot H_2O$ 被烟气中的 O_2 氧化：

$$2CaSO_3 \cdot H_2O + O_2 + 2H_2O \longrightarrow 2CaSO_4 \cdot 2H_2O \qquad (6-16)$$

（5）烟气中的 HCl 和 HF 等酸性气体同时也被 $Ca(OH)_2$ 脱除：

$$Ca(OH)_2 + 2HCl \longrightarrow CaCl_2 + 2H_2O \qquad (6-17)$$

$$Ca(OH)_2 + 2HF \longrightarrow CaF_2 + 2H_2O \qquad (6-18)$$

b　工艺流程

梅钢公司 4 号 400m² 烧结机配套的 LJS 脱硫工艺装置采用旁路布置方式，与烧结机主烟气系统相对独立。采用全烟气脱硫方式，即主抽风机与烟囱间设有两个旁路风挡，烧结烟气分别从 1 号主抽风机、2 号主抽风机出口烟道引出汇合进入吸收塔，脱硫后烟气经脱硫布袋除尘器除尘净化，净化后的烟气经脱硫风机返回原烟囱排放。另外，为了脱除烧结烟气中的二噁英等其他污染物，该工艺还特别加装了脱除二噁英的装置，并预留了一定的脱 NO_x 能力。工艺流程如图 6-12 所示[21]。

c　工艺特点

梅钢 400m² 烧结机全烟气 LJS 脱硫项目是目前我国最大规模的烧结机全烟气

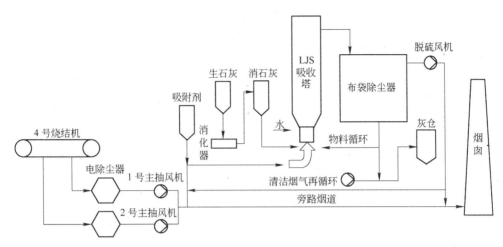

图 6-12　循环流化床烧结烟气脱硫工艺流程

脱硫项目，从运行结果来看，该工艺具有如下特点：

（1）在经济钙硫比下，脱硫效率高达 95% 以上，运行成本低。

（2）对 SO_2 浓度大范围的波动具有良好的适应性，在烟气量大范围变化时有良好的操作弹性。

（3）采用脱硫除尘一体化工艺，烧结机机头烟气的粉尘排放浓度（标态）低于 $20mg/m^3$ 的排放标准。

（4）脱硫系统占地小，启、停时间短，投资省，运行维护工作量小，水耗低、能耗低，无废水产生。

C　活性炭脱硫技术

活性炭脱硫技术是利用活性炭良好的吸附性能脱除烧结烟气中 SO_2 的一种干法脱硫工艺，是目前世界范围内应用较多、技术相对成熟的烧结烟气脱硫技术之一。我国太钢于 2010 年引进该工艺，并且取得了良好的处理效果。

a　工艺原理

（1）脱硫机理。活性炭对 SO_2 的吸附方式包括物理吸附和化学吸附两种。当无水蒸气存在时，主要发生物理吸附，属于弱吸附，吸附量较小。当气氛中含有足量水蒸气和氧时，活性炭烟气脱硫是一个化学吸附和物理吸附同时存在的过程。烧结烟气的含湿量较大，可达 10% ~ 13%，而且含氧量也比较高，可达 15% ~18%。因此，在活性炭对烧结烟气脱硫的过程中，首先发生的是物理吸附，然后发生化学吸附，而化学吸附是主要过程。在有水蒸气和氧气存在的条件下，将吸附到活性炭表面的 SO_2 催化氧化为 SO_3，进而与水蒸气结合生成 H_2SO_4，化学吸附过程决定着 SO_2 总的吸附量。

（2）解吸机理。活性炭表面对 SO_2 的氧化性，由于含氧官能团的存在而降低。为了将在吸收塔中被吸附的 H_2SO_4 解吸回收，并且使活性炭吸附能力再生，必须将含氧官能团分解掉。当吸附了 H_2SO_4 的活性炭被加热到 670K 以上时，可以使含氧官能团分解（浓硫酸在 620K 左右分解成 SO_3 和水蒸气），从而进一步实现活性炭的解吸。此时，SO_3 的还原在活性炭的表面进行，氧与碳相结合，通过加热，以 CO_2 或 CO 的形式脱离表面，其反应方程式如下：

$$SO_3 + C \Longrightarrow SO_2 + CO \qquad (6-19)$$

$$2SO_3 + C \Longrightarrow 2SO_2 + CO_2 \qquad (6-20)$$

一般而言，在温度为 670K 附近解吸将产生 CO_2，在温度为 1070K 附近解吸将产生 CO。因此，为了在较低温度下实现活性炭的解吸，并且减少活性炭的损耗，工厂选择用 670K 左右的氮气加热吸附饱和的活性炭，以实现 SO_2 的解吸。

b　工艺流程

烧结机排出的烟气首先经过除尘器简单除尘，粉尘浓度从 $1000mg/m^3$ 下降至 $250mg/m^3$。随后烟气进入增压机，经过增压后被送入吸收塔，烟气中的 SO_2 在吸收塔内被活性炭吸附并且催化氧化为 H_2SO_4，同时氮氧化物与脱硝用的氨气在吸收塔内反应生成硝酸铵盐。反应生成的硫酸与硝酸铵盐均被活性炭吸附。已达到饱和的活性炭被送入解吸塔，用温度为 670K 左右的氮气加热活性炭，可解吸出高浓度的 SO_2。高浓度的 SO_2 经过洗涤塔的洗涤净化后，可以在五氧化二钒触媒的作用下氧化生成 SO_3，进而生产出浓硫酸，还可以用来生产高纯度硫黄。解吸的活性炭冷却并用过滤筛筛除灰尘和杂质后，可以送回吸收塔进行循环使用。活性炭的脱硫工艺流程如图 6-13 所示[22]。

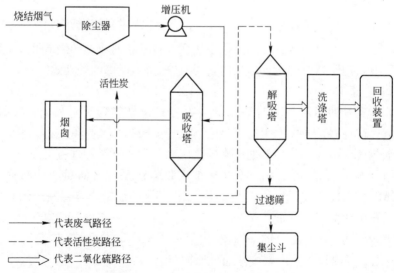

图 6-13　活性炭脱硫工艺流程

c 技术特点

活性炭脱硫技术特点如下：

（1）脱硫效率可达到95%以上，而且对氮氧化物、灰尘、重金属和二噁英也有良好的脱除效果。

（2）活性炭工艺初始成本高，但设备占地面积较小、活性炭和副产物可回收利用。

（3）处理后的烟气无需再进行加热。

（4）随着物相的转移，活性炭中将积聚较多的二噁英和重金属，其处置的难度和成本很高。

6.2 球团生产与节能减排

6.2.1 球团生产

球团矿在钢铁企业节能减排中发挥着重要的作用，球团矿品位高、有害元素少，是贯彻高炉精料方针、改善高炉原料结构不可缺少的原料。经过大量的实验研究和生产实践表明，目前高炉所用最佳炉料结构是高碱度烧结矿配加20% ~ 30%的酸性球团矿，球团矿变成了高炉的"顺气丸"，增产节焦效果明显。通常，合理的炉料结构可使高炉增产10%，降低高炉焦比5%。

生产球团的常用方法有球团竖炉法、带式焙烧机法和链算机－回转窑法等三种方法。

6.2.1.1 球团生产工艺及设备

球团生产过程是将准备好的原料（细磨精矿或其他细磨粉状物料、添加剂或黏结剂等），按一定比例经过配料、混匀，在造球机上滚动而制成一定尺寸的生球，然后采用干燥、焙烧、冷却或其他方法使其发生一系列物理化学变化而硬化固结，从而得到最终产品——球团矿。

生产球团的三种方法中，竖炉法在球团的生产中具有成本低、操作简单等优点，是中小型企业球团矿生产的主体工艺，在进入21世纪以前一直占有统治地位。进入21世纪以后，随着我国钢铁行业的快速发展，对球团的需求量越来越大，竖炉因其单炉产量低而难以适应当前的钢铁工业发展形势。为此，我国大型钢铁企业相继引进了链算机－回转窑工艺，以竖炉球团矿为主的格局，变为以链算机－回转窑球团矿和竖炉球团矿各半，甚至以链算机－回转窑为主的格局。2011年，172个链算机－回转窑生产厂家的191套设备中，大于100万吨的生产能力总计为7513万吨，规模最大的单机年产球团矿500万吨。2011年我国球团矿的生产能力见表6－1。

表 6-1 2011 年我国球团矿的生产能力

设备类型	生产厂家/个	设备数量/台	年生产能力/万吨	比例/%
竖炉	102	189	6859	37.5
带式焙烧机	3	3	710	3.9
链箅机-回转窑	172	191	10790	58.6

A 竖炉球团工艺及设备

竖炉球团工艺大致可分为布料、干燥和预热、焙烧、均热及冷却这样几个过程。竖炉球团工艺流程示意图如图 6-14 所示。其主体设备为球团竖炉,布入竖炉内的生球料,以某一速度下降,燃烧室内的高热气体从火口喷入炉内,自下而上进行热交换。生球首先在竖炉上经过干燥脱水,预热氧化(指磁铁矿球团),然后进入焙烧带,在高温下发生固结;经过均热带,完成全部固结过程;固结好的球团与下部鼓入炉内后上升的冷却风进行热交换而得到冷却,冷却后的成品球团从炉底排出。在外部设有冷却器的竖炉,球团矿连续排到冷却器内,完成最终的全部冷却。

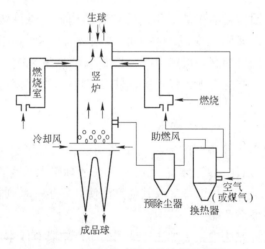

图 6-14 竖炉球团工艺流程示意图

B 带式焙烧球团工艺及设备

带式焙烧球团工艺具有设备和工艺流程简单,球团干燥、预热、烧结、冷却均可在一个设备上完成,操作维护方便,单机生产能力大等特点。带式焙烧球团生产工艺流程如图 6-15 所示[16]。但带式焙烧机投资及运行成本高,对设备耐热程度要求较高,耐热合金钢消耗多,必须用高热值煤气或重油作燃料来保证焙烧气体中的氧化气氛,这使得带式焙烧机只能建在钢铁厂内,并受到煤气平衡、设备制造材料、总图布置和环保等诸因素的限制,因此目前国内应用不多。

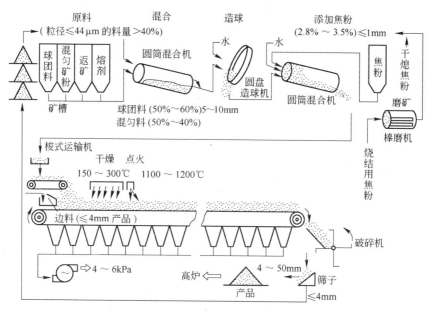

图6-15 带式焙烧球团生产工艺流程

C 链箅机–回转窑球团工艺及设备

链箅机–回转窑工艺对原料适应性强，具有生产规模大，球团矿强度高、质量均匀、能耗及生产成本低等特点，燃料不但可用煤气和重油，而且可使用100%煤粉，也可混合使用两种燃料，实现球团矿生产大型化要求，随着系统规模的加大，规模效益特别明显。近年来，链箅机–回转窑的生产能力已超过竖炉的生产能力，成为我国球团矿生产的主要生产工艺。

链箅机–回转窑球团生产系统是由一套链箅机、回转窑和冷却机组成的联合装置。生球在链箅机上干燥、脱水和预热，继而在回转窑内高温固结，最后进入冷却机冷却而获得成品球团矿。其结构及生产流程示意图如图6-16所示。

a 链箅机

链箅机为回转窑供给具有足够强度（抗压强度在49N/球以上）和氧化度的预热球团。其结构包括移动箅床、上部炉罩和下部风箱三部分，并配备除尘器和风机。移动箅床由箅板和链节组成，沿立面运行。用调速电动机、减速机通过齿轮驱动与箅板相连的链节向前移动。装载在移动箅床上的生球在上部炉罩内热气流的作用下进行干燥、脱水和预热。移动箅床常用耐热铸铁或镍铬合金钢制成，它密封在上部炉罩和下部风箱内。上部炉罩和下部风箱内砌筑耐火材料。上部炉罩各段间有隔墙分开，防止相互串风，以保证各自独立的热工制度。

链箅机可分为二段式（抽风干燥和抽风预热）及三段式（抽风干燥、抽风脱水和抽风预热）两种。为了提高生球的干燥和预热效果，还有鼓风干燥→抽

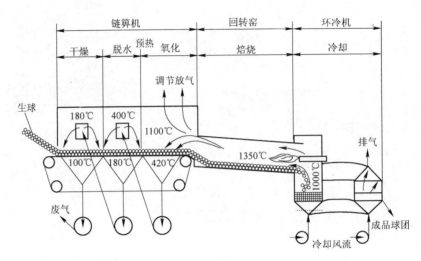

图 6-16 链箅机-回转窑结构及生产流程示意图

风干燥→抽风预热一段→抽风预热二段的工艺。在处理含结晶水的铁矿球团时，宜采用鼓风→抽风工艺。

来自回转窑尾部的热废气首先进入预热室上罩，废气温度为 950~1150℃。若废气温度低，可启动预热室的烧嘴补给热量（二次供热）。温度过高则通过预热室上方的烟囱加以调节。热废气通过球团料层经除尘净化后进入干燥段（或脱水段），对生球进行干燥（或脱水）。干燥段废气经净化后排入大气。废气在链箅机各段反复通过料层，较好地进行对流传热，能有效地提高热量的利用率。

b 回转窑

回转窑是对预热球团进行高温固结的设备。为了在最佳停留时间内于高温区获得较大的加热面积，焙烧氧化球团的回转窑长径比比水泥回转窑的长径比小，一般为 6.4~10。回转窑采用两支点或三支点支撑，由调速电动机、减速机和齿轮驱动回转窑，并配有能使回转窑慢转（为正常转速的 5%~10%）的辅助电动机。回转窑实行负压操作，窑头和窑尾设有密封装置，以防止大量冷空气进入窑内。

回转窑内的热气流与料流逆向运行，靠安装在窑头的长焰型烧嘴燃烧重油、煤气或煤粉供热，并引入冷却机初始冷却段的热废气（燃烧用二次风）在回转窑高温区内产生 1300℃左右的高温气流，在热气流和窑壁的热辐射作用下，球团进行高温焙烧固结。回转窑焙烧球团的单位热耗因原料而异，通常，焙烧磁铁矿球团为 25~30kJ/t，焙烧赤铁矿球团为 80~100kJ/t，焙烧磁铁矿、赤铁矿和褐铁矿混合矿时热耗相应增加到 120kJ/t 左右。链箅机-回转窑焙烧球团的单位电耗为 20~35kW·h/t。

c 冷却机

冷却机是强制冷却炽热球团矿的设备。链箅机－回转窑系统多采用鼓风环式冷却机。环式冷却机有内、外环壁，中间有冷却台车，并配有若干台鼓风机。它分为初始冷却段（高温段）和最终冷却段（低温段）两部分。1100℃左右的球团矿首先进入初始冷却段的台车上，遇到从下方鼓入的冷空气时被继续氧化和强制冷却。初始冷却段的热废气被引到回转窑窑头作燃烧用二次风。球团矿进入最终冷却段被冷却到150℃以下，最终冷却段的热废气送至链箅机的干燥段，作球团干燥的补充热源。从冷却机卸出的球团矿通常要进行筛分，粒径大于 5mm 的成品矿待运往炼铁厂，粒径小于 5mm 的细粒可送往烧结厂利用，或经过磨碎返回配料室重新利用。

6.2.1.2 球团工序能耗和污染物排放

A 球团工序能耗

目前，我国大中型钢铁企业的球团工序能耗平均约为 30kgce/t 矿，先进的可达 14～18kgce/t 矿。可见，球团工序能耗比烧结工序能耗低得多，球团工序能耗仅为烧结工序能耗的 1/3～1/2。球团工序能耗结构中主要为燃料消耗和电力消耗，分别占 50%～60% 和 40%～50%[23]。燃料主要消耗在焙烧和原料干燥工艺上，常用的燃料[24]有：

（1）气体燃料。气体燃料可用于竖炉、带式焙烧机和链箅机－回转窑 3 种球团焙烧设备。我国目前球团生产上用的气体燃料有 4 种：高炉煤气、高－焦混合煤气、天然气、发生炉煤气。对气体燃料的要求是热值高且稳定，煤气中 CO_2、SO_2、水分、焦油、灰尘等含量少。

（2）粉煤。粉煤在国内主要用于链箅机－回转窑，国外有用于带式焙烧机，但目前还不能用于竖炉球团生产。对粉煤的要求：一般采用瘦煤，挥发分应为 15%～20%，固定碳含量要高，发热量不低于 29MJ/kg；灰分要求低，一般要求低于 13%，灰分熔点应高于球团焙烧温度，一般大于 1400℃；粉煤粒度要求细，小于 0.074mm（200 目）应占 80% 以上，使其保持具有较快的燃烧速度；含硫量小于 0.5%。

B 球团工序污染物排放

球团生产过程中散发的烟尘及有害气体、粉尘湿法处理过程中产生的污水、高速运转设备发出的噪声等，均会对环境造成污染。污染物中，危害最为严重的是含较高浓度 SO_2 的烟气。烟气中的 SO_2 一部分来源于含硫燃料的燃烧，另一部分则来自球团的脱硫过程，铁精矿中硫化物（主要以 FeS_2 和 FeS 形式存在）在焙烧过程中分解和氧化，使得球团矿的脱硫率达到 90%，被脱去的硫大部分以 SO_2 的形式存在于烟气中。

目前，球团生产最常用的脱硫工艺是石灰石洗涤脱硫。其基本原理是对经过除尘的烟气用石灰石浆进行洗涤，烟气中的 SO_2 与浆液中的碱性物质 $CaCO_3$ 发生化学反应，生成亚硫酸盐和硫酸盐。随着石灰石浆液不断加入脱硫液的循环回路，浆液中的含硫固体连续地从浆液中分离出来并排往沉淀池，获得副产品。脱硫过程总反应式为：

$$CaCO_3 + SO_2 + 2H_2O \Longrightarrow CaSO_3 \cdot 2H_2O + CO_2$$

6.2.2 球团过程节能减排技术

与烧结矿生产的发展历史相比，球团矿生产的历史要晚了很多。球团矿节能减排新技术、新设备和新工艺随着球团矿近几年的飞速发展正在不断展开。

6.2.2.1 球团生产过程中的工艺节能技术

在提高球团矿质量或不影响球团质量的前提下，造球原料中配加少量添加剂，如氧化镁、硼化物等，可降低焙烧温度，节能降耗。

对于含 MgO 的磁铁矿球团，由于磁铁矿氧化和铁离子扩散比镁离子扩散快得多，当加热速度快且温度高于1250℃时，镁离子扩散到磁铁矿晶格中与 Fe_2O_3 发生固相反应，形成 $MgO \cdot Fe_2O_3$，还有部分 MgO 进入磁铁矿晶格中，使磁铁矿晶格稳定下来，有利于球团矿强度的提高，从而大大增加球团矿高温冶金性能，改善高炉的冶炼条件，提高产量，降低焦比，节约能源。

由于 B_2O_3 是一种低熔点矿物，在较低的焙烧温度下有液相出现，有利于固体质点的扩散和 Fe_2O_3 的再结晶，因此可以使焙烧温度降低。在球团矿中添加硼矿物，最初的目的是为了提高球团矿的强度，改善冶金性能，但通过进一步研究表明，在保持球团矿质量不变的情况下，加硼可降低球团矿的焙烧温度70~100℃，降低燃料消耗 10%~20%，所以硼矿物是球团生产的一种节能型添加剂。

6.2.2.2 球团矿的余热回收利用技术

球团矿在冷却过程中会产生200~700℃的热废气，带走的显热占总耗热量的30%~40%，回收和利用球团矿这部分显热是降低球团能耗的有力措施。这部分显热的利用方式主要有如下几种：

（1）作为生球干燥热源。带式焙烧机和链算机－回转窑由于其工艺特点，可以利用烟气显热直接干燥生球。对竖炉来说，只要干球强度满足生产要求，可通过烟气余热的热辐射作用，或者直接对入炉生球进行预干燥。利用烟气余热干燥生球，不仅可以节省生球加热和水分蒸发的热耗，而且还可以改善料柱透气性，增加料层厚度，大幅度提高产量。此外，可将200~350℃的热烟气引入烘干机，作为热源干燥煤粉或混合料，可减少烘干机使用燃料。

（2）直接作助燃风。冷却球团矿所产生的热烟气通过除尘后，可用耐高温的高压风机直接送入燃烧室做助燃风。这样每吨球团矿可以减少能耗 248~

355MJ。此外，在保持炉温不变的情况下，可以增加空气与煤气之间的比例，这就意味着燃烧气体中氧的含量增加，强化炉内氧化气氛，提高球团质量，降低焙烧热耗。

（3）预热煤气和空气。冷却球团矿所产生的热烟气，通过除尘形成热风，热风通过换热器，预热煤气和空气，预热温度可大于150℃，然后送至燃烧室，每吨球团矿可减少热耗70～106MJ。

7　高炉炼铁生产与节能减排

目前，我国年产钢量已超过 7 亿吨，成为世界第一产钢大国。近十年来，我国与世界生铁和粗钢产量变化见表 7 - 1[25]。

表 7 - 1　近十年来我国与世界生铁和粗钢产量变化

年　份		2000	2002	2004	2006	2008	2010
中国	生铁/亿吨	1.30	1.71	2.52	4.04	4.69	5.90
	钢/亿吨	1.28	1.82	2.73	4.19	5.00	6.27
	铁钢比/t·t^{-1}	1.01	0.94	0.92	0.97	0.94	0.94
世界	生铁/亿吨	5.76	6.11	7.36	8.80	9.35	10.31
	钢/亿吨	8.49	9.04	10.72	12.47	13.29	14.14
	铁钢比/t·t^{-1}	0.68	0.68	0.69	0.71	0.70	0.73

由表 7 - 1 可见，从 2002 年起，我国的粗钢产量已经超过生铁产量。随着经济的发展，废钢上市量增加，生铁产量的增加必然呈下降趋势。

2011 年，我国生铁产量为 6.297 亿吨，入炉铁矿大约为 10 亿吨。而与我们相邻的日本，2011 年生铁产量为 8102 万吨，总计有 28 座高炉。自 2001 年以来，日本建造了 9 座超大高炉（容积在 5000 m^3 以上），且所有 2000 m^3 以下高炉全部关闭。高炉容积的变化反映出日本钢铁业通过投资提高生产规模，以实现提高生产率的目的，见表 7 - 2[26]。

表 7 - 2　日本高炉生产原料和燃料消耗

年　份		2007	2008	2009	2010	2011
利用系数		2.08	2.01	1.73	1.95	1.90
原料消耗	烧结矿/kg·(t铁)$^{-1}$	1157	1152	1194	1180	1188
	球团矿/kg·(t铁)$^{-1}$	126	135	105	121	119
	铁矿石/kg·(t铁)$^{-1}$	322	319	317	314	305
铁矿石比/kg·(t铁)$^{-1}$		1605	1606	1616	1616	1612
还原剂比	焦比/kg·(t铁)$^{-1}$	371	370	397	371	353
	喷煤比/kg·(t铁)$^{-1}$	124	125	107	134	151
渣比/kg·(t铁)$^{-1}$		285	285	295	295	295

随着我国钢铁工业的发展，重点企业高炉炼铁技术经济指标有了显著的进步，2010 年在入炉矿含铁品位下降的条件下，高炉炼铁燃料比与 2005 年相比降低了 18kg/t。炼铁工序能耗下降了 11%，2011 年重点钢铁企业炼铁工序能耗为 402.22kgce/t，见表 7 - 3。

表 7-3 我国重点钢铁企业高炉炼铁技术经济指标

项目	燃料比/kg·t⁻¹	焦比/kg·t⁻¹	煤比/kg·t⁻¹	风温/℃	入炉矿品位/%	熟料率/%	利用系数/t·(m³·d)⁻¹	休风率/%	劳动生产率/t·(人·年)⁻¹	工序能耗/kgce·t⁻¹
2005 年	536	412	124	1084	58.03	91.45	2.624	1.845	2935	456.79
2010 年	518	369	149	1160	57.41	91.69	2.589	1.635	4715	407.76
2011 年	522	374	148	1179	56.98	92.21	2.530	1.458	5050	404.22

7.1 高炉炼铁

高炉炼铁过程是一个复杂的过程，其实质是一个还原过程。在高炉炼铁生产中，高炉是工艺流程的主体，主要原料为 Fe_2O_3 或 Fe_3O_4 含量高的铁矿石、烧结矿或球团矿以及石灰石，还有焦炭。高炉炼铁工艺流程系统除高炉本体外，还有供料系统、送风系统、回收煤气与除尘系统、渣铁处理系统、喷吹燃料系统以及为这些系统服务的动力系统等。

7.1.1 高炉炼铁工艺及设备

高炉是一个大型的逆流反应器，铁矿石、焦炭、石灰石等从高炉上部装入，经过预热的空气（常伴随喷吹物如富氧、煤粉等）从下部的风口鼓入，在高炉炉料下降的过程中，矿石逐渐被风口附近的燃烧区产生的煤气加热和还原，同时软化、收缩、熔化，最后生成铁水和炉渣，并从炉顶放出煤气。炼出的铁水从铁口放出。铁矿石中不还原的杂质和石灰石等熔剂结合生成炉渣，从渣口排出。产生的煤气从炉顶导出，经除尘后，可作为热风炉、加热炉、焦炉、锅炉等的燃料。现代高炉炼铁生产工艺流程如图 7-1 所示。

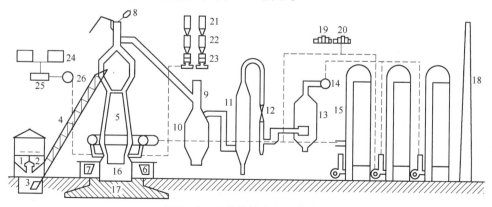

图 7-1 高炉炼铁生产工艺流程

1—储矿槽；2—焦仓；3—料车；4—斜桥；5—高炉本体；6—铁水罐；7—渣罐；8—放散阀；
9—切断阀；10—除尘器；11—洗涤塔；12—文氏管；13—脱水器；14—净煤气总管；
15—热风炉（三座）；16—炉基墩；17—炉基基座；18—烟囱；19—蒸汽透平；20—鼓风机；
21—煤粉收集罐；22—储煤罐；23—喷吹罐；24—储油罐；25—过滤器；26—加油泵

　　高炉冶炼的全过程可以概括为：在尽量低能量消耗的条件下，通过受控的炉料及煤气流的逆向运动，高效率地完成还原、造渣、传热及渣铁反应等过程，得到化学成分和温度较为理想的液态金属产品。高炉冶炼过程是一系列复杂的物理化学过程的总和，有炉料的挥发与分解、铁氧化物和其他物质的还原、生铁与炉渣的形成、燃料燃烧、热交换和炉料与煤气运动等。这些过程不是单独进行的，而是数个过程在相互制约的情况下同时进行。高炉冶炼的基本过程是，燃料在炉缸风口前燃烧形成高温还原煤气，煤气不停地向上运动，与不断下降的炉料相互作用，其温度、数量和化学成分逐渐发生变化，最后从炉顶逸出炉外；炉料在不断下降的过程中，由于受到高温还原煤气的加热和化学作用，其物理形态和化学成分逐渐发生变化，最后在炉缸里形成液态渣铁，从渣铁口排出炉外。

　　高炉生产工艺流程包括以下几个系统：

　　（1）高炉本体。高炉本体是炼铁生产的核心部分，是一个近似于竖直的圆筒形设备，包括高炉的基础、炉壳、炉衬、炉型、冷却设备、立柱和炉体框架等。高炉的内部空间称为炉型，它从上到下分为5段，即炉喉、炉身、炉腰、炉腹、炉缸。整个冶炼过程是在高炉内完成的。

　　（2）上料设备系统。上料设备系统包括储矿场、储矿槽、槽下漏斗、槽下筛分、称量和运料设备以及向炉顶供料设备（有皮带运输上料机和料车上料机之分）。其任务是将高炉所需原燃料，按比例通过上料设备运送到炉顶的受料漏斗中。

　　（3）装料设备系统。装料设备一般分为钟式、钟阀式、无钟式三类，我国多数高炉采用钟式装料设备系统，技术先进的高炉大多数采用无钟式装料设备系统。钟式装料设备系统包括受料漏斗、料钟、料斗等。它的任务是将上料系统运来的炉料均匀地装入炉内，并使其在炉内合理分布，同时又起到密封炉顶、回收煤气的作用。

　　（4）送风设备系统。送风设备系统包括鼓风机、热风炉、冷风管道、热风管道、热风围管等。其任务是将鼓风机送来的冷风经热风炉预热之后送入高炉。

　　（5）煤气净化设备系统。煤气净化设备系统包括煤气导出管、上升管、下降管、重力除尘器、洗涤塔、文氏管、脱水器及高压阀组等，有的高炉也用布袋除尘器进行干法除尘。其任务是将高炉冶炼产生的含尘量很高的荒煤气进行净化处理，以获得合格的气体燃料。

　　（6）渣铁处理系统。渣铁处理系统包括出铁场、泥炮、开口机、炉前吊车、铁水罐、铸铁机、堵渣机、水渣池及炉前水力冲渣设施。其任务是将炉内放出的渣铁按要求进行处理。

　　（7）喷吹燃料系统。喷吹燃料系统包括喷吹物的制备、运输和喷入设备等。

其任务是将按一定要求准备好的燃料喷入炉内。目前，我国高炉以喷煤为主。喷煤的喷吹燃料系统有磨煤机、收集罐、储存罐、喷吹罐、混合器和喷枪。其任务是将煤进行磨制、收集和计量后，从风口均匀、稳定地喷入高炉内。

7.1.2 高炉炼铁能源消耗及污染物排放

7.1.2.1 炼铁工序能源消耗

高炉工序能源消耗和污染物排放的降低是钢铁企业节能减排的重中之重。据统计，钢铁联合企业炼铁系统（含烧结、焦化、高炉工序）占企业总能耗的78.87%，其中，炼铁工序占59.26%。因此，钢铁企业要降低吨钢综合能耗就必须努力降低炼铁工序能耗。炼铁系统所排放的各类污染物（包括废气、固体渣和尘泥、污水等）占企业总量的2/3以上。所以说，炼铁工序应当承担钢铁工业节能降耗、降成本、实现环境友好的重任。

图7-2和图7-3为日本某高炉炼铁的物质收支和热收支平衡图，该高炉是现代化典型节能高炉，配置了高炉炉顶余压发电（TRT）、高炉煤气回收、富氧喷煤和热风炉烟气余热回收设备。

高炉炼铁所需能量有78%是来自碳素燃烧（也就是燃料比）。因此，降低炼铁燃料比是降低炼铁工序能耗的前提。为此，要贯彻精料方针，努力提高热风温度，提高高炉操作水平等。近年来，我国高炉炼铁的能耗情况见表7-4。由表可

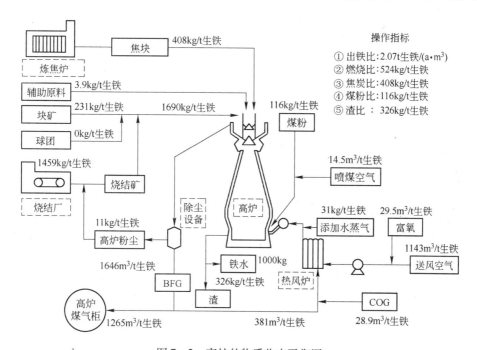

图7-2 高炉的物质收支平衡图

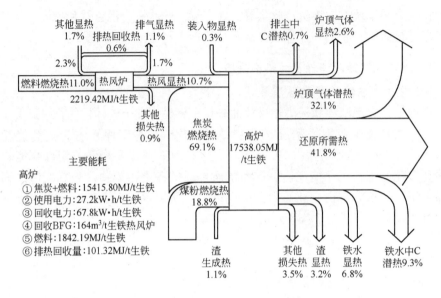

图 7 - 3　高炉的热收支平衡图

见，与 2005 年相比，2010 年的入炉品位降低了 0.62%，焦比非但没有上升，反而降低了 43kg/t，燃料比也下降了 18kg/t。这是因为高炉过程十分复杂，各种因素交互影响，如热风温度提高，煤气利用率改善，都能促使焦比降低。与 2005 年相比，2010 年的热风温度提高了 76℃，折合焦比应下降 15kg/t[25]。重点统计钢铁企业 1000m³ 以上高炉生产能力所占比例由 2005 年的 48.3% 提高到 60.9%，我国大中型高炉的技术经济指标已达到世界先进水平，国内外各级炉容技术指标对比见表 7 - 5。由表可见，国内 1000m³ 级高炉技术指标与国外相当，利用系数、风温优于国外；4000m³ 级、5000m³ 级高炉技术指标整体优于国外[6]。

表 7 - 4　近年来我国高炉炼铁能耗情况

项　目	2005	2006	2007	2008	2009	2010
生铁年产量/万吨	33040	40416	46605	46929	54375	59022
入炉矿品位/%	58.03	57.78	57.71	57.32	57.62	57.41
焦比/kg·t⁻¹	412	395	392	396	374	369
喷煤比/kg·t⁻¹	124	135	137	135	145	149
燃料比/kg·t⁻¹	536	530	529	531	519	518

项　目	2005	2006	2007	2008	2009	2010
工序能耗/kgce·t^{-1}	457	433	427	428	411	408
利用系数/t·(m^3·d)$^{-1}$	2.624	2.675	2.677	2.607	2.615	2.589
热风温度/℃	1084	1100	1125	1133	1158	1160

表 7 - 5　国内外各级炉容技术指标对比

炉容/m^3	区域	项目	利用系数/t·(m^3·d)$^{-1}$	焦比/kg·t^{-1}	煤比/kg·t^{-1}	燃料比/kg·t^{-1}	风温/℃	富氧/%	顶压/kPa	煤气利用率/%	座数
5000	国内	平均	2.3	333	156	489	1270	5.43	274	50.45	2
		最大	2.3	343	157	498	1280	7.55	278	51.70	
	国外	平均	2.09	360	133	493	1141	3.69	333	49.72	6
		最大	2.21	400	200	511	1213	5.68	372	51.16	
4000	国内	平均	2.19	335	173	508	1215	3.70	232	50.09	8
		最大	2.50	402	193	540	1250	5.38	243	51.99	
	国外	平均	2.11	341	153	498	1138	5.30	247	48.11	13
		最大	2.37	445	226	536	1240	9.80	313	50.45	
3000	国内	平均	2.30	387	153	536	1167	3.26	215	45.70	11
		最大	2.73	443	175	577	1220	6.17	235	48.00	
	国外	平均	2.37	361	133	494	1147	3.89	212	49.69	14
		最大	2.49	396	155	513	1190	5.17	240	51.50	
2000	国内	平均	2.35	380	140	519	1158	2.54	186	45.44	15
		最大	2.61	503	172	587	1259	5.60	220	50.37	
	国外	平均	2.17	343	135	491	1130	5.10	157	48.10	27
		最大	2.93	414	233	525	1204	13.10	269	50.72	
1000	国内	平均	2.53	389	157	541	1168	1.82	175	46.26	25
		最大	3.15	534	204	646	1240	3.30	230	50.50	
	国外	平均	2.06	382	101	489	1058	2.97	109	49.06	33
		最大	2.50	427	128	518	1149	4.80	177	49.57	

注：以上数据源自国外 87 座、国内 60 座容积 1000 ~ 5800m^3 高炉。

　　对于炼铁工序而言，要降低工序能耗，首先是要实现减量化用能（降低燃料比）；然后是提高能源利用效率（提高高炉煤气利用水平）；最后是提高二次能源回收利用水平（配备 TRT 装置）。

7.1.2.2 炼铁工序污染物排放

炼铁过程产生的污染物主要包括废气、废水和废渣。高炉原料、燃料及辅助原料在运输、筛分、转运过程中会产生大量的粉尘，高炉出铁时会产生包括粉尘、一氧化碳、二氧化硫和硫化氢等成分的有害废气。另外，高炉煤气的放散以及铸铁机铁水浇注时会产生含尘和石墨碳的废气。

炼铁过程排放的废水可分为设备间接冷却水、设备和产品的直接冷却水、生产工艺过程的废水等。高炉、热风炉的间接冷却废水在配备安全供水的条件下仅做降温处理即可实现循环利用。设备或产品直接冷却水（特别是铸铁机的废水）被污染的程度很严重，含有大量的悬浮物和各种渣滓，但这些设备和成品对水质的要求不高，经过简单的沉淀处理即可循环使用。生产工艺废水包括高炉渣冲洗水和高炉煤气洗涤水（煤气采用湿法洗涤），由于水与物料直接接触，其中往往含有多种有害物质，必须认真处理方能实现循环使用。

高炉冶炼过程中，矿石中的脉石、焦炭中的灰分和助熔剂等非挥发性组分形成以硅酸盐和铝酸盐炉渣为主的浮于铁水上面的熔渣，即高炉渣。

7.2 炼铁过程节能减排技术

7.2.1 富氧喷煤技术

高炉喷煤（Pulverized Coal Injection，简称 PCI）技术是炼铁节能降耗的主要技术之一，其采用煤粉替代焦炭，显著降低焦比。高炉喷煤炼铁技术具有以非焦煤代替部分焦炭、减轻污染、降低生产成本的优点，在富氧的配合下，可显著提高高炉的生产能力。如果单一地向高炉喷吹燃料会使煤气量增大，炉缸温度可能降低，此时加大喷吹量必将受到工艺的限制。如果采用富氧鼓风和高风温技术，既可提高高炉风口区的理论燃烧温度，又能减少炉缸煤气生成量。如果单纯地提高风温或富氧率，又会使炉缸温度梯度增大，当炉缸温度超过一定界限时，将导致高炉运行不顺，甚至有悬料发生。若同时配合喷吹煤粉就可避免上述问题的出现。实践证明，采用富氧高风温大喷煤技术可有效地强化高炉冶炼，明显改善喷煤效果，大幅度地降低高炉焦比和燃料比，是获得高产、稳产的有效途径。

7.2.1.1 工艺概况

高炉喷煤粉系统一般由煤粉制备、收集储存、输送、分配及喷吹设备组成。高炉喷煤是把原煤（无烟煤、烟煤）经过烘干、磨细、用压缩空气（或氮气）输送，通过喷煤枪从高炉风口直接喷入炉缸的生产工艺，如图 7 - 4 所示。高炉富氧喷煤是炼铁技术进步的必由之路，是降低高炉焦比和生铁成本的有效措施。

目前，我国的炼铁生产中，燃料费用约占生铁成本的 25%，为了减少焦炭耗量，降低生铁成本，提高高炉的生产率，我国已经开创了适合我国国情的高风

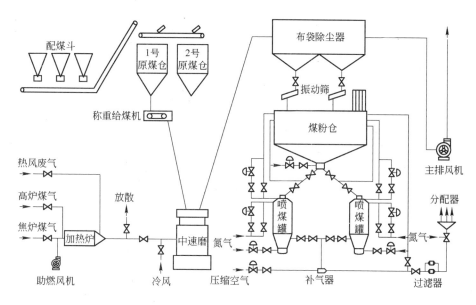

图 7 - 4 高炉喷煤工艺流程图

温、低富氧大喷煤的技术路线。为了维持高炉的正常生产，要求理论燃烧温度大于 2000℃。高炉喷煤粉 10kg/t，会使理论燃烧温度降低 20℃（无烟煤）至 30℃（烟煤），因此，在富氧率为 0 的情况下，喷煤比最大只能达到 130kg/t，喷煤比大于 130kg/t 时，富氧就不可缺少了。

为了实现最大限度地降低高炉焦比，未来高炉的煤比应在 200kg/t 以上。为了实现这一目标，高炉炼铁要实施精料方针，提高入炉矿品位和焦炭质量，改善炉料透气性；控制热风温度大于 1200℃；脱湿鼓风，风中含水量控制在 6% ~ 9%；优化高炉操作，包括送风制度、装料制度、造渣制度和供热制度；大幅度提高富氧率也是必不可少的手段[8]。从目前的情况推断，富氧率在 3% ~5% 之间，应该是实现煤比 200kg/t 以上的必要条件。

高炉富氧鼓风对提高煤比有显著作用，这一点无论是在理论上还是在实践上都已得到充分证明。高炉富氧率为 1% 可增产 4.76%，风口理论燃烧温度可提高 35 ~45℃，煤气发热值提高 3.24%，富氧喷煤炼铁的作用是显著的。

目前，高炉富氧喷煤炼铁技术的发展趋势是：

（1）大幅度提高喷煤量，争取实现喷煤 200 ~250kg/t。

（2）高炉富氧，为了实现大喷煤量，高炉必须实现富氧冶炼，一般富氧率在 2% ~4% 之间，还有进一步增加的趋势。

（3）实现多种煤种喷吹或混吹，传统的喷煤技术是向高炉喷吹无烟煤，以此保证安全操作。从全国的资源情况来看，优质无烟煤的储量较少，所以在喷吹中，需采用冲压防暴等措施，保证喷吹烟煤的安全。

该技术可实现高炉喷煤比在 200kg/t 铁以上。高炉喷吹煤粉是炼铁系统结构优化的中心环节，可以实现节焦增产、炼铁环境友好的效果，同时可降低生铁成本。

7.2.1.2 富氧喷煤技术的进展

高炉喷煤技术始于 20 世纪 60 年代，当时受能源价格因素的制约没有得到大的发展。70 年代末受石油危机的影响，在世界范围内高炉停止了喷吹重油，大多数高炉开始喷煤，并且发展异常迅速，喷煤已成为降低成本的有效手段。到了 90 年代初，高炉喷煤的发展趋势表现为富氧大喷吹和多煤种混吹。十几年前，国外高炉已达到 200kg/t 的大喷煤比，喷煤率（煤粉对燃料比的比率）达 38% ~ 40%，而且在英国克利夫兰厂的大喷煤试验中已经做到煤粉、焦炭各 50%（煤 300kg/t，焦 300kg/t），高炉在原有的基础上普遍提高了喷煤比并获得显著的进展。

1998 年 6 月，福山 3 号高炉创造了喷煤比为 266kg/t 的世界纪录后，日本高炉的喷煤取得了新的发展，所有的生产高炉全部安装了喷煤设备。1999 年，日本高炉的平均喷煤比提高到 133kg/t（比 2002 年我国的平均喷煤比 125kg/t 还高）。韩国浦项的光阳 4 号高炉，当焦比在 313kg/t 时曾喷煤 181kg/t。1999 年，西欧的 36 座高炉的平均喷煤比为 145.5kg/t，均高于当年日本的水平，特别是荷兰的艾莫伊登铁厂，1999 年 2 座高炉的煤比和焦比都分别达到 316kg/t 和 204kg/t。

我国喷煤技术的发展起步较晚。1992 年 5 月，宝钢 2 号高炉引进日本川崎公司的主要技术和设备，其流程为双系列 3 罐串联多支管上料工艺，设计喷煤能力为 72 ~ 120kg/t，这是国内第一个从国外引进的喷煤技术。此后，沙钢、上钢、重钢等一批钢厂引进或部分引进 90 年代以后的喷煤技术，喷煤设计指标多为 200kg/t 左右。武钢 4 号和 5 号高炉设计喷煤指标高达 250kg/t，但实际运行中不易达到设计值。1999 年 9 月，宝钢 1 号高炉创造出月平均喷煤比 260.6kg/t 的最高纪录，2002 年和 2003 年宝钢全公司高炉年平均喷煤比达到 203kg/t，2004 年上半年宝钢 1 号高炉实现喷煤比 206kg/t[27]。尽管如此，我国的富氧喷吹技术与国外相比还存在较大差距。截至"十五"期末，我国大中型钢铁企业 1000m³ 以上高炉全部配备了煤粉喷吹装置，全国重点钢铁企业的高炉平均喷煤还不到 120kg/t，工业发达国家高炉喷煤平均水平在 180 ~ 200kg/t 之间[8]。

经过几十年的发展，我国的高炉喷煤工艺和技术已发展到较高的水平。2009 年，重点钢铁企业高炉喷煤比为 145kg/t，2010 年达到 149kg/t，比上年升高 4kg/t，大大降低了炼铁焦炭的消耗，减少了炼焦过程对环境的污染。热风温度得到大幅度提高，2010 年重点钢铁企业热风温度 1160℃，比 2005 年提高了

79℃；有 30 多座大高炉热风温度年平均超过 1200℃，首钢京唐钢铁公司 5500m³ 高炉风温超过 1250℃，并可以实现 1300℃ 的高风温，首钢迁钢 3 座高炉年均风温为 1270 ~ 1280℃[6]。尽管如此，从喷煤工艺的优化和系统的完善角度来看，许多企业的高炉喷煤还存在着一些不足或缺陷，例如，有的企业高炉喷煤比提高了，但焦比增加，燃料比也增加，并没有达到喷煤的目的。因此，钢铁企业应进行有针对性的改进，以实现稳定喷煤和更高节能效果。目前，高炉高效喷煤技术普及率为 40%，"十二五"期末预计推广比例将达到 80%。

7.2.1.3　应用效果

高炉采用富氧之后，除了可显著降低焦比外，还具有以下作用：

（1）提高煤气发热值。富氧后，由于煤气中的 N_2 量减少，有效的 CO、H_2 相对增加，能提高煤气发热值。鞍钢的统计结果为：富氧 1%，高炉煤气的热值提高 3.4%，使用煤气作为热风炉燃气更容易烧炉。

（2）高炉富氧后，更容易冶炼能耗高的铁种。对于综合焦比很高的铁种，如铸造铁、硅铁等热量大的铁种，不仅能大大降低其燃耗，还能提高其质量。

（3）从提高高炉生产率的角度来看，富氧的作用更为显著。这也是国内外一些企业不断提高富氧率的原因。因此，高炉富氧率将成为未来高炉生产的标志性参数。

富氧鼓风的效益体现在增产和降低焦比上。若以 5% 的富氧率计算，吨铁增加的富氧量约为 60m³，如果按照氧气价格为 0.5 元/m³ 计算，则吨铁增加成本 30 元。如果富氧 5% 可提高煤比 80kg/t，节焦 72kg/t，可获得效益约 40 元，富氧鼓风带来的效益估算为 30 元，两项效益之和已经超过了氧气成本的 1 倍以上。如果单位氧气的成本能够降低，效益会更加明显。

当然，企业还应该根据各自的条件进行具体测算，但是可以说，在目前生铁和焦炭的价格体系下，富氧鼓风高炉炼铁在成本上能得到有效地补偿，它将是高炉炼铁一个赢利效果突出的手段。

7.2.2　高炉煤气炉顶余压发电技术

现代高炉炉顶压力高达 0.15 ~ 0.25MPa，温度约 200℃，因而炉顶煤气中存在有大量物理能。高炉煤气炉顶余压发电（Top Gas Pressure Recovery Turbine，简称 TRT）技术，是利用高炉炉顶排出煤气的压力能及热能转化为机械能，并驱动发电机发电的设备。TRT 主要包括透平机和发电机两大部分。将原来高炉减压阀组中损失的高炉煤气能量通过推动透平机转动，带动发电机发电予以回收。

根据炉顶压力不同，每吨铁约可发电 20 ~ 40kW·h。如果高炉煤气采用干法除尘，发电量还可以增加 30% 左右。采用 TRT 技术不改变高炉煤气品质，回收了由减温减压阀组白白泄放的能量，净化了煤气，又降低了噪声，并可有效控制炉顶压力的波动，改善了高炉操作条件，稳定了高炉生产。一般 1000m³ 以上的高炉，炉顶压力大于 0.12MPa，数年内可回收投资[12]。国内 1000m³ 以上高炉 TRT 已达 80 多台套，一座 2000m³ 高炉，TRT 系统的运行效率达 85%，年发电量可达 0.5 亿千瓦时，相当于节约原煤 3 万吨。

TRT 技术是国际上公认的、成熟的余压回收装置。其原理如图 7 - 5 所示。它是利用高炉炉顶排出的、具有一定压力和温度的高炉煤气，推动透平膨胀机旋转做功、驱动发电机发电的一种能量回收装置。通过回收高炉煤气中蕴含的压力能和热能，可达到节能、降噪、环保的目的，具有良好的经济和社会效益。

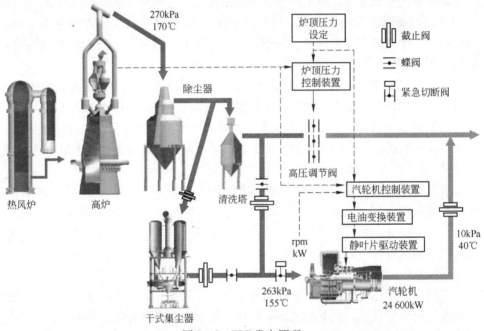

图 7 - 5　TRT 发电原理

7.2.2.1　TRT 设备及工艺流程

TRT 是利用高炉炉顶煤气的压力能及部分热能经透平膨胀做功来驱动发电机发电的一种环保节能发电装置。这种发电方式既不消耗任何燃料，也不产生环境污染，发电成本又低，是高炉炼铁工序的重大节能技术，经济效益十分显著。

TRT 工艺有干、湿之分，其中采用水来降低煤气温度和除尘的为湿式 TRT，采用干式除尘的为干式 TRT。从炉顶排出的煤气，温度约为 200℃，流经文氏洗涤器后，温度降至 50~60℃，但湿度变得很高（水汽饱和状态）。这样的煤气在透平机中绝热膨胀后，温度将更低，故有冷凝水析出。这种余压回收系统，称为"湿式系统"（见图 7 - 6）。从炉顶排出的煤气，不使用水，而是采用重力除尘和布袋除尘等措施进行干式除尘，使煤气的温度和粉尘含量均满足要求，再全部流经透平机。这种余压回收系统，称为"干式系统"（见图7-7）。

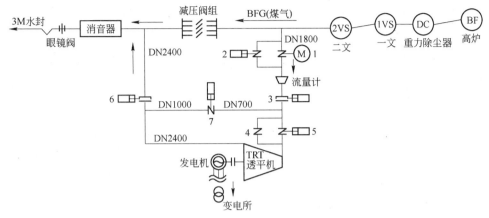

图7-6 湿式TRT流程简图

1—进口二次偏心电动蝶阀；2—启动调速阀；3—进口插板阀；4—快切阀旁通均压阀；

5—紧急快切阀；6—出口插板阀；7—旁通快开阀

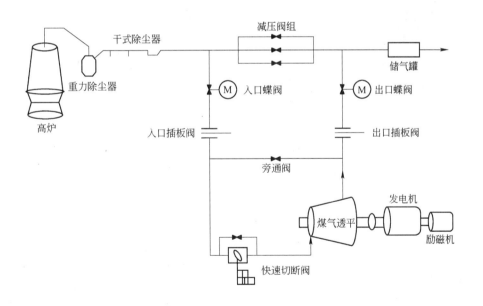

图7-7 干式TRT流程简图

以前，国内广泛采用的是湿式装置，但近些年的发展趋势是干式装置。干式TRT排出的煤气温度高，所含热量多、水分少，特别是与湿式TRT相比可提高发电量30%～40%[1]，因此，其越来越引起各方面的重视。高炉产生的煤气，经重力除尘器（部分工艺为环缝）与干式除尘器，进入TRT装置。经调速阀

（并联入口电动蝶阀）、入口插板阀，过煤气流量计、快切阀，经透平机膨胀做功，带动发电机发电。自透平机出来的煤气，进入低压管网，与煤气系统中减压阀组并联，具体工艺流程如图7-7所示。该装置既回收减压阀组泄放的能量（相当于回收高炉鼓风机所需能量的30%左右），又净化煤气、降低噪声、稳定炉顶压力，改善高炉生产的条件。这种发电方式既不消耗任何燃料，也不产生任何污染，可实现无公害低成本发电，是高炉冶炼工序的重大节能项目，经济效益十分显著，是国际、国内钢铁企业公认的节能环保技术。

目前，又提出"高炉煤气干法除尘 - TRT 一体化技术"。高炉煤气全干法除尘主要有两种，一种是干式电除尘，一种是耐热布袋除尘。前者由于有爆炸的危险，在国内极少采用，后者技术日趋完善，已在国内中小型高炉上得到应用，应将该技术大力推广至我国大中型高炉。高炉煤气干法除尘 - TRT "一体化技术"工艺流程如图7-8所示。

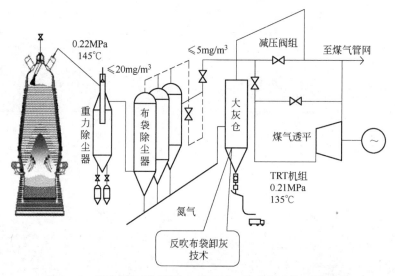

图7-8 高炉煤气干法除尘 - TRT "一体化技术"工艺流程

"一体化技术"可以简单描述为：荒煤气经重力除尘器后进入布袋除尘，利用炉顶煤气压力和热能使煤气在透平内膨胀做功，推动透平转动，带动发电机发电的技术。炉尘则采用氮气脉冲反吹清灰，进入输卸灰系统。"一体化技术"通过改变除尘工艺减少余热资源温降，是余热资源直接利用的一种形式。煤气显热的回收效果在后续 TRT 发电量的提高上得以体现。采用全干法除尘后，煤气温度可保持在120℃左右，比湿法除尘提高了 40~60℃。实践表明，煤气温度每提高10℃，可使透平机出力提高3%。同时，干法除尘的压力损失仅为 3~5kPa，高出湿法除尘25kPa 左右，将有利于提高 TRT 发电效果。"一体化技术"最高发电量可达 54kW·h/t 铁，合 6.64kgce/t 铁。此外，干法除尘后煤气直接供给热风炉，能够提高风温25℃，可降低高炉焦比5kg/t铁，合4.75kgce/t铁。

7.2.2.2 TRT技术的进展

TRT技术在国外较为普及，如日本的TRT技术普及率已达到90%。我国也在逐步推广，截至"十一五"期末，我国总计有超过600座高炉配备了597套高炉炉顶余压发电设备（TRT），比2005年增加了357套，产生了巨大的效益。2010年，全年回收电量约12亿千瓦时，年减少CO_2排放量1000万吨。重点钢铁企业中大于1000m^3高炉的TRT普及率比2005年提高了27个百分点，达到98%。2010年，吨铁发电量达到32kW·h，比2005年提高了7kW·h。采用干法除尘的TRT发电量将增加25%~30%左右。首钢京唐的两座5500m^3高炉均采用干法除尘，TRT吨铁发电量达到56kW·h。目前，配备干式TRT的大型高炉已超过100座，例如首钢京唐、宝钢、莱钢、济钢、包钢、鞍钢、唐钢、韶钢、首秦等[6]。

7.2.2.3 应用效果

A 湿式TRT系统

马钢1号高炉的TRT系统是湿式TRT，其主要由主机液压控制、给排水、氮气密封、管道阀门等系统以及过程监控和发配电系统等组成。来自炉顶的高压高炉煤气经重力除尘器分为两路，进入TRT透平的煤气管道，再经入口电动蝶阀和启动阀、内藏式文丘里管流量计、进口插板阀、紧急切断阀、可调静叶，进入透平膨胀机做功并推动透平旋转带动同轴连接的电机转换为电能。膨胀做功后的煤气经出口插板阀、减压阀组、再回到原煤气系统，炉顶压力由透平静叶进行控制，在高炉低压运行或TRT故障时，可以安全方便地切换到减压阀组调压的运行方式。为适应处理TRT运行中紧急切断煤气与甩负荷时需要，在TRT系统中还没有与减压阀组并联的旁通快开阀（液压伺服控制），从进口插板阀与紧急快切阀之间接出管道，连通到出口插板阀与透平出口管道之间。马钢1号高炉TRT系统的设备配置和运行参数见表7-6。

表7-6 马钢1号高炉TRT系统的设备配套和运行参数

项　目	参　数	项　目	参　数
高炉容积/m^3	2500	进口流量/$m^3 \cdot h^{-1}$	31.42×10^4
工作介质	高炉煤气	进口温度/℃	45
额定功率/kW	7410	出口压力/kPa	112.35
最大功率/kW	9100	转速/$r \cdot min^{-1}$	3000
发电机容量/kW	10000	发电效率/%	86
进口密度/$kg \cdot m^{-3}$	2.671	发电量①/$kW \cdot h$	2658.88×10^4
进口压力/kPa	231.35	吨铁发电量/$kW \cdot h \cdot t^{-1}$	22.81

①2000年9月到2001年4月累计的发热量。

从 2000 年 9 月到 2001 年 4 月，仅 8 个月的时间累计发电量为 2658.88 万千瓦时，以当时电价 0.30 元/（kW·h）计算，创造效益 797.66 万元，获得了显著的经济效益。

TRT 作为高炉节能装置，运行的好坏是由高炉是否稳定顺行决定的，其发电量主要取决于高炉顶压和高炉煤气发生量。而高炉煤气发生量又和高炉冶炼强度有关。只有在炉况条件好的情况下，在保证高炉高顶压、高炉煤气发生量的前提下才能有较高的发电量，整个 TRT 机组才能在最佳运行点上运行。

B 干湿两用和完全干式 TRT 系统[8]

国内首台干湿两用 TRT 装置应用在攀钢 4 号高炉上。它是在原有湿式除尘的基础上改造而成的，攀钢 4 号高炉 TRT 工艺流程如图 7-9 所示。高炉煤气参数见表 7-7。

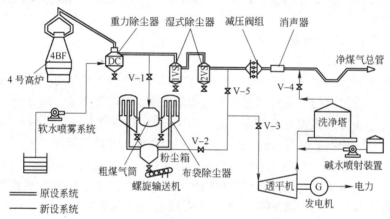

图 7-9 攀钢 4 号高炉 TRT 工艺流程

表 7-7 攀钢 4 号高炉煤气参数

序号	项 目	干式运转（BDC 入口条件）	湿式运转（二文出口条件）	备 注
1	煤气流量/m³·h⁻¹	24×10^4	24×10^4	高炉容积
2	煤气压力/MPa	0.15	0.124	1350m³ 1 座
3	煤气温度/℃	<200	45	高炉出铁量
4	机械水含量/g·m⁻³	20	饱和	2550t/d
5	煤气含尘量/g·m⁻³	5	3mg/m³	(1997 年 94.2 万吨)
6	煤气组成/%	CO_2 O_2 CO H_2 CH_4 N_2 15.8 0.3 25.3 1.1 0.3 57.2		

攀钢 4 号高炉（改造后）干湿两用 TRT 装置流程如图 7-10 所示。其中干式运行效率为 90%，湿式运行效率为 10%，当干式运行出现问题时，可及时切换，以保证高炉正常运行。该工艺透平机形式为卧式单缸单流轴流式透平，由二级静叶组成，第一级静叶可调，透平的转速和高炉顶压力的控制均由可调静叶来

完成。从启动到满负荷运转过程中均能对透平进行控制。静叶采用液压驱动，动作灵敏可靠。攀钢4号高炉 TRT 装置透平机参数见表7-8。

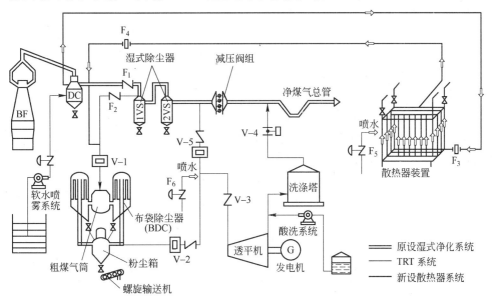

图7-10 攀钢4号高炉干湿两用 TRT 装置流程

表7-8 攀钢4号高炉 TRT 装置透平机参数

序号	项　目	干式	湿式	序号	项　目	干式	湿式
1	透平功率 /kW	6100	3100	6	透平入口煤气温度 /℃	140	45
2	透平转速 /r·min⁻¹	3000	3000	7	切断阀前压力 /MPa	0.14	0.12
3	允许进入透平压力 /MPa	<0.2	<0.2	8	透平排气压力 /MPa	0.01	0.01
4	允许进入透平温度 /℃	<200	<200	9	年发电量 /kW·h	4684×10⁴	2381×10⁴
5	透平入口煤气压力 /MPa	0.14	0.124	10	年工作时间（平均） /h	7680	7680

该装置有两种系统运行方式，湿式系统利用原有系统中的双文湿式除尘系统，干式为新增布袋除尘系统，两种系统状态必要时可以自由切换运行，适应煤气温度变化性强，且可提高发电效率。

　　a　湿式系统

高炉煤气→重力除尘器→二文→二文出口（DN1500）蝶阀→（DN1500）插

板阀→（DN1500）紧急切断阀→透平机→洗涤塔→（DN2000）水封蝶阀→（DN2400）净煤气总管。

　　b　干式系统

　　高炉煤气→重力除尘器→（DN1800）插板阀→布袋除尘器（DBC）→（DN1500）插板阀→（DN1500）蝶阀→（DN1500）紧急切断阀→透平机→洗涤塔→（DN2000）水封蝶阀→（DN2400）净煤气总管。

　　干式系统运行时，关闭减压阀组及 V－5 阀门，开启 V－1、V－2 阀门。此时煤气经 DC 一次粗除尘后，保持高温煤气进入 BDC 进行二次精除尘以保证进入透平机的煤气含尘质量浓度在 $5mg/m^3$ 以内，温度小于 200℃的煤气再进入透平膨胀做功，从而驱动发电机发电。从透平出来的煤气先经过碱洗（洗煤气中的氯离子）、洗净塔（洗煤气中的碱液）洗涤脱水后进入厂区净煤气管网。

　　当 BDC 故障或煤气温度大于 200℃，通过在 DC 内喷水降温都无法将煤气温度降下来时，应立刻关闭 V－1、V－2 阀门，开启 V5 阀门；高炉煤气经 DC 除尘后进入原设湿式清洗系统，煤气含尘量小于 $5mg/m^3$，温度约 45℃进入透平进行发电，煤气从透平出来后的流向与干式系统相同（但不需用碱洗，因在湿式清洗系统中已洗掉了氯离子）。

　　当透平及 BDC 发生重大（不能发电）损坏时，可关闭 V－1、V－5 阀门，打开减压阀组，煤气经原设的湿式系统、减压阀组进入厂区净煤气管网，不影响高炉的生产。

　　应用干式 TRT 的意义：（1）干式 TRT 不用水洗涤和冷却煤气，生产每吨铁节省水约 9t，其中节约新水 2t；（2）干式电除尘吨铁耗电 0.25～0.45kW·h，比湿式节电 60%～70%；（3）干式除尘器出口煤气温度为 150～250℃（湿式为 40～50℃），其压力损失只有 0.3～0.6kPa（湿式为 20～30kPa），因此，干式 TRT 系统比湿式的发电处理高 30%～50%；（4）干式 TRT 系统排出的煤气温度高，所含热量多、水分低，煤气的理论燃烧温度高，用于烧热风炉，可提高风温 40～90℃，相应地降低焦比 8～16kg/t。

　　应用干式 TRT 的效益：（1）经济效益。一座 $3200m^3$ 高炉如果稳定顺行，采用 TRT 系统的运行效率可以达到 85% 以上，可提高发电量 30% 左右，年发电量可达 0.5 亿千瓦时，相当于节省原煤 3 万吨。（2）节能环保效益。TRT 技术在攀钢的应用直接提高了发电量，月均增加 117 万千瓦时，大幅度提高了干式运行率，湿式除尘系统大部分时间处于备用状态，节约耗电量 342 万千瓦时，节约新水 8 万吨，并彻底解决了原瓦斯泥处理工艺中存在的细颗粒处理困难，污环水悬浮物含量高，闭路循环难以进行，热水池及一文、二文淤泥严重，双文喉口喷嘴堵塞严重，保产困难等问题；同时减少了大量污水、二氧化硫、二氧化碳和粉尘等外排。

7.2.3 高炉煤气干法除尘技术

高炉炉顶荒煤气属于高温、高压、有毒可燃易爆气体，含有丰富的物理能和化学能，极具回收价值。但高炉煤气含有大量粉尘，应使煤气含尘量降到规定标准以下才能使用，否则将使燃烧效率低下，并造成设备积灰、渣化而损坏。因此，除尘是高炉煤气能否充分利用的先决条件。

高炉煤气除尘一般分为两个阶段，先在重力除尘器中进行粗除尘，然后再进行精除尘。传统的精除尘采用湿法（两级文氏管），虽能达到一定的除尘效率，但存在耗水量大、水污染严重以及煤气热值降低等问题。20 世纪 80 年代，我国炼铁工作者总结了高炉煤气干式布袋除尘技术的开发经验和应用实践，自主开发了高炉煤气低压脉冲喷吹干式布袋除尘技术，在我国 300m³ 级高炉上进行试验并取得成功，使这项技术实现了工业化应用。经过几年的发展，高炉煤气低压脉冲喷吹干式布袋除尘技术在我国中小型高炉上得到迅速推广应用，21 世纪初新建的 1000m³ 级的高炉相继采用此项技术。

目前，已有数十座 2000～5500m³ 级的大型高炉采用了煤气"全干式"除尘工艺，完全摆脱了传统的煤气湿式除尘备用系统。

7.2.3.1 干法除尘技术原理

A 布袋除尘过滤机理

高炉煤气经过重力除尘器或旋风除尘器进行粗除尘以后，煤气中大颗粒粉尘被捕集，煤气含尘量一般可以降低到 $10g/m^3$ 左右。经过粗除尘以后的煤气还需要进行净化处理，使煤气含尘量降到 $10mg/m^3$ 以下。未经净化处理的高炉煤气中悬浮着形状不一、大小不等的细微粉状颗粒，是典型的气溶胶体系。高炉煤气布袋除尘的过滤机理基于纤维过滤理论，其过滤过程可以分为两个阶段：当含尘煤气通过洁净布袋时，在扩散效应、直接拦截、重力沉降及筛分效应的共同作用下，首先进行的是布袋纤维对粉尘的捕集，起过滤主导作用的是纤维，然后是阻留在布袋纤维中的粉尘与纤维一起参与过滤，此过程称为"内部过滤"；当布袋纤维层的粉尘达到一定容量以后，粉尘将沉积在布袋纤维层表面，在布袋表面形成一定厚度的粉尘层，布袋表面的粉尘层对煤气中粉尘的过滤将起到主要作用，此过程称为"表面过滤"。在布袋除尘的实际运行中，表面过滤是主导的过滤方式，对高炉煤气布袋除尘技术具有重要意义。

B 脉冲喷灰清灰机理

布袋除尘器工作时，其阻力随布袋表面粉尘层厚度的增加而加大，当阻力达到规定数值时，就必须及时清除附着在布袋表面的灰尘。清灰的基本要求是从布袋上迅速均匀地剥落沉积的粉尘，而且又要求在布袋表面能保持一定厚度的粉尘层。清灰是保证布袋除尘器正常工作的重要因素，高炉煤气布袋除尘的清灰方式主要是反吹清灰和脉冲清灰。

反吹清灰是利用与过滤气流相反的气流使布袋变形造成粉尘层脱落的一种清灰方式。反吹清灰采用大规格布袋，布袋直径为300mm，长度为10m。含尘荒煤气由箱体下部进入布袋内部过滤后到达箱体上部，即所谓"内滤式布袋除尘"，除尘后的净煤气进入箱体顶部的净煤气支管，再汇集到净煤气总管。

与反吹清灰工艺不同，脉冲清灰采用小规格布袋，布袋直径一般为130~160mm，长度为6~7m。含尘荒煤气由箱体下部进入箱体，经布袋外部过滤后进入布袋内部，即所谓"外滤式布袋除尘"。除尘后的净煤气由布袋内部进入箱体上部的净煤气支管，再汇集到净煤气总管。脉冲除尘的布袋内部设有专用的骨架结构，以支撑布袋在工作时始终保持袋状，不致被压扁而失效。脉冲清灰是利用加压氮气或煤气（压力为0.15~0.60MPa）在极短的时间内（不超过0.2s）由布袋袋口高速喷入布袋内，同时诱导大量煤气，在布袋内形成气波，使布袋从袋口到袋底产生急剧膨胀和冲击振动，具有很强的清灰作用。脉冲喷吹清灰冲击强度大，而且其强度和频率都可以调节，提高了清灰效果，系统阻力损失低，动力消耗少，还可以实现布袋过滤时在线清灰，在处理相同煤气量情况下，布袋过滤面积比反吹清灰要低。

7.2.3.2　工艺流程及关键技术

首钢京唐1号5500m³高炉没有采用大高炉常见的"干法备湿法"除尘工艺，采用"低压脉冲干式布袋除尘"的全干法除尘工艺，创造了高炉煤气全干法技术在特大型高炉上成功应用的世界新纪录。

高炉煤气沿下降管经过旋风除尘（含尘量不超过10g/m³）和换热器调节温度后（当温度 $t \geq 220℃$ 时自动开启），通过半净煤气总管上的分配管，分配至各除尘箱体，由位于除尘箱体下侧的入口进入干法布袋除尘器。通过悬挂于箱体内部的除尘布袋进行外滤，灰尘被阻挡在布袋外壁。经过滤后的净煤气（含尘量不超过5mg/m³）从除尘箱体上部流出，汇合入净煤气总管，经TRT发电或减压阀组和喷碱塔降温后并入公司高炉煤气管网[28]。其工艺流程如图7-11所示[29]。

A　滤布的选择

滤布是袋式除尘器的核心，除尘器的效率、阻力乃至寿命都取决于滤布。因此，要求滤布具有除尘效率高、耐高温和耐腐蚀性好、强度高和吸湿性弱、易于脱掉灰尘和造价低等特点。目前，用于高炉煤气除尘的滤布主要有玻璃纤维、薄膜复合芳香聚酰胺针刺毡（NOmEX）、氟美斯（FmS）复合针刺毡、聚酰亚胺（P84）及聚四氟乙烯（PTFE）复合针刺毡等，实际应用中要综合煤气工况和粉尘的特点，合理选择性能优良的滤布。

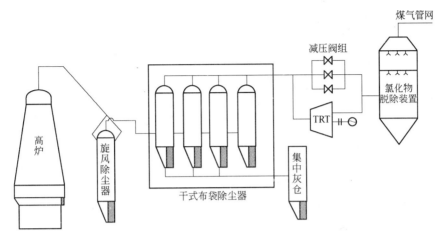

图 7 – 11　京唐 1 号高炉煤气干式布袋除尘系统工艺流程

B　煤气温度控制技术

煤气温度控制是干式布袋除尘技术的关键要素。正常状态下，煤气温度应控制在 80 ~ 220℃，煤气温度过高或过低都会影响系统的正常运行。当煤气温度达到 250℃时，超过一般布袋的安全使用温度，布袋长期在高温条件下工作会出现异常破损甚至烧毁。由于煤气中含水，当煤气温度低于露点温度时，煤气中的水蒸气发生相变凝结为液态，出现结露现象，造成布袋黏结。因此，采用煤气干式布袋除尘技术，高炉操作要更加重视炉顶温度的调节控制。

高炉炉顶温度升高时可采取炉顶雾化喷水降温措施，同时在高炉荒煤气管道上设置热管换热器，用软水作为冷却介质，通过热管换热使软水汽化吸收高温煤气的热量，有效降低煤气温度。如果煤气温度过低则要采取综合措施，提高入炉原燃料质量、降低入炉原燃料水分、加强炉体冷却设备监控、合理控制炉顶温度和加强荒煤气管道保温等技术措施都能取得成效。

C　煤气管道系统防腐技术

钢铁企业广泛采用高炉富氧喷煤、烧结矿喷洒 $CaCl_2$ 溶液等技术后，导致高炉煤气中酸性气体（如 SO_2、SO_3、H_2S 和 HCl 等）含量越来越高，对煤气管网设备腐蚀逐渐加重。尤其是采用干法煤气除尘后，因取消原湿法除尘中文氏管或洗涤塔对煤气中酸性气体的溶解去除过程，导致酸性气体成分只能随煤气进入下道工序，并随着煤气降温、水分析出而进入冷凝水，形成高腐蚀性的酸性废水，对管网及其附属设备造成严重腐蚀。若不采取切实可行的措施加以防范，将发生煤气泄漏导致煤气中毒等严重事故[30]。

为了抑制煤气管道系统的异常腐蚀，可以采取以下措施：（1）将不锈钢波纹补偿器的材质改进为耐氯离子腐蚀的不锈钢，提高材质的抗酸腐蚀性能；（2）

在煤气管道内壁喷涂防腐涂料，使金属管道与酸性腐蚀介质隔离，抑制管道异常腐蚀；（3）为了脱除高炉煤气中的氯化物，开发了氯化物脱除装置，应用化学和物理吸附原理，有效脱除高炉煤气中的氯化物。在净煤气管道上设置喷洒碱液装置，使碱液与高炉煤气充分接触，降低煤气中的氯化物含量。

D 除尘灰浓相气力输送技术

高炉煤气布袋除尘灰的收集输送是影响系统正常工作的关键因素，传统的机械式输灰工艺存在着诸多技术缺陷。除尘灰气力输送技术利用氮气或净煤气作为载气输送除尘灰，将每个布袋除尘器收集的除尘灰通过管道输送到灰仓，再集中抽吸到罐车中运送到烧结厂回收利用，实现了除尘灰全程密闭输送，解决了传统机械输灰工艺的技术缺陷，优化了工艺流程，降低了能源消耗，减少了二次污染，攻克了输灰管道磨损等技术难题。

7.2.3.3 工艺特点

实践表明，我国自主开发的高炉煤气低压脉冲喷吹干式布袋除尘技术已经在 $1000 \sim 5500 \mathrm{m}^3$ 高炉上成功应用，我国高炉煤气干法除尘在工艺流程和除尘器结构优化、煤气温度控制、管道系统防腐、除尘灰气力输送及数字化控制系统等方面均取得了突破，并在生产实践中取得了显著的经济效益、社会效益和环境效益。高炉煤气除尘工艺从传统的湿法改为干法是一大技术突破，从国外的反吹内滤方式改为我国的脉冲外滤方式更是高炉煤气除尘技术进步的一个里程碑。该工艺具有如下特点[31]：

（1）脉冲型布袋除尘的优点是：1）滤速高，比反吹风除尘器提高70%~100%，箱体数减少30%~40%；2）滤布寿命长，在频繁反吹下使用寿命一般可达2~3年以上；3）脉冲反吹设备少，反吹效果好，自动化程度高，操作十分省力。

（2）布袋除尘气力输灰方式具有速度低、浓度高、磨损少、粉尘不易堵管、设备简化等特点，而且此干法卸、输灰系统可全部实现自动化操作，运行安全、便利。

（3）高炉煤气干法除尘与以双文为特性的湿法工艺相比，充分利用了高炉煤气的压力能、热能，TRT 发电量增加30%~50%；从根本上消除了瓦斯泥以及污水处理的庞大设施及对环境的污染；可以节地40%~50%，节水80%~90%，节省投资30%~40%，降低运行能耗60%~70%。

7.2.4 高炉脱湿鼓风技术

鼓风湿度波动会导致高炉风口前理论燃烧温度的不稳定，从而影响到高炉炉况的稳定顺行。为了稳定鼓风中湿分，有的高炉已采用了脱湿技术，使鼓风湿度维持在一定的水平，减少湿分对炉况的影响。

20 世纪 50～60 年代，随着喷吹燃料技术的兴起，需以高风温作为喷吹燃料的热补偿，以提高喷吹比，脱湿鼓风技术可减少水分分解吸热对高炉的影响，有助于提高风温，进而提高喷煤比。因此，该技术得以发展而取代了加湿鼓风技术。在现代大量喷煤的高炉上，大多数已采用脱湿鼓风技术。例如，日本的大型高炉早在 20 世纪 70～80 年代就采用脱湿鼓风技术，我国宝钢从日本引进了脱湿鼓风技术，取得了节能方面的显著成效。脱湿鼓风技术已经引起炼铁界的高度重视并得到迅速的发展。

高炉鼓风脱湿是指除去高炉鼓风中的水分，使进入高炉内的空气湿度保持在高炉冶炼所要求的合理范围内。鼓风脱湿对冶炼生产来说具有重要的意义，它不仅能稳定炉况，提高入炉干风温度，降低鼓风机功率，还能节约焦炭，降低焦比，并且减少炉内结瘤，使高炉生产顺畅。

7.2.4.1 鼓风湿度对高炉冶炼的影响

高炉冶炼过程中，高炉鼓风是不可或缺的一个重要环节，而进入高炉鼓风的含湿量是与当地气候密切相关的，随着季节的变化，含湿量是不断波动的。当空气通过鼓风机送向高炉时，也同样将水蒸气送入高炉，水蒸气在炉内会发生化学反应，所以鼓风湿度对高炉冶炼产生的影响主要表现在以下几个方面：

（1）对炉缸燃料燃烧的影响。鼓风带入高炉的湿分（水蒸气）在风口前的燃烧带内发生 $H_2O + C = CO + H_2$ 反应，与燃料中的碳作用形成还原性气体。与此同时，H_2O 的分解也吸收了热量（$10800kJ/m^3 H_2O$ 或 $13440kJ/kgH_2O$），这样造成风口燃烧带的变化为：

1）燃料中 1kg 碳消耗的风量略有减少，燃烧形成的煤气量也略有减少；

2）燃烧 1kg 碳形成的煤气中 CO、H_2 的浓度增加，N_2 浓度降低；

3）燃烧达到的理论燃烧温度降低，在湿分较低时，每 1% 湿分降低风口理论燃烧温度 45℃ 左右，而在湿分很高（如 10%）时，每 1% 湿分降低风口理论燃烧温度 35℃ 左右；

4）风口前的燃烧带有所扩大，这是因为水蒸气分解吸热降低了燃烧温度，使碳的燃烧过程变慢，同时，H_2 和 H_2O 的扩散能力较 CO 和 CO_2 大，按煤气中 H_2O 和 CO_2 含量的 1%～2% 作为燃烧带边界，燃烧带会使炉缸中心延伸。

（2）对炉缸温度的影响。鼓风中增加的水分在风口前分解要吸收大量的热。据计算每增加 1% 鼓风湿分，需要提高风温 48℃ 来补偿，也就是说每增加 1g 湿分，则需要提高风温 6℃。

（3）对焦比的影响。加湿鼓风时，水蒸气分解要消耗热量。如果生产中不用提高风温来补偿，则焦比要升高（约 4～5kg/% H_2O）；如果用风温来补偿，则风温提高 25℃/% H_2O，焦比可基本保持不变，而风温提高 50℃/% H_2O，焦比将会有所下降（约 4～5kg/% H_2O）[1]。若采用脱湿鼓风，由于节省了水蒸气分解消耗的热量，并且改善了炉况，焦比将会下降，这在国内外脱湿鼓风生产中得到证实，例如日本大分厂在 1976 年脱湿 $10g/m^3$，焦比降低 $8kg/t$；我国宝钢高炉在 1988~1990 年间脱湿鼓风也取得类似的效果。

（4）对高炉产量的影响。高炉鼓风脱湿可使炼铁增产，在相同风量的情况下根据钢铁行业的经验数据显示，鼓风含湿量每降低 $1g/m^3$，高炉炼铁产量能够增加 0.1%~0.5%。

（5）对鼓风机的影响。在高炉产量相同的情况下，脱湿鼓风可节约鼓风能耗。由于高炉鼓风脱湿后，鼓风机进口的空气密度提高，鼓风能力增强，所以在高炉产量相同的情况下，鼓风机的能耗将下降，虽然脱湿系统需要增加能耗，但其增加值远小于鼓风机能耗的下降值，据测算降低能耗约 5%~12%。

（6）可充分利用低品位能源，例如高炉煤气，热风炉烟气等，可降低运行成本。在冶金行业中，低温余热资源丰厚，可将其应用在制冷系统中，以获得更大的效益。

（7）脱湿具有二次除尘作用，可减少风机叶片磨损，保护叶片，从而提高风机运行寿命。

虽然鼓风脱湿对高炉冶炼过程的诸多方面存在积极的影响，但是也存在着不利的一面，首先脱湿装置需耗能源，增加运行费用；其次，由于脱湿降低了焦比，可能使高炉煤气量及其发热值减小。因此，确定合适的脱湿空气参数、采用高效脱湿系统是提高高炉鼓风脱湿系统可行性的关键。

7.2.4.2　高炉鼓风脱湿方法

当前高炉鼓风脱湿方法按照脱湿原理可分为干式吸附脱湿法、湿式吸附脱湿法、冷却+吸附联合法。按脱湿装置位置可分为鼓风机前脱湿法和鼓风机后脱湿法。

（1）干式吸附脱湿法。干式吸附脱湿法是用固体吸附剂状态的变化和石棉的吸水性来实现空气除湿。其原理是当空气中水蒸气分压力大于吸附剂表面水蒸气分压力时，空气中的湿分逐渐被其吸收，固体吸附剂吸湿后吸附能力逐渐下降，当下降到一定程度后需要再生处理。在再生吸附剂时消耗热量，使鼓风机吸入空气的温度升高，导致风机功率增加，并且整个设备的构造和控制较复杂。这种干式脱湿法每立方米鼓风平均脱湿量可达 7g。

（2）湿式吸附脱湿法。湿式吸附脱湿法是用液体吸收剂吸收空气中的水分，当吸收剂吸收水分浓度降至一定程度时，可通过再生过程恢复溶液的吸湿能力，其原理如图 7-12 所示。该方法再生吸附剂过程同干式方法一样，而且有可能会腐蚀风机叶片，影响风机寿命。这种湿式脱湿法每立方米鼓风平均脱湿量可达 5g。

（3）冷却脱湿法。冷却脱湿法是利用冷却器将湿空气通过冷却器冷却，使

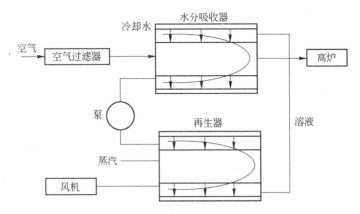

图 7 – 12 湿式脱湿原理

其温度降低到空气露点温度以下，进而使湿空气中的水分凝结而析出。制冷方式可以采用电驱动的蒸气压缩式制冷，也可以利用热水、蒸汽、烟气等驱动的吸收式制冷，该方法是目前应用较多的一种，其特点为：1）若采用蒸气压缩式制冷循环，可利用制冷剂直接蒸发冷却空气，脱湿效率高，且冷却脱湿可降低风机入口温度，进而可增加鼓风质量流量 5% ~ 15%，若使风量不变，可减少风机轴功率 5% ~ 15%；2）脱湿装置可多层布置，设备紧凑，管道短，占地面积小；最后，可清除吸入空气中残存灰尘，缓解风机叶片、叶轮磨损问题。

脱湿系统安装位置也会对系统的节能性与经济性有重要的影响。根据脱湿装置与风机的相对位置冷却脱湿可分为机前脱湿法和机后脱湿法。机前脱湿法是脱湿器安装在鼓风机进风管道上，冷冻水与鼓风机进风直接进行热交换，降低进风空气温度，使空气中的水蒸气冷凝析出，从而降低空气含湿量。该工艺结构简单，易于安装，调节性能较好；最主要的是该方法可降低鼓风机能耗或增加鼓风机的风量。而机后脱湿法需要设置庞大的换热器、冷却设备，且会导致冷风的热量损失以及鼓风机出口压力的损失，影响鼓风机出力。

（4）冷却 + 吸附联合脱湿法。该方法首先利用低温介质吸附脱湿，吸附了水分的吸附介质随转轮转至高温风侧再生，含有水分的空气再经冷却器、脱水器进行冷却脱湿。该方法脱湿系统为全封闭循环系统，经济性较好，但运行和维护较复杂。

综合上述，考虑到高炉鼓风机是钢铁企业非常重要的设备，采用合适的高炉鼓风脱湿方法十分重要。不同的脱湿方法在设备、运行、维护，特别是在能耗各方面都存在着差异，所以要根据实际情况和特点，通过技术经济分析比较，因地制宜，选择适合的鼓风脱湿的方法，最大限度地降低由空气含湿量对高炉运行的影响，达到增产节能的效果。

7.2.4.3 应用效果

1904 年，美国在高炉上进行过脱湿鼓风试验，湿风含水率由 26g/m³ 降到 6g/m³，风温由 382℃ 提高到 465℃，高炉产量增加 25%，焦比下降 20%。但因调湿设备庞大，成本高，一度未得到发展。

20 世纪 70 年代以来，由于焦炭价格暴涨，脱湿设备日臻完善，各大钢铁公司又开始相继开发应用脱湿鼓风。日本四面临海，大气湿度高，脱湿鼓风作用明显，因而得到广泛应用。80 年代，我国宝钢 4300m³ 高炉也采用了脱湿鼓风，并取得显著的节焦效果。国内其他各大钢铁企业的高炉脱湿鼓风设备也于近些年相继投产，取得了良好的经济效益。目前，我国高炉脱湿鼓风技术普及率仅为 1%，"十二五"期末预计推广比例将达到约 20%[1]。

高炉脱湿鼓风技术调整了鼓风中的水分，固定了含湿量，是使高炉节能增产的技术之一，其主要节能减排效果如下：

（1）稳定炉况。由于脱湿鼓风使进入高炉的湿度相对稳定，能有效地降低高炉风口前火焰温度的波动，稳定高炉炉况。

（2）降低焦比。脱湿鼓风能够减少高炉风口水分分解热而节约焦炭，降低焦比。风中湿度每减少 1g/m³，焦比降低约为 0.6 ~ 0.8kg/t。

（3）提高入炉风温。脱湿鼓风可提高入炉风温。风中湿度每减少 1g/m³，入炉风温可提高 6℃，进而能够多喷煤粉。

（4）风机吸入侧去除了大部分的水蒸气，在高炉需要等量干空气的情况下，风机的功率消耗有所下降，可以部分弥补因设置脱湿装置而增加的功率消耗。

7.2.5 高炉渣余热回收技术

高炉渣是在高炉冶炼过程中，由矿石中的脉石、燃料中的灰分和熔剂中非挥发组分形成的副产物。目前，我国冶炼 1t 生铁约产生 0.3 ~ 0.6t 高炉渣，高炉渣出渣温度为 1400℃ 左右，每吨渣含有相当于 64kg 标准煤的热量。因此，做好高炉渣的综合利用是钢铁行业节能降耗的有效途径。2005 ~ 2010 年我国钢铁渣的产生量见表 7 - 9[32]。由表可见，2010 年我国产生的高炉渣产量约为 2.0 亿吨。液态高炉渣的温度大于 1400℃，其处理大多采用水冲渣，经水淬后的高炉渣可用作硅酸盐水泥的部分替代品，生产普通硅酸盐水泥。但此法的缺点是：不仅高炉渣的显热无法利用，而且造成水资源的大量浪费，对大气、水和土壤也造成了严重的污染，恶化了工作环境。因此，如何有效地回收高炉渣的高温显热，减少其处理过程中对环境造成的污染，又不影响其处理后的使用价值，就成为一个急需解决的问题，干式成粒法正是解决这一问题的最有效的方法。高炉渣的干式成粒是指用空气或其他冷却介质代替水，对炉渣进行冷却，在保证渣处理质量的同时，回收炉渣的高温显热。

表7-9　2005~2010年我国钢铁渣的产生量

种　类	2005	2006	2007	2008	2009	2010
高炉渣/万吨	11500	14100	15000	16000	18500	20067
钢渣/万吨	5000	5863	6500	6510	7950	8147
合计/万吨	16500	19963	21500	22510	26450	28214

假设吨铁渣量300kg，有60%的能量得到回收，则吨铁可回收11.5kgce，按吨标准煤800元计算，可降低能源成本9.2元，对于1个年产铁1500万吨的企业，每年可节能17.3万吨标准煤，折合人民币1.4亿元。如果再考虑减少冲渣水的消耗、对环境污染的减少，其效益将会更加可观。

在钢铁生产中，高炉渣显热是没有得到有效回收的余热资源之一，该技术的目的就是开发液态高炉渣余热回收及综合利用系统，在降低钢铁生产的能源消耗的同时，利用高温液态渣生产附加值更高的燃料和其他复合材料。目前，该技术仍处于实验室或中试研究阶段，尚未进行商业化运行，该技术的开发成功将极大地促进钢铁工业的节能和技术进步。

7.2.5.1　高炉渣热量的回收方法

根据换热介质与高炉渣换热方式的不同，可以将目前回收高炉渣热量的方法分为物理法和化学法[17]。

A　物理法

物理法是利用高炉渣与换热器（换热管道）直接接触或通过辐射传热来进行热回收的方法。Mitsubishi和NKK建立了专门进行高炉渣热量回收的工厂，他们将液态高炉渣倾倒入一条倾斜的渣沟里，渣沟下面是鼓风机，当液渣从渣沟末端流出时，与鼓风机喷出的高速空气流接触，高炉渣迅速粒化并被吹到一个热交换器内，在飞行的过程中渣从液态迅速凝结成固态，并通过辐射和对流传热进行热交换，渣的温度从1773K降到1273K。在热交换器内渣进一步冷却到573K左右，然后冷渣通过传送带输送到储渣槽内储存（见图7-13）。这种工艺处理过的高炉渣经球磨后可以运往水泥厂作水泥原料，其各项性能参数比水冲渣更好，热回收率可达40%~45%左右。但由于采用空气作为热量回收介质，因此空气需要量很大，鼓风机能耗较高。

NKK公司用的另一种热回收设备是将熔融的高炉渣通过渣沟或管道注入到两转鼓之间，转鼓在电动机的带动下连续转动，转鼓中通过热交换气体（空气），渣在两个转鼓的挤压下形成一层薄渣片并黏附到转鼓上，薄渣片在转鼓的表面迅速冷却，热量由转鼓内的流动空气带走。凝固渣片附着在转鼓上，用耙子将其捣下来。回收热量用于发电、供暖等（见图7-14）。这种方法的主要缺点是：薄渣片粘在转鼓上，必须用耙子将其捣下来，工作效率低，这样会使设备的热回收率和寿命明显下降。另外，得到的冷渣是以片状的形式排出，这样就不利于对其的继续利用。

Kvaerner Metals发明了一种干式粒化高炉渣热回收法。他们采用流化床技

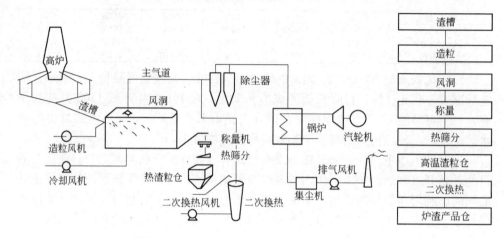

图 7-13 NKK/Mitsubishi 空气粒化热回收设备

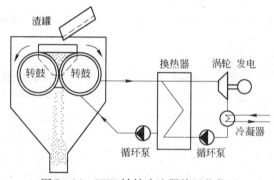

图 7-14 NKK 转鼓冷渣器热回收装置

术，以增加热回收率。采用一个高速旋转的、中心略凹的盘子作为粒化器，液渣通过渣沟或管道注入到盘子中心。盘子在电动机的带动下连续旋转，当盘子到达一定转速时，液渣由于离心力的作用从盘沿飞出，粒化成粒。液态粒渣在飞行的过程中与空气进行热交换至凝固。凝固后的高炉渣继续下落到设备底部，在底部设一个流化床，在流化床内凝固的渣进一步与空气进行热交换，热空气从设备顶部回收。这种设备能够将高炉渣均匀粒化并得到充分的热交换，其处理能力可以达到 6t/min，盘子转速为 1500r/min（见图

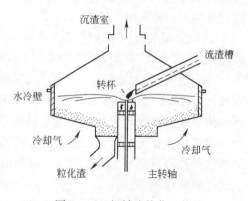

图 7-15 机械法粒化工艺

7-15)。这种方法采用空气作为热交换介质，其资源丰富，制取简单。但只用空气冷却，耗气量大，动力消耗大。

英国研究的回收高炉渣热量的方法是：粒化液态高炉渣粒从转杯甩出，在飞行过程中，与下部流化上来的气体相遇，发生对流传热和与内壁的辐射传热，使渣得到初步冷却。高炉渣在粒化和飞行阶段，其温度有 100～200K 的降低。高炉渣粒打在设备内壁，壁面布有冷却水管，冷却水将热量带走。高炉渣反弹回来继续下落，与流化空气和埋在床层内的换热管道的热交换来进行热回收（见图 7-16）。此种方法粒化高炉渣粒度在 2mm 左右，比水冲渣性能更优越，但其设备比较复杂。

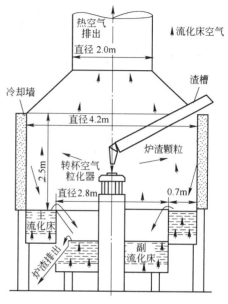

图 7-16 熔融高炉渣粒化和热回收设备

B 化学法

化学法将高炉渣的热量作为化学反应的热源从而将其回收利用。Bisio 等采用将高炉渣显热转换成化学能的方式来回收高炉渣余热。通过甲烷（CH_4）和水蒸气（H_2O）的混合物在高炉渣高温热的作用下，生成一定的氢气（H_2）和一氧化碳（CO）气体，通过吸热反应将高炉渣的显热转移出来。

反应方程式为：

$$CH_4(g) + H_2O(g) \Longrightarrow 3H_2(g) + CO(g)$$

此反应所需的热量来自于液态高炉渣冷却成粒状的小颗粒所放出的热量。用高速喷出的 $CH_4(g)$ 和 $H_2O(g)$ 混合气体对液态高炉渣流进行冷却粒化，二者进行强烈的热交换，液态高炉渣因受到风力的破碎和强制冷却作用，其温度迅速下降并粒化成细小的颗粒，生成的气体进入下一反应器，在一定条件下，氢气和一氧化碳气体反应生成甲烷和水蒸气，放出热量。高温甲烷和水蒸气的混合气体经过热交换器冷却，重新返回循环使用。

反应方程式为：

$$3H_2(g) + CO(g) \Longrightarrow CH_4(g) + H_2O(g)$$

热交换出来的热量经处理后可供发电、高炉热风炉等使用。整个循环过程如图 7-17 所示。由于在回收热量过程中伴随着化学反应，因此热利用率较低。

日本也用液态渣的余热进行 CH_4 和水蒸气的反应，以期获得具有更广泛用途的 H_2 和 CO。其工作原理是将 CH_4 和水蒸气的混合气通到液态渣的表面上，在高温作用下发生 $CH_4(g) + H_2O(g) = 3H_2(g) + CO(g)$ 反应（见图 7 - 18）。这一工作还停留在模拟计算及实验室阶段。其中的 CH_4 和水蒸气还可以考虑采用 CO_2 和其他的废气代替，完成显热能到化学能的转换。

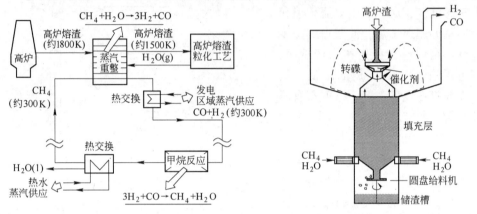

图 7 - 17　甲烷循环反应热回收过程　　图 7 - 18　转碟法干渣粒化的显热回收方案

2004 年，刘宏雄提出了利用高炉熔渣显热生产煤气的工艺，高炉熔渣在处理过程中需要急速冷却，进行大量放热；相反，煤的气化需要给热载体煤不断加热、升温，确保气化所需的反应温度，是一个吸热过程。因此，可以将两者结合起来。其工艺简图如图 7 - 19 所示。

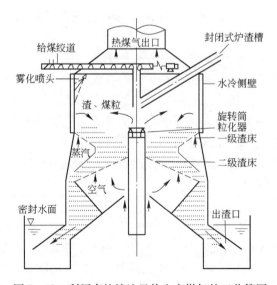

图 7 - 19　利用高炉熔渣显热生产煤气的工艺简图

高炉熔渣由封闭式炉渣槽流入旋转筒（盘）中，煤粉由炉外的给煤绞机经管道送到炉内旋转筒中的熔渣液上。在离心力和高速空气流的共同作用下，熔渣被粒化成细小颗粒，为防止渣粒与室壁粘连，采用雾化喷头向室壁喷水，同时控制好反应温度。熔渣在粒化和飞行过程中把热量传给煤粉和水蒸气而固化，同时使煤粉发生气化反应，而残留的碳粒在渣床上和空气接触进一步燃烧、气化后，混合煤气由热煤气出口流出，炉渣进行大量换热冷却后从水封的出渣口排出。

此方案从理论上说是可行的，但其最大的问题在于气化反应的残渣将影响高炉渣的综合利用；同时，气化反应不彻底，煤的转化率不高。

国内高炉渣干法粒化方面也进行了一些研究。在20世纪50年代，我国曾在高炉渣沟末端，在喷嘴中通以压缩空气或高压蒸汽作为喷吹介质，将未经任何调质、调温处理的熔融高炉渣直接喷吹成矿渣棉纤维。虽然此方法充分利用了熔渣的显热，生产成本很低，价格也便宜，但因我国的高炉渣均为碱性渣，料性短，并不适合直接成纤，所以这种矿渣棉纤维直径短且粗，加之生产和施工过程对环境污染严重，不为用户欢迎，早已被淘汰。

攀钢研究院曾于20世纪80年代做过一些模拟实验。当时主要是为了给不能作为水泥原料的含钛高炉渣寻找出路和用途，其目的是将通过干法处理的含钛渣制成渣沙用于建筑，只需将炉渣碎化到一定程度，而不必考虑如何保证作为水泥原料所必需的玻璃相（非晶）的含量。这项工作做了部分实验室的冷态（石蜡）模拟，没有进一步深入研究。近年来，钢铁研究总院、东北大学等科研院所又开展了高炉渣余热回收的研究工作[33,34]。

7.2.5.2 高炉渣处理研究现状及发展趋势

炉渣的余热回收问题早在20世纪初就引起了人们的关注，但直到20世纪70年代的石油危机以后才开展系统地研究[35~37]。根据炉渣余热回收方法研究开展的时期及其特点，将研究过程分为4个阶段，见表7-10[38]。

表7-10 高炉熔渣余热回收研究开展的阶段及其特点

阶段	年 份	特 点	主要研究者
1	1977~1984	提出了多种炉渣余热回收方法，并对方法进行验证	日本、欧洲
2	1984~1990	对高炉渣风淬余热回收工艺进行深入研究	日本
3	1990~1997	关于炉渣余热回收的研究较少	
4	1997至今	对转杯粒化方法进行了大量研究，直接利用熔渣制造产品	中国、日本、澳大利亚

目前已进行工业试验的炉渣余热回收方法见表7-11，高炉熔渣余热回收的现状可以归纳为以下两点[38]：

（1）熔渣粒化方法多，工艺较为成熟。由表7-11可知，当前研究的熔渣余热回收方法以干法粒化工艺为主且为不同的粒化工艺，各种方法都能得到较好的粒化效果，熔渣的粒化工艺较为成熟。在干法粒化工艺中，渣粒直径对炉渣的传热速度、余热回收的效率以及炉渣产品的质量有决定性的影响，因此对渣粒直径的控制最为有效的风淬法和转杯法得到了重点研究。风淬法在经过大规模的工业试验之后未能实现商业化运行，当前高炉渣干法粒化余热回收的研究重点已转移到转杯法上。

表 7-11 已进行工业试验的炉渣余热回收方法概要

序号	开发者或工艺名称	处理对象	工业试验规模/t·h^{-1}	大致时间/年	基本流程	回收介质参数	热回收效率[1]/%	烟回收效率[2]（计算值）/%	炉渣产品
1	日本钢管、三菱重工	转炉渣1600℃	80	1977～1985	风淬—换热器产生蒸汽	热空气：500℃ 饱和水蒸气：270kPa	总：81.3 热空气：39.9 水蒸气：41.4	39.9	风化粉碎性能改善
2	住友金属、石川岛播磨	高炉渣1400℃	50	1978～1982	滚筒粒化—流化床换热—填充床换热	热空气：600℃	55	38.9	混凝土细骨料
3	瑞典MEROTEC	高炉渣1450℃	40	1978～1981	冷渣流化床粒化—流化床换热器回收蒸汽	饱和蒸汽：4000kPa	65	38.8	未知
4	日本钢管	高炉渣1400℃	未知	1982～1983	冷却鼓急冷—回收冷却热	高沸点有机液体：250℃	40	16.3	平均玻璃化率95%
5	新日铁	高炉渣1400℃	7	1985～1986	熔渣倒入块状模具，模具壁换热	热水	60～70	<12	混凝土粗骨料

序号	开发者或工艺名称	处理对象	工业试验规模 /t·h⁻¹	大致时间 /年	基本流程	回收介质参数	热回收效率① /%	烟回收效率②（计算值）/%	炉渣产品
6	日本六大钢厂	高炉渣 1450℃	100	1982～1990	风淬及风洞一次换热—多段流化床二次换热	一次热空气：510℃ 二次热空气：650℃	总：62.6 一次：47.8 二次：14.8	41.5	水泥原料
7	传统高炉渣水淬工艺	高炉渣 1450℃			高压水淬，吨渣耗水 5t，循环水温度 30℃	热水：80℃	73	9.5	水泥原料

①以 25℃ 为参考温度；

②烟回收效率为根据文献报道的余热回收效果计算得到，计算方法根据文献[39]。

（2）能够得到用于生产水泥的炉渣产品。传统的高炉渣水淬工艺能得到非晶态的炉渣产品，可用来生产炉渣水泥。在高炉渣干法粒化余热回收工艺中，也有必要考虑能否获得非晶态炉渣或者其他高附加值的炉渣产品。当高炉渣冷却速度超过一定的临界速度后，就能得到玻璃体含量很高的炉渣产品，风淬法的工业试验已证明干法粒化工艺也能得到可用于生产水泥的炉渣产品。需要注意的是，在采用气固换热的方法中，提高炉渣的冷却速度与提高余热回收效果是有矛盾的。在渣粒直径一定的条件下，提高冷却速度需要增加空气流量，而这会使换热空气的温度降低，从而降低烟回收效率。

7.2.6 热风炉余热利用技术

7.2.6.1 技术概述

高炉热风炉是高炉生产的附属设备，是通过高温燃烧排气加热蓄热体，再向被加热的高温蓄热体通以空气而使空气成为热风的 3～4 座周期交换的换热设备，所以烟气余热回收的热交换器设置在燃烧烟气的共用烟道上。

高炉热风炉消耗的能量约为高炉炼铁工序能耗的 1/4。根据国外先进热风炉的热平衡计算，热风炉排放废气所带走的热量约占总输入热能的 12%。由于热风炉废气温度较低，一般在 200～300℃ 左右，回收有一定的难度。采用高炉热风炉余热回收技术，可以提高热风炉的热效率，提高风温，改善热风炉燃烧工况，降低热风燃耗。回收的余热主要用于预热煤气和（或）助燃空气。从被加热介质来看，热风炉余热回收可以分为单预热和双预热两种方式，单预热时只预热助燃空气；双预热即同时预热助燃空气和煤气，双预热的节能效果较大。

另外，由于焦比的不断下降及高炉利用系数的提高，使高炉煤气日趋贫化。在焦炉煤气供应紧张的条件下，如何使用低发热值煤气提高热风炉热效率，提高风温，降低焦炉煤气使用量，已成为人们关注的问题。

高炉热风炉双预热技术是指利用烟气余热同时预热燃烧煤气和助燃空气（简称双预热）的技术，这不仅会明显提高热风炉的理论燃烧温度，而且有利于提高热风炉的寿命，降低能源消耗。国内外采用的热交换设备主要有：板式换热器、回转式换热器、水热媒式换热器、油热媒式换热器和热管换热器。日本、韩国、意大利等国的高炉采用油热媒换热器。应用此项技术可实现单烧高炉煤气条件下，热风温度不低于1200℃，工序节能10kgce/t铁。风温提高100℃，高炉炼铁可节焦8~15kg/t铁[10]。

7.2.6.2 应用效果

高风温可以改善高炉下部热制度，提高能源利用率，降低燃料比。每提高100℃空气温度，热风炉理论燃烧温度可提高30℃；煤气的预热效果是每提高100℃煤气温度，热风炉理论燃烧温度可提高50℃。热风温度每提高100℃可降低焦比约20kg/t，同时可增产3%~5%，还可增加喷吹煤粉40kg/t，进一步降低焦比。

首钢迁钢2号高炉（2650m³）配置3座霍戈文改造型高风温内燃式热风炉，配置2座高温预热炉，对助燃空气进行高温预热，预热温度为520~600℃。采用干法除尘的高炉煤气经分离式热管换热器预热后温度达到130~180℃；提供满足1250℃风温要求的燃烧条件，其中高温预热炉采用自主研发的新型顶燃式热风炉，预热炉配备1座混风炉。霍戈文热风炉的助燃空气量中预计有约54%进入预热炉，预热到1050℃；然后在混风炉中与未预热的、约46%的冷助燃空气混合，将温度调整到600℃左右，送到霍戈文热风炉使用。此外，高风温管道通过耐火材料、耐火衬结构、钢结构、管道设备等方面的改进，满足了送风管道温度1250℃的使用要求。

目前，采用热管技术，高炉热风炉双预热技术的比例在80%以上，"十二五"期间预计推广比例为100%。在1000m³及以上级别高炉配置预热炉高炉热风炉双预热技术应用比例约为5%，"十二五"期末预计推广比例将达到35%[1]。

7.2.7 高炉喷吹含氢物质技术

经过几十年的长足发展，传统高炉炼铁技术已趋于成熟，高炉在"优质、低耗、高产、长寿"各方面都已经取得了巨大的进步。目前，高炉的操作性能已经达到一个较高的水平，而且基本趋于稳定。若继续采用传统技术来进一步提高高炉效率和降低能耗是很难做到的。因此，一些革新的高炉炼铁技术引起了国内外的高度重视，高炉喷吹含氢物质就是其中之一。

目前，高炉喷吹物料仍以燃料为主，按其形态可分为气态、液态和固态及液-固两相等。气体燃料为最早的高炉喷吹燃料，如天然气、发生炉煤气等。液体燃料如重油、柴油、煤焦油等。以上这两类燃料，特别是重油，大多数国家由于价格及成本等因素早已停止喷吹，只有少数几个国家（如俄罗斯等）因资源比较丰富，目前仍在喷吹天然气。固体燃料以喷吹煤粉特别是无烟煤煤粉为主，同时还有粒煤、焦炭粉等。近几年又出现了喷吹废塑料、还原气（焦炉煤气、高炉煤气、转炉煤气）的技术。德国和日本已经开发了高炉喷吹废塑料技术，并成功将该技术用于工业生产中，国内这方面还处于理论研究阶段。高炉喷吹各种还原气已成为研究、工业化试验和应用的热点技术，德国、俄罗斯、日本都在开发研究这一技术。

7.2.7.1　高炉喷吹废塑料技术

在高炉风口喷吹 1t 废塑料，相当于喷入 1t 油的热量。塑料具有 41868kJ/kg 的发热值，与煤炭相比，氢的含有率较高。废塑料作为高炉原料——焦炭的替代品喷入高炉，不仅资源和能源利用率可高达 80%，而且与纯用焦炭的高炉相比，CO_2 排放量可减少 1/3。JFE 是日本第一个将废塑料作为还原剂喷入高炉使用的钢铁企业（见图 7-20），这一技术在 JFE 的京浜厂和福山厂用于正常生产，目前已经达到 12kg/t 的处理水平。日本钢管京浜制铁所到 1999 年喷吹量已达 4.5 万吨。焦炭使用量每年减少 5 万吨，碳酸气体的排放量每年减少 20.2 万吨，收到了良好的经济效益和社会效益。喷吹塑料节省能源资源的比较见表 7-12。

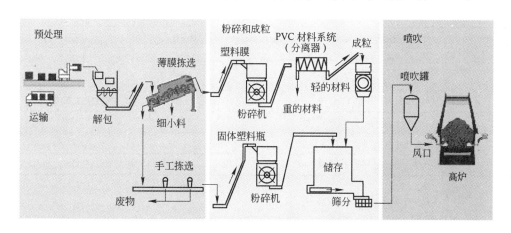

图 7-20　高炉喷吹废塑料的处理流程（JFE）

表7-12   喷吹塑料节省能源、资源的比较

名　称		未喷塑料	喷塑料	增　减　量
高炉	焦炭	479.5	451.4	-28.1（喷塑：-14.3，增加喷煤量：-13.8）
	煤粉	78.1	92.8	+14.7
	塑料	0.0	13.3	+13.3

高炉喷吹废塑料燃烧技术最早在德国布莱梅公司获得试验与应用，而日本钢管株式会社（简称 NKK）在京滨制铁所第一高炉（容积为 4907m³）上首次将塑料进行分类、破碎、造粒后作为原料喷吹入高炉，开发一整套废塑料高炉原料化系统，并将与高炉喷射设备合并在一起，形成整个再生利用系统，实属世界首例。

A　喷入塑料高炉运行情况

该实验是从 1993 年开始的，在高炉实验中，延长了 40 个风口中的 4 个，进行 1000t 原料化塑料的喷吹试验，是把预先破碎、造粒的废塑料放进加料罐中，其后利用空气通过管道经风口喷入炉内。该技术是已成熟的高炉喷吹煤粉技术的又一次应用。

高炉喷吹塑料前后运行效果比较见表 7-13。表 7-13 表明，喷进塑料后高炉内热值与煤气量都明显增加，说明试验是成功的。

表7-13   高炉喷吹塑料前后运行效果比较

运行情况	不喷入	喷　入
废塑料比/kg·t⁻¹	0	3
煤粉比/kg·t⁻¹	72	73
焦比/kg·t⁻¹	473	468
燃料比/kg·t⁻¹	545	544
出铁量/t·d⁻¹	10600	10638
铁水温度/℃	1520	1518
高炉煤气中的 CO/%	26.3	26.5
高炉煤气中的 CO_2/%	21.5	21.3
高炉煤气中的 H_2/%	3.4	3.7
高炉煤气的热量（标态）/kJ·m⁻³	3734.63	3759.75
高炉煤气发生量（标态）/m³·t⁻¹	1758	1778

B　废塑料处理与造粒系统

NKK 公司先将回收来的工业废塑料和日常生活中产生的废塑料分成薄膜状废塑料和块状废塑料，而后分类处理。

（1）薄膜状废塑料处理。薄膜状废塑料处理不能采用破碎机，避免出现缠绕料斗和堵塞管道等问题，因此，常采用熔融造粒方式。薄膜状废塑料在熔融造粒机中一边被立式高速机切断，一边因摩擦热升温、熔化，又被喷射水急速冷却成颗粒状。塑料种类不同，熔化温度也不同，有不同的造粒的技术要求。

（2）块状废塑料处理。块状废塑料顺次通过轴式一次破碎机和二次破碎机，被破碎成预定的大小，再由破碎机粉碎成高炉原料所要求的粒径。在这一过程中，为保护设备还设置了磁力分选机、风力分选机，以去除金属等杂物。

（3）废塑料高炉原料化造粒系统。NKK 废塑料高炉原料情况见表 7-14。

表 7-14 NKK 废塑料高炉原料情况

设备名称	塑料类型	破碎与输送方式	年生产能力/万吨
高炉原料制造设备	块状废塑料（聚氯乙烯除外）	1 次破碎机（2 轴剪断式）	2
		2 次破碎机（1 轴剪断式）	
		破碎机（1 轴剪断式）	
	薄膜状塑料（聚氯乙烯除外）	熔融造粒机（2 轴剪断式）	1
高炉喷吹设备	原料化塑料	气体输送方式（连续）喷吹风口 4 个	3

C 高炉喷吹系统

被加工好的、粒径符合规定要求的原料化塑料先储藏于原料筒仓内，而后经输送设施输送到高炉邻近的喷吹站，用高压空气将原料化塑料输送到高炉风口，从 40 个风口中的 4 个风口吹进 1200℃左右的热风，从而进入高炉炉内。

炉内处于 2400℃的高温状态，喷进的原料化塑料发生反应瞬时生成还原性气体（CO、H_2）。在炉内上升的过程中把铁矿石（氧化铁）还原成铁，同时使其加热、熔化。原料化塑料在风口前的反应与焦炭、煤粉在风口燃烧生成还原气体的原理相同，因此，其可代替高炉使用的焦炭或者煤粉。气体在炉内边上升边还原，最后呈冷状态从炉顶排出，但排出高炉的气体中还残存着 CO、H_2，其热量为 3350kJ/m^3（标态），可供炼铁厂的加热炉或发电厂使用。

经工程试用表明：

（1）当温度不高于 200℃时，聚乙烯（PE）、聚丙烯（PP）、聚苯乙烯（PS）、聚对二苯甲酸乙二酯（PET）几乎不发生分解，随着温度的升高，分解将显著加剧。

（2）聚乙烯、聚丙烯、聚苯乙烯、聚对二苯甲酸乙二酯在高于 200℃时会分解出各种有机气体产物，这些物质排入大气不仅对环境产生污染，而且也是资源的浪费。

（3）微热塑化造粒法的造粒温度为 110℃左右，在此温度下，塑料不会发生分解,因此利用该法进行高炉喷吹用废塑料造粒,既避免了对环境造成的二次污染,又充分利用了资源。

(4) 硬质 PVC 最佳脱氯条件见表 7-15。

表 7-15　硬质 PVC 最佳脱氯条件

反应温度/℃	搅拌速率/r·min⁻¹	氮气流量/L·min⁻¹	反应时间/min	脱氯率/%
325	30~50	5	60	88

(5) 对 PVC 脱氯产生的尾气采用多极水吸收系统,不仅可以得到 10% 左右的盐酸,直接利用于轧钢镀锌车间酸洗,而且 HCl 气体的排放达到国家环保标准,其 HCl 的质量浓度为 $0.0068 mg/m^3$,低于国家排放标准 $0.25 mg/m^3$。

7.2.7.2　高炉喷吹还原气技术

A　技术概述

随着原燃料价格的飞涨和能源的匮乏,煤气的有效利用愈发显得重要。充分、高效率、高附加值地利用本产业的各种副产煤气,已经引起许多企业和广大冶金工作者的浓厚兴趣,成为冶金行业的研究热点。

目前,高炉喷吹各种还原气已成为研究、工业化试验和应用的热点技术。该技术的主要工艺路线是:将本企业产生的各种还原气(包括高炉炉顶煤气、转炉煤气、焦炉煤气,还有熔融还原竖炉产生的还原尾气甚至包括劣质煤制气等)进行适当处理后,作为还原介质通过风口直吹管或者炉身某个合适的部位喷吹入高炉内,参与和加速炉内铁氧化物的还原反应,提高 C、H 等元素的利用率,减少高炉焦炭等还原剂的消耗,通过改善高炉能量利用效率来达到系统节能。

该技术主要有以下优点:

(1) 单纯为提高高炉效率而喷吹。喷吹还原气的同时可以提高高炉接受富氧鼓风的能力,借此强化生产和节约焦炭等煤基化学还原剂的消耗,从而达到增产和节能的双重目的。

(2) 高炉的热利用和化学能利用效率在各种冶金反应器中为最高的,通过高炉喷吹来达到各种煤气的高效高附加值利用。

(3) 企业内部各种煤气大量富余,未得到充分利用,高炉喷吹可以减少这些气体的无序排放,缓解环境压力。

(4) 加强高炉的氢还原,固定二氧化碳,减少温室气体的排放。

B　国内外应用现状

结合本国本厂的能源结构和生产实际,俄罗斯、德国、日本、法国等一些国家提出多种不同的高炉喷吹还原气工艺,例如:HRG(俄罗斯,高炉煤气)、HRG(德国,熔融还原 COREX 尾气)、JFE(日本)等。这些工艺的主要不同点是:(1) 还原气的种类和性质;(2) 还原气中的 CO_2 脱除与否;(3) 还原煤气喷入高炉前预热与否；（4）喷吹的位置[40]。

在德国和乌克兰的某些钢铁厂，内部焦炉煤气过剩而成为免费资源，因此，有些高炉曾经喷吹焦炉煤气，喷吹量由 100 变化到 250 ~ 300m³/t 铁。

下面主要介绍三种正在应用或者已经进行过工业化试验的工艺。

（1）HRG（俄罗斯）。俄罗斯采用的热还原气喷吹（HRG）工艺如图 7 - 21 所示。其主要的工艺路线为：1）高炉炉顶煤气除尘脱水成为洁净煤气；2）一部分净煤气用 MEA 化学吸附法脱除二氧化碳；3）将脱除二氧化碳的煤气加热至鼓风温度，成为热还原气（hot reducing gas）；4）热还原气分别适量喷吹入风口和炉身。值得注意的是，鼓风的量适当减少，而且富氧率提高到 85% 以上。

图 7 - 21　俄罗斯高炉采用的
热还原气喷吹（HRG）工艺

该工艺已经在俄罗斯 RPA Toulachermet 的 2 号高炉（1033m³）上实际应用了很长时间。生产数据表明：高炉的焦比可以降低 28.5% 而同时增产 27.3%。高炉碳素利用率由常规操作的 37% 提高到 67%，同时高炉的二氧化碳产生量大幅降低。生产的实践表明，高炉喷吹热还原气时，上下部调剂显得异常重要，而且新型风口的设计也很关键。

（2）HRG（德国）。德国的高炉喷吹热还原气工艺使用的还原气为熔融还原 COREX 尾气。洁净的 COREX 尾气经加压压缩后加热，然后喷吹入高炉风口和炉身。

该工艺已经进行了大量的可行性研究和初步工业化试验，结果表明：

1）热还原气的温度最好加热到 1000℃，CO_2 和 H_2O 含量应保持在 3% ~ 5% 以下。

2）当热还原气和煤粉同时喷吹且鼓风富氧率提高到 80% ~ 100% 时，试验过程中能确保煤粉喷吹率增加到 300 ~ 400kg/t 铁，高炉生铁产量增加 40% ~ 50%。

3）试验过程中喷吹 100m³/t 铁热还原气，高炉的总能耗能够降低 55 ~ 80MJ/t 铁。

在该工艺的初步工业化试验过程中，研究者发现风口破坏很严重，故开发了一种新型的风口，确保热还原气和煤粉的大喷吹。另外，对二氧化碳的处理也有了一套切实可行的措施。

目前，该技术仍在进行进一步的工业化试验，经济的可行性论证工作也在进行，今后拟在 1000m³ 和 3800m³ 两座高炉应用。

（3）JFE（日本）。与以上热还原气喷吹工艺不同，日本的 JFE、神户制钢、新日铁等钢铁公司联合东北大学提出了一个全新的高炉炉顶煤气喷吹技术，其主要的工艺路线如图 7 - 22 （c）所示。

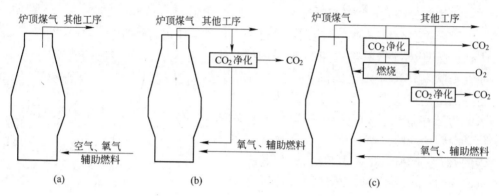

图 7 - 22 日本联合东北大学提出的还原气喷吹技术
（a）传统法；（b）风口喷吹法；（c）风口堆栈喷吹法

在该工艺中，还原气喷吹、全氧高炉、塑料喷吹、含碳球团的使用、低温炼铁相结合，属于一个革新的高炉操作技术。作为第一步，研究者主要考虑还原气喷吹、全氧高炉和塑料喷吹三项技术的结合。主要的技术环节为：

1）高炉炉顶煤气除尘脱水成为洁净煤气；

2）一部分净煤气化学吸附脱除二氧化碳；

3）无二氧化碳还原气常温下喷吹入风口；

4）加氧燃烧一部分冷态还原气将自身加热到 900℃ 左右，然后喷吹入炉身，以期解决上部区域热不足和还原受阻的缺点；

5）与常规操作相比，风口的喷吹物由 100% 煤粉改变成 100% 废塑料或者塑料和煤粉的混合物；

6）常规操作中的热鼓风被停止，改为 100% 冷纯氧。

该技术彻底改变了常规高炉的操作，是对高炉体系的一个革新，定义为"紧凑型高炉"，热风炉被全部抛弃。该技术目前详细数学模型研究和初步的经济分析已经完成。到目前为止，研究者发表的数据表明：

1）通过此技术喷吹还原气，高炉燃料的消耗可大幅度下降，总还原剂消耗降到 350kg/t 铁左右是可能的。

2）二氧化碳的排放量可减少 25%。如果加上固定的二氧化碳，减排量可达到 86% 也是可能的。

3）高炉生铁产量由炉内炉料流失现象发生的界限速度决定，预测的出铁比可增加到 $3.5t/(d \cdot m^3)$。

该技术实际应用的主要障碍是：

1）开发有效而低价的二氧化碳脱除技术；

2）如何保证风口前冷态喷吹物的高效燃烧；

3）新型气氧风口的开发等。

研究者也提出了一系列方案，并进行了实验验证。目前，他们正在着手进行该技术的工业化试验。

8 **转炉炼钢生产与节能减排**

8.1　转炉炼钢

转炉炼钢是以铁水、废钢、铁矿石、返回含铁原料和铁合金为主要原料，不借助外来热源，靠铁液自身的物理热与铁液组分和氧进行化学反应产生热量的炼钢方法。

转炉炼钢在当代炼钢生产中依然占据主导地位。我国转炉钢产量从 2000 年的 1.068 亿吨增长到 2010 年的 5.65 亿吨以上，增长了约 5.29 倍。21 世纪以来，我国转炉钢比例一直大于 84%，最高时超过 90%，远远高于电炉钢比例。

虽然转炉炼钢是当代钢铁生产中耗能最少且唯一可以实现总能耗为"负值"的工序，但进一步降低工序能耗和物耗，更加高效地实现能源转换和回收，更加有效地利用二次能源，开发低温余热回收利用新途径等许多问题仍要进行深入研究和优化。

8.1.1　转炉炼钢工艺及设备

转炉炼钢工艺主要有氧气顶吹转炉炼钢工艺、氧气底吹转炉炼钢工艺和顶底复合吹炼转炉炼钢工艺。其中，顶底复合吹炼炼钢工艺就是在顶吹的同时从底部吹入少量气体，以增加金属熔池和炉渣的搅拌并控制熔池内气相中 CO 的分压，因而克服了顶吹氧流搅拌能力不足（特别在碳低时）的弱点，使炉内反应接近平衡，铁损失减少，同时又保留了顶吹法容易控制造渣过程的优点，具有比顶吹和底吹更好的技术经济指标，成为近年来氧气转炉炼钢的发展方向。

8.1.2　转炉炼钢能源消耗及污染物排放

8.1.2.1　转炉炼钢工序能源消耗

转炉炼钢工序能源消耗是指在统计期内转炉工序生产 1t 合格产品所消耗的能源量，由本工序能源消耗与余热余能回收两部分组成。消耗的能源介质包括电、煤气、氧气、氮气、氩气、压缩空气、蒸汽和水等；回收的部分为转炉煤气和蒸汽。当消耗部分小于回收部分时，转炉工序能耗为负值，称为"负能炼钢"。

转炉炼钢工序的物料利用与能源转换情况如图 8-1 所示。

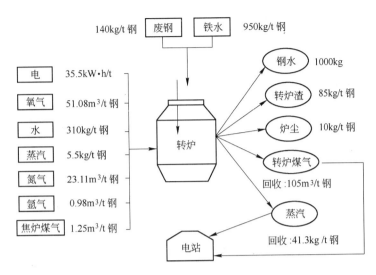

图 8-1 转炉炼钢工序的物料利用与能源转换情况

"十一五"期间,随着炼钢技术进步和对于转炉煤气等余热余能回收的加强,我国重点钢铁企业转炉工序能耗水平有了长足的进步,转炉工序能耗逐年降低,很多企业已实现"负能炼钢"。图 8-2 为我国重点钢铁企业"十一五"期间转炉工序能耗变化以及与国际先进水平的对比[41, 42]。

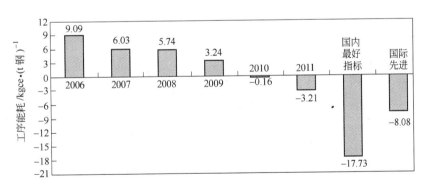

图 8-2 我国重点钢铁企业"十一五"期间转炉工序能耗变化

由图 8-2 可以看出,虽然我国重点钢铁企业转炉工序能耗水平于 2010 年实现了"负能炼钢",并于 2011 年达到 -3.21kgce/t 钢,但是与国际先进水平仍相差 4.87kgce/t。这是在电力标准煤折算系数为 0.1229kgce/kW·h 条件下计算的,而国际的电力标准煤折算系数一般为 0.357kgce/kW·h。所以,实际上我国转炉工序能耗与国际先进水平之间的差距要多于 4.87kgce/t。

我国转炉工序能耗高的主要原因是转炉煤气和蒸汽回收量偏低。2011 年重点钢铁企业转炉回收煤气量为89m³/t，国际先进水平在100m³/t以上。我国转炉容量偏低，一些小转炉是没有煤气和蒸汽回收装置的。要降低我国转炉工序能耗，就要促进转炉大型化，淘汰落后的小转炉；同时也要提高转炉煤气和蒸汽的回收与利用水平。

转炉煤气和蒸汽回收率高的企业转炉工序能耗要低一些。一般煤气回收大于100m³/t，蒸汽回收大于80kg/t的企业，转炉工序能耗值就可以实现负值。

8.1.2.2　转炉炼钢工序污染物排放

转炉炼钢在冶炼过程中会产生废气、粉尘、废水和钢渣等污染物。

（1）转炉炼钢废气。在转炉吹炼过程中，金属熔池局部温度可高达2500～2800℃，以致一部分铁或其氧化物蒸发而随炉气带出，可以观察到在炉口排出大量棕红色的浓烟。该烟气含有大量CO和少量CO_2及微量其他成分的气体，其中还夹带着氧化铁、金属铁粒和其他细小颗粒的尘埃。转炉烟气的特点是温度高、瞬间气体量多、含尘量大，气体具有毒性和爆炸性，任其放散会污染环境。

（2）转炉炼钢粉尘。在转炉炼钢工艺过程中，添加到炉内的原料中有2%转变成粉尘。转炉尘的发生量约为20kg/t钢。炼钢粉尘主要由氧化铁组成，氧化铁含量为70%～95%，其余的5%～30%由氧化物杂质组成，如氧化钙和其他金属氧化物（主要是氧化锌）。氧气转炉尘的锌含量随其废钢用量和种类而变化，一般呈上升趋势。

（3）转炉炼钢废水。炼钢废水根据其来源可分为转炉、精炼炉系统设备间接冷却水、连铸坯冷却、钢坯火焰清理设备和产品直接冷却废水以及转炉烟气湿式除尘废水。

（4）转炉渣。转炉渣是转炉吹炼铁水炼钢时产生的钢渣，无论缓冷或急冷都生成结晶矿物相，不形成玻璃态物质。我国转炉炼钢排渣量大约为100～130kg/t钢，钢渣中含有10%～15%的金属铁。由于添加的石灰没有全部钙化，转炉渣中会有残留的石灰（游离氧化钙）。

8.2　转炉炼钢过程节能减排技术

8.2.1　转炉煤气回收技术

转炉煤气是钢铁企业重要的二次能源，也是我国二次能源回收利用的薄弱环节之一，提高转炉煤气回收量，不仅能有效降低炼钢工序生产成本，为实现"负能炼钢"打下基础，而且能极大降低钢厂污染物排放总量，实现清洁生产。因此，"转炉煤气回收"成为现代转炉炼钢中的重要技术，被国家列为"十五"期间重点推广的技术之一。

转炉吹炼过程中产生大量高温烟气，由于转炉生产的不连续性，使得冶炼过程中元素反应也是不均匀进行的，即在一炉钢冶炼的不同时期，烟气的成分、温度和烟气量是不断变化的，特别是在碳氧反应期会产生大量一氧化碳浓度较高的转炉烟气，温度高达 1450℃。其主要成分为：CO_2 15%～20%，O_2 ≤2.0%，CO 60%～70%，N_2 10%～20%，H_2 ≤1.5%，载能值平均达 8000kJ/m^3。烟气经过活动烟罩收集和汽化冷却烟道（即余热锅炉）初步冷却后，进入烟气净化系统，烟气在这里进一步降温和除尘，然后回收为转炉煤气。目前，转炉煤气回收技术中，"OG"法湿法处理和"LT"法干法处理两种方法最为先进而被普遍采用。

8.2.1.1　OG法转炉煤气回收工艺与技术

A　OG法转炉煤气回收原理与工艺流程

湿法除尘是以双级文氏管为主的煤气回收流程（Oxygen Converter Gas Recovery System，简称 OG 法）。OG 法在日本最先得到发展，1985 年，宝钢一期 300t 转炉成功引进了日本 OG 技术和设备，即所谓的第三代 OG 技术。其工艺流程如图 8-3 所示。国内在立足自立开发的基础上对这项技术进行了消化吸收，使 OG 法技术在国内得到了较快的发展而占据主要地位，并取得了成熟的经验。

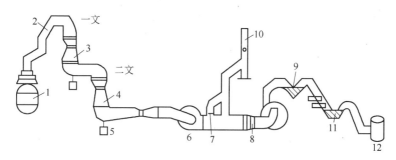

图 8-3　OG法转炉煤气回收工艺流程

1—烟罩转炉；2—汽化冷却器；3——文脱水器；4—二文脱水器；5—流量计；6—风机；
7—旁通阀；8—三通阀；9—V 形水封；10—放散烟囱；11—水封逆止阀；12—煤气柜

OG 法的流程为经汽化冷却烟道的烟气首先进入一级溢流固定文氏管，下设脱水器，再进入二级可调文氏管，烟气中的灰尘主要在这里除去，然后经过 90° 弯头脱水器和塔式脱水器进入风机系统送至用户或放散塔。该流程的核心是二级可调文氏管喉 $I=1$，外观呈米粒形的翻板（Rice - Damper，简称 RD），如图 8-4 所示。其主要作用是控制转炉炉口的微压差和二文的喉口阻损，进而在烟气量不断变化的情况下，不断调整系统的阻力分配，从而达到最佳的净化回收效果。这种流程和设备配置在国内比较普遍，技术上也相对成熟。但这种流程也有缺点，如设备单元多、系统阻力损失大、RD 喉口易堵塞等。

B 日本新一代 OG 装置

为了保持 OG 装置的先进可靠地位，日本开发了新一代 OG 装置。该装置将原来传统的一文改为喷淋塔，二文改为环隙形洗涤器。经过十多年的运行和改进，效果理想，它与传统 OG 装置相比具有系统运行更安全可靠、设备总阻力损失减少、除尘效率高、能量回收稳定、设备使用寿命延长等优点，并较好解决了管道堵塞和泥浆处理设备的配置问题。新一代 OG 煤气净化回收工艺流程如图 8-5 所示。OG 系统设备主要由除尘塔、文丘里流量计、煤气风机、三通切换阀、放散烟囱、水封逆止阀等组成。其中除尘塔和煤气风机是 OG 系统的关键装置。

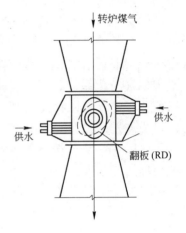

图 8-4 RD 二文喉口示意图

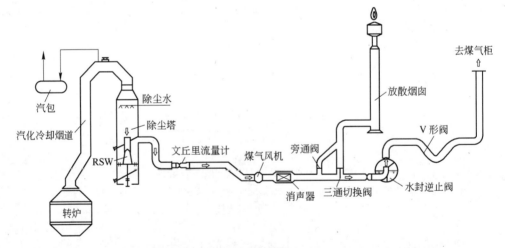

图 8-5 新一代 OG 煤气净化回收工艺流程

C OG 法转炉煤气回收应用情况

经过多年的努力，我国转炉煤气回收利用技术得到了长足的发展。我国现有的 220 多座 15t 以上的转炉中，有 150 多座回收转炉煤气，30t 以上的转炉大多已配备建设了转炉煤气回收利用系统。在设计、制造、生产、管理等方面取得了宝贵的经验。国内部分钢铁企业转炉煤气回收利用设备情况见表 8-1。

表 8-1　国内部分钢铁企业转炉煤气回收利用设备情况

序号	厂名	转炉容量 /(t×座数)	年钢产量 /万吨	净化系统组成	气柜容积 /(m³×座数)	精除尘系统 形式	回收指标 /m³·t⁻¹
1	宝钢总厂第一炼钢厂	300×3	700	双文 OG，二文 RD	80000(W)×2	湿法板式电除尘 SDB55	≥100
2	宝钢总厂第二炼钢厂	250×3	400	LT	80000(W)×1	不需要	≥100
3	鞍钢一、二炼钢厂	100×6	450	双文一塔 OG，二文 RD	80000(W)×1	湿法板式电除尘 SDB2428	
4	鞍钢三炼钢厂	180×2	200	双文一塔 OG，二文 RD	80000(W)×1	湿法板式电除尘 SDB	
5	首钢第二炼钢厂	210×2	300	双文 OG，二文 RD	80000(W)×1	湿法管式电除尘 D120	
6	太钢第二炼钢厂	80×3	150	双文一塔 OG，二文 RSW	80000(W)×1	湿法管式电除尘 D120	
7	本钢第二炼钢厂	120×3	400	双文一塔 OG，二文 RD	80000(W)×1	湿法蜂窝式电除尘	
8	武钢第一炼钢厂	100×2	150	双文一塔 OG，二文 RD	50000(W)×1	湿法板式电除尘 SDB22-1	
9	武钢第二炼钢厂	90×3	150	双文一塔 OG，二文 RD	50000(W)×1		≥70
10	北台钢铁总厂炼钢厂	30×3	100	双文 OG，二文 RD	50000(W)×1 20000(湿式)×1	湿法管式电除尘 D76×2	≥50
11	柳钢公司炼钢厂	30×3	100	双文一塔 OG，二文 RSW	50000(W)×1	湿法管式电除尘 D76×2	
12	武钢公司第三炼钢厂	250×1	200	双文塔 OG，二文 RD			107
13	马钢三钢厂 50t 扩容改造	70×3	200	塔文 OG，RSW	50000(W)×1	蜂窝式电除尘 D72×2	
14	通化钢铁公司炼钢厂	20×3	80	双文 OG，二文 RD	30000(W)×1	湿法板式电除尘 SDB18	
15	天铁集团炼钢厂	30×3	100	双文一塔 OG，二文 RD	30000(W)×1	湿法管式电除尘 D76×2	

8.2.1.2　LT 法转炉煤气回收技术

A　LT 法转炉煤气回收工艺

LT 干法处理技术源于德国，目前世界上已建成十几套 LT 系统。1994 年，在宝钢三期工程 250t 转炉项目中，我国首次引进奥钢联 LT 转炉煤气净化回收技术，成为国内最早在转炉炼钢中采用干法电除尘技术回收转炉煤气的厂家，该装置自投产以来，一直运行稳定。LT 法代表着转炉煤气回收技术发展的方向，其回收流程如图 8-6 所示。

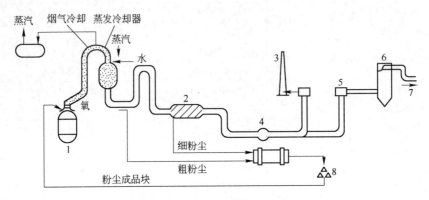

图 8-6　LT 法转炉煤气回收流程

1—转炉；2—电除尘器；3—放散烟囱；4—引风机；5—切换站；
6—煤气冷却器；7—煤气管；8—热压块

转炉吹氧过程中，煤和氧反应生成的气体中约 90% 为 CO，其他为废气。废气溢出炉口进入裙罩中大约有 10% 被燃烧掉，其余的经过冷却烟道进入蒸汽冷却器，冷却烟道中产生的蒸汽被送入管网中回收。转炉烟气冷却系统如图 8-7 所示。

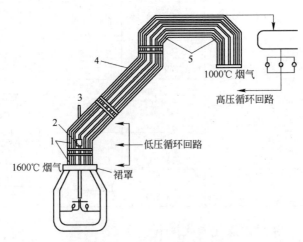

图 8-7　转炉烟气冷却系统

1—烟罩；2—副原料投入孔；3—氧枪孔；4—冷却烟道；5—转向弯头

烟气冷却系统由低压和高压冷却水回路组成。低压冷却水回路由裙罩、氧枪孔、两个副原料投入孔组成;高压冷却水回路由移动烟罩、固定烟罩、冷却烟罩、转向弯头以及检查盖组成。低压回路中的水由低压循环泵送入除氧水箱,然后通过给水泵供给汽包使用;高压回路中设有一条自然循环系统,冷却烟道中的水在非吹炼期切换到强制循环,吹炼期则转换成自然循环以节约能源。高压回路中的水在吹炼期部分汽化,水汽混合进入汽包,在汽包中汽水分离,蒸汽被送到蓄热器中储存起来,多余蒸汽则送到能源部的管网中。

B 煤气净化回收工艺

LT 煤气净化回收工艺流程如图 8-8 所示。煤气净化回收系统主要设备由蒸汽冷却器、静电除尘器、调速型轴流风机、放散烟囱、煤气切换站和煤气冷却塔等组成。其中蒸汽冷却器和静电除尘器是 LT 煤气净化系统的关键装置。

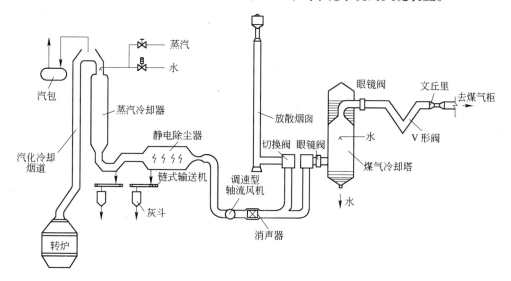

图 8-8 LT 煤气净化回收工艺流程

从冷却烟道出来的烟气,首先在蒸汽冷却器中进行冷却,除尘后的烟气经风机进入切换站,根据其 CO 浓度决定是回收还是放散。需要回收的煤气在进入煤气柜前必须进行冷却,以保证煤气柜容纳更多的煤气;需要放散的、含 CO 的烟气,通过位于放散烟囱顶部的点火装置点火燃烧后放散到大气中。

LT 法转炉煤气回收系统特点:

(1) 回收的煤气含尘量极低,小于 $10mg/m^3$。

(2) 产生蒸汽量多,大于 $60kg/t$,可进一步利用。

(3) 每年回收近 5 万吨压块,可直接用于转炉作冷却材料使用,节约了矿石。

（4）煤气回收量大，最多可达到 110m³/t 以上。

（5）开炉准备比 OG 系统更为便捷。

（6）没有污水处理和二次污染问题。

8.2.1.3　LT 法与 OG 法工艺对比

LT 法与 OG 法工艺流程对比见表 8-2。

表 8-2　LT 法与 OG 法工艺流程对比

项目	传统 OG 法	新一代 OG 法	LT 法
工艺流程构成	较复杂：由水冷夹套、溢流水封、一级文氏管、一级脱水器、二级文氏管（RD 文氏管）、二级脱水器、精脱水器构成	较简单：由非金属膨胀节、高效喷雾洗涤塔、文氏管（新型 RD 文氏管）、旋流脱水器构成	简单：由喷雾塔、干式静电除尘器、冷却器构成
用水量	2~2.5（与新一代 OG 比值） 多：一级文氏管采用饱和冷却，用水量大；RD 文氏管水气比为 1；脱水器需要水冲洗	1 较低：系统阻力小，风机功率与压头成正比，所以同样风量风机电流小，能耗也低；用水量小，电耗也低	0.3~0.5 少：喷雾洗涤塔、煤气冷却器采用蒸发冷却，用水量少
用电量	1.65（与新一代 OG 比值） 高：系统阻力大，风机功率与压头成正比，用水量大，电耗也高	1 较低：系统阻力小，风机功率与压头成正比，所以同样风量风机电流小，能耗也低；用水量小，电耗也低	0.65
氮气用量	小：氮气捅针用氮气	较大：喷雾洗涤塔采用双介质喷枪，用氮气，也可用蒸汽	较大：喷雾洗涤塔采用双介质喷枪，用氮气，也可用蒸汽
系统阻力	24~26kPa 一级文氏管流速高，阻力与流速的平方成正比，阻力大	21~23kPa 喷雾洗涤塔气速低，阻力小；取消了水冷夹套、溢流水封、一、二级脱水器也降低系统阻力 0.5~1kPa	10~13.6kPa
故障率	采用水冷夹套，设备冷却水用户点多，压力波动大，水冷夹套在最高用水点，易水少烧坏；采用 RD 文氏管，阀板容易积灰，卡死；喷水孔多易堵塞；氮气捅针易出现故障。氮气捅针、脱水器冲洗水与转炉冶炼有连锁，易发生故障；风机转子易积灰，运行寿命短	取消水冷夹套，减少故障点；采用新型文氏管，只有一套供水系统，不易堵塞；风机转子不易积灰，运行寿命长	自动控制连锁多，电除尘器机械设备多；结构复杂，故障率高；易结露，蒸发冷却塔、电除尘器输灰设备故障高；泄爆频繁，影响电除尘器内部件的寿命，故障率高

项目	传统 OG 法	新一代 OG 法	LT 法
劳动强度	劳动强度大，灭水水封易积灰，需要清理。故障率高，维修、维护量大	劳动强度低、取消了灭水水封，解决了积泥问题。故障率低，维修、维护量小	蒸发冷却器结垢、电除尘器故障率高、清理检修劳动强度大
安全性	安全性较好	安全性好：洗涤塔内烟气流速低，解决了一级脱水器裹带煤气的问题；汽化冷却烟道、洗涤塔、联络管、旋流脱水器上增加了泄爆阀，防止爆炸造成事故扩大化	容易发生爆炸
排放浓度	较高：100 ~ 150mg/m³	较低：50 ~ 80mg/m³	低：10 ~ 15mg/m³
造价	一次性投资较低	考虑到水泵、风机、污水处理系统规格较传统 OG 系统小，没有氮气捅针的自控系统；洗涤塔比一级文氏管重量增加等因素，投资接近	高

8.2.2 转炉蒸汽回收及饱和蒸汽发电技术

转炉炼钢产生大量烟气，烟气温度高达 1600℃，载有大量的显热，这些显热的回收对于降低转炉工序能耗具有重要意义。目前，回收转炉烟气显热的普遍方法是利用余热锅炉产生蒸汽。

当前大部分钢铁企业中转炉余热锅炉生产的饱和蒸汽除供自身消耗外，还有大量剩余；同时，由于全厂管网蒸汽一般为过热蒸汽，饱和蒸汽无法直接并网使用，只能对空排放或经过过热处理后并入管网，既造成能源浪费，又对环境造成热污染。若采用饱和蒸汽发电，既可以充分利用饱和蒸汽，又可避免蒸汽放散造成的浪费；还能提供电能，产生新的效益。

饱和蒸汽发电系统主要可分为余热锅炉系统、蒸汽蓄热系统、饱和蒸汽轮机发电系统、乏汽直接空冷系统和给水除氧系统，其基本流程如图 8 - 9 所示。在转炉吹炼期内，烟道式余热锅炉吸收转炉烟气余热产生饱和蒸汽，饱和蒸汽送入微过热蓄热器进行充热，同时供出微过热蒸汽（过热度约为 5 ~ 15℃），经过调压阀调压至一定压力再进入汽轮机膨胀做功，驱动发动机发电；在非吹炼期，余热锅炉不生产蒸汽，调压阀前的压力不断下降，蓄热器中的饱和水降压后发生闪

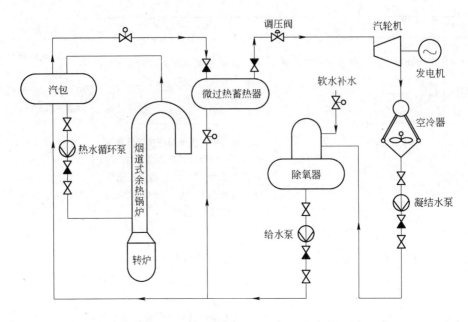

图 8-9　转炉饱和蒸汽发电工艺流程图

蒸，饱和水成为过热水，立即沸腾而自蒸发，产生连续蒸汽，经调压供汽轮机使用，完成带微过热的变压蓄热器的放热过程，从而实现转炉饱和蒸汽发电系统的连续稳定运行。在汽轮机中做完功排出的乏汽进入空冷器冷凝成凝结水，然后经凝结水泵加压送至除氧器，与补充的软水经热力除氧后，由给水泵加压，然后一路送至余热锅炉汽包循环使用，另一路作为调节带微过热变压蓄热器水位的补充水直接进入蓄热器。整个系统按照以上工艺流程不断循环往复，实现饱和蒸汽余热向电能的转化。

8.2.2.1　转炉烟气饱和蒸汽特性

转炉炼钢的工艺决定了转炉高温烟气具有间歇性、波动性和周期性（见图 8-10[7]），处于一个相对稳定的动态过程。受转炉烟气的影响，转炉余热锅炉（水冷烟道）产生的低参数饱和蒸汽同样也具有间歇性、波动性和周期性的特点。在吹氧期，烟气温度和流量不断增大，随之产生的蒸汽流量和压力也增大；当烟气温度和流量达到最大值时，蒸汽的压力和流量也达到最大。吹氧结束后，烟气流量逐渐降到最低点，此时锅炉的产汽量也降到最低。由于蒸汽参数很不稳定，给蒸汽的余热利用带来了难度。

8.2.2.2　转炉饱和蒸汽发电系统

马钢股份公司利用一钢轧总厂三座转炉汽化冷却系统回收的蒸汽用于汽轮机

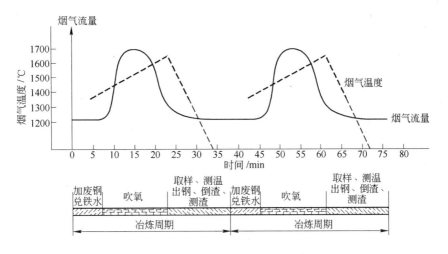

图 8-10 转炉烟气流量及温度曲线

发电，机组于 2007 年 9 月一次冲转成功并且完成了并网发电工作，成为国内第一套全国产化且运行正常的转炉汽化蒸汽发电装置。其工艺流程如图 8-11 所示[43,44]。

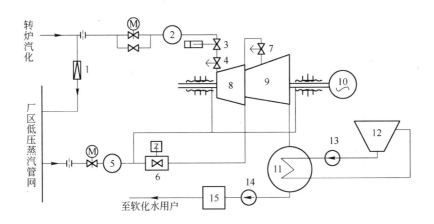

图 8-11 马钢饱和蒸汽发电工艺流程

1—自力式压力调节装置；2—主汽汽水分离器；3—主汽速关阀；4—主汽调节门；
5—补汽汽水分离器；6—补汽速关阀；7—补汽调节门；8—汽轮机高压缸；
9—汽轮机低压缸；10—发电机；11—凝汽器；12—冷却塔；13—循环水泵；
14—变频凝结水泵；15—软水箱

A 技术方案

马钢一钢轧总厂三座转炉，烟道汽化冷却系统设计产汽能力为 45 ~ 55t/h、压力为 2.0MPa 的饱和蒸汽。针对蒸汽温度低、压力波动大、含水量高等特点，采用双压蒸汽，即用转炉汽化饱和蒸汽作为发电机组的主汽源，在机组调节级后再并入一定流量和压力的管网蒸汽，作为补充汽源。补充汽源的作用是在转炉汽化蒸汽出现大幅波动或异常时维持机组低负荷运行，保证机组不解列。因此，选用补汽凝汽式汽轮机发电机组既可以充分回收和利用转炉汽化蒸汽，又可以保证发电机组的安全运行。

B 汽轮机组主要参数

选定机型为 BN9 – 2.0/0.65 型补汽凝汽式汽轮机组，额定功率 9000kW。以一钢轧三座转炉汽化冷却系统产生的饱和蒸汽作为主汽源，流量 45 ~ 55t/h、压力 2.0MPa，补汽取自厂区蒸汽管网，流量 10 ~ 15t/h、压力 0.65MPa。

C 饱和蒸汽发电工艺

由图 8 – 11 可见，主蒸汽来自转炉汽化冷却系统产生的饱和蒸汽，在其输送的专用蒸汽管道上设置了自力式压力调节装置，当主蒸气压力过高时，将部分蒸汽分流至厂区蒸汽管网，稳定转炉汽化饱和蒸汽波动的上限值，经稳压后的饱和蒸汽送入主汽汽水分离器，再经过主汽速关阀、调节门进入汽轮机高压缸。补汽来自厂区低压蒸汽管网，经专用管道送入补汽汽水分离器，再经过补汽速关阀和低压配汽调节阀，由汽轮机的补汽口送入汽轮机低压缸。蒸汽在汽轮机缸体内进行能量转换，拖动发电机发电。做功后的乏汽进入凝汽器，凝结水则通过变频凝结水泵送入到厂区软水站的软水箱，回收利用。

系统配置了循环冷却水系统，为汽机凝汽器、冷油器及电机空冷器等提供冷却水。系统采用泵组加压供水，回水利用余压直接上到冷却塔，冷却降温后再回流至吸水井循环使用。同时设置了无阀滤器、管道过滤器和加药系统等装置，以保证供水质量。

D 关键技术与特点

（1）采用前压加自力式压力调节方式，使蒸汽得到充分利用。前压：汽轮发电机一般采用恒功率调节汽门进汽量方式，本系统是根据压力来调整汽门开度，实现按实际蒸汽发生量变负荷运行；自力式压力调节：表示一旦蒸汽发生量瞬时超过汽轮机额定量，就自动打开低压管网阀门，使多余蒸汽自动并入管网，而不使多余蒸汽放散。

（2）采用双汽源进汽，保证机组运行不受炼钢转炉周期性生产而使蒸汽流量变化大的影响，而且可消化吸收厂区其他富余蒸汽。

（3）开辟了低压蒸汽利用新途径，实现低品质饱和蒸汽（10t/h、温度约170℃，压力 0.8MPa）向高品质能源电的转换，同时消除了蒸汽放散噪声污染。

（4）主汽源利用 3 座转炉 OG 汽化饱和汽，补汽主要利用中板加热炉汽化冷却蒸汽，为转炉"负能炼钢"与轧钢工序能耗降低提供有力支撑。

（5）按照最大蒸发量 60% 作为选择机组负荷的参数，把瞬间多余的蒸汽通过自力式调节阀并入管网，避免投资浪费。

（6）该装置全部国产化，进汽、补汽口前增设蒸汽过滤网，汽轮机叶片及疏水系统采取了特殊处理。

（7）汽轮机组所产生的凝结水，通过凝结水泵打入附近的软水管网进行回收利用。

E 经济效益

据生产运行实际数据统计，截至 2009 年 11 月，机组总运行时间 14300h，累计发电 6631.8 万千瓦时，消耗余热蒸汽 45.31 万吨，累计发电收入 3528.15 万元；另外，回收凝结水 45.31 万吨，凝结水回收收入约 108.74 万元；为公司创造直接经济效益 3636.89 万元。

8.2.3 转炉"负能炼钢"技术

转炉炼钢是依靠铁水的显热及铁水内 C、Si、Mn、P 等元素的氧化放热来完成炼钢过程的，不仅不需要外加热源，而且还能产生一定数量的蒸汽和转炉煤气。转炉"负能炼钢"是指转炉炼钢过程中回收的蒸汽和煤气能量大于实际炼钢过程中消耗的水、电、风、气等能量总和。要实现"负能炼钢"，一方面要努力降低炼钢能耗；另一方面要加强回收，提高能量回收效率。提高转炉煤气和转炉烟气余热回收率和利用率是实现转炉"负能炼钢"的重要保障。目前，转炉工序"负能炼钢"已成为衡量一个现代钢铁企业炼钢生产技术水平的重要标志。

8.2.3.1 国内"负能炼钢"的技术进步

总结国内"负能炼钢"的技术发展，分为以下 3 个阶段[3]：

（1）技术突破期（20 世纪 90 年代）：1989 年，宝钢 300t 转炉实现转炉工序"负能炼钢"，转炉工序能耗达到 -11kg/t 钢；1996 年，宝钢实现全工序（包括连铸工序）负能炼钢，能耗为 -1.12kg/t 钢。

（2）技术推广期（1999~2003 年）：1999 年，武钢三炼钢 250t 转炉实现转炉工序负能炼钢；2002~2003 年，马钢一炼钢、鞍钢一炼钢、本溪炼钢厂等一批中型转炉基本实现负能炼钢；2000 年 12 月，莱钢 25t 小型转炉初步实现负能炼钢。但多数钢厂"负能炼钢"的效果均不太稳定。

（3）技术成熟期（2004 年至今）：近几年，国内钢厂更加注重转炉"负能炼钢"技术，许多钢厂已能够较稳定地实现"负能炼钢"。特别是 100t 以上的中型转炉，实现"负能炼钢"的钢厂日益增多。

国内"负能炼钢"技术的迅速发展得益于以下三方面：

（1）炼钢工艺结构的优化：随着国内新建 100t 以上大、中型转炉的增多，配备了煤气、蒸汽回收与余热发电等设施，为"负能炼钢"打下设备基础。

（2）"负能炼钢"工艺不断完善，多数钢厂已初步掌握"负能炼钢"的基本工艺。

（3）2005 年，国家统计局将电力折算系数调整为电热当量值（即 $1kW \cdot h = 0.1229kgce$）替换原来沿用的电煤耗等价值（即 $1kW \cdot h = 0.404kgce$）。炼钢能耗统计值降低，利于实现"负能炼钢"。

8.2.3.2 "负能炼钢"关键技术

"负能炼钢"关键技术如下：

（1）提高生产效率是转炉实现"负能炼钢"的基础[45]。统计数据表明，以转炉每年的产钢量作为转炉生产效率指标，提高转炉生产效率，可使吨钢电耗和吨钢氧耗进一步降低，使转炉工序能耗线性降低。对于大、中型转炉当转炉生产效率 >0.85 万吨/（公称吨·年），可实现转炉"负能炼钢"。

提高炼钢—连铸的生产效率，可采取以下措施：

1）加快生产节奏，缩短生产周期；

2）降低钢水周转温降，稳定钢水温度；

3）减少热停时间，实现连续稳定生产；

4）加强能源管理，统一计量标准。

（2）强化转炉煤气回收。强化煤气回收是实现转炉"负能炼钢"的基本保障。煤气回收最高值为 $107.9m^3/t$，最低值为 $43.93m^3/t$，差距较大。这说明一些钢厂急需加强煤气回收、管理与调度，减少放散量。

在解决煤气回收、存储和调度管理的基础上，通过以下工艺提高煤气回收量：

1）提高转炉作业率，随着产钢量增加，转炉煤气回收量进一步提高。转炉钢产量超过 1 万吨/（公称吨·年），可保证煤气回收量不少于 $90m^3/t$ 钢。

2）缩短前烧期和后烧期，增加煤气回收时间。为此需要加快前期化渣速度、优化复合吹炼工艺和采用缩短出钢时间等工艺措施。

3）优化降罩工艺，稳定煤气品质。

4）采用副枪或精确的炉气分析仪，实现自动炼钢，计算机动态控制过程和终点，实现不倒炉出钢。

（3）加强蒸汽回收。目前，国内钢铁企业转炉蒸汽回收水平参差不齐，最大回收量可达到 $100kg/t$ 钢，而有的企业则没有进行回收。主要原因是部分企业蒸汽未能充分利用，放散量大。今后需要重点解决低压蒸汽的利用问题，可采用蒸汽并网、蒸汽发电和蒸汽作为真空精炼气源，保证转炉蒸汽具有稳定的用户。

强化蒸汽回收的工艺措施有：1）加强蒸汽回收、应用设施建设，减少蒸汽放散量；2）缩短转炉辅助时间，保证余热锅炉稳定运行；3）减少转炉热停时间，适当增设蓄热装置，提高蒸汽品质。

（4）优化转炉冶炼工艺。为了实现"负能炼钢"，应围绕提高转炉生产率，进一步优化转炉冶炼工艺，达到提高产量、降低能耗和稳定铁水质量的目的。优化冶炼的工艺措施是：

1）提高供氧强度，缩短吹炼时间。通常吹炼时间决定于供氧强度，而供氧强度受限于炉容比和吹炼、造渣工艺。炉容比为 $0.95 \sim 1.11 m^3/t$，供氧强度可提高到 $3.5 \sim 4.0 m^3/(t \cdot min)$，吹炼时间可缩短到 15min 以内。

2）提高成渣速度。提高供氧强度必须解决喷溅问题，技术关键是提高初渣成渣速度。除优化氧枪和供氧工艺外，更重要的是要提高石灰质量，加快石灰熔化。

3）优化复吹工艺。转炉冶炼的特点是存在碳氧反应限速环节的转变。临界碳含量 $[C]_E$ 以上为氧扩散控制，供氧不会造成渣钢氧化，并保证煤气安全回收。当 $[C] < [C]_E$ 时，碳扩散控制脱碳反应，随供氧量的增加，钢渣过氧化，煤气氧含量也增加，不宜回收。优化复吹工艺可使 $[C]_E$ 向低碳区转移，既可避免钢渣氧化，又能延长煤气回收时间，提高煤气回收量。

4）采用计算机动态控制，不仅可提高吹炼终点碳和温度的控制精度和命中率，还可以提高脱碳效率，降低吨钢氧耗；同时可实现快速出钢，缩短吹炼时间 $4 \sim 6min$，对实现"负能炼钢"起到重要作用。

8.2.4 转炉烟气干法除尘技术

转炉烟气干法除尘技术是中国钢铁工业协会提出的"三干"与"三利用"技术之一，它被认为是我国钢铁工业节能环保的发展方向。采用转炉烟气干法除尘技术，不消耗水资源，同时降低除尘风机的电力消耗，除尘灰经热压块后返回转炉用于炼钢，流程短且污染物排放少。结合干法烟气除尘处理将转炉除尘灰回收压块或制成化渣剂再用于转炉生产，可提高转炉产量 1% ～ 2%，煤气及外排烟气粉尘（标态）小于 $10mg/m^3$。转炉烟气干法除尘技术对降低转炉工序能耗，以及实现炼钢工序"负能炼钢"有重要促进作用。

8.2.4.1 工艺流程

约 1550℃ 的转炉烟气在 ID 风机的抽引作用下，经过烟气冷却系统，使温度降至 800 ～ 1200℃ 后进入蒸发冷却器。蒸发冷却器内有若干个双介质雾化冷却喷嘴，对烟气进行降温、调质、粗除尘，烟气温度降低到 150 ～ 200℃。同时，约有 40% 的粉尘在蒸发冷却器的作用下被捕获，形成的粗粉尘通过链式输送机输入粗粉尘仓。经冷却、粗除尘和调质后的烟气进入静电除尘器，烟气经静电除尘器除尘后含尘量（标态）不超过 10mg/m³。静电除尘器收集的细灰，经过扇形刮板器、底部链式输送机和细粉尘输送系统排到细粉尘仓。经过静电除尘器精除尘的合格烟气经过煤气冷却器降温到 70~80℃后进入煤气柜，氧含量超过 2%的煤气通过放散烟囱放散。整套系统采用自动控制与转炉的控制相结合。该技术流程如图 8-12[1] 所示。

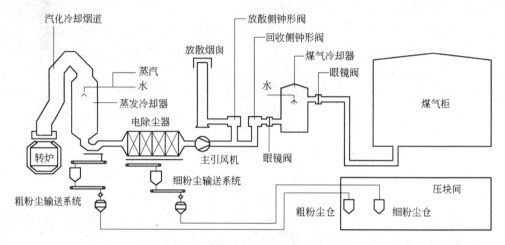

图 8-12 转炉烟气干法除尘技术流程

与湿法除尘技术相比，转炉煤气干法除尘具有以下显著优点：（1）利用电场除尘，除尘效率高达 99%，可直接将烟气中的含尘量净化至 10mg/m³ 以下，供用户使用；（2）可以省去庞大的循环水系统；（3）回收的粉尘压块可返回转炉代替铁矿石使用；（4）系统阻损小，节省能耗。

8.2.4.2 与湿法除尘经济技术指标对比

转炉烟气干法除尘与湿法除尘的技术指标对比见表 8-3，经济指标对比见表 8-4。

表 8-3 210t 转炉 LT 法与 OG 法除尘技术指标对比

方 法	OG 法	LT 法	OG 法/LT 法
转炉容量/t	210	210	
吹炼方式	2 吹 2	2 吹 2	
系统阻力/kPa	23-26	8.12	3
主风机配电机容量/kW	4101	1150	1.91
其他电机容量/kW	945	1495	
调速方式	变频调速	变频调速	
循环水量（净环水 + 浊环水）/t·h⁻¹	1240	340	3.6

方 法		OG法	LT法	OG法/LT法
用气量 (包括事故)	氮气/m³·h⁻¹			
	压缩空气(包括仪表用气)/m³·h⁻¹	2530	2150	
	焦炉煤气/m³·h⁻¹	150	150	
	饱和蒸汽/t·h⁻¹		9	
吨钢回收煤气量(标态)/m³		≥70	≥85	0.824
回收煤气含尘量/mg·m⁻³		100~150	10	10~15
年粉尘回收量/万吨		含水30%的泥饼4	可干粉热压块3	
二次污染		严重	很少	
操作难易		易掌握	要求高	
设备投资/万元		3300	4500	0.733

表8-4 210t转炉一次烟气干湿法除尘经济指标对比

项 目	干 法			湿 法			干法与湿法 比较/万元
	吨钢 耗量	吨钢 费用/元	全年费用 /万元	吨钢 耗量	吨钢 费用/元	全年费用 /万元	
备件(折旧费4%计)		0.743	-180		0.545	-132	-48
水耗/kW·h	0.05	0.25	-60.59	0.284	1.42	-344.14	283.55
电耗/kW·h	3.546	1.773	-429.69	8.546	4.273	-1035.57	605.88
回收煤气 (热值8360kJ/m³)/m³	85	8.5	2060	70	7	1696.46	363.54
效益合计			1389.72			184.75	1204.97

8.2.5 钢渣的处理与综合利用技术

8.2.5.1 钢渣的处理工艺

钢渣(转炉渣)处理及综合利用技术是指从热态红渣开始,经过预处理冷却、粒化、选铁回收、尾渣综合利用等系统工程的统称。钢渣预处理加工是钢渣实现资源化的前提与条件,对资源化利用影响很大。选择何种处理工艺,首先应了解钢渣性质(包括成分和黏度),同时评价处理工艺的处理效率、安全性及可靠性。另外,根据钢渣主要利用途径,确定钢渣产品的技术指标,如钢渣粒度、钢渣安定性、钢渣铁含量等。正确选择处理工艺,获得的产品利用率能达到100%,从而实现钢渣"零"排放。追求钢渣稳定性是钢渣处理与综合利用的关键技术。

　　热态渣处理的任务是把熔渣处理成粒径符合一定要求的常温块渣，为后续渣综合利用创造有利条件。其技术原理为：高温液态熔渣在冷却介质（水、空气）的急冷收缩作用下产生的热应力以及游离氧化钙、游离氧化镁的水解作用产生的化学应力使钢渣破碎粉化；钢渣处理工艺中，通过水分割、撞击、旋转等机械作用，起到加速粉碎的效果，达到钢渣破碎的目的。钢渣通过机械破碎、筛分、磁选，回收含铁原料，尾渣主要矿物为硅酸三钙（C_3S）、硅酸二钙（C_2S），与硅酸盐水泥熟料相似，具有广泛的再利用价值。

　　目前，美国、欧洲与日本等国家常用的钢渣处理工艺为热泼工艺，并采用较为先进的破碎与磁选设备。国内钢铁企业钢渣预处理工艺主要有：热泼法、水淬法、风淬法、粒化轮法、热闷法以及滚筒法。我国钢渣加工处理工艺和资源化技术与国外相比差距不大，且具有特点，并有一定优势。

　　典型钢渣预处理工艺比较见表 8 – 5[1]。

表 8 – 5　典型钢渣预处理工艺比较

处理工艺	工艺特点及过程	优　点	缺　点	应用厂家
热泼法	在炉渣高于可淬温度时，以有限的水向炉渣喷洒，使渣产生的温度应力大于渣本身的极限应力，产生碎裂，游离氧化钙的水化作用使渣进一步裂解	排渣速度快，冷却时间短，便于机械化生产；处理能力大；钢渣活性较高、生产率高	设备损耗大；占地面积大，破碎加工粉尘大，蒸汽量大；钢渣加工量大；对环境和节能两方面都不利；钢渣安定性差	鞍钢三钢、唐钢、武钢二钢
热闷法	高温液态渣显热产生蒸汽通过物理作用及游离氧化物水解膨胀作用将渣碎化	工艺简单，能够实现固态和液态钢渣的处理，钢渣活性较高，安定性较好，操作安全性高	粒度不均匀，处理周期长	济钢、曹妃甸、鲅鱼圈
浅盘水淬法	将热渣倒在渣罐中，运至渣盘边，用吊车将罐中的渣均匀倒在渣盘中，待表面凝固即喷淋大量水急冷，再倾翻到渣车中喷水冷却，最后翻入水池中冷却	快速冷却、占地少、处理量大、粉尘少、钢渣活性较高	渣盘易变形、工艺复杂、运行和投资费用大。钢渣安定性差	日本新日铁、宝钢一钢

处理工艺	工艺特点及过程	优 点	缺 点	应用厂家
水淬法	高温液态渣在流出、下降过程中被压力水分割、击碎，再加上高温熔渣遇水急冷收缩产生应力集中而破裂，同时进行了热交换，使熔渣在水幕中粒化	排渣快、流程简单、污染小、占地少、投资少；处理后钢渣粒度小（5mm左右）且均匀；性能稳定	只能处理液态渣	鞍钢二钢、美国伯利恒钢铁公司
风淬法	用压缩空气作冷却介质，使液态钢渣急冷、改质、粒化	安全高效，排渣快、工艺成熟，占地面积较小；污染小，渣粒性能稳定，粒度均匀且光滑（无粒径5mm以上的颗粒），投资少	只能处理液态渣	日本钢管公司福山厂、台湾中钢、马钢、重钢
粒化轮法	将液态钢渣落到高速旋转的粒化轮上，使熔渣破碎渣化，喷水冷却	排渣快、适宜于流动性好的钢渣	设备磨损大，寿命短，处理量大而水量小时易发生爆炸；只能处理液态渣	沙钢、本钢
滚筒法	高温液态钢渣直接倾倒在高速旋转的滚筒内，以水作冷却介质，急冷固化、破碎	排渣快、占地面积较小，污染小，渣粒性能稳定	设备较复杂，且故障率高，设备投资大；只能处理液态渣	宝钢二钢

由表可以看出，从液态钢渣流动性的角度考虑，滚筒法、风淬法、水淬法和粒化轮法只能处理流动性好的钢渣，浅盘水淬法和热泼法可以处理流动性差的渣，而热闷法可以处理液态渣和固态渣；从工艺繁杂程度、设备投资角度看，热闷法工艺简单，投资少、设备磨损小；从环境友好角度考虑，热闷法、水淬法、风淬法、滚筒法可行；从处理后钢渣粒度的均匀程度考虑，水淬法、风淬法得到的钢渣粒度小而且均匀，热闷法次之；从处理后钢渣的安定性和活性考虑，热闷法最佳，水淬法次之；从能源介质消耗考虑，热闷法最低，水淬法次之。因此，综合上述因素，处理流动性差的液态钢渣和固态钢渣的最佳工艺是热闷法，处理流动性好的钢渣的最佳工艺是水淬法。

8.2.5.2 钢渣的综合利用

钢渣综合利用途径有：返回冶金系统再用，作筑路与回填工程材料，作水泥，制备微晶玻璃等陶瓷产品，作农肥和酸性土壤改良剂等。

（1）钢渣的厂内循环再利用和冶金功能。

1）用作烧结矿熔剂。钢渣用作烧结矿熔剂在国内外都有成熟的经验，这也是钢渣一项价值很高的综合利用。钢渣可用作烧结料代替石灰石等，其优点是：提高烧结矿强度，改善烧结矿质量；有利于提高烧结矿产量；有利于降低燃料消耗；有利于降低烧结矿的生产成本。

2）钢渣用作高炉熔剂。其优点是：提高铁水含锰量，在某些特定条件下还能富集钒、铌等有益元素，提高了资源综合利用程度；利用钢渣中的铁，取代部分铁矿石，降低了生产成本；代替石灰石，减少碳酸盐分解热，有利于降低焦比；钢渣中的 MnO、MgO 有利于改善高炉渣的流动性。

（2）钢渣作筑路和建筑材料。钢渣碎石的硬度和颗粒形状都很适合道路材料的要求，其性能好、强度高、自然级配好，是良好的筑路回填材料。转炉渣在铁路和公路路基、工程回填、修筑堤坝、填海造地等工程中使用，国内外已有广泛的实践。欧美各国转炉渣有 60% 用于道路工程。

（3）钢渣生产水泥。钢渣在水泥工业中的利用主要有三种方式：作为水泥生料配烧熟料；生产少熟料钢渣水泥；用作水泥或混凝土的活性混合材料。

（4）制备微晶玻璃等陶瓷产品。利用钢渣制备性能优良的微晶玻璃对于提高转炉渣的利用率和附加值、减轻环境污染具有重要的意义。转炉渣加入 SiO_2 校正原料、助熔剂和少量晶核剂，制造富 CaO 的微晶玻璃，可用作建筑装饰贴面或输送硬物料的管道。

（5）钢渣用于农业。钢渣是一种以钙、硅为主含有多种成分的、具有速效又有后劲的复合矿物质肥料，发达国家一般有 10% 的冶金渣用于农业。另外，钢渣是理想的土壤改良剂。

9 电炉炼钢生产与节能减排

电炉炼钢是转炉炼钢之外的另一种重要的炼钢方法。与转炉炼钢相比，电炉炼钢在投资、节能、环保和可持续发展等方面具有优势。由于我国粗钢产量的连续增长，加之废钢原料短缺、电力能源价格上升等因素影响，近年来，尽管我国电炉炼钢所占比例逐年下降，但总量还是在不断增加。

我国钢铁产业发展政策中明确指出要"逐步减少铁矿石比例和增加废钢比例"，然而我国电炉炼钢面临着废钢资源短缺、电能短缺与电价成本高、废钢循环过程中有害元素富集、能耗较高等诸多挑战。因此，解决电炉原料问题、进一步开发节能降耗技术，实现高效化生产是电炉炼钢未来发展的关键所在。

9.1 电炉炼钢

9.1.1 电炉炼钢工艺及设备

现代电炉冶炼已变成仅保留熔化、升温和必要精炼功能（脱磷、脱碳）的化钢设备，把只需要较低功率的工艺操作转移到钢包精炼炉内进行。钢包精炼炉完全可以为初炼钢液提供各种最佳的精炼条件，可对钢液进行成分、温度、夹杂物、气体含量等的严格控制，以满足用户对钢材质量越来越严格的要求；尽可能把脱磷甚至部分脱碳提前到熔化期进行，而在熔化后的氧化精炼和升温期只进行碳的控制和不适宜在加料期加入、较易氧化而加入量又较大的铁合金的熔化，对缩短冶炼周期、降低消耗、提高生产率特别有利。电炉炼钢的主要操作有：（1）快速熔化与升温操作；（2）脱磷操作；（3）脱碳操作；（4）合金化；（5）温度控制；（6）泡沫渣操作等。

电炉炼钢设备包括机械结构和电气设备两部分。一般电炉的机械机构主要由四部分组成，即炉体装置、电炉倾动机构、电极升降机构及炉盖提升旋转机构。

9.1.2 电炉炼钢能源消耗及污染物排放

9.1.2.1 电炉炼钢工序能源消耗

电炉工序能耗是指在统计期内电炉工序生产 1t 合格钢产品所消耗的能源量。它消耗的能源主要有：电、焦炉煤气、氧气、氮气、氩气和水等。

以某钢铁企业 100t 电炉工序为例，其电炉工序能耗为 60.72kgce/t，能耗组成见表9－1，可以看出，电和焦炉煤气为电炉工序的主要消耗，占据了近90%。

表9－1 某钢铁企业电炉工序能耗组成

项 目	消耗量	折标煤/kgce·t^{-1}	所占比例/%
电	258.16kW·h/t	31.73	52.26
焦炉煤气	36.98m^3/t	22.19	36.55
氧气	66.58m^3/t	6.49	10.69
氮气	9.88m^3/t	0.1	0.16
氩气	1.24m^3/t	0.11	0.18
水	1.80t/t	0.1	0.16
合 计		60.72	100

"十一五"以来，随着我国电炉炼钢技术进步和余热余能回收的加强，我国重点钢铁企业电炉工序能耗呈下降之势，部分企业指标令人鼓舞，如图9－1所示[41]。

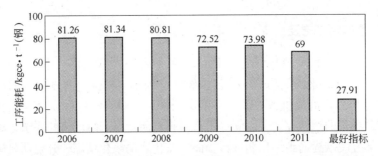

图9－1 我国重点钢铁企业"十一五"以来电炉工序能耗变化

由图9－1可见，我国重点钢铁企业电炉工序能耗总体呈下降趋势，由2006～2008年的80kgce/t钢的水平，下降至2009～2010年的70kgce/t钢水平，到2011年突破70kgce/t钢水平，达到69kgce/t钢。2011年，沙钢电炉工序能耗达到27.91kgce/t。另外，淮钢、韶钢、通钢、新疆八一、新余、济钢、衡管、南京、舞阳、太钢、杭钢和天管等钢铁企业电炉工序能耗也比较低。我国电炉工序能耗能效标杆指标为65kgce/t（全废钢）和50kgce/t（30%废钢），与此指标相比，我国多数企业电炉还需要在优化炉料结构、强化冶炼技术、实施铁水热装技术和提高余热余能利用水平等方面下大工夫，切实实现电炉炼钢的高效低耗。

国际上，全部使用废钢冶炼的电炉工序能耗先进值为198.60kgce/t。我国大多数电炉企业，使用热铁水炼钢，造成电炉工序能耗很低，因此与国际指标不能进行对比。各企业电炉工序使用热铁水的比例差距较大（2011年行业平均使用热铁水 499kg/t，企业热铁水使用最低量为 19kg/t。通常每增加 1% 热铁水，生产电耗会下降 1.2kW·h/t，能耗降低 0.484kgce/t）。另外，企业之间使用吹氧喷碳的数量也不一样，造成企业之间电炉工序能耗和生产技术经济指标有较大的不可比性。

9.1.2.2 电炉炼钢工序污染物排放

电炉炼钢生产过程中会产生烟粉尘、废烟气、二噁英、钢渣等污染物。生产实践表明[46]，电炉生产吨钢会产生 10~20kg 的烟粉尘，烟尘灰因锌、铅等杂质含量较高难以有效利用和回收金属；同时产生大量含 CO 的高温烟气；由于电炉冶炼用废钢中含有重金属及油、塑料等有机物，电炉烟气中也含有重金属及二噁英等有害物质；另外，电炉生产吨钢还会产生 100~130kg 左右的钢渣。因此，需要对电炉炼钢过程中产生的污染物进行防治与减排。

9.2 电炉炼钢过程节能减排技术

9.2.1 电炉烟气余热回收利用技术

电炉炼钢过程中产生大量的高温（约 1000~1400℃）含尘烟气，烟气显热占电炉炼钢总能耗的 10% 以上，其热能均未得到充分有效的利用。目前，国内对烟气的冷却方式主要为水冷方式，即冶炼所产生的一次烟气从其第四孔抽出，经水冷弯头、水冷滑套、燃烧沉降室、水冷烟道冷却后，再经空冷器或喷雾冷却塔降到约 350℃，最后与来自大密闭罩及屋顶除尘罩、温度为 60℃ 的二次废气相混合，混合后的废气温度低于 130℃，进入除尘器净化，并经风机排往大气。该方式实现了烟气降温除尘的目的，但是其缺点是：一方面消耗大量的电能和水，另一方面大量高温烟气的热量没有得到回收利用。

9.2.1.1 工艺流程

电炉烟气余热回收利用系统工艺流程如图 9-2 所示。电炉第四孔的炉气，经炉盖弯管和移动弯管烟道之间的间隙，进入移动弯管烟道，同时抽入一定量的炉外空气，以燃烬炉气中的 CO 等可燃气体形成高温烟气，高温烟气依次经过沉降室、汽化烟道、余热锅炉及节能器生产一定压力的蒸汽供生产生活使用，同时经余热利用系统后的烟气温度降到约 250℃，与来自大密闭罩及屋顶除尘罩温度为 60℃ 的二次废气相混合，混合后的废气温度低于 130℃，进除尘器净化，并经风机排往大气。

根据系统所处工况的不同，工艺系统可分别采用低压强制循环汽化冷却系统、中压强制循环汽化冷却系统、中压自然循环汽化冷却系统及直流系统，最大限度地回收烟气余热，同时综合考虑系统安全可靠、经济运行、延长系统使用寿命及降低投资等因素。

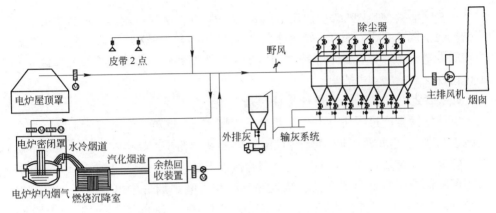

图 9 - 2　电炉烟气余热回收利用系统工艺流程

余热锅炉设备的关键因素为：合理的烟气量、汽化冷却方式和强制循环倍率的选择，受热面的形式选择及对烟气中的粉尘适应性（含耐磨性和黏结性），合理的烟道流速选择。

主要技术指标为：（1）回收蒸汽量为 140 ~ 200kg/t 钢；（2）余热利用系统排烟温度不超过 250℃。

9.2.1.2　应用实践

目前，欧洲及俄罗斯部分钢铁厂的电炉烟气余热利用已经实现了汽化冷却产生蒸汽供钢铁厂生产生活使用，这样可大大降低除尘系统运行的电耗，降低炼钢成本，是电炉烟气冷却除尘的最佳工艺方向。该技术在河北邢钢集团邢台不锈钢有限公司 50t 电炉上进行了国内首台示范应用，主要进行了电炉烟气余热回收利用系统的改造，主要设备为移动转弯烟道、固定斜烟道、沉降室、水平烟道、除尘器、余热锅炉本体、节能器及相关辅机。节能技改投资额 1286 万元，建设期 9 个月。年回收蒸汽量 5.0929 万吨，折合 5600tce/a，年节约 830 万元，投资回收期 2.3 年（含建设期）。

按照目前电炉钢比例计算，预计到 2015 年全国电炉总容量可达 8000 ~ 9000t，如果均采用该项技术即汽化冷却生产蒸汽，预计可节能约 100 万吨标准煤/年，估计投资总量约为 27 亿元，若推广至 30% 左右，总投资约 8 亿元人民币，总节能能力可达 35 万吨标准煤/年。

9.2.2　废钢预热节能技术

废钢预热按其机构类型，可分为分体式与一体式（即预热与熔炼是分或是合）、分批预热式与连续预热式；按使用的热源，可分为外加热源预热与利用废气预热，前者指用燃料烧嘴预热。下面主要介绍利用电炉排出的高温废气进行废钢预热的技术。

　　电炉采用超高功率化与强化用氧技术,使废气量大大增加,废气温度高达1200℃以上,废气带走的热量占总热量支出的15%以上,相当于80~120kW·h/t。废钢在熔炼前进行预热,尤其是利用电炉排出的高温废气进行预热是高效、节能最直接的办法,提高了炉料带入的物理热。目前,工业上应用较为普遍的废钢预热方法有:双壳电炉法、康斯迪(Consteel)电炉法和竖窑式电炉法三种。

9.2.2.1　双壳电炉法

　　双壳电炉是20世纪70年代出现的炉体形式,它具有一套供电系统、两个炉体,即"一电双炉"。一套电极升降装置交替对两个炉体进行供热,熔化废钢,如图9-3所示。

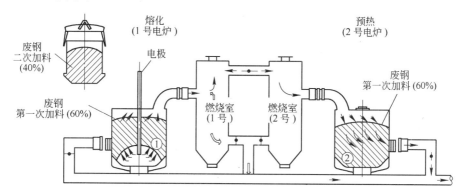

图9-3　双壳电炉工作原理图

　　双壳电炉的工作原理是:当熔化炉(1号电炉)进行熔化时,所产生的高温废气由炉顶排烟孔经燃烧室后,进入预热炉(2号电炉)中预热废钢,预热(热交换)后的废气由出钢箱顶部排出、冷却与除尘。每炉钢的第一篮(相当于60%)废钢可以得到预热。

　　双壳电炉的主要特点有:(1)提高变压器的时间利用率,由70%提高到80%以上,或降低功率水平;(2)缩短冶炼时间,提高生产率15%~20%;(3)节电40~50kW·h/t。

　　第一座新式双壳炉于1992年由日本首先开发,到1997年已有20多座投产,其中大部分为直流双壳炉。为了增加预热废钢的比例,日本钢管公司(现并入JFE)采取增加电弧炉熔化室高度的方法,并采用氧-燃烧嘴预热助熔,以进一步降低能耗,提高生产率。

9.2.2.2　康斯迪电炉法

　　康斯迪电弧炉(Consteel Furnace)可实现炉料连续预热,因此也称为炉料连续预热电弧炉,如图9-4所示。这种形式的电弧炉于20世纪80年代由意大利德兴(Techint)公司开发,1987年最先在美国纽柯公司达林顿钢厂(Nucor-

Darlington）进行试生产，获得成功后在美国、日本、意大利等国家推广使用。到目前为止，世界上已投产和待投产的康斯迪电弧炉近 20 台，其中近半数在中国。

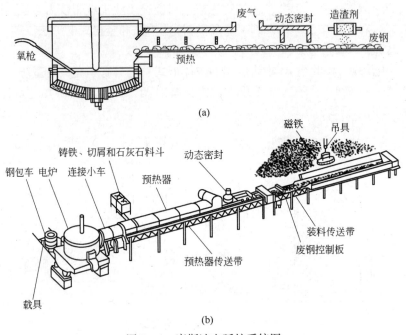

(a)

(b)

图 9-4　康斯迪电弧炉系统图

（a）连续投料示意图；（b）废钢处理系统

炉料连续预热电炉由炉料连续输送系统、废钢预热系统、电炉熔炼系统、燃烧室及余热回收系统等组成。炉料连续预热电炉的工作原理与预热效果是：炉料连续预热电炉是在连续加料的同时，利用炉子产生的高温废气对行进的炉料进行连续预热，可使废钢入炉前的温度高达 500~600℃，而预热后的废气经燃烧室进入余热回收系统。

炉料连续预热电炉由于实现了废钢连续预热、连续加料、连续熔化，因而具有如下优点：

（1）提高生产率，降低电耗 80~100kW·h/t，减少电极消耗；

（2）减少了渣中的氧化铁含量，提高了钢水的收得率；

（3）由于废钢炉料在预热过程中碳氢化合物全部烧掉，冶炼过程中熔池始终保持沸腾，降低了钢中的气体含量，提高了钢的质量；

（4）变压器利用率高，高达 90% 以上，因而可以降低功率水平；

（5）容易与连铸相配合，实现多炉连铸；

（6）由于电弧加热钢水，钢水加热废钢，电弧特别稳定，电网干扰大大减少，不需要用"SVC"装置等。

康斯迪电炉的技术经济指标见表9-2。康斯迪电炉有交流、直流之分，不使用氧-燃烧嘴，废钢预热不用燃料，并且实现了100%连装废钢。

表9-2　康斯迪电炉的技术经济指标

节约电耗/kW·h·t⁻¹	节约电极/kg·t⁻¹	增加收得率/%	增加炭粉/kg·t⁻¹	增加吹氧量/m³·t⁻¹
100	0.75	1	11	8.5

9.2.2.3　竖窑式电炉法

进入20世纪90年代，德国的Fuchs公司研制出新一代电炉——竖窑式电炉，简称竖炉。1992年，首座竖炉在英国的希尔内斯钢厂（Sheerness）诞生；到目前为止，Fuchs公司投产和待投产的竖炉有30多座。竖炉的结构及工作原理如图9-5所示。竖炉炉体为椭圆形，在炉体相当于炉顶第四孔（直流炉为第二孔）的位置配置一竖窑烟道，并与熔化室连通。装料时，先将大约60%的废钢直接加入炉中，余下的部分（约40%）由竖窑加入，并堆在炉内废钢上面。送电熔化时，炉中产生的高温（1400~1600℃）废气直接对竖窑中的废钢料进行预热。随着炉膛中废钢的熔化、塌料，竖窑中的废钢下落，进入炉膛中的废钢温度高达600~700℃。出钢时，炉盖与竖窑一起提升800mm左右，炉体倾动，由偏心底出钢口出钢。

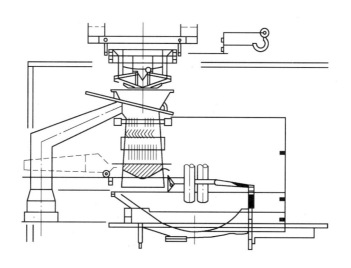

图9-5　竖窑式电炉的结构及工作原理图

为了实现100%废钢预热，Fuchs竖炉又发展了第二代竖炉（手指式竖炉），它是在竖窑的下部与熔化室之间增加一水冷活动托架（也称指形阀），将竖炉与熔化室隔开，废钢分批加入竖窑中。废钢经预热后，打开托架加入炉中，实现100%废钢预热。手指式竖炉不但可以实现100%废钢预热，而且可以在不停电的情况下，由炉盖上部直接连续加入高达55%的直接还原铁（DRI）或多达35%的铁水，实现不停电加料，进一步减少热停工时间。

竖炉的主要优点是：（1）节能效果明显，可回收废气带走热量的60%～70%以上，节电60～80kW·h/t；（2）提高生产率15%以上；（3）减少环境污染；（4）与其他预热法相比，具有占地面积小、投资省等优点。

9.2.3　电炉优化供电技术

电炉炼钢过程中，消耗的主要能源为电能，约占总能耗的60%以上。制定合理的供电优化方案有助于提高电炉炼钢的电能利用效率，降低冶炼能耗。电炉优化供电技术在于充分发挥电炉变压器的供电能力，在建立基于电炉炼钢过程的电气运行动态模型基础上，通过最优化的各项研究成果，分析得出动态最优工作点，使电炉炼钢过程的电气运行指标达到最佳状态，从而实现提高冶炼效率、缩短冶炼时间、节约电能的目标。

电炉优化供电技术的特点在于将大功率电力供电技术与炼钢技术有机地结合起来，使供电技术参数符合炼钢过程的电力需求，科技含量高，电炉主供电回路和装备无需重大改动，投入少，实施方便，对生产影响小，投资回报率高。

9.2.3.1　技术原理

电炉优化供电技术属于炼钢工艺技术和电气运行技术的交叉领域，通过对电炉电气运行特性的研究，揭示大型交流超高功率电炉炼钢过程中电气运行的基本规律。具体为：在实际生产中，精确测量从电炉通电到出钢全过程中的电炉供电主回路系统的基本电气运行参数，经分析处理后，得到电炉供电主回路的短路电抗和操作电抗，并以此作为研究电炉合理供电曲线的基础数据，建立非线性电抗模型，在分析掌握各级电压等级下的电炉电气运行特性的情况下，根据实际生产经验确定电炉运行约束条件，进而研制电气运行图、建立许用工作点总表，最终制定科学合理的供电曲线和供电操作制度。同时，也要综合考虑变压器的容量和利用系数以及对电网的干扰（闪变、谐波）、功率因数等电气问题，这关系到冶炼时间、冶炼反应和出钢温度等工艺基本问题。

每台电炉都有独特的电气运行特性，优化供电技术的核心是对电炉生产中大量实测数据进行分析研究，建立符合实际工况的模型、曲线，更贴近电炉炼钢实际过程，从而充分发挥变压器的供电能力，保证电弧稳定燃烧、减少电极折断，促使炼钢过程长期安全平稳运行，最终效果是降低电能和耐火材料消耗，缩短冶炼时间，减少对电网的干扰，提高生产效率。电炉优化供电流程如图9-6所示。

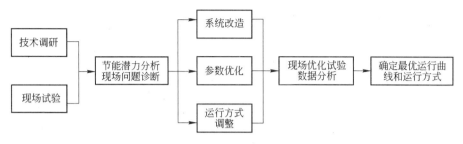

图 9-6 电炉优化供电流程

9.2.3.2 关键技术

电炉优化供电技术以软技术为核心，合理优化炼钢过程的电气运行参数，应用智能化控制技术，在对电炉供电主回路和装备不作重大改动的情况下达到节能增效的目的。

对于电测仪表和计算机系统不完善的电炉，采用此技术也会取得一定的效果，并促进电炉硬件系统和装备水平逐步完善。

在电炉炼钢系统采用高精度的电气仪表，测定炼钢过程中的各项电气运行参数，建立实际的操作阻抗模型。

建立工作点总表，根据稳定运行、安全操作的原则，制定合理的电气运行表。

结合炉料条件、冶炼工艺运行条件，制定合理的供电制度。

采用智能控制技术、减少三相电流不平衡程度；根据炉料状况变化，调整供电回路的总阻抗。

9.2.3.3 应用现状及节能减排效果

近年来，国内陆续建设了一批电炉，包括从国外引进的各种形式的超高功率电炉，不少电炉厂开展了不同程度的优化供电曲线研究。然而，目前国内真正全面掌握该技术、应用良好的电炉为数不多，2010 年该技术的普及率在 15% 左右。

同容量的交流电炉炼钢采用本技术后，平均可节电 10～30kW·h/t 钢，冶炼通电时间可缩短 3min 左右，炼钢生产效率可提高 5% 左右。

9.2.4 电炉炉尘处理技术

电炉炉尘由于含 Zn、Pb、Cd 等重金属而被归为有毒固体废弃物。电炉炉尘的处理目的是低成本地回收 Zn。目前，电炉炉尘处理技术主要分为火法与湿法两种，主要以火法为主。火法处理的基本原理是还原蒸发，使 Zn 从炉尘中还原出来成为锌蒸气，以氧化锌或金属锌的形式回收。

典型的电炉炉尘火法处理方法见表 9-3。

表 9 - 3 典型的电炉炉尘火法处理方法

名 称	方 法	锌产品	特 点
Waelz 回转窑	用回转窑的氯化挥发法；原料造球后装入回转窑，以重油、煤粉、液化气等作燃料；操作温度以炉料不熔化为宜	粗 ZnO	可连续生产，设备可大型化，适用于大量处理；很早就用来进行 Zn 和 Pb 的挥发处理，挥发率很高；挥发残渣可作为铁原料返回高炉；曾经有多种尝试开发小型回转窑，但都没成功
转底炉	粉尘造块后在圆形转底炉上稳定地与还原气流接触，将粉尘中的 Zn 还原挥发除去；本来这种工艺是为制造还原铁开发的，也有为粉尘处理还原挥发除锌为目的而设计的	粗 ZnO	气体流动不激烈，尽可能地抑制伴随气体流动而产生的二次粉尘；挥发出来的粉尘中含锌率高，价值较高；批式处理，还原速度快，效率高，挥发残渣主要是还原铁，可返回高炉或转炉
竖炉	具有两圈风口的特殊小高炉，上层风口可将粉尘直接吹入炉内，不必造球	Zn, ZnO, Zn(OH)$_2$ 混合物	适合大量处理，根据处理的炉尘或炉渣的情况有时可产生熔融的金属，不仅适用于含锌炉尘，而且适用于不锈钢钢渣和不锈钢粉尘

9.2.4.1 威尔兹（Waelz）工艺

威尔兹工艺是目前应用最为广泛的电炉烟尘处理工艺，在欧美、日本等国家广泛应用于电炉烟尘的处理，其简化的工艺流程如图 9 - 7 所示[12, 47]。

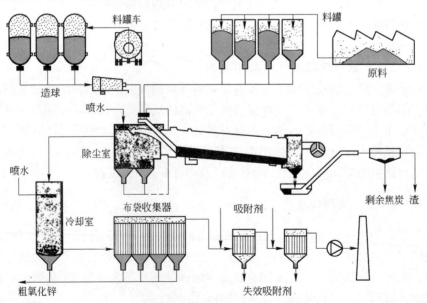

图 9 - 7 Waelz 工艺流程

威尔兹工艺处理电弧炉炉尘具有处理能力大（8～10 万吨/年）、技术成熟、经济效益好等优点，只要电炉炉尘中（Zn + Pb）含量超过 20%，采用威尔兹工艺就有经济效益，进一步降低焦炭等能源消耗则是提高其经济效益的关键。

9.2.4.2 转底炉直接还原工艺

转底炉工艺处理电炉含锌烟尘比较典型的工艺是 Fastmet 工艺，如图 9 - 8 所示[48]。其工艺过程主要包括配料制团、还原、烟气处理及烟尘回收和成品处理 4 个主干单元，即含锌粉尘和其他尘泥与经破碎的还原剂混合制团、干燥，然后送入转底炉中，在 1316～1427℃ 高温下快速还原处理，得到热直接还原铁。同时，被还原的锌、铅等挥发性有色金属挥发进入烟气。此外，烟气中还有部分未燃烧完全的 CO，对该烟气进行二次燃烧使之燃烧完全并从中回收余热，回收余热后的烟气进入布袋收尘并回收烟尘，得到锌含量为 40%～60% 的粗氧化锌烟尘。

近年来，神户钢铁公司与 Midrex 公司合作，相继建设了两家采用 Fastmet 工艺处理电炉烟尘的工厂。采用 Fastmet 工艺的新日铁 Hirohata 工厂，直接还原铁产品的铁含量为 82%～84%，金属化率大于 90%，锌含量小于 0.1%，脱锌率达 94.0%。氧化锌烟尘锌含量高达 63.4%，可以直接送冶炼厂处理并回收锌。国内马钢引进日本技术于 2009 年 4 月投产年处理 20 万吨粉尘的转底炉。采用转底炉的直接还原挥发工艺的开发应用对于钢铁厂电炉烟尘处理具有重要意义：（1）同时回收利用电炉炉尘中的铁与锌、铅等有价金属，实现了废物全资源化；（2）以直接还原铁这一优质炼钢原料形式回收电炉炉尘中的铁，实现了铁资源的厂内循环，为电炉烟尘厂内就地处理提供了物质基础与技术支持。转底炉处理炉尘的效果见表 9 - 4。

9.2.4.3 竖炉处理炉尘工艺

川崎制铁（日本 JFE Steel）开发了小型竖炉处理炉尘的工艺。该工艺是以直接冶炼粉矿的二段风口式焦炭充填型熔融还原炉来从炉尘中回收有价金属的，可用于从不锈钢冶炼炉尘中回收 Ni、Cr。从电炉炉尘中分离 Zn 的装置如图 9 - 9 所示[49]。焦炭和造渣剂称量后从炉顶通过装入管加入炉内，电炉炉尘干燥粉碎后经喷粉罐从上层风口喷入炉膛，破碎机粉尘压缩减容后用给料机推入风口。焦炭与热风反应产生高温还原气体 CO，炉尘中的氧化物 ZnO、Fe_3O_4 等被熔融，熔融的氧化物在滴下过程中穿过两层风口之间的高温焦炭层被还原成金属，下段风口送风补偿还原反应热，上下两段风口之间形成高温、高还原性区间。易挥发的重金属蒸气随炉气上升到炉顶进入尾气处理系统，经喷水冷凝，得到 Zn、ZnO、$Zn(OH)_2$ 混合物。金属铁和熔渣降落到炉缸底部定期放出。该工艺回收炉尘中的 Fe、Cr、Ni，从电炉炉尘中将 Zn 和 Fe 分离。该工艺的特点是：（1）直接使用粉料，不用进行粉料造块；（2）可以将 Fe 和 Zn 分离并回收；（3）没有二次废弃物。

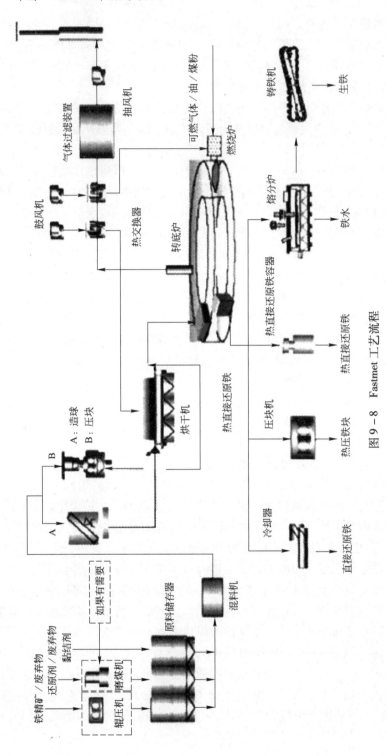

图 9 - 8 Fastmet 工艺流程

表9-4　转底炉处理炉尘的效果　　　　　（质量分数/%）

项　目	数量水平	项　目	数量水平
原料减重率	40	氧化铅脱除率	>99
铁的金属化率	>90	碱脱除率	>50
氧化锌脱除率	>95	氯化物脱除率	>90

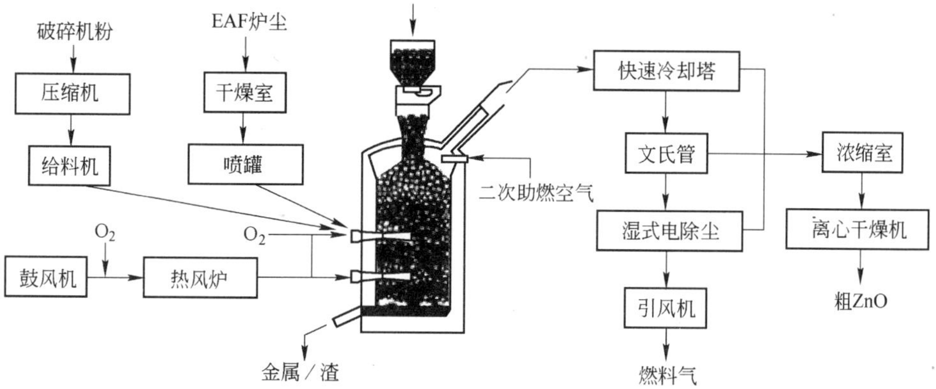

图9-9　从电炉炉尘中分离 Zn 的装置

9.2.5　电炉炼钢二噁英减排技术

对于二噁英的减排，一方面要减少其产生量、排放量；另一方面是对产生的二噁英类物质进行降解或分解处理使其变成无害物质。

9.2.5.1　工艺过程污染预防技术

工艺过程污染预防技术包括：

（1）对废钢进行分拣预处理。废钢分拣预处理技术是指通过在线监测和人工拣选，对废钢进行严格的分拣，严禁不合格的废钢入炉。该技术可以最大限度地减少甚至杜绝含氯源物质和放射性同位素物质的废钢入炉量，从源头上大幅度减少电炉炼钢工序二噁英的生成。

（2）优化电炉的操作技术。通过优化电炉操作技术，可间接减少二噁英的排放量。具体为：①通过提高生产效率和能效等电炉优化操作，如缩小炉顶的敞开进料时间、减少空气向炉内的渗漏、避免或减少操作延时等，可以间接减少二噁英的产生和无组织排放；②使用连续的参数检测系统对生产进行监测和调整，优化电炉操作运行条件，可以减少尾气调节系统的二噁英生成。

（3）新型电弧炉炼钢工艺。日本开发的环保型高效电弧炉 ECOARC（Ecological and Economical Arc Furnace）已通过 5t 试验炉试验并成功地进行了小规模商业化生产，该电炉本体由废钢熔化室和与熔化室直接连接的预热竖炉组成

（可一起倾动），后段设有热分解燃烧室、直接喷雾冷却室和除尘装置。热分解燃烧室可将包括二噁英在内的有机废气全部分解并能够满足高温区烟气的滞留时间，喷雾冷却室可将高温烟气快速降温，防止二噁英的再合成。

（4）烟气急冷技术。当不回收烟气余热时，通过在汽化冷却烟道上设计一段急冷烟道，使用具有双相喷嘴的喷淋冷却装置对电炉烟气进行急冷，使其在不超过 1s 的停留时间内从约 650℃ 快速降到 200℃ 以下，避开二噁英生成的温度区间（200～550℃），避免二噁英的再次合成。太钢不锈钢厂 160t 电炉采用该技术，二噁英排放浓度在 10^{-2} 数量级以下。

9.2.5.2　二噁英污染治理技术

二噁英污染治理技术包括：

（1）高温氧化技术，也称"3T + E"技术，即良好的炉膛温度、烟气在高温区充足的滞留时间、在高温区适当的空气量、炉内充分的紊流强度。该技术适用于废钢预热后烟气二噁英的减排。99% 以上的二噁英及其他有机物都会被高温分解。为了避免"从头合成"，可向焚烧炉内或烟道中喷入碱性物质（如石灰石或生石灰），可使生成二噁英的氯源减少 60%～80%，向炉内喷氨也可以。同时，对烟气进行急冷，使烟气温度快速降至 200℃ 以下，以最大限度减少二噁英在易生成温度区间的停留时间。

（2）高效过滤技术。低温条件下（200℃ 以下），二噁英绝大部分都以固态形式附着在烟尘表面，且主要吸附在微细的颗粒上。因此，利用袋式除尘器的高效过滤作用，在除尘的同时将大部分二噁英截留在粉尘中。目前，国内外电炉烟气主要采用高效脉冲袋式除尘技术。

据德国巴登钢铁公司 2×90t 电炉实测数据，采用高效袋式除尘器可使粉尘排放浓度小于 $2mg/m^3$，能够将 97% 的二噁英截留在粉尘中。

（3）物理吸附技术。利用二噁英可被褐煤等多孔介质吸附的特性对其进行物理吸附。物理吸附技术与高效过滤技术相结合，可大幅度提高净化效率。该技术要求吸附剂具有高比表面积、喷入时分散均匀性要好，但在喷入某些型号煤粉时，需要用石灰与煤粉混合进行惰性化处理或喷煤的同时喷入石灰，以防引起火灾和爆炸；由于煤粉吸附剂和石灰粉的喷入，增加了后续除尘器的负荷，设计时应考虑对除尘系统进行优化。

10 轧钢生产与节能减排

10.1 轧钢生产

10.1.1 轧钢生产工艺及设备

轧钢属于金属压力加工，炼钢生产的连铸坯仅是半成品，必须进行轧制后，才能成为合格的产品。一般连铸坯的厚度为 150~250mm，铸坯首先进入加热炉加热，再进行除鳞初轧，反复轧制之后进入精轧机，最后轧成用户要求的尺寸。轧钢是连续不间断的作业，钢带在辊道上运行速度快，设备自动化程度高，效率也高。轧钢方法按轧制温度不同可分为热轧与冷轧；按轧制时轧件与轧辊的相对运动关系不同可分为纵轧、横轧和斜轧；按轧制产品的成型特点不同还可分为一般轧制和特殊轧制。

由于轧制产品种类繁多，规格不一，按其断面形状又可分为简单断面和复杂断面两大类。简单断面的主要有：方钢，其规格以其边长尺寸表示，一般方钢边长为 5~250mm。圆钢，其规格以其直径尺寸表示，一般圆钢直径为 5~200mm，其中直径为 5~9mm 的圆钢，成盘交货，故称盘条；由于断面小长度大，也称线材。扁钢，其规格以其断面宽度与厚度之乘积表示，宽度为 12~200mm，厚度为 4~60mm。角钢，有等边与不等边角钢之分，等边角钢每侧腿长 20~250mm，相应称为 No.2~No.25 角钢。不等边角钢的两侧边长为 25/16~250/160mm，相应称为 No.2.5/1.6~No.25/16 不等边角钢。此外，简单断面型钢中还有三角钢、六角钢及弓型钢等多种。复杂断面的钢材主要包括：工字钢、槽钢、钢轨以及 Z 字钢、T 字钢、钢板桩、重轨接板、窗框钢等。

轧钢的主体设备有：加热炉、初轧机和精轧机。不同的轧钢车间，不同产品规格，会有不同的其他辅助设备，工艺流程也会有所不同。例如，型材的基本流程为：原料—加热炉—除鳞—粗轧—预精轧—精轧—吐丝机（线材）/切定尺（棒材）—打包—入库；薄板坯的基本流程为：原料—加热炉—除鳞—粗轧—精轧—卷曲—打包—入库；中厚板的基本流程为：原料—加热炉—除鳞—粗轧—精轧—矫直—切定尺—入库。轧钢工艺及其概略生产流程示意图如图 10-1 所示。

10.1.2 轧钢能源消耗及污染物排放

轧钢工序是钢铁生产过程能源消耗的主要工序之一。目前，我国大中型钢铁

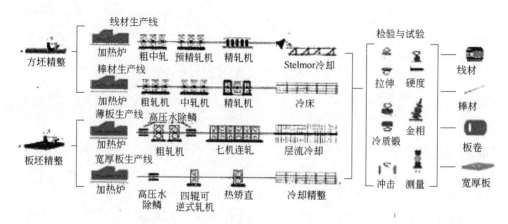

图 10 - 1 轧钢工艺及其概略生产流程示意图

企业的轧钢工序平均能耗约为 60kgce/t，占钢铁生产过程总能耗的 10% 左右。从轧钢生产主要工艺流程来看，坯料加热、热轧、冷轧和退火是主要能耗环节。在轧钢工序四个主要耗能环节中，耗能最大且节能潜力最大的是坯料加热工序，其次是热轧工序。2010 年我国各品种轧钢工序能耗见表 10 - 1。

表 10 - 1 2010 年我国各品种轧钢工序能耗情况

类 型	工序能耗/kgce·t⁻¹		变 化 量	
	2009	2010	增减量/kgce·t⁻¹	增减率/%
钢材加工	61. 90	61. 69	-0. 21	-0. 34
热轧工序	56. 41	55. 51	-0. 90	-1. 59
大型	68. 24	65. 89	-2. 35	-3. 44
中型	52. 80	52. 90	0. 10	0. 19
小型	47. 49	45. 59	-2. 10	-4. 41
线材	55. 48	55. 74	0. 26	0. 47
中厚板	75. 41	74. 05	-1. 36	-1. 80
热轧宽带钢	55. 42	55. 20	-0. 22	-0. 39
热轧窄带钢	54. 57	46. 12	-8. 45	-15. 48
热轧无缝管	112. 75	107. 51	-5. 24	-4. 65
冷轧工序	71. 17	70. 04	-1. 13	-1. 59
冷轧宽带钢	59. 06	56. 45	-2. 61	-4. 42
冷轧窄带钢	256. 52	276. 52	19. 67	7. 67
镀层工序	46. 45	50. 38	3. 93	8. 54

轧钢过程产生的污染物主要为废气和废水。轧钢过程中废气主要来源于以下几个方面：（1）钢锭和钢坯的加热过程中，炉内燃烧时产生大量废气；（2）热轧过程中产生大量氧化铁皮、铁屑及水蒸气；（3）冷轧过程的冷却、润滑轧辊和轧件而产生乳化液废气；（4）钢材酸洗过程中产生大量的酸雾。热轧废水是直接冷却轧辊、轧辊轴承等设备及轧件时产生的废水，其特点是含有大量的氧化铁皮和润滑油类。与热轧相比，冷轧过程产生的废水种类多，成分复杂。热轧板材等往往经过酸洗才能作为冷轧原料，冷轧过程中需采用乳化油或棕榈油作为润滑剂和冷却剂，因而产生大量的废酸、酸性废水、含油废水。冷轧带钢在松卷退火、表面处理过程中还将产生含酸、碱、油及含铬的重金属废水。

10.2　轧钢过程节能减排技术

10.2.1　轧钢加热炉节能与减排技术

10.2.1.1　高温蓄热燃烧技术

A　高温蓄热燃烧技术形成与发展

高温空气燃烧技术（High Temperature Air Combustion，简称 HTAC）或蓄热式燃烧技术，是在传统蓄热室换热技术（如高炉热风炉、炼钢平炉、焦炉等）的基础上形成和发展的，是蓄热室设计结构、热工操作以及火焰炉燃烧方法和燃气显热回收方式的一次重大革新。这项技术始于 20 世纪 80 年代中期，英国人发明后便很快在加拿大、德国和日本等几个发达国家中推广。90 年代，日本政府在"防止地球温暖化行动计划"中提出的三大开发项目之一便是"高性能工业炉的开发"，其目的是控制 CO_2、NO_x 和 SO_x 的排放量以及开发降低能耗 30% 的节能技术。后来这项技术不断完善发展，形成高温蓄热燃烧技术。

我国冶金热工领域的科技工作者通过消化吸收和再创新，率先将高温蓄热燃烧技术应用于钢铁工业的轧钢加热炉，"十五"期间在我国地方中小型和民营钢铁企业中得到广泛推广。高温蓄热燃烧技术在我国的蓬勃兴起，得益于进入 21 世纪以来钢铁工业的高速发展，得益于通过消化吸收形成的高温蓄热燃烧技术自主创新能力的提升以及火焰炉热工理论的完善和发展。

蓄热式加热炉以低热值的高炉煤气为燃料，利用与炉气或烧嘴紧密结合的内置式、外置式和蓄热式燃烧器等蓄热室换热技术充分地回收烟气余热，将高炉煤气和助燃空气双预热至 1000℃ 左右，既满足了加热炉加热工艺和炉温制度的要求，又解决了部分企业高炉煤气严重放散的问题，同时实现了低热值煤气在超高温度（大于 1000℃）和低氧气浓度（小于 10%）条件下的高效洁净燃烧，因此具有显著的节能效果和大幅度降低烟气中 NO_x 排放的双重优越性。据不完全统计，我国"十五"期间新建或改建的蓄热式轧钢加热炉共有 190 座，分别在 110

家钢铁企业中陆续使用，其中以高炉煤气为燃料的加热炉居多，占 64.8%，烧高焦炉混合煤气的加热炉占 20.0%，烧热脏发生炉煤气的占 13.2%，以焦炉煤气或天然气为燃料的仅为 2%。这些蓄热式加热炉，按炉型划分有推钢式加热炉、步进梁式加热炉、车底式炉、均热炉、罩式炉和热处理炉以及烘烤设备等，分别生产棒材、高速线材、中厚材、热带、H 型钢及其他钢型等，使用范围几乎涵盖了中小型轧钢厂的各种钢种。

　　B　高温蓄热燃烧技术工作原理与关键设备

　　蓄热式燃烧系统主要由热交换器、燃烧器、换向系统组成。其原理为：当助燃空气和煤气分别通过一个烧嘴的空气蓄热室和煤气蓄热室进入炉膛内燃烧时，另一个烧嘴充当排烟的角色，烟气通过空气和煤气蓄热室将热量储存在蓄热体中；下一个状态，通过换向系统的切换，两个蓄热室的职能进行交换，空气和煤气通过上一个状态被加热的蜂窝体，迅速被加热到接近炉膛温度，高速进入炉膛进行低氧燃烧；高温烟气通过另一个蓄热室排出。

　　如图 10-2 所示，在 A 侧，燃料和助燃空气经切换阀分别进入右侧通道，而后流经蓄热室 A 把助燃空气预热到 1000℃ 左右，再经过喷口喷入炉内；此时 B 侧切换阀与引风机相通，这样燃烧产物对钢坯加热后进入左侧通道，在蓄热室内将烟气热量大部分传递给蓄热体后，以 150℃ 左右的温度进入切换阀，再经引风机排入大气中。间隔一定时间后控制系统发出指令，切换阀动作，此时煤气和空气从 B 侧喷口喷出并混合燃烧，这时 A 侧喷口变为烟道。高温烟气经引风机的作用，通过 A 侧将其蓄热体加热后，以 150℃ 左右的温度进入切换阀和引风机排入大气。完成一个换向周期，进而达到了回收高温烟气余热的效果。

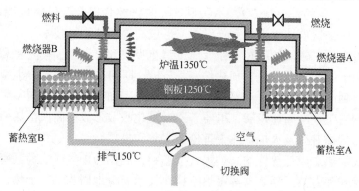

图 10-2　高温蓄热燃烧的原理

　　高温空气燃烧技术将空气和煤气预热到 800～1000℃ 以上，可带来以下好处：（1）提高加热装置的热效率，减少能源消耗。（2）燃烧温度得到了极大的提高，使原本无法使用的低热值煤气得到应用。（3）由于减少能源消耗而减少

了 CO_2 的排放,缓解了温室效应。(4) 由于炉内为贫氧燃烧,使温度场更加均匀,同时减少了 NO_x 的排放。采用蓄热式燃烧技术与无余热回收的加热炉比较,可实现节能 40% 以上,与传统换热器预热技术比较也可实现 10% ~20% 的节能潜力。

由于蓄热式加热炉的烧嘴一般成对布置,燃料和空气从一个烧嘴供入,烟气从另一个烧嘴流出炉内,烟气的流向与传统加热炉明显不同,所以蓄热式加热炉在炉型结构上一般没有明显的分段,炉膛空间是方正的,区段的划分主要考虑热工的需要。

C 蓄热式加热炉在国内外的应用

a 国外应用情况

国外采用蓄热式燃烧器的炉型已有很多,如推钢式连续加热炉、步进式加热炉、连续式带钢退火炉、台车式退火炉、固定底式锻造炉、转底式锻造炉、熔池式玻璃熔炉、坩埚式玻璃炉、各种熔铝炉、转筒式炉等。此外,铁水包、钢水包加热器也应用了蓄热式燃烧器。

采用蓄热式燃烧器的加热炉不论是新建或改建都取得了显著的经济效益和社会效益。例如,British Steel Stainless 公司的一座步进底式钢坯再加热炉,长 16m,宽 6m,分 4 段加热,每段安装 2 对蓄热式燃烧器,空气预热温度 1050℃,燃料节约 45% 以上。另一座加热不锈钢的辊底式炉,长 16m,宽 6m,分 4 段加热,每段安装 2 对蓄热式燃烧器,燃料节约达 60%,产量增为 270%。

在 Marion Steel 公司,一座钢坯加热炉,产量 100t/h,采用北美制造公司的成对式蓄热式燃烧器,空气预热温度达 1100℃,炉子热效率达到 75% ~78%。

美国俄亥俄州钢厂有 10 座板坯退火炉,每炉装 4 垛板卷,重 330t,原先使用很多冷空气燃烧器,后改用蓄热式燃烧器,在炉子两侧安装 3 对蓄热式燃烧器,单位燃耗显著减少,燃料节约 56%。

日本在大型加热炉上应用蓄热技术实绩较多,NKK 在福山热轧厂的 3 号炉上全部使用了蓄热烧嘴,共 76 对蓄热烧嘴,其主要技术参数见表 10 -2。

表 10 -2 日本 NKK 福山热轧厂蓄热式加热炉主要技术参数

项 目	参 数
炉子的类型	步进式
加热能力/t · h^{-1}	230,燃烧控制段 10 段
板坯的尺寸/mm	250 × 1950 ×9600 (最大重 30t)
燃烧混合煤气/MJ · m^{-3}	11.7
烧嘴	76 对蓄热烧嘴
蓄热体	蜂窝蓄热体

京滨厂的厚板间歇加热炉的预热段上使用了6个蓄热烧嘴，使单耗下降了40%，NO_x排放量下降了60%。新日铁名古屋热轧厂的250t加热炉上使用了蓄热烧嘴，产量增加10%~20%。川崎制铁公司在水岛热轧厂年产量为250t的3号加热炉加热段上使用了5对蓄热烧嘴，产量增加到280t/h，单耗下降了10%，NO_x排放量下降了36%。该厂的1号加热炉于2001年4月正式投产，然后该厂的4座6段加热炉（炉长32m，炉宽12.9m，能力220t/h）全部改为蓄热步进式加热炉，改造后加热炉热效率得以提高，可以节能20%。

b 国内应用情况

近几年，我国蓄热式加热炉发展迅猛。经过调研，我国已经建成、投产或正在新建的蓄热式加热炉已达200多座。目前，我国冶金企业部分蓄热式加热炉分布情况见表10-3。

表10-3 我国冶金企业部分蓄热式加热炉分布情况

序号	企业名称	炉型	产量	燃料种类	预热方式	蓄热体
1	天铁热轧	步进炉	320t/h	高炉煤气	双预热	蜂窝体
2	德龙中宽带	步进炉	200t/h	高炉煤气	双预热	蜂窝体
3	云南德胜	推钢炉	100t/h	焦炉煤气	单预热	蜂窝体
4	舞阳钢铁	推钢炉	135t/h	天然气	单预热	蜂窝体
5	河北东升钢管	推钢炉	120t/h	发生炉煤气	单预热	蜂窝体
6	唐山轧钢	推钢炉	80t/h	发生炉煤气	单预热	蜂窝体
7	江苏诚德钢管	斜底加热炉	15t/h	发生炉煤气	单预热	蜂窝体
8	唐山国丰	步进炉	290t/h	高炉煤气	双预热	小球
9	大连金牛	井式加热炉	1.5t/h	发生炉煤气	单预热	小球
10	霸州京华	镀锌退火炉	4t/h	发生炉煤气	双预热	蜂窝体
11	唐山建龙	板坯加热炉	100t/h	高炉煤气	双预热	小球
12	山西海鑫	高线加热炉	55t/h	混合煤气	双预热	小球
13	鸡西北钢	带钢加热炉	90t/h	高炉煤气	双预热	小球
14	包钢初轧	均热炉	120t/炉	混合煤气	双预热	小球
15	唐钢薄板	步进炉	250t/h	高炉煤气	双预热	蜂窝体
16	福建三明高线	步进炉	140t/h	混合煤气	单预热	蜂窝体
17	凌源钢铁	步进炉	120t/h	高炉煤气	双预热	蜂窝体
18	新余钢铁	步进炉	240t/h	混合煤气	单预热	蜂窝体
19	鄂钢小型	步进炉	150t/h	混合煤气	双预热	蜂窝体
20	大冶特钢	步进炉	150t/h	发生炉煤气	双预热	蜂窝体
21	乌兰浩特钢铁	推钢炉	60t/h	高炉煤气	双预热	蜂窝体

序号	企业名称	炉型	产量	燃料种类	预热方式	蓄热体
22	北满特钢	台车炉	60t/h	发生炉煤气	单预热	蜂窝体
23	抚钢500	退火炉	20t/炉	发生炉煤气	单预热	小球
24	河北春兴	棒材加热炉	100t/h	高炉煤气	双预热	小球
25	川威棒材	棒材加热炉	60t/h	混合煤气	双预热	小球
26	西昌新钢	型钢加热炉	70t/h	高炉煤气	双预热	小球
27	马钢二轧	型钢加热炉	80t/h	混合煤气	双预热	小球
28	韶钢二轧	中板加热炉	145t/h	高炉煤气	双预热	小球
29	西宁特钢	退火炉	40t/炉	发生炉煤气	单预热	小球
30	攀钢长城特钢	推钢炉	40t/h	发生炉煤气	单预热、自身预热	蜂窝体
31	山东西王钢铁	推钢炉	120t/h	发生炉煤气	单预热、自身预热	蜂窝体
32	首钢中板	推钢炉	100t/h	混合煤气	单预热	蜂窝体
33	邢钢四线材	步进炉	110t/h	转炉煤气	双预热	蜂窝体

将蓄热燃烧技术应用在加热炉上来降低加热炉燃耗，得到钢铁企业的广泛认可。我国的蓄热式加热炉具有一定的特色，主要表现在一开始就采用低热值的高炉煤气为加热炉燃料，利用蓄热式燃烧技术将高炉煤气和助燃空气双预热至1000℃左右，满足了加热炉炉温要求。

D 蓄热式加热炉适用性分析

（1）适用于燃烧低热值煤气；（2）适用于料坯热装；（3）适用于加热普通钢种；（4）适用于对产量要求不太严格的中、小型加热炉。

10.2.1.2 加热炉烟气余热回收利用技术

轧钢工序余热余能回收主要是加热炉余热余能的回收利用，即对加热炉的烟气余热、炉底管显热的回收利用。对于换热式加热炉来说，换热器是回收利用烟气余热的设备，一般为了充分利用这部分余热，多采用空气、煤气双预热换热器，正常运行时，排烟温度为300～600℃，空气可预热到300～450℃，煤气可预热到250～350℃；对于蓄热式加热炉来说，其蓄热体对烟气显热的利用基本上到了极限，排烟温度为150～200℃；空气、煤气可以预热到1000℃左右。炉底管的显热利用一般是利用汽化冷却设备产生余热蒸汽，蒸汽的压力一般为1.0～1.5MPa，温度为200℃左右。多数加热炉的水梁冷却系统采用汽化冷却系统，提高水梁冷却效率，产生低压饱和蒸汽，由于蒸汽压力及温度均较低，大部分蒸汽不能并入蒸汽管网中，基本用于本单位的生活用汽，其余的过量蒸汽放散，也造成轧钢工序的能耗损失。

经过调研分析，降低烟气温度的方法有两种：（1）提高换热器效率或增加换热器面积,将烟气热量转化为空煤气预热温度,降低加热设备的燃耗;(2)利用现有设备条件,将烟气带出的热量用来低温余热发电。

目前,通过在加热炉排烟的尾部烟道内采用空煤气预热和蓄热式燃烧等方式,只回收了部分烟气余热,回收余热能力有限,致使加热炉排烟温度仍在400℃以上。为了更高效地回收加热炉烟气余热,降低轧钢工序能耗和产品生产成本,为企业创造经济效益,寻求更高效的余热回收方式具有重要意义。采用加热炉低温余热发电技术,在加热炉尾部烟道布置余热锅炉产生蒸汽并用于推动汽轮机做功发电,可以将低品质的余热资源转换为高品质的电能,无疑可以为企业带来很好的经济效益和环境效益。另外,加热炉汽化冷却系统产生的大量余热蒸汽,除了用于生产和冬季采暖外,其余的大部分蒸汽直接排放,对周边环境造成噪声及热污染,浪费了能源,并且加热炉产生的蒸汽是余热产汽,一般为湿蒸汽,其压力不高且波动较大,属于低品质蒸汽。选择合适的低温余热发电方式实现加热炉低品质蒸汽的有效利用,对企业的节能环保也尤为重要。

加热炉低温余热发电的热源包括加热炉尾部烟道烟气余热和加热炉汽化冷却蒸汽余热。对于这两种余热均可采用布置余热锅炉的有机朗肯循环发电技术,或者采用在汽轮机前布置闪蒸器的闪蒸发电技术来回收发电;加热炉汽化冷却蒸汽余热还可以通过将低压蒸汽直接供入动力机膨胀做功带动发电机发电的方式进行回收并转化成高品质的电能。鉴于加热炉尾部烟道烟气余热发电方面的工程应用实例还未见报道,下面着重介绍加热炉汽化冷却蒸汽余热发电的工艺流程。

加热炉汽化冷却蒸汽余热发电的流程如图10-3所示。来自加热炉汽包的余热饱和蒸汽除去自用、取暖外的剩余部分通过管道流经调节阀,调节到规定压力

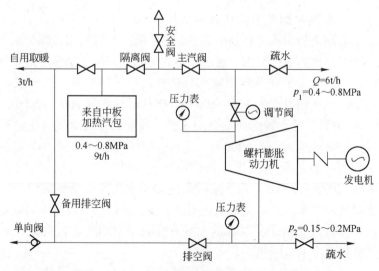

图10-3 加热炉汽化冷却蒸汽余热发电的流程

后送入螺杆膨胀动力机膨胀做功推动发电机发电，从动力机排出的、做完功降压后的蒸汽送入低压蒸汽管网供工艺设备使用。此处的动力机可以根据加热炉汽源参数情况或者具体发电工艺灵活选择汽轮机或者螺杆膨胀机。此工艺流程图源于新余钢铁公司中板余热蒸汽发电工程实例，在新钢全面论证的基础上，最终选用了螺杆膨胀动力发电方案[50]。

新余钢铁公司中板生产线 3 座加热炉共产余热饱和蒸汽约 9t/h，压力为 0.4 ~ 0.8MPa。因生产和冬季采暖用去了约 3t/h 蒸汽后，有 6t/h 蒸汽可利用，最终采用 1 台 300kW 螺杆膨胀动力机来发电。通过将近两年的运行，取得的经济效益如下：

该项目原设计年发电量预计 $W = 7200h \times 260kW = 18712 \times 10^4 kW \cdot h$；实际该项目投入运行 20 个月发电量为 208kW·h；折合 12418kW·h/a，按 0.5 元/kW·h 计算，年发电效益 6214 万元。本项目投资 110 万元，静态投资回收期 1.76 年。

10.2.1.3　加热炉工艺过程的计算机控制技术

目前，我国冶金工业已有数以百计的加热炉采用了计算机控制生产，其控制水平和功能可以分为以下几种情况：

（1）燃烧控制。控制策略以燃烧控制为主，即通过对空燃比、烟气残氧量、燃料流量和空气流量等参数的控制，使加热炉内实现燃料的最佳燃烧。如日本的新日铁和东芝公司联合开发的"双交叉限幅燃烧控制方法"，使燃料与空气量的增减同步，这种方法已应用于加热炉的燃烧控制系统中。与仪表控制相比，计算机控制可以实现燃料量与空气量的交叉限幅和 PID 参数的自整定等功能。燃烧控制的节能效果约为 5% ~ 18%。

（2）数模优化控制。在实现燃烧控制的基础上，可进一步采用数学模型进行优化控制，主要是优化炉子的热工制度，即优化炉温制度和供热制度。因此，可以控制炉温曲线为最佳，也可以控制供热曲线为最佳，即实现最佳供热分配。优化热工制度的数学模型可以用理论方法确立，也可以根据实验或生产数据经过处理得出数学关系式，后者称为实验（经验）模型。在燃烧控制基础上采用数模优化控制，可进一步获得节能 10% 左右的效果。

（3）智能控制和专家系统。智能控制和专家系统避开了炉子控制中许多难测参数及建模的困难，直接依据易测的信息，将许多优化模型、多变量协调模型、轧制节奏与出炉钢温关系等难题，用模糊数学及人工智能推理进行系统辨识，实现闭环自适应控制，实现燃耗最少、加热质量最佳。

（4）调度管理优化控制。加热炉是工厂或车间整体中的一个部件，不仅要使炉子自身的燃烧控制、数模优化控制达到最佳效果，还要处理好加热炉与其他设备间的协调、调度和管理等问题。若再提高一个层次就是进行生产管理的优化控制，即设置更加完备的硬件系统。在采用数学模型优化控制的基础上采用管理优化控制可再节能约 5% 。

值得注意的是，进行计算机控制的加热炉要具备一些基础条件，即在燃烧装置先进、对余热进行回收、炉体结构和筑炉材料合理等前提下，采用计算机控制才有意义。通常，加热炉工艺过程的计算机控制可达到如下效果：（1）炉子节能 5% ~ 18% 。（2）氧化烧损减少 15% ~ 40% 。（3）提高炉温控制精度，改善产品质量。（4）修炉次数减少，炉子寿命延长，产量增加。（5）减少环境污染。（6）提高操作和管理水平，减轻工人劳动强度，实现炉子生产的自动化。

10.2.2 热送热装节能技术

10.2.2.1 热送热装节能技术简介

铸坯热送热装指的是把无缺陷铸坯在热状态下送入轧钢厂的加热炉。通常，铸坯在 400 ~ 1100℃（或以上）进入加热炉，则认为是铸坯热送热装。连铸坯热送热装（或热直接轧制）可大幅度节能，降低产品的生产成本。近年来，随着连铸生产的快速发展，大力开发与推广采用连铸坯热送热装技术，是轧钢工序节能降耗的重要手段之一。

铸坯的热送热装可以分为三种形式，即：

（1）热送热装（HCR）是指将高温连铸坯离线装入存储保温坑，然后从保温坑装入加热炉内（装炉温度为 400 ~ 700℃）加热，再进行轧制的连接形式。

（2）直接热装（DHCR）是指将高温的连铸坯直接装入加热炉内（装炉温度为 800℃左右）加热后再进行轧制的连接形式。直接热装的综合经济效益比热装要好，但组织生产的难度要大得多。

（3）直接轧制（DR）是指高温的连铸坯不经过加热炉加热（只经铸坯边角部温度补偿）就直接进行轧制的连接方式（铸坯温度为 1100℃）。直接轧制对连铸与热轧一体化生产的要求更高，因为直接热装工艺，中间还有加热炉起缓冲和协调作用，而直接轧制由于取消了加热炉，因而实现的难度也最大，但其综合效益最高。

以上三种方式中，第一种方式（HCR）比较容易实现，因为有保温坑的"缓冲"作用，所以生产物流调控管理相对容易。目前，我国大部分钢铁企业的热送热装都采用这种方式。第二种方式（DHCR）在实际生产中应用并不多，只有个别企业应用得比较好，主要原因是这种方式对生产中连铸坯与加热炉以及轧机的生产能力匹配要求非常高，而且生产中的物流调控很复杂。第三种方式（DR）虽然极大地降低了能源消耗，但由于同步作业使得轧机作业率大大降低，而且还增加了操作的复杂性和难度，在实际生产中很少应用。当然，随着技术的不断进步，直接热装（DHCR）及直接轧制（DR）必然是将来连铸－连轧连接方式的发展方向。三种形式热送热装技术与普通冷装工艺的流程比较如图 10 - 4 所示。

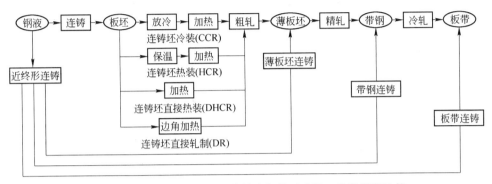

图 10 - 4　三种形式热送热装技术与普通冷装工艺的流程比较

与传统冷装工艺相比，连铸坯热送热装技术有以下几方面优点：（1）降低能耗。热送热装技术可充分利用连铸坯显热，连铸坯每提高 100℃ 装炉温度，加热炉就可节约 5% ~6% 燃料，燃料消耗随热装温度和热装率的提高而大幅度降低。（2）提高加热炉产量。连铸坯装炉温度每提高 100℃，加热炉产量可增加 10% ~15% 。（3）减少钢坯氧化烧损，提高成材率。连铸坯装炉温度提高，在炉时间大幅缩短，钢坯氧化烧损相应减少，一般冷装炉钢坯的烧损为 1.5% ~2% ，有的甚至高达 2.5% 以上。热装条件下氧化烧损可降至 0.5% ~0.7% ，这对提高成材率非常有利。（4）连铸坯热送热装工艺还具有缩短生产周期、减少板坯库房面积、降低运费等优点。

连铸连轧之间采用热送热装的连接方式对于钢铁企业的节能降耗有很大意义。与冷料入炉相比，铸坯在 500℃ 热装到加热炉时，可节能 0.25GJ/t 钢；入炉温度为 600℃ 时，可节能 0.34GJ/t 钢；如果采用直装的方式，即入炉温度为 800℃ 时，则可节能 80% ~85% 。

10.2.2.2　热送热装节能技术的国内外发展状况

20 世纪 70 年代初，热送热装技术首先由日本钢铁企业开发并使用。随后，德国、法国、美国等国家的钢铁企业也采用了此项技术。该技术在日本发展最快，水平也最高。日本钢铁企业连铸坯的热装率一般可达 65% ~80% ，有的高达 90% 以上；热装温度一般可达 600 ~700℃ ，有的高达 800℃ 以上。在欧洲，连铸坯热送热装和直接轧制的发展比日本慢一些。80 年代期间，西德不莱梅钢厂连铸坯热装率约为 30% ，热装温度 500℃ ；蒂森钢铁公司布鲁克豪森厂铸坯平均热装温度约为 400℃ ；奥地利林茨厂带钢车间板坯的热装温度为 900℃ 。

我国一些钢铁企业如宝钢、鞍钢、武钢等，从 20 世纪 80 年代中期开始了热送热装工艺的研究和应用。到 90 年代，许多钢厂在不同程度上采用了这一工艺技术。2010 年，该技术普及率约为 70%；"十二五"期末，预计推广比例将达到 85% 左右。

10.2.2.3　连铸坯热送热装技术适用条件

从国内外发展情况来看，连铸坯热送热装应具备的条件主要有：

（1）高质量连铸坯。冶炼、连铸的生产质量直接关系到铸坯质量的好坏。为了保证铸坯热送热装，连铸坯无缺陷率力争达到 98% 以上。

（2）高温铸坯保温运送。连铸生产应该尽可能通过一系列技术措施获得高温铸坯。针对炼钢、轧钢紧凑布置的企业，连铸坯可采用保温辊道输送；炼钢、轧钢距离较远的企业，在采取保温措施后，可采用汽车、火车及其他车辆运送。

（3）生产能力匹配。铸坯热送热装一般要求连铸机生产能力等于或大于轧钢生产能力。如果连铸生产能力偏小，一方面不利于轧钢提高生产能力，同时使轧机形成"大马拉小车"的浪费现象；另一方面采取冷热坯混装，易造成混号，且加热制度难以制定，加热坯料的原始晶粒不均匀，加热效果不好，必然影响钢材性能。

（4）工序间协调。炼钢、连铸、轧钢生产要采取一体化的生产调度计划，生产计划、工作制度、检修计划等方面要基本一致。要设置缓冲手段，如保温坑、保温吊具、保温台架、保温炉，避免工序间生产不协调，热坯落地。

（5）设备故障率低。铸坯热送热装要求各工序生产机产量均衡稳定，设备故障率低，作业率高。

（6）热装温度和热装率。热装温度是指进入加热炉时连铸坯表面平均温度。热装率是指连铸坯实际热装量与连铸坯实际消耗量比值的百分数。只有当热装温度大于 400℃，热装率大于 30% 时，才具有明显的节能效果，而铸坯在 650 ~ 1000℃时装入加热炉，节能效果最好。

10.2.3　低温轧制技术

10.2.3.1　低温轧制技术简介

低温轧制是指在低于常规热轧温度下的轧制，国外也称中温轧制或温轧。其目的是为了大幅度降低坯料加热所消耗的燃料，减少金属烧损，把开轧温度从 1000 ~ 1150℃降低至 850 ~ 950℃。低温轧制技术是降低轧钢工序能耗的重要节能措施。降低加热炉出钢温度，可减少加热过程的燃料消耗，减少坯料的烧损。随着出钢温度的降低，氧化铁皮量也显著减少。采用低温轧制可以缓解轧制过程轧辊温度的变化，减少因热应力引起的轧辊消耗。降低轧制温度，可以减少轧制过程中二次氧化铁皮生成量，降低轧辊磨损量，从而降低辊耗。同时，在降低轧制温度后，轧件的塑性也随之降低，这将会导致轧制力矩、轧制力增大，咬入条件恶化，从而使轧制功率增加。统计数据显示，低温轧制在燃料消耗和氧化铁皮量上降低所得的效益，完全能抵消并超过提高轧制功率增加的成本。因此，如果轧机的刚度、轧制力、辊身强度、主电机功率等能满足低温轧制的要求，轧后产品性能也能满足要求，则降低钢坯的加热温度可在节能降耗、减少金属烧损等方面获得明显的经济效益。

10.2.3.2　技术适用条件

适用于低温轧制的钢种很多，从低碳钢、中碳钢、高碳钢到调质钢、轴承钢和弹簧钢都可采用低温轧制工艺；对于合金含量较高的钢种，轧制变形抗力大，不适用低温轧制；轧机的刚度和电力设备都能满足要求；轧机为连续紧凑式布置，轧件本身的变形热与轧制过程中的散热基本平衡，温降小。采用低温轧制技术，要严格控制轧制温度。在不同温度条件下形成的二次氧化铁皮的组成不同，工作辊的磨损也不同。当温度低于 900℃时，钢板表面的氧化层主要是 FeO，并带有少量的 Fe_3O_4，没有 Fe_2O_3；但当温度在 900℃ 以上时，FeO 量减少，随之 Fe_3O_4 增多，会有 Fe_2O_3 生成。Fe_3O_4 和 Fe_2O_3 比 FeO 硬度高，更耐磨。因此，当钢材温度超过 900℃时，轧辊的磨损比温度较低时更为严重。从减缓轧辊磨损、提高钢材表面质量的角度出发，希望精轧阶段钢板温度尽可能低，但是还应考虑到轧机的轧制能力。

低温轧制的温度应考虑到以下几个方面：（1）为了保证被轧产品的性能均匀，精轧最后道次的变形必须在奥氏体区完成；（2）为了保证由于外加各种合金元素引起的碳化物的固溶，并防止由于加热温度过高引起的晶粒过度粗大对最终成品质量带来不利影响，板坯出炉温度应当控制在合适的范围内；（3）轧机的轧制能力。不同钢种适宜低温轧制的温度见表 10-4。

表 10-4　不同钢种适宜低温轧制的温度

序　号	钢　种	低温轧制/℃	常化轧制/℃
1	低碳钢	800~850	880~920
2	中碳钢	800~850	860~900
3	高碳钢	750~800	850~900
4	齿轮钢	750~850	850~900
5	淬火回火低合金钢	750~800	850~900
6	弹簧钢	750~800	850~900
7	冷镦钢	780~800	850~900
8	轴承钢		850~900
9	微合金钢	750~800	850~900

10.2.3.3 节能减排效果

现代钢铁生产由连铸坯到精轧成品过程中，大部分能量消耗在钢坯再加热过程中，即总能耗的60%左右用于加热炉的燃耗（即冷坯加热）。用于轧制的能耗仅占40%左右。轧钢节能的潜力主要来源于加热炉，通过有效降低钢坯加热温度，减少吨钢燃耗，从而达到节能减排的目的。据统计，棒材开轧温度从1000～1100℃降低到950～1050℃时，虽然轧钢能耗有所提高，但由于加热炉燃料消耗大大减少，因而可综合节能 10%～20% 左右，氧化铁皮厚度可减少0.15～0.2mm。

10.2.4 轧钢氧化铁皮资源化技术

钢材锻造和热轧时，由于钢铁和空气中氧的反应，常会形成大量氧化铁皮，造成堆积，浪费资源。氧化铁皮的主要成分是 Fe_2O_3、Fe_3O_4、FeO。其中，氧化铁皮最外层为 Fe_2O_3，约占氧化铁皮厚度的10%，它会阻止氧化作用；中间层为 Fe_3O_4，约占氧化铁皮厚度的50%；最里面与铁相接触为 FeO，约占氧化铁皮厚度的40%。如果对这些资源合理利用，可以降低生产成本，同时起到节能环保的作用。大多数企业将氧化铁皮与矿料混合经烧结制成烧结球团到高炉炼铁回收，氧化铁皮还可以作为还原铁粉、化工产品、硅铁合金以及海绵铁的原料进行回收利用。

（1）烧结辅助含铁原料。氧化铁皮是烧结生产较好的辅助含铁原料，一方面，氧化铁皮相对粒度较为粗大，可改善烧结料层的透气性；另一方面，氧化铁皮中的 FeO 在燃烧氧化成 Fe_2O_3 的过程中会大量放热，可以降低固体燃料消耗，同时提高烧结生产率，经验表明，8%的氧化铁皮可增产约2%左右。

（2）粉末冶金原料。在粉末冶金工业中，氧化铁皮是生产还原铁粉的主要原料。生产还原铁粉的工艺流程为：将氧化铁皮经干燥炉干燥去油去水后，经磁选、破碎、筛分入料仓，作为还原剂的焦粉配入10%～20%的脱硫剂（石灰石）后经干燥处理入料仓。将氧化铁皮按环装法装入碳化硅还原罐内，中心和最外边装焦炭粉，将装好料的还原罐放在窑车上送入隧道窑进行一次还原，停留超过90h后冷却出窑。此时氧化铁皮被还原成海绵铁，铁含量为98%以上，卸锭机将还原铁卸出，经清渣、破碎、筛分磁选后，进行二次精还原，生产出合格的还原铁粉。进入球磨机细磨，然后进入分级筛，从而得到不同粒度的高纯度铁粉。将这种铁粉用于制作设备的关键部件，只需压模即可一次成型，获得强度高、耐磨、耐腐的部件。这种性能好的部件主要用于高科技领域，如国防工业、航空制造、交通运输、石油勘探等行业。粒度较粗的铁粉主要用于生产电焊条。

（3）应用化工行业。在化工行业中，氧化铁皮可用作生产氧化铁红、氧化铁黄、氧化铁黑、氧化铁棕、三氯化铁、硫酸亚铁、硫酸亚铁铵、聚合硫酸铁等产品的原料，这些化工产品用途广泛。我国的氧化铁红绝大多数是采用液相沉淀法生产的，主要原料是氧化铁皮。用此工艺可生产从黄相红到紫相红各个色相的铁红。生产过程是从制备晶种开始，后将晶种置于二步氧化桶中，加氧化铁皮和水，再加亚铁盐作为反应介质，以直接蒸汽升温至 80~85℃。并在此温度下鼓入空气，待反应持续至铁红颜色与标样相似停止氧化，后放出料浆，经水洗、过滤、干燥、粉碎即为产品。

（4）氧化铁皮替代钢屑冶炼硅铁合金。硅铁是钢铁工业的重要原材料，它随着钢铁工业的发展而发展。一般硅铁的生产原料为硅石、冶金焦或兰炭和钢屑，并对原料粒度有一定的要求，其中硅石的粒度要求一般为 30~100mm；冶金焦或兰炭的粒度要求一般为 10~18mm。在正常生产中，硅石破碎时会产生约 10%~15% 的、粒度小于 30mm、不符合冶炼要求的硅石粉，目前硅石粉没有很好的利用方法，只能废弃堆积；而冶金企业在炼焦过程中会产生粒度小于 8mm、约占焦炭量 10% 左右的焦粉。焦粉也没有找到有效的成型办法，只能当作低级燃料廉价处理。我国钢铁行业轧钢过程中氧化铁皮的产生量占钢材产量的 3%~5%，其铁含量高达 80%~90%，而且数量可观。为了实现对废弃物的再利用，开发出以废弃的硅石粉代替硅石、废弃的焦粉代替冶金焦/兰炭、氧化铁皮代替钢屑，通过压块来生产硅铁合金的新工艺。新工艺生产硅铁合金所需主要原料按照组成（质量分数）如下：SiO_2 含量为 97%~99% 的废弃硅石粉占 55%~60%；碳含量为 84%~90% 的废弃焦粉占 25%~32%；氧化铁皮占 7%~10%。其中，硅石粉粒度为 3~30mm，焦粉粒度为 3~10mm，氧化铁皮粒度为 5~15mm。另外，还添加一些膨润土、石灰、工业糖浆、水玻璃以及水作为黏结剂，与上述主要原料进行混合，均匀搅拌，然后压成块度为符合入炉标准的压块，在 100~120℃下烘干（6~8h），最后入炉冶炼，得到符合标准要求的硅铁合金。

10.2.5 轧钢工序废水处理技术

10.2.5.1 热轧废水处理技术

热轧浊环水治理系统主要由净化、冷却构筑物和泵组成。传统净化构筑物有一次铁皮坑或水力旋流沉淀池、二次铁皮沉淀池、重力或压力过滤器等。但传统净化技术存在处理系统复杂、工艺流程长、处理构筑物占地面积大、投资费用高和不能连续作业等缺点，且很难满足循环利用的要求。由于热轧废水中氧化铁皮含量高，且具有良好的磁性。根据热轧废水的这一特性，20 世纪 90 年代研发人员开发了磁力净化技术，特别是稀土磁盘分离技术已成功应用于热轧废水处理，是热轧废水处理技术又一次新的发展。

A 稀土磁盘分离净化设备

稀土磁盘分离净化设备由一组强磁力稀土磁盘打捞分离机械组成。当流体流经磁盘之间的流道时，流体中所含的磁性悬浮絮团，除了受流体阻力、絮团重力等机械力的作用之外，还受到强磁场力的作用。当磁场力大于机械合力的反方向分量时，悬浮于流体中的絮团将逐渐从流体中分离出来，吸附在磁盘上。磁盘以1r/min 左右的速度旋转，让悬浮物脱去大部分水分。运转到刮泥板时，形成隔磁卸渣带，渣被螺旋输送机输入渣池。被刮去渣的磁盘旋转重新进入流体，从而形成周而复始的稀土磁盘分离净化废水全过程，达到净化废水、废物回收、循环使用的目的。

B　工艺流程

在实际应用工程中，轧钢浊环水系统应在满足工艺对水质、水温、水压的要求及环境保护的前提下，根据一次投资运行费用及占地面积等因素进行选择。柳钢中板厂改、扩建工程的浊环水处理系统采用了稀土磁盘 + 高效叶轮气浮技术（M + F 法），其工艺流程如图 10 - 5 所示[51]。

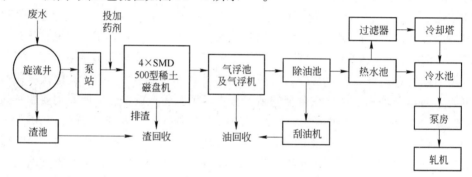

图 10 - 5　柳钢中板厂浊环水处理系统工艺流程

当污水进入稀土磁盘分离净化设备时，废水中绝大部分悬浮物和油渣即被稀土磁盘吸附分离去除。增加特殊的悬磁凝聚剂与水中的油和悬浮物共同作用，提高稀土磁盘去除悬浮物的效率。处理后的废水中密度大于水的物质已基本被去除，再直流入叶轮气浮机，此时悬磁凝聚剂仍然发挥作用，可去除 90% 的浮油和 30% 的乳化油，使乳化油从水中游离出来并聚集在水表面。同时，水中的特微细悬浮物也随着油的聚积而形成油渣并聚体，再靠气浮机叶片将其撇除，因此能去除 85% 以上的乳化油，从而达到油水分离及固液分离的目的。

C　工艺特点

稀土磁盘分离净化废水技术分离效率高，4 ~ 6s 即可除去 90% 的磁性悬浮物，且具有连续除渣、投资省、占地少、耗电省（SMD - 500 型设备总用电负荷仅为 3.7kW）、运行费用低、操作维护方便、可实现无人管理等特点，特别适合于冶金企业轧钢生产的浊环水处理。如采用与之配套的磁力压榨脱水机，可省去浓缩池，大大降低投资和设备运行费用。

10.2.5.2 冷轧废水处理技术

A 含油、乳化液废水处理与回用技术

a 化学法

处理乳化油时必须先破乳。化学破乳法技术成熟，工艺简单，是进行含油废水处理的传统方法。化学破乳法包括盐析法、酸化法、凝聚法及混合法。

（1）盐析法。盐析法的原理是向乳化废水中投加无机盐类电解质，去除乳化油珠外围的水离子，压缩油粒与水界面处双电层厚度，减少电荷，使双电层破坏，从而使油粒脱稳，油珠间吸引力得到恢复而相互聚集，以达到破乳的目的。常用的电解质为 Ca、Mg、Al 的盐类，其中镁盐、钙盐使用较多。

该法操作简单，费用较低，但单独使用投药量大（1% ~5%），聚析速度慢，沉降分离时间一般在 24h 以上，设备占地面积大，且对表面活性剂稳定的含油污水处理效果不好，常用于初级处理。

（2）酸化法。乳化含油废水一般为 O/W 型，油滴表面往往覆盖一层带有负电荷的双电层，将废水用酸调至酸性，一般 pH 值在 3 ~4 之间，产生的质子会中和双电层，通过减少液滴表面电荷而破坏其稳定性，促进油滴凝聚。同时可使存在于油 - 水界面上的高碳脂肪酸或高碳脂肪醇之类的表面活性剂游离出来，使油滴失去稳定性，达到破乳的目的。破乳后用碱性物质调节 pH 值到 7 ~9，可进一步去油，并可进行混凝沉降和过滤等进一步处理。酸化通常可用盐酸、硫酸和磷酸二氢钠等，也可用废酸液（如机械加工的酸洗废液）或烟道气或灰。

酸化法处理含油废水的优点在于工艺设备比较简单，处理效果比较稳定。但缺点也较多，如酸化后若借静置分出油层所需时间较长，硫酸等的使用对设备有一定的腐蚀作用。目前，酸化法处理含油废水常作为一种预处理方法，与气浮或混凝等方法结合使用。

（3）凝聚法。凝聚法除油近年来应用较多。其原理是向乳化废水中投加凝聚剂，水解后生成胶体，吸附油珠，并通过絮凝产生矾花等物理化学作用或通过药剂中和表面电荷使其凝聚，或由于加入的高分子物质的架桥作用达到絮凝，然后通过沉降或气浮的方法将油分除。该法适应性强，可去除乳化油和溶解油以及部分难以生化降解的复杂高分子有机物。

无机絮凝法处理废水速度快，装置比盐析法小，但药剂较贵，污泥生成量多；高分子有机絮凝剂处理含油废水较好，投加量一般较少，结合无机絮凝剂使用效果更好，其特点是可获得最大颗粒的絮体，并把油滴凝聚吸附除去。絮凝法处理含油废水，在适宜的条件下 COD 的去除率可达 50% ~85%，油去除率可达80% ~90%，但该法存在废渣及污泥多和难处理的问题。

（4）混合法。由于乳化液成分复杂，单一的处理方法有时难以奏效，多种情况下，需采用凝聚、盐析、酸化法综合处理，称之为混合法，可取得更佳的效果。一般采用储槽收集，根据需要进行加热，使用除油机分离乳油后，添加破乳剂加热静置，或破乳后进行混凝、气浮分离，或先用少量盐类破乳剂使乳化液油球初步脱稳，再加少量的混凝剂，使之凝聚分离等。

b　膜分离法

目前，水处理中主要应用的几种膜分离技术有电渗析、反渗透和超滤，其中，超滤法因其费用较低而受到欢迎，目前已逐步推广使用。

超滤法的基本原理是当含有多种溶质的溶液切向流经一个多孔膜时，按溶液中颗粒物粒径的大小可分为两种情况：粒径大的完全被截留，粒径小的不被截留。在膜的两侧需施加一个静水压，压力根据膜的强度而定。这样经过超滤，滤出液是纯溶剂或含有少量小颗粒溶质的溶液。用超滤处理乳化液是浓缩处理。大体上，所有非极性的化合物不能透过超滤膜，在浓溶液侧被浓缩；极性化合物可以透过超滤膜而进入渗透水。

超滤法处理乳化液污水系统一般首先经过水量调节、过滤装置过滤等预处理过程，然后进入循环槽，通过供液泵和循环泵不断地在超滤组合件与循环槽内循环、浓缩，排出渗透水，使浓溶液留在储槽内。循环泵的作用是加快乳化液在超滤管内的流速，以保持较高的渗透率。

在处理含油、乳化液的冷轧废水时，为了使乳化液得到最大限度的浓缩，可以采用多级超滤系统的操作方式，其中应用最广泛的是二级超滤系统，其工艺流程如图 10-6 所示[51]。第一级在处理过程中含油废水可从调节池不断地得到供给，第二级超滤采用间歇式操作方式，这是因为第二级超滤处理的乳化液是由第一级周期性地排放供给的。

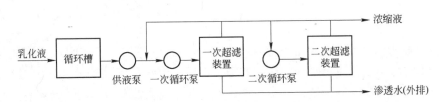

图 10-6　二级超滤系统连续操作流程

经超滤二级处理浓缩后，废液含油浓度一般在 50% 左右，需进一步浓缩。超滤的渗透液由于含油和 COD 尚较高，通常需排入其他废水处理系统，经处理达标后排放或回用。

超滤法是应用于含油废水除油的一项新技术。与传统方法相比，其优点是物质在分离过程中无相变、耗能少、设备简单、操作容易、分离效果好，不会产生大量的油污泥（经过浓缩的母液可以定期除去浮油），在处理水中的乳化油方面有独到之处。缺点是膜易污染、难清洗及水通量小。

B 含铬废水处理与回用技术

冷轧厂含铬废水来自热镀锌机组、电镀锌机组、电镀锡、电工钢等机组，污水中的铬主要以 Cr^{6+} 的形式存在，具有很强的毒性，需要经过严格的处理，达标后才能排放。

a 硫酸亚铁法

含铬废水首先在还原槽中以硫酸调节 pH 值至 2~3，再投加硫酸亚铁溶液，使六价铬还原为三价铬，然后至中和槽投加石灰乳，调节 pH 值至 8.5~9.0，进入沉淀池沉淀分离，上清液达到排放标准后排放。加入硫酸亚铁不但起还原剂的作用，同时还起到凝聚、吸附以及加速沉淀的作用。硫酸亚铁法是我国最早采用的一种方法，药剂来源方便，也较为经济，设备投资少，处理费用低，除铬效果较好，是目前国内冷轧厂含铬废水最为常用的处理方法。

b 亚硫酸氢钠法

在洗净槽中加入亚硫酸氢钠，并用20%硫酸调整 pH 值至2.5~3。将镀铬回收槽清洗过的镀件放入洗净槽进行清洗，镀件表面附着的六价铬即被亚硫酸氢钠还原为三价铬：

$$Cr_2O_7^{2-} + 3HSO_3^- + 5H^+ \longrightarrow 2Cr^{3+} + 3SO_4^{2-} + 4H_2O \qquad (10-1)$$

当多次使用后，亚硫酸氢钠的反应接近终点时，加碱调整 pH 值至 6.7~7.0，生成氢氧化铬沉淀。上清液加酸重新调整 pH 值至 2.5~3.0，再补加亚硫酸氢钠至 2~3g/L 继续使用。

还原剂除亚硫酸氢钠外，还有亚硫酸钠、硫代硫酸钠等，但由于其价格较贵，应用较少。

c 二氧化硫法

废水用泵抽送，经喷射器与二氧化硫气体混合，进入反应罐中进行还原反应。当 pH 值下降至 3~5 时，六价铬全部还原为三价铬。然后投加石灰乳，调整 pH 值至 6~9，流入沉淀池分离，上清液排放。其工艺原理及反应式如下：

$$SO_2 + H_2O \longrightarrow H_2SO_3 \qquad (10-2)$$

$$H_2Cr_2O_7 + 3H_2SO_3 \longrightarrow Cr_2(SO_4)_3 + 4H_2O \qquad (10-3)$$

$$2H_2CrO_4 + 3H_2SO_3 \longrightarrow Cr_2(SO_4)_2 + 5H_2O \qquad (10-4)$$

$$Cr_2(SO_4)_3 + 3Ca(OH)_2 \longrightarrow 2Cr(OH)_3 + 3CaSO_4 \qquad (10-5)$$

按理论计算，$Cr^{6+}:SO_2 = 1:1.85$（质量比）。由于废水中存在其他杂质，因此，实际投加量要比理论值大，以 $Cr^{6+}:SO_2 = 1:(3~5)$（质量比）为宜。废水的 pH 值及 SO_2 量对反应影响很大，当 pH>6 时，SO_2 用量大。因此，pH 值以 3~5 为宜，可节省 SO_2 用量。处理工艺中忌用 HNO_3，因 NO_3^- 的存在会增加 SO_2 用量。采用管道式反应可提高 SO_2 利用率，并有减少设备、提高处理效率等优点。该法适合处理 Cr^{6+} 的质量浓度为 50~300mg/L 的废水。

　　d　废酸还原法

　　从各机组排放的含铬废水，按其浓度大小，分别进入处理站的含铬废水调节池。废水用泵送至一、二级化学还原反应槽，投加废酸（即酸洗废液）使还原池中的 pH 值控制在 2 左右，将氧化还原电位控制在 250mV 左右，使 Cr^{6+} 充分还原成 Cr^{3+}，然后废水流入二级中和池经投加石灰中和，控制 pH 值至 8~9，并在二级中和池通入压缩空气，使二价铁充分氧化成易于沉淀的氢氧化铁，然后加入高分子絮凝剂，经絮凝后废水流入澄清池沉淀，去除悬浮物，然后进行过滤，使处理后水中 SS < 50mg/L，并进行最后的 pH 值调整，经处理后的水在各项指标达标后排放。

　　由于废酸中有 $FeCl_2$ 和 HCl，故可使废水中 Cr^{6+} 还原为 Cr^{3+}，其反应式为：

$$6FeCl_2 + K_2Cr_2O_7 + 14HCl \longrightarrow 6FeCl_3 + 2CrCl_3 + 2KCl + 7H_2O \qquad (10-6)$$

　　为使反应充分完全，化学反应槽应采用两级，并在每级槽中设置还原电位和 pH 计，以便控制投药量。为保证含铬废水处理合格，在第二级还原槽排出口设置 Cr^{6+} 测定仪，当 Cr^{6+} < 0.5mg/L 时，才能流入下一级处理工序；否则，废水必须送回系统中重新处理。为了保证含铬污泥不污染环境，含铬污泥应单独处理。

11 冶金煤气综合利用技术

大型钢铁联合企业的高炉—转炉流程包括烧结/球团、焦化、炼铁、炼钢、轧钢等生产工序，是典型的铁—煤化工过程：含铁原料经过一系列复杂的物理化学变化从天然资源冶炼成钢铁产品，含碳能源经高炉、焦炉等能源转换装置转变为高炉煤气、焦炉煤气、电等二次能源，其中煤气资源占企业总能耗的比例达40%左右。

近年来，我国钢铁工业迅猛发展，钢铁冶金技术不断进步，使得钢铁企业副产煤气资源量越来越多。实现煤气的充分回收、合理利用，对于钢铁厂降低成本、发挥其能源转换作用具有重要的意义，不仅有利于降低钢铁厂单位产品的能源消耗和污染物排放，还可以与石化行业形成工业生态链，产生新的经济效益和社会效益[52]。

11.1 冶金煤气产生与利用现状

钢铁厂煤气资源是指在生产钢铁产品时副产的气体燃料，主要包括高炉煤气（简称 BFG）、焦炉煤气（简称 COG）和转炉煤气（简称 LDG），由于产生工艺不同，成分和热值有较大差异。高炉煤气是铁矿石和焦炭在高炉中发生还原反应产生的，主要成分为 N_2、CO，热值较低，一般为 3000 ~ 3800kJ/m³；焦炉煤气是洗精煤在焦炉绝氧的状态下炭化或干馏产生的，主要成分为 H_2 和 CH_4，热值为 16000 ~ 19300kJ/m³；转炉煤气是氧气转炉冶炼钢水时产生的，在吹炼期间，转炉生产 1t 钢水通常产生 80 ~ 100m³ 的转炉煤气，其主要成分为 CO 和 CO_2，热值一般为 7500 ~ 8000kJ/m³。目前，回收的煤气主要作为燃料供焦炉、热风炉、加热炉等工业炉窑加热使用，这部分占煤气资源量的 50% ~ 80%，剩余部分供自备电厂发电，多余部分放散。

煤气的生产、存储、加压混合、分配和使用组成了钢铁厂煤气系统。图11-1 为我国某钢铁厂能流图，其中阴影部分为煤气流，分别表示焦炉煤气、高炉煤气和转炉煤气的生产、回收和利用情况，该厂副产煤气回收量占能源消耗的比例为 35%，煤气利用率为 98%，回收和利用居国内领先水平。而目前我国多数钢铁厂煤气回收率低、消耗量大且放散严重，造成能源浪费和环境污染，表11-1 为近年来重点统计的钢铁厂副产煤气利用情况。由表 11-1 可见，近年来，我国多数钢铁厂煤气利用率逐年提高，放散严重现象得到改善。在日本、德国等发达国家，钢铁厂副产煤气基本上全部回收再利用，无放散。

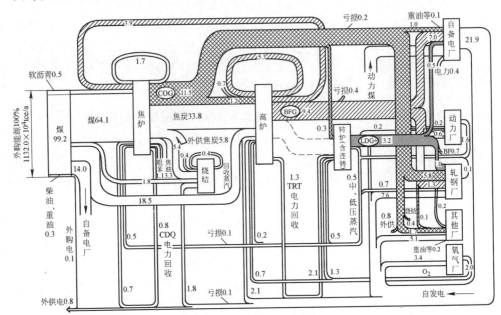

图 11 - 1　某钢铁厂能流图

（阴影部分为煤气流）

表 11 - 1　近年来重点统计的钢铁厂副产煤气利用情况

年　份	2001	2002	2003	2004	2005	2006	2007	2008	2009	2010
高炉煤气利用率/%	91.1	93.1	90.5	95.6	89.5	90.2	90.0	89.5	94.05	94.72
焦炉煤气利用率/%	97.9	97.3	97.6	98.6	94.2	95.8	97.2	98.0	98.41	98.34
转炉煤气回收率/$m^3 \cdot t^{-1}$	38.0	37.0	41.0	42.0	54.0	56.0	63.0	70.0	75.0	81.0

注：2001~2006 年数据取自文献 [52]，2009~2010 年数据取自文献 [53]。

　　对于提高冶金煤气综合利用技术而言，应采用节能新技术提高煤气回收与利用水平，降低煤气消耗；同时根据煤气资源的数量、品质（热值）和用户需求，科学准确地预示煤气的发生量、消耗量和剩余量，科学地设计煤气柜的容量、锅炉掺烧煤气的缓冲量。做到富余煤气在煤气柜和缓冲锅炉间的优化利用[54~56]；加强煤气系统管理，完善煤气管理系统硬件和软件设施，科学合理地分配使用煤气资源，真正实现剩余煤气"零"放散[52,57]。

11.2　煤气发电技术

　　煤气用于发电是钢铁联合企业富余煤气回收利用最常用的方法，我国大、中型钢铁联合企业为了利用富余煤气均建有自备电厂。目前，钢铁联合企业煤气发

电的方式主要有：掺烧煤气燃煤锅炉发电方式、全烧煤气锅炉发电方式和燃气 –
蒸汽联合循环发电（CCPP）方式。

在富余煤气发电方式选择上，根据钢铁联合企业煤气富余情况，优先考虑使
用煤气 – 电力转换效率高的装置，剩余部分再用于热效率低的锅炉，最终实现煤
气零放散。表 11 – 2 为不同煤气发电机组的发电效率比较。可以看出，CCPP 发
电机组的效率最高，其他煤气发电方式随着发电机组装机容量的增大，煤气利用
率显著提高。

表 11 – 2 不同煤气发电机组的发电煤耗与发电效率

发电机容量 /MW	全烧煤气方式		掺烧煤气燃煤方式		CCPP	
	发电煤耗 /kgce · (kW · h)$^{-1}$	发电效率 /%	发电煤耗 /kgce · (kW · h)$^{-1}$	发电效率 /%	发电煤耗 /kgce · (kW · h)$^{-1}$	发电效率 /%
3	0.54	22.8				
6	0.52	23.6				
12	0.5	24.6	0.48	25.6		
25	0.45	27.3	0.44	27.9		
50	0.425	28.9	0.42	29.3	0.293	42
100			0.4	30.7	0.273	45
110	0.41	30				
125			0.375	32.7		
150			0.35	35.1	0.267	46
300			0.33	37.2	0.256	48
350			0.32	38.4		

11.2.1 掺烧煤气燃煤锅炉发电技术

大型钢铁联合企业自备电厂多采用掺烧煤气燃煤锅炉 – 蒸汽轮机发电方式利
用富余煤气发电。掺烧煤气燃煤锅炉 – 蒸汽轮机发电机组装机容量都比较大，发
电效率明显高于燃气锅炉 – 蒸汽轮机发电方式。这种发电方式下锅炉的蒸汽参数
为亚临界（16.2 ~ 16.7MPa、538/538℃）或者超临界（24.1MPa、538/538℃），
发电效率在 35% ~ 40% 之间。宝钢电厂的 3 台 350MW 机组，锅炉额定总负荷达
到 3480t/h，发电效率达 38.6%。掺烧煤气燃煤锅炉的燃料以煤为主、煤气为
辅，煤气消耗量的调节范围为 0% ~ 30%（有的设计值达 65%，如宝钢的 1 号、
2 号锅炉，但实际运行中基本在 30% 以下），是钢铁联合企业可靠的煤气缓冲用
户，且掺烧煤气后，对发电效率影响不大。以宝钢 3 号发电机组为例，当掺烧高
炉煤气比例为 0%、20% 和 40% 时，发电效率依次为 39.3%、38.5%、37.4%。

鼓励钢铁企业与电力企业合作，利用钢铁企业的副产煤气和发电厂的大型蒸
汽锅炉、大容量发电机组，开展"共同火力"发电。"共同火力"发电是指钢铁
企业将富余的煤气等资源输送给电厂，由电厂将这部分资源转化为电，然后以优
惠的价格再输送给钢铁企业，以达到双赢，同时带来较好的经济效益和环境效

益。"共同火力"发电比常规的发电机组灵活,在煤气富余时,"共同火力"的蒸汽锅炉可以将其消耗掉,使煤气不再放散,也降低了发电成本;在煤气不足时,"共同火力"的蒸汽锅炉可以烧煤,保证供电正常。"共同火力"在日本于20世纪60~70年代就已开展,君津、户畑、大分、鹿岛、和歌山、水岛、福山等均建有"共同火力"。但是我国"共同火力"较少,宝钢的发电模式实质上就是"共同火力",消耗其自身产生的副产煤气,辅以其他燃料发电供自己使用,同时可以向外网输送电力。一般"共同火力"发电机组均较大,且燃料以煤为主,即掺烧煤气燃煤锅炉发电机组。

11.2.2 全烧煤气锅炉发电技术

全烧煤气(主要是高炉煤气)锅炉发电技术是利用钢铁联合企业中大量低发热值煤气进行发电的一项新技术。它是以钢铁企业富余煤气为锅炉燃料,将其用于驱动蒸汽轮机发电机组进行发电的技术,主要设备包括锅炉、汽轮机和发电机三大核心设备。这一技术既充分高效地利用了钢铁企业各类富余煤气资源,又作为缓冲用户稳定了煤气系统管网的波动,同时省去了一般火力发电厂输煤和制粉系统、排渣及除尘系统等。但是,由于锅炉容量较小,热效率只有25%~30%。目前,国内有25t/h的中压小锅炉,也有130~220t/h高温高压电站锅炉,配备的发电机组一般低于60MW。首钢应用220t/h纯烧高炉煤气锅炉发电技术后,全年可供蒸汽57.6万吨,发电4320万千瓦时,实现节能17.6万吨标准煤,综合年效益在4000万元以上。此技术已在鞍钢、马钢、武钢、沙钢、梅钢、安钢等企业广泛使用。

燃气锅炉是煤气的缓冲用户之一,但其缓冲能力相对有限。当煤气消耗量减小时,锅炉的出力低于额定的蒸发量,炉内传热发生变化,使各项热损失所占的比例也发生变化。锅炉热效率最佳效率区大约在额定蒸发量的85%~100%范围内,低于80%的负荷下运行或短时超出100%负荷运行,锅炉效率将急剧下降。因此,有人提出"有多少(富余)煤气发多少电"的观点,是不科学的。因为钢铁联合企业煤气富余量随时间的波动幅度很大,全部用煤气发电的利用方式,必然要求有相当负荷的燃气锅炉作为缓冲用户,而对于锅炉操作而言,负荷频繁变化对燃气锅炉发电的效率影响极大,机组发电能力极低,所以这种利用方式必然是低效的。其次,由于燃气锅炉容量有限,国内最大的燃气锅炉仅为220t/h,负荷调节有限,所以煤气消耗量调节范围不大,当煤气波动较大时,必然导致煤气大量放散。

11.2.2.1 技术原理及特点

全烧煤气(以高炉煤气为主)锅炉发电技术的原理是:企业富余煤气经净化处理后,由管道输送至锅炉炉膛内,锅炉内由于煤气的不断燃烧,由化学能转变为热能，将产生的具有一定压力和温度的蒸汽引入汽轮机，经过膨胀做功将热能转换成机械能，最终汽轮机通过联轴器带动发电机具有磁场的转子，将机械能转换成电能。按锅炉运行参数分类，该技术在钢铁行业的应用主要包括两种：中温中压参数通常指锅炉所产蒸汽参数为 3.82MPa、450℃，高温高压参数通常指锅炉所产蒸汽参数为 9.82MPa、540℃。

220t/h 全烧高炉煤气高温高压锅炉（出口蒸汽参数为540℃、9.8MPa），可与50MW汽轮发电机组配套。设计消耗高炉煤气（标态）$(19 \sim 23) \times 10^4 m^3/h$，燃用高炉煤气的热值在 2800 ~ 3500kJ/m³ 之间，也可掺烧转炉煤气。其工作范围在 40% ~ 100% 内都可靠稳定工作，由于高炉煤气与燃煤相比含尘量少、含硫量少，因此它不但节能而且环境友好。在设计上采用了高炉煤气加热燃烧。热源来自自身所排烟气，所以效率高，在88%以上。煤气加热采用分体式热管换热器，炉膛采用缩腰，下部炉膛敷有耐火材料形成未燃带。燃烧器前后墙布置，共计 12 ~ 15 只（每只 15000 ~ 18000m³/h（标态））双旋流大功率高炉煤气燃烧器。炉底为全密封炉底，采用沸腾式省煤器。为了保证安全，采用了高炉煤气快速切断装置，在电源中断时靠自身所蓄能量可以快速将阀门关闭。采用 V 型水封加电动蝶阀实现有效隔绝，为锅炉检修提供了方便。为了保证生产人员的安全，现场设置了 CO 报警系统。为了保证锅炉运行时的安全，设置了煤气 CO 含量的在线检测和锅炉烟气的 CO、氧化锆含量的在线检测，为锅炉运行时的配风提供数据，为点、停炉的炉膛吹扫提供数据。

11.2.2.2 应用及效果

首钢全烧高炉煤气锅炉是国内外第一台全烧高炉煤气的高温高压电站锅炉，为冶金企业开辟了一条清洁高效回收高炉煤气的新途径。该技术已获得国家专利（专利号：ZL 97 203451. X）且在国内多家企业推广应用（见表 11 - 3）。

表 11 - 3 低热值全烧高炉煤气发电技术推广应用情况

应用企业	生产能力	投资/亿元
上海一钢公司	电站装机容量 50MW	2.47
马钢热电厂	220t/h 全烧煤气锅炉	0.54
鞍钢	220t/h 全烧煤气锅炉	1.3
沙钢	220t/h 全烧煤气锅炉	
武钢	220t/h 全烧煤气锅炉	
安阳	220t/h 全烧煤气锅炉	
宝钢	电站装机容量 145MW	5.6
八一钢厂	2×130t/h 全烧煤气锅炉	

（1）由于高炉煤气的热值较低，燃烧不稳定，在设计时，采用了大功率双旋流高炉煤气燃烧器，通过旋流叶片，加强高炉煤气和助燃风的混合，在炉膛采

用了束腰结构、燃烧区敷设未燃带等，提高了炉膛热强度。通过这些技术措施，保证了高炉煤气稳定燃烧。

（2）该锅炉的燃料是气体，与煤粉炉相比，烟气量加大，对流吸热所占比例增加。设计时，采用了高沸腾度省煤器，沸度达20%，协调了辐射受热面和对流受热面的比例关系。

（3）采用分离式热管加热器预热煤气，提高了煤气入炉温度，稳定燃烧。

（4）研制开发了与该锅炉配套的高炉煤气锅炉安全保护系统。

（5）从运行上看，该锅炉在低负荷下仍能稳定运行。

全烧煤气锅炉发电技术应用势头异常迅猛，这是因为其经济效益、环境效益和社会效益显著。以马钢为例，投资2500多万元与2500m³高炉配套建成220t/h全烧高炉煤气锅炉发电机组，每天可以产生经济效益约16万元，全年为5000多万元，可回收全部投资。以唐钢25MW发电机组为例，运行16个月共烧高炉煤气（标态）15.22亿立方米，累计产汽量123.4万吨、发电量2.54亿千瓦时、抽气量53.7万吨，高炉煤气（标态）成本以0.02元/m³计算，扣除抽汽产生的效益（以41元/t计算）后发电能耗成本只有0.033元/kW·h。若按不抽蒸汽、高炉煤气发电与燃煤火力发电热效率相同，高炉煤气（标态）以0.02~0.03元/m³计入成本，其发电能耗成本为0.065~0.098元/kW·h，仍低于燃煤火力发电的能耗成本。对于50MW及以上的大型高炉煤气发电机组，如1996年12月投产的首钢50MW全烧高炉煤气发电机组、1999年下半年投产的上海一钢50MW全烧高炉煤气发电机组来说，由于高炉煤气热效率利用高，其发电机能耗成本低廉的优势会更加突出。

对于我国而言，高炉煤气回收利用与发电无疑是节能、降耗和减轻环境污染的最佳途径。总之，由于全烧高炉煤气锅炉技术的运行，成功地将低品位高炉煤气转化为高品质的电能，不但解决煤气大量放散所造成的能源浪费、环境污染问题，而且促进了冶金行业节能减排、降低成本，取得了显著的社会效益、环境效益和经济效益，应用前景非常广阔。

11.2.3　燃气－蒸汽联合循环发电技术

燃气－蒸汽联合循环发电（CCPP）技术充分利用了钢铁企业低热值煤气，其由燃气轮机循环以及汽轮机循环所组成，煤气的热能既利用了烟气的做功能力发电，又利用了蒸汽的做功能力发电，从而更大限度地提高了能源的利用效率。一般由煤气供给系统、燃气轮机系统、余热锅炉系统、蒸汽轮机系统和发电机系统组成。主要设备有空气压缩机、煤气压缩机、空气预热器、煤气预热器、燃气轮机、余热锅炉、发电机和励磁机等，一般分为单轴和多轴布置形式。如图11-2所示，CCPP工艺流程为：经除尘加压的煤气与加压的空气混合后进入燃烧室并燃烧，所产生的高温、高压燃气进入燃气透平机组膨胀做功，燃气轮机通过减速齿轮传递到汽轮发电机组发电，燃气轮机做功后的排气进入余热锅炉，产生蒸汽后进入蒸汽轮机做功，带动发电机组发电，组成燃气－蒸汽联合循环发电系统。

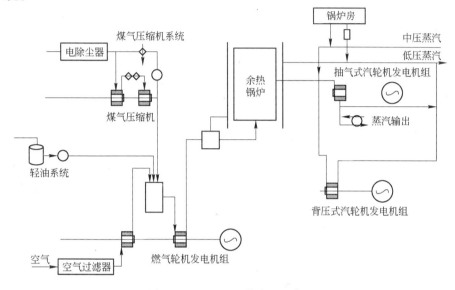

图 11 - 2　CCPP 工艺流程示意图

CCPP 具有如下工艺特点：

（1）CCPP 热效率、发电效率高，成本低，经济效益好。在不外供热时 CCPP 发电效率可达 40% ~ 46%，目前最高可达 58% 以上，并且还可以进一步提高。同规模的常规锅炉蒸汽发电效率仅为 23% ~ 30% 左右，而 CCPP 要多发出 80% 左右的电。CCPP 的供电成本低，一般钢铁厂 CCPP 在回收的高炉煤气不计费用时，其供电成本仅为 0.07 ~ 0.08 元/kW·h。CCPP 的项目投资收益率在 25% 以上，投资回收期一般为 3 ~ 5 年，经济效益良好[58]。

（2）运行灵活，调峰性能好。由于 CCPP 中 70% 的电由启停灵活的燃气轮机发出，故调峰性能好，一般在 20min 内可带 2/3 额定负荷[58]。

（3）节水效果显著。CCPP 为同容量常规燃煤电厂用水量的 1/3 左右。在缺水的华北、山东和西北地区有重要优势[59]。

（4）发电环保性能好。CCPP 使用清洁燃料，基本上无烟尘污染，NO_x 的产生水平也大大低于烧锅炉的常规电厂，一般达到 0.004% 以下的水平。

（5）发电的安全性好，运行可靠性高。一般来讲，CCPP 发电设计年运行时间为 7800 ~ 8000h。由于燃气轮机燃烧的是洁净燃料，设备工作条件好，因此故障率低，维修时间和工作量也都大大低于锅炉蒸汽发电。

11.2.3.1 技术原理及特点

CCPP 与常规锅炉发电机组相比，热电转换效率较高，提高近 10 个百分点，可达 45% 以上，发电成本大为降低，节能效果显著。在保证煤气供应量稳定充足的前提下，可采用装机容量较大的 CCPP。

在常规蒸汽发电中，锅炉产生蒸汽用来发电是利用蒸汽朗肯热力循环来做功，做功发电是利用蒸汽的状态变化完成的。燃料燃烧产生的高温烟气（1200～1600℃）只用于加热蒸汽（一般为 450～560℃），然后由蒸汽驱动汽轮机发电。此时，高温烟气的做功能力（温度差和压力能，即燃气勃莱敦热力循环的做功能力）被浪费掉了，而 CCPP 装置有燃气－蒸汽两个热力循环，即燃气勃莱敦热力循环和蒸汽朗肯热力循环，燃气－蒸汽联合循环焓熵图如图 11－3 所示。

在燃气勃莱敦热力循环中，燃料燃烧产生的高温高压烟气在状态变化

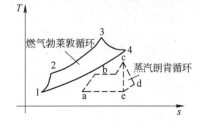

图 11－3　燃气－蒸汽联合循环焓熵图
1—2 为空气在压气机中的压缩过程；
2—3 为空气和燃料在燃烧室内的燃烧过程（工质吸热）；3—4 为燃气在燃气透平中的膨胀做功过程；
4—1 为燃气轮机排气放热过程

时可以做功发电，而燃气勃莱敦循环排出的较高温度（500～600℃）的烟气仍然可以用来加热蒸汽至 450～540℃用于发电，因此，CCPP 是将燃气勃莱敦热力循环和蒸汽朗肯热力循环联合起来，使燃料的热能既参与燃气轮机的循环又参与蒸汽轮机和锅炉组成的朗肯循环，利用了烟气和蒸汽的做功能力发电，达到很高的热电转换效率。

低热值煤气的燃烧技术主要有两种技术流派：一种是采用单筒燃烧器的燃气轮机，使用的煤气热值可在 $3344kJ/m^3$ 或 $5643kJ/m^3$ 左右，如 ABB、新比隆公司的产品；另一种是多筒燃烧器的燃气轮机，多用于煤气化循环发电（IGCC），煤气（常称合成气 Syngas）热值 $5576.12kJ/m^3$，煤气含 H_2 量 10% 左右，如 GE 公司与三菱公司的产品，通钢 CCPP 采用了这种机组。表 11－4 列出了几种主要的低热值煤气燃气轮机的机型，表 11－5 列出了国内两种低热值煤气 CCPP 的主要技术参数。影响燃机技术水平的主要指标是入口温度与压缩比，入口温度与压缩比越高，发电效率就越高，对燃机叶片的材质与冷却技术要求也越高。三菱公司的 M701 组从 D 型系列入口温度 1150℃发展到 G 型系列入口温度 1150℃，联合循环效率可从 45% 提高到 57% 左右。年运行时间从蒸汽轮机的 6500h 提高到了燃气轮机的 7500～8000h。单循环燃机的启动时间只需要 20min 左右，可作调峰电厂使用，并有占地少、用水少、定员少、建设周期短等优点。CCPP 使用清洁燃料，基本上无烟尘污染，NO_x 的产生水平也大大低于常规电厂，一般可达到

0.004%以下的水平，所以 CCPP 也是环境友好的技术。

表 11-4　主要的低热值煤气燃气轮机的机型

项　目	GE		三　菱		川崎 ABB	新比隆
	MS9001FA, 9FA	6B	MW-701D	MW-251	GT11N2	PGT10B
燃烧器	多筒	多筒	多筒	多筒	单筒	单筒
煤气	天然气	合成气	增热高炉煤气	高炉煤气或混合煤气	高炉煤气	合成气
热值/kJ·m^{-3}	33440	5517.6	4033.7~5810.2	2926~7524	3260.4	7350
入口温度/℃	1327	1140		1150	1158	
压比	14.7	21.9			15.4	
单循环出力/kW	255600	50000	124800	32000		13000
联合循环出力/kW			149000	67400	14500	
排气温度/℃	610	525			540	488
单循环效率/%	36.5	34.4				34.2
联合循环效率/%				>46	45.52	
运转时间/h·a^{-1}		8000			7500	8000
NO$_x$/%		0.0042		0.002	0.003	0.006

表 11-5　国内两种低热值煤气 CCPP 主要技术参数

项　目	145MW CCPP	50MW CCPP	项　目	145MW CCPP	50MW CCPP
机型	ABB 11N21LBTU	6B	供热标煤耗/kg·GJ^{-1}	38.69	39.22
机组组成	1G+1G+1HRSG	1G+2S+1HRSD	年用煤量/亿立方米	27.1	6.939
公称能力/MW	145	50	发电加热年均设计热效率/%	60.6	84.7
燃料	高炉煤气	混合煤气	厂区占地面积/m^2	21580	16000
煤气热值/kJ·m^{-3}	3098~3516	5576.12	总建筑面积/m^2	4810	7362
年发电量/亿千瓦时	9.405	4.34	设备总质量/t	4910	
厂用电率/%	3.0	2.2	电厂定员/人	18	32
年送电量/亿千瓦时	9.123	4.25	NO$_x$/%	0.003	0.0042
年供热量/万吨(蒸汽)	6.66(最大 180t/h)	—	设备利用时间/h	7500	7927
发电标煤耗/kg·(kW·h)$^{-1}$	0.278 (0.235 供热时)	0.292			

11.2.3.2　应用及效果

1995 年，宝钢和日本川崎重工开始在宝钢电厂建造国内第一台燃烧低热值煤气的 CCPP 发电机组，装机容量 150MW，100% 纯烧高炉煤气，该发电机组于 1997 年 11 月正式投入运行，开始了我国钢铁联合企业建设 CCPP 的先河。之后，通钢、武钢、济钢、马钢、鞍钢均建设了 CCPP，其中鞍钢的 CCPP 机组装机容量达到了 300MW，以高炉煤气和焦炉煤气为燃料，年发电量 20 亿千瓦时，是目前世界上功率最大、最先进的燃烧煤气的联合循环发电机组。

随着钢铁行业节能减排力度的不断加强，CCPP 技术的节能环保优势日益彰显。2010 年，该技术在国内重点大中型钢铁企业普及率在 15% 左右，预计"十二五"期末推广应用比例将达到 20%～30%。

A　宝钢 150MW 的 CCPP 技术

我国钢铁行业第一套 CCPP 是宝钢于 1995 年引进的，其设备由日本川崎重工和瑞士 ABB 提供。它也是世界上第一台 100% 燃烧低热值高炉煤气的最大装置。该装置 1997 年 7 月 5 日首次并网发电，7 月 22 日单烧高炉煤气成功，11 月 28 日进入商业运行。经性能测试表明：该机组热效率接近 46%；NO_x 排放量低于 10×10^{-6}，环境污染小；最大输出功率 150MW；最大抽汽量 180t/h 时，输出功率 10718MW，可实现热电联供；装置操作全部计算机化。

宝钢 CCPP 系统流程如图 11-4 所示，从总管来的高炉煤气含尘质量浓度为 $10mg/m^3$，经湿式电除尘器除尘后含尘（标态）$1mg/m^3$，相对湿度 100%，温度约 40℃，再经煤气加热器加热至约 50℃，使煤气中的水始终处于过热状态，在随后压缩过程中不产生凝结水。煤气经低压压缩机（轴流式）和高压压缩机（离心式）两机连续压缩，两机中间进行一次冷却，使压力达到 1144MPa（G），温度达到 300℃，然后进入燃气轮机的燃烧室和燃气轮机自产的压缩空气掺混并燃烧，产生的烟气经燃机做功，排出的废气通过余热锅炉产生水蒸气并经蒸汽轮机做功。最终由燃气轮机和蒸汽轮机同时驱动压缩机，并将多余功带动发电机发电，从而实现燃气-蒸汽联合循环发电的目的。该装置为几大机组共一轴系的同轴方案，也有采用将压缩机由一台原动机驱动，而其他机组维持原位的分轴方案。

宝钢 CCPP 煤气压缩机由一台 AV90-15 轴流压缩机与一台 R112-5 离心压缩机串联而成，煤气从轴流机出口进入其中冷却，当从 235℃ 冷却到 150℃ 左右后进入离心机进一步压缩，从而达到工艺要求的性能参数，相关的主要参数见表 11-6。该轴流压缩机和离心压缩机在轴端均设置充氮式迷宫式密封，机壳中分面开槽充氮进行密封，机内装有喷水除尘装置。两机用刚性联轴器连接，仅在低压缸设推力轴承。机组刚性好，运转平稳，噪声低。

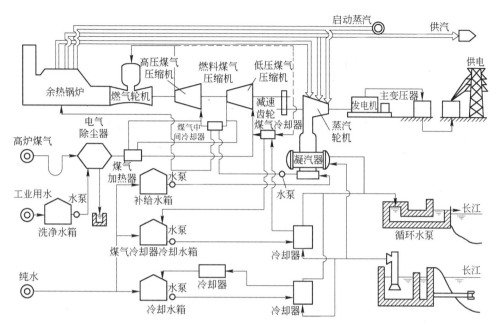

图 11-4 宝钢 CCPP 系统流程

表 11-6 宝钢 CCPP 煤气压缩机主要参数

压缩机	低压煤气压缩机	高压煤气压缩机
型号	AV90-15（15 级全静叶可调轴流式）	R112-5（5 级离心式）
额定转速/r·min⁻¹	3600	3600
额定煤气流量（标态）/m³·h⁻¹	36.22×10⁴	36.22×10⁴
煤气入口条件	0.0397MPa（G），35℃	4.64MPa（G），150℃
煤气出口条件	0.487MPa（G），235℃	1.44MPa（G），300℃
压比	5.646	2.73
额定功率/kW	33500	24110

设备概况：

（1）机组。最大输出功率 150MW，最大供气量 180t/h，燃料为高炉煤气，冷却水为长江水，热效率 46%。

（2）燃气轮机。ABB11N2LBTU 型，额定输出功率 144MW，转速 3600r/min。

（3）蒸汽轮机。KHISCE500 型，2 段抽汽混压凝气式，额定输出功率 6015MW，转速 3600r/min。

（4）燃料压缩机。高压 SulzerR11-5 型，低压 SulzerAV90-15 型，转速 3600r/min。

（5）减速齿轮箱。RENKTA80X 双螺旋形，最大传输功率 100MW，转速 3600/3000r/min。

（6）发电机。ABB 卧置旋转励磁全封闭空冷型，额定容量 176MW，转速 3000r/min。

（7）余热锅炉。川崎 Vogt 卧置复压式自然循环型，额定高压蒸汽量 1697t/h。

（8）主变压器。中国沈阳变压器厂室外强制冷却型，额定容量 180MV·A，额定电压 15kV/110kV。

（9）电气除尘器。MH1 湿式卧置板式，除尘效率 90% 以上。

B　日本君津 300MW 的 CCPP 技术

君津联合发电厂 5 号机采用三菱重工开发的专烧高炉煤气 F 型大容量燃气轮机，建成了 300MW 的 CCPP 发电装置。该机组的流程如图 11 - 5 所示。

发电机组的主要参数见表 11 - 7，控制系统为三菱重工的 Diasys Netmation 控制系统。

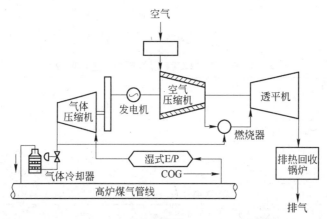

图 11 -5　日本君津联合发电厂 5 号机流程图

表 11 -7　发电机组的主要参数

发电机组	一轴式	燃气轮机	M701F
燃　料	增热高炉煤气	蒸汽轮机	SRT40.5
发电功率/MW	300	气体冷却器	直接水冷
发电效率/%	47.5（HHV）	冷凝器冷却	海水冷却

高炉煤气和焦炉煤气混合后，低位发热值达到 4400kJ/m³，燃烧后透平入口温度达到了世界最高纪录 1300℃。针对高炉煤气发热量低，N_2、CO_2 等气体含量高、燃烧速度慢、可燃范围窄等特点，为调整最适当的空燃比，达到全部运行范围的高燃烧率，采用了和干式低 NO_x 燃烧器同样的、带有空气旁路阀的多分

管燃烧室，如图 11 - 6 所示。在透平入口温度一定的情况下，发热量低的燃气通过透平的燃料气的量比发热量高的燃气多。因此，一般采取空压机小型化以减少空气吸入量从而使透平的气体通过量和标准机型一致。考虑到高炉煤气含尘量比较大，为了防止透平机经年劣化和灰尘沉积，采用了湿式静电除尘器以提高除尘的可靠性。该发电设备一致平稳运行，达到了 48% 的（高热值 HHV）发电效率。

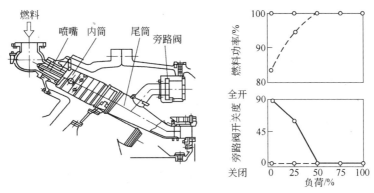

图 11 - 6　带有空气旁路阀的多分管燃烧室示意图

11.3　煤气制取清洁能源技术

以往，焦炉煤气作为燃料使用，主要是因为其发热值较高，燃烧后烟气能够达到较高的温度。随着蓄热式技术、连铸连轧技术、燃用低发热值煤气发电等节能技术的发展，弥补了低发热值煤气燃烧温度的不足，焦炉煤气用量大幅度降低，出现大量富余。目前，钢铁企业一般的做法是将富余的焦炉煤气送往自备电厂发电，但焦炉煤气发电成本较高，根据一些焦化厂利用焦炉煤气发电的成本核算结果表明，1m³ 焦炉煤气仅能产生 1 度电[60]，因此，合理利用焦炉煤气成为新的议题。

目前，副产煤气利用方式是燃料化，未来副产煤气利用方式将是资源化——制取氢气、甲醇（CH_3OH）或二甲醚（CH_3OCH_3）等。高发热值煤气富余建议走资源化道路，将多余的焦炉煤气生产化工产品或直接还原铁产品（DRI, Direct Reduction Iron）。Peter Diemer[61]、王太炎等研究了钢铁企业副产煤气的再资源化利用，焦炉煤气 H_2 和 CH_4 含量高，其利用形式主要有：制氢、生产甲醇和直接还原铁产品等[60,62]。

11.3.1　煤气制氢

焦炉煤气不仅是优质的气体燃料，还是理想的化工原料。焦炉煤气富含

50% ~60% 的 H_2、20% ~30% 的 CH_4，是非常好的制氢原料气（见表 11 -8）。采用焦炉煤气制氢，只需按现有煤气处理工艺，将其中的有害杂质去除，即可通过变压吸附技术（PSA，Pressure Swing Absorption）提取出高纯度（99.99%）的氢气，按此流程 $1m^3$ 的焦炉煤气可制取约 $0.44m^3$ 的氢气，经变压吸附后的解吸气因甲烷组分增加，发热值大幅度提高，可达约 $23.2MJ/m^3$，仍然可以作为冶金燃料再利用，其工艺流程如图 11 -7 所示。与天然气制氢（目前是以天然气、石油和煤为原料，在高温下使之与水蒸气反应或用部分氧化法制得，见图 11 -8）相比，省去了蒸汽转换或部分氧化等 CH_4 裂解过程，从而省去了这一工艺过程的能源消耗，并且工艺简单，投资少，比直接使用天然气和煤炭等制氢更加经济，对于缓解我国能源紧张，促进环境改善和钢铁工业生态化转型，具有重要的社会效益和经济效益。利用焦炉煤气生产纯氢技术成熟，经济合理，在我国得到了广泛应用。目前，宝钢化工公司和石家庄焦化厂已成功地将焦炉煤气用于苯加氢装置生产纯苯等化工产品。

表 11 -8　焦炉煤气与天然气成分　　　　　　　　　　（%）

成分	H_2	CH_4	CO	C_mH_n	CO_2	N_2	O_2
焦炉煤气	55 ~60	23 ~27	5 ~8	2 ~4	1.5 ~3	3 ~7	0.3 ~0.8
气井		98.0		0.6 ~1.0		1.0	
油井		81.7		10 ~15	0.7	1.8	0.2

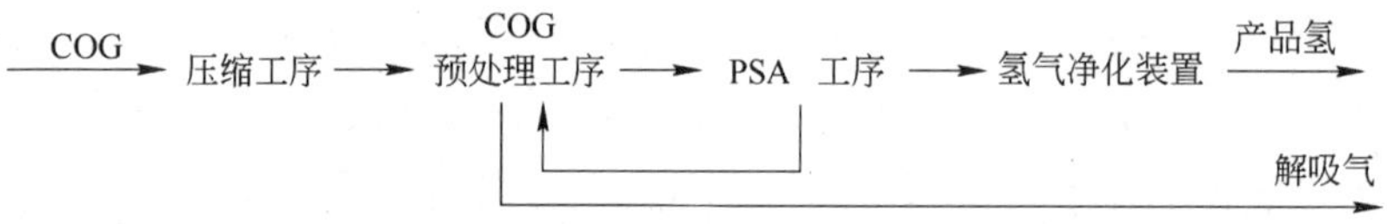

COG ──→ 压缩工序 ──→ COG 预处理工序 ──→ PSA 工序 ──→ 氢气净化装置 ──→ 产品氢
　　　　　　　　　　　　　　　　　　　　　　　　　　　　　　　　　　解吸气

图 11 -7　焦炉煤气制氢装置的工艺流程框图

图 11 -8　天然气制氢工艺技术路线

焦炉煤气是迄今为止产量最大、含氢浓度最高、价格最低廉的工业氢源。目前，主要采用变压吸附（PSA）法制氢，该法利用吸附剂在变压条件下选择吸附的特性，将高纯度的氢从焦炉煤气中分离出来。焦炉煤气分离出氢气后，剩余气体中 CH_4 含量提高，气体热值也提高，作为燃料使用价值更高。目前，焦炉煤气变压吸附制氢技术在装置规模为 $1000 ~3000m^3/h$ 左右时较为成熟，大规模制氢装置（如 $10000m^3/h$ 级以上）尚有待进一步开发。同时，钢铁企业采用焦炉煤气制氢工艺后，如高热值解吸气返回制造流程，则各工序所需的煤气热值等工艺参数变化。高热值解吸气与高炉煤气、转炉煤气混兑后，混合煤气的密度、成分等是否满足输送、燃烧性能工艺要求等问题尚有待进一步研究解决。

变压吸附（PSA）技术从焦炉煤气中分离氢气，制氢成本低，只相当于电解水制氢成本的 1/4 ~ 1/3。

早在 20 世纪 80 年代，德国 Prosper 焦化厂就投产了一套采用 PSA 法从焦炉煤气中分离氢气的生产装置，其生产规模为 2000m^3/h，可生产纯度为 99.99% 的氢气。近几年来，我国焦化行业建设的苯加氢装置已普遍采用了变压吸附制氢装置。

从焦炉煤气分离出的氢气主要用途有：

（1）用于燃料电池。从焦炉煤气中分离氢，小规模用于燃料电池虽然已初步开发成功，但目前我国乃至世界对氢能利用技术仍处于起步阶段。这已充分显示了焦炉煤气作为提供氢能最佳原料的潜在市场。

（2）用作保护性气体。20 多年前，我国宝钢、鞍钢、武钢、本钢、包钢等企业建有多套 100m^3/h ~ 5000m^3/h、纯度为 99.999% 的焦炉煤气变压吸附制氢装置，生产的氢气用作轧钢厂保护性气体。

（3）用作还原剂。在焦化厂粗苯加氢精制的装置中也普遍采用 PSA 法制氢，通过加氢脱出硫等杂质，以生产高纯苯、甲苯、二甲苯。

（4）用于生产过氧化氢（氧化剂）。过氧化氢主要用作造纸工业的氧化剂，以氢气为主要原料的蒽醌法是国内外大规模工业化生产过氧化氢的主要方法。河北省石家庄焦化厂于 2005 年 4 月建成投产了年产量为 10 万吨生产浓度为 27.5% 过氧化氢的装置，利用 5000m^3/h 的剩余焦炉煤气。

以上几种利用的途径虽然较多，但目前总的用量不多，耗用煤气所占比例很小。

11.3.2 煤气制甲醇

甲醇是一种重要的有机化工原料，可用来生产甲醛、乙酸等一系列化工产品；甲醇还是新一代重要的能源和基本化工原料，可以加入汽油掺烧或代替汽油作为动力燃料以及生产甲醇蛋白，现已成为仅次于烯烃和芳烃的基础有机产品。

近十年来，我国的甲醇工业有了突飞猛进的发展，在原料路线、生产规模、节能降耗、过程控制与优化、产品市场与其他化工产品联合生产等方面都有了新的突破与进展。我国是煤炭生产和消费大国，除了用煤直接气化生产甲醇外，由于炼焦工业采用洁净工艺和综合利用，焦炉煤气将成为我国甲醇生产的新原料。

11.3.2.1 焦炉煤气制甲醇

焦炉煤气中含有 50% 以上的 H_2 及 20% 以上的 CH_4，利用其所含的氢源及碳源，采用有催化或无催化的部分氧化法可以合成制取甲醇。焦炉煤气制甲醇具有明显优势，见表 11 – 9。焦炉煤气制甲醇投资较低、原料成本和完全成本也较低，且具有较强的市场竞争力和抗风险能力[63]。

表 11 - 9 不同原料合成甲醇的比较

原料类别	煤	天然气	焦炉煤气	焦炉煤气与煤比	焦炉煤气与天然气比
消耗	1.5t/t	1000m³/t	2040m³/t		
单价	360 元/t	0.7 元/m³	1.2 元/m³		
原料成本	540 元/t	700 元/t	244.8 元/t	-54.67%	-65.03%
完全成本	1100 元/t	1000 元/t	800 元/t	-27.27%	-20.00%
投资	6.0 亿元	4.0 亿元	4.5 亿元	-25%	+12.5%

焦炉煤气制甲醇生产工艺流程如图 11 - 9 所示。由焦化厂送来的焦炉煤气，首先进入焦炉煤气储气罐缓冲稳压，焦炉煤气压缩机从储气罐抽气并增压至 2.5MPa 后进入精脱硫装置，将气体中的总硫脱至 0.1cm³/m³ 以下。焦炉煤气中甲烷含量达 26% ~28%，采用纯氧催化部分氧化转化工艺将气体中的甲烷及少量多碳烃转化为合成甲醇的有用成分 CO 和 H_2，转化后的气体成分满足甲醇合成原料气的基本要求。

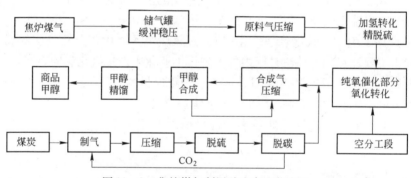

图 11 - 9 焦炉煤气制甲醇生产工艺流程

转化后的气体经合成气压缩机加压至 6.0MPa，进入甲醇合成装置。甲醇合成采用 6.0MPa 低压合成技术，精馏采用三塔流程。甲醇合成的驰放气一部分用作转化装置预热炉的燃料气，剩余部分送出界区作燃料气，甲醇精馏送出的产品精甲醇在成品罐区储存。

目前，焦炉煤气制甲醇均采用甲烷催化转化合成甲醇。典型的流程包括原料气的制造、原料气的净化、甲醇的合成、粗甲醇精馏等工序。

以焦炉煤气为原料、采用甲烷部分氧化催化转化工艺生产甲醇的第一套装置于 2004 年 12 月在云南曲靖大为炼焦制气投产，规模为 8 万吨/年。随后在河北建滔、山东滕州、兖州国际焦化、河北旭阳焦化、云南沾益云维炼焦制气、山西天浩、河北唐山中润、山西焦化集团、黑龙江七台河焦化、陕西韩城黑猫焦化和内蒙古庆华集团煤焦化等企业先后建成并投产，总能力约为 230 万吨/年，消耗煤气约50亿立方米/年。此外，在建项目尚有河北旭阳焦化二期、安徽临涣焦化、中煤九鑫焦化、山焦炭集团益兴焦化和临汾同世达等，拟建项目尚有丹东万通焦化、山西潞城化工、宁夏宝丰能源、内蒙古神华乌海煤焦化等，总能力约100余万吨/年。

11.3.2.2 焦炉煤气与转炉煤气结合制甲醇

由于焦炉煤气催化或无催化氧化时，合成气中总的H/C比较高，因此氢过剩，而碳不足，造成驰放气量大，H_2没有得到充分利用。而煤制气生产甲醇则刚好相反，H/C不足。用煤制气与焦炉煤气相结合，能够更为合理地利用碳、氢资源，可以最大限度地利用焦炉煤气，大大提高甲醇产量。但煤制气的成本较高，将会影响甲醇成本，因此这种办法采用不多。如果用焦炉煤气制甲醇的工厂距钢铁企业近，则可以用钢铁企业的含有丰富CO和CO_2的高炉煤气或转炉煤气进行补碳，可以明显降低甲醇成本。当只用焦炉煤气生产甲醇时，生产1t甲醇需消耗2000~2200m^3焦炉煤气，如果进行合适的补碳，则只需消耗1500~1700m^3焦炉煤气。

钢铁联合企业在大规模技术改造、节能改造后将有大量以煤气形态为主的能源富余。而炼钢厂生产的转炉煤气CO含量达到70%以上，可以大大弥补H/C的不足。用转炉煤气与焦炉煤气相结合生产甲醇，能够更为合理地利用碳、氢资源，可以最大限度地利用焦炉煤气，大大提高甲醇产量。四川达钢公司已进行利用该公司富裕的转炉煤气与焦炉煤气生产甲醇的项目实验，这将为我国钢铁企业探索出一条煤气优化利用的新路，也为做好钢铁生产"碳素"资源的优化利用积累新经验。该装置可处理转炉煤气3000m^3/h，净化后的转炉煤气用于10万吨焦炉煤气制甲醇的补碳。补充净化转炉煤气后，甲醇合成气的氢碳比由原来的2.59降至2.09，明显地改善了原料气结构，吨甲醇生产成本降低了10%，产量提高20%，焦炉煤气纯氧转化补充部分转炉煤气生产甲醇工艺框图如图11-10所示[64]。

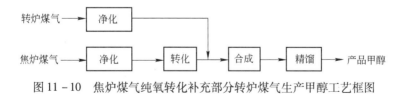

图11-10 焦炉煤气纯氧转化补充部分转炉煤气生产甲醇工艺框图

11.3.3 煤气直接还原铁

用焦炉煤气直接还原铁是氢冶金重要的应用技术之一，国外研究表明，采用焦炉煤气生产直接还原铁的效益是发电的2.28倍，远远好于发电。

由于氢的还原潜能是CO的14倍，大力开发焦炉煤气直接还原铁，就能大大降低炼铁过程对炼焦煤和焦炭的消耗。

气基直接还原铁生产所需还原气的组成大致为 H_2 70% 、CO 30% ，目前主要以天然气为原燃料，而焦炉煤气中 H_2 和甲烷含量分别在 50% 和 20% 以上，只需将焦炉煤气中的甲烷进行热裂解即可获得上述组成的还原气，因此完全可以用焦炉煤气取代天然气。如 HYL – ZR（自重整）希尔工艺就是一种用焦炉煤气生产直接还原铁的技术，其通过在自身还原段中生成还原气体而实现最佳的还原效率，因此，无需使用外部重整炉设备或者其他的还原气体生成系统。特别是该技术可以采用未净化、未经处理的焦炉煤气进行直接还原铁的生产，从而更具优势。

焦炉煤气经加氧热裂解即可得到廉价的还原性气体（约 70% 的 H_2 和 30% 的 CO），作为气基竖炉或煤基回转窑的还原性气体的气源，生产直接还原铁是焦炉煤气利用的重要途径。还原铁用于高炉生产，不仅能提高铁水的产量，而且能降低焦炭和煤粉的耗量，提高炼焦煤的利用率，减少温室气体的排放量，还可作为转炉和电炉的废钢替代品，对我国钢铁工业的可持续发展有重要意义。

12 能源管理系统

12.1 概述

利用自动化、信息化技术加强能源管控是钢铁工业节能的重要手段，而这一手段的具体实现就是在企业建设能源管理系统。

能源管理系统（Energy Management System，EMS）也称为能源管理中心，它是现代信息技术在企业能源管理中的综合应用，是工业化和信息化相互融合实现节能降耗的重要手段，是一种整合自动化、信息化和系统节能技术的管控一体化新模式。

能源管理系统是一个集冶金过程监视、控制、能源调度、能源管理为一体的管控一体化计算机网络系统，对企业的能源设备和能源介质具有遥控、遥测、计算、预测、事故预警等功能，通过对企业能源生产、输配、消耗和回收环节实施动态监控和管理，合理计划和利用能源，改进和优化能源平衡，从而实现系统性节能降耗。

能源管理系统对钢铁企业所有的能源介质管网（包括各种煤气管网、氧氮氩管网、供水及排水管网、压缩空气管网、各种压力的蒸汽管网、供电电网等）及其与这些管网连通的产能、用能设备（包括高炉、转炉、焦炉、发电站或发电厂（包括变电所等）、氧气站、锅炉房（包括蓄热器站等）、空压站、工业水厂（包括水处理站等）及对二次能源进行净化处理的设备等）进行监控、调度和管理，如图 12 - 1 所示。

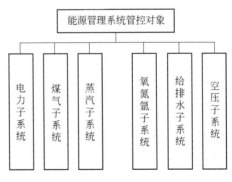

图 12 - 1 能源管理系统的管理范围

能源管理系统也是具有完整能源监控、管理、分析和优化功能的管控一体化计算机信息系统，是钢铁企业整体信息化的一部分。能源管控信息系统与 ERP、MES 和 PCS 的关系如图 12 - 2 所示。能源管理系统向企业 ERP（Enterprise Resource Planning，企业资源计划）系统提供能源管理的各种数据，同时从 ERP 及 MES（Manufacturing Execution System，制造执行系统）及 PCS（Process Control System，过程控制系统）获取企业的生产计划、维修计划、订单等信息及生产过程信息。

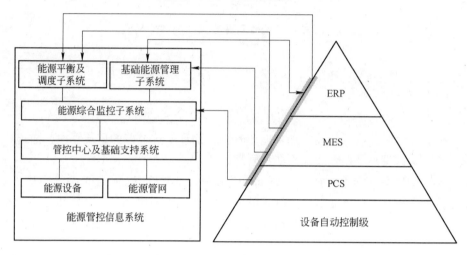

图 12 - 2 能源管理系统与 ERP、MES、PCS 的关系图

12.1.1 能源管理系统的沿革与发展趋势

12.1.1.1 历史沿革

早在 1959 年，日本的八幡制铁所率先建成了世界上第一个能源管理系统。20 世纪初，日本的住友金属、和歌山制铁所、西德的蒂森冶金厂、韩国的浦项钢铁厂等建立了高水平的能源管理系统。这些钢铁厂的能源管理系统，不仅是能源信息的在线采集和潮流监测中心，而且也是合理使用能源的决策、调度和控制中心。

我国能源管理系统以 20 世纪 70 年代末宝钢一期工程从日本引进能源管理系统开始，以全厂公用能源管网为对象，直接调度和集中监控全厂各种能源介质的供应和分配。建设初期开始，能源的集中管理思想、大规模计算机控制应用及能源的最经济调配运行方式就为宝钢所采用，建立了一套以模拟仪表为主、管理模式以"自上而下"多级递阶思想为主的能源管理系统（见图 12 - 3），在宝钢二期（见图 12 - 4）、三期及"十五"、"十一五"和"十二五"规划项目能源管理系统中得到了很好的继承和延续。新的能源设施不断被纳入能源管理系统，在系统性能和功能的扩展上获得了很大程度的提高。经过不断的建设和改造，宝钢加大了能源管理的力度，能源部在公司各有关单位的通力配合下，推进了一系列措施，在确保正常供能的前提下，降低了吨钢综合能耗。宝钢在能源集中管理上已经形成了较为完整的思路，在能源管理系统的建设和扩容改造过程中积累了一定的经验，并将这个经验输送到我国其他钢铁企业中。如今，宝钢炼铁单元的炼焦、烧结、高炉等工序的生产经济技术指标均进入了世界一流行列，工序能耗明显降低。宝钢股份目前的吨钢综合能耗水平，远低于台湾中钢和韩国浦项钢厂等国内外先进企业，在全球千万吨级全流程钢厂中属最好水平。

图 12-3　宝钢能源管理中心一期工程　　　图 12-4　宝钢能源管理中心二期工程

　　进入 21 世纪以来，继宝钢股份能源管理系统建立之后，全国各大钢铁企业为创建能源环保的企业形象，在借鉴宝钢经验的基础上，相继在武钢、沙钢、济钢、攀钢、鞍钢、宝钢股份不锈钢事业部（原上钢一厂）、宝钢股份特殊钢事业部（原上钢五厂）、南京钢厂、梅钢、马钢（见图 12-5）、太钢、邯钢、首秦金属材料公司（见图 12-6）等都陆续建立了能源管理系统，还有大批钢铁企业正在建设能源管理系统。

图 12-5　马钢新区能源管理中心　　　　图 12-6　首秦金属材料公司能源管理中心

12.1.1.2　发展趋势

　　目前，已建的钢铁企业能源管理系统可分为以下三种类型：

　　一是按照扁平化和集中一贯的理念，将数据采集、处理和分析、控制和调度、平衡预测和能源管理等功能进行了有机、一体化集成，实现了能源管控一体化的企业能源管理系统。其系统和应用功能比较完善，在企业的应用取得了较好的节能减排效果和经济效益。

　　二是对主要能源消耗信息和部分设备信息进行采集，并对部分有条件的工序进行了监控，基本实现基于计量数据分析的能源管理功能和与信息化系统结合的离线优化的企业能源管理系统。但限于现场条件，高效扁平化的调度和在线平衡管理等对节能有重要作用的功能还受到一定的限制，需要进一步改造、完善和提高。

　　三是以动力计量采集、基础管理为主要应用的企业能源管理系统。其主要功能是采集动力计量信息，通过软件实现编制能源管理报表、能耗分析、大屏幕显示等功能。

　　能源管理系统发展到目前，在提高能源系统的管理效率、优化能源平衡、促进节能减排、提高功能质量、完善消耗评估等方面都有了成熟的技术。随着计算机技术、信息技术、控制技术、系统节能技术等诸多技术的发展及能源管理和环保技术的进步，能源管理系统的发展趋势主要体现在以下几个方面：

　　（1）"数字化"能源管理系统。随着通讯技术及现场总线技术的发展，能源管理系统的结构也不断地优化、更新。越来越多的数字通讯替代了模拟信号传输，对能源管理系统功能的进一步扩展有十分重要而深远的影响。

　　（2）能源管理系统与 ERP 的进一步深入结合。ERP 是指建立在信息技术基础上，以系统化的管理思想为企业决策层及员工提供决策运行手段的管理平台。ERP 在现代企业中的应用已经成为企业提升自身管理水平，提高管理效能的一个重要举措。能源管理系统在未来的发展中会进一步与 ERP 深度结合，以达到企业对生产、能源协同管理的需求。

　　（3）能源管理系统自身功能的进一步发展、挖掘。在目前能源中心具有的数据采集、集中监控、基础能源管理等功能的基础上，能源中心会不断发展、挖掘其自身功能，实现能效的在线诊断与分析、能源的实时预测、优化分配和智能调度等。同时，在能源管理系统的两大功能"管"与"控"中，后者将在各能源子系统的优化运行中发挥重要作用，大大扩展能源管理系统的应用广度和深度。

12.1.2　建设能源管理系统的必要性

　　钢铁企业节能方向有三，即技术节能、结构节能及管理节能。前两者是这些年来我国钢铁企业节能的主攻方向。近年来，管理节能逐步地受到重视，从减少跑冒滴漏的简单管理逐步地走向建设能源管理体系的深层次管理，取得了一定的成绩，但存在的问题也暴露了出来。在能源管理方面，依然存在能源计量体系不完善、能源信息不能及时共享、能源无法集中监测和管理、能源管理的精细化程度不高、能效分析与评价手段落后、能源调度依赖人工经验等问题。

　　建设能源管理系统，不仅能为企业提供一套成熟、高效、便捷的能源整体管控一体化解决方案，一个先进、可靠、安全的能源系统运行、操作和管控平台，而且还能提供一种能源管理的制度和模式。

建设钢铁企业能源管理系统有利于企业实现生产的安全稳定、能源的经济平衡，持续提升能效水平，可为企业带来诸多好处：

（1）有利于完善能源信息的采集、存储、管理和利用。能源管理系统的功能实现是建立在基本能源信息基础上的。建设企业能源管理系统，必须对企业的现有数据采集系统进行整合，并根据能源管理系统的功能需要进行完善和优化，有利于能源信息的采集、存储、管理和利用。

（2）有利于减少能源管理环节，优化能源管理流程。能源管理系统的建设，可实现基于信息分析的能源监控和能源管理的流程优化再造，实现扁平化管理，从而减少能源管理环节，降低能源管理的成本，提高能源管理效率。

（3）有利于减少能源系统运行管理成本，提高劳动生产率。能源管理系统的建设可以实现简化能源运行管理程序，减少日常管理的人力投入，从而节约人力资源成本，提高劳动生产率。

（4）有利于加快能源系统的故障诊断和异常处理，提高对能源事故的反应能力。利用能源管理系统可以实时地了解企业能源系统的运行状况，及时发现故障、评估故障、诊断故障和提出预案，进而进行系统性的故障响应，限制故障范围的进一步扩大，减小故障对生产的影响，并快速恢复能源系统的正常运行。这在能源系统异常情况下特别有效。

（5）有利于及时掌握企业能效水平，实现能效的持续优化。通过能源管理系统的对标模块，可掌握企业与世界先进水平的能效差距及企业自身在能效方面的进步与潜力；通过能源管理系统的能效分析模块及时地掌握企业的节能瓶颈和存在的节能潜力，进而有针对性地开展节能改造和实施节能工程，实现能效的持续优化。

（6）有利于提高能源优化调度水平，实现能源综合平衡。能源管理系统的建成，将针对钢铁企业产能、用能特点，建立能源优化调度模型，改进能源平衡的技术手段，实时调整能源生产与消耗，最终实现多能源介质的综合平衡。

通过能源管理系统的建设，为企业提供持续节能降耗的管理平台，可逐步完成企业内部信息孤岛的整合，从而对企业进行全过程、全系统的能源管控，实现能源系统可视化、能源管理精细化、能源成本即时化、能源平衡调度实时化，最终实现企业节能的可持续化。

12.2 能源管理系统架构

12.2.1 总体架构

12.2.1.1 业务架构

能源管理系统的一般业务架构如图 12-7 所示。按照上层指导下层，下层支撑上层的业务关系构造业务。从底层的能源监察、设备维护、仪表操作到日常调度，再到顶层的综合决策，构成了能源管理系统的主要业务。

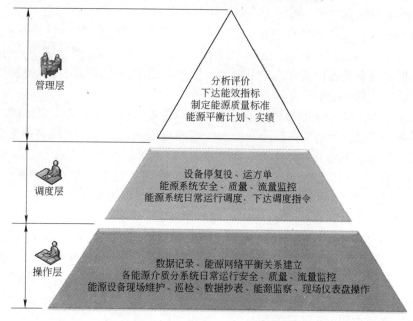

图 12 - 7　能源管理系统业务架构图

12.2.1.2　应用架构

企业能源管理系统的应用架构如图 12 - 8 所示。一般来说，能源管理系统应用分为基础能源管理、高级应用、集中监控系统、数据采集四大应用模块。

如图 12 - 8 所示，EMS 门户主要用来支持能源管理系统网站的运行、维护。其主要实现的功能有：网页内容部署控制、用户界面定制、权限部署控制、系统管理与配置。应用系统功能是能源管理系统要实现的具体业务管理功能，包括基础能源管理、高级应用。应用服务支撑平台实现数据分析服务、数据挖掘、平衡调度运算模型，为应用功能提供运行支撑服务。数据服务支撑平台实现能源数据的存储与数据的抽取、校验、修正。数据采集服务是基于现场的数据采集站与数采网络实现数据的实时采集功能。

12.2.1.3　技术架构

企业能源管理系统的技术架构如图 12 - 9 所示。现代能源管理系统一般均基于现场总线技术来实现能源计量检测；基于工控软件平台来实现能源设备的集中监控；基于移动作业系统来实现能源设备的运行管理；基于关系数据库实现分析服务，构建和实现面向能源管控的决策支持环境；基于门户管理平台实现企业门户功能。

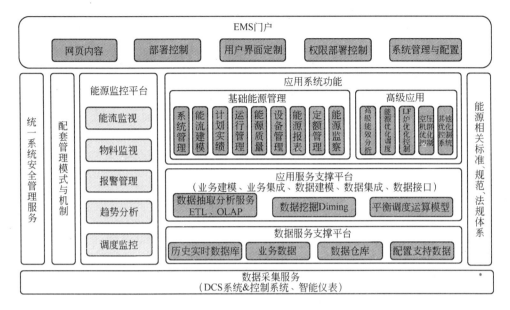

图 12-8　能源管理系统应用架构图

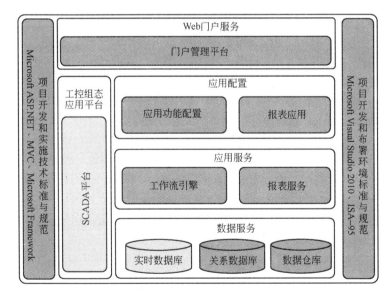

图 12-9　能源管理系统技术架构

12.2.1.4　部署架构

能源管理系统的部署架构如图 12-10 所示。由设备接口层、集中监控层、信息管理层组成。

设备接口层由在现场计量检测仪表及其网络以及各个能源设备控制系统与通

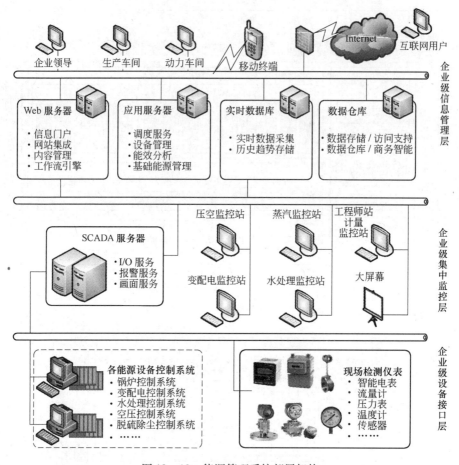

图 12 – 10　能源管理系统部署架构

讯接口组成。设备接口层的主要功能：一是通过安装在现场的计量检测仪表及其网络来实现能源计量；二是与各个能源设备控制系统建立通信接口，向各个能源控制系统传递来自集中监控层的远程操作指令或参数信息，向集中监控层反馈各个能源设备的运转状况。

集中监控层的主要功能为：一是通过部署在能源管理中心机房的 SCADA 服务器、工程师站、操作员站来实现各个能源设备的集中监控功能；二是通过部署在能源管理中心的大屏幕监视系统，来实现主要生产场景和主要生产数据的分屏监视。

信息管理层的主要功能：基于厂内局域网，通过 B/S（浏览器/服务器）方式，向企业各级管理人员提供能源信息管理功能。

12.2.2　数据流图

能源管理系统由 I/O 数据服务器、关系数据库服务器、Web 服务器和工作站组成。I/O 数据服务器负责原始计量数据的实时采集、历史压缩存储、二次计算和为监控画面提供实时数据；数据库服务器负责计量统计数据的收集和存储，作为能源（物资）计量统计管理数据库；工作站上运行计量数据监控与管理系统软件，对计量数据进行分析处理、设备管理、权限分配、报表打印以及调阅等；Web 服务器负责将指定的实时数据监测画面和动态曲线以网页的形式在公司网上发布，供其他部门网上在线查阅，并提供系统与用户的各种人机界面。

根据能源管理系统功能需求及实际各部门业务流程的规定，能源管理系统数据流图可用图 12 - 11 表示。

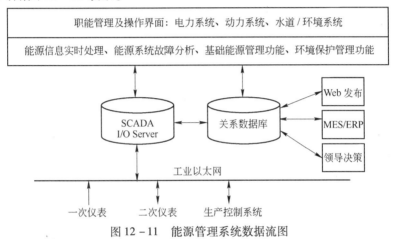

图 12 - 11　能源管理系统数据流图

12.2.3　网络结构

根据网络的分层设计原则，将能源管理系统网络设计为核心层、汇聚层和接入层三层结构（见图 12 - 12）。网络设计满足以下要求：

（1）高可靠性。采用针对恶劣的工业环境而设计的工业以太网交换机产品，符合严格的电磁干扰、震动、冲击、工业温度等的工业指标，采用无风扇设计，从而确保网络具有很高的可靠性。

（2）实时性。为了满足自动化系统通讯的实时性要求，网络系统采用全双工工作方式的交换式以太网技术，支持智能存储和转发方式，端口转发延迟时间可达 μs 级。

（3）冗余容错性。工业以太网交换机必须具备高性能的冗余容错性功能，支持快速自愈环技术。网络的冗余机制能够检测网络故障并瞬时激活备用链路，使传输介质发生故障时网络也能正常工作。

（4）易维护性。整个能源管理系统网络的所有交换机设备应容易统一监测与管理，具有就地和网络远程多种监测手段，提供方便的网络故障诊断、报告和定位功能。

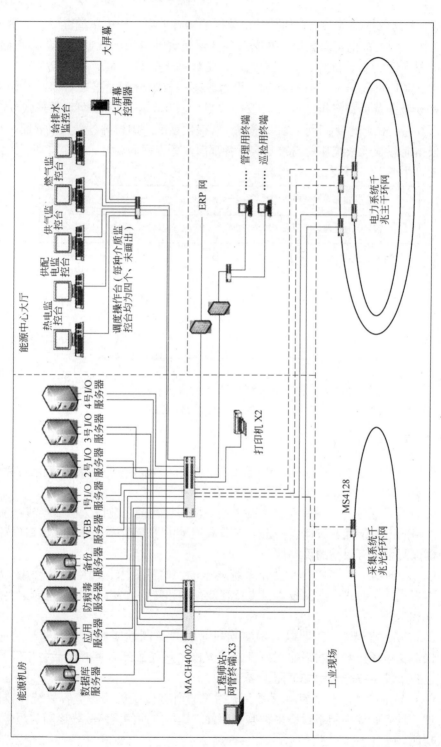

图 12 – 12 EMS 网络结构图

12.3　能源管理系统功能模块

能源管理系统应用功能如图 12 - 13 所示。能源管理系统需集成能源动力现场控制系统（水、电、风、气/汽）和各主工艺单元 DCS 系统（即数字信息收集系统）等第三方系统。一般说来，能源管理系统包括数据采集与集中监控系统、基础能源管理系统、能效分析系统、优化控制系统及能源优化调度系统。

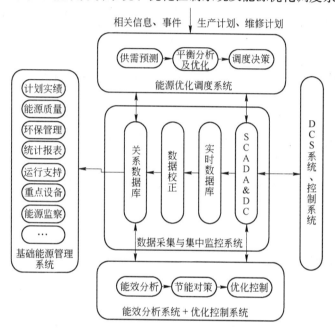

图 12 - 13　能源管理系统功能结构

12.3.1　集中监控系统

集中监控（SCADA）系统将分散于各部门和车间的生产重要参数和能耗数据进行集中监视，以直观的形式向管理人员提供流程监视画面、报警监视画面、生产统计画面等信息，使管理人员能够及时、准确、全面地了解和掌握现场的情况，对生产过程中出现的异常状况进行及时干预，以提高能源质量。

监控系统中配置 Web 发布功能（瘦客户端），将最终的监视画面以 Web 形式发布，这样可以通过浏览器实现对监控画面的远程访问。

监控系统画面按操作功能分为电力、水、动力（蒸汽、压缩空气等）三个子系统。

（1）电力子系统。电力子系统一般实现企业 10kV 及以上配电设备的状态监测，测点信息包含电量、电压、电流、功率因数、有功功率、无功功率及各开关的分合闸状态、报警等。主要监视画面有：220kV、110kV 总降变电站监视画面及全厂 10kV 供配电系统监视画面，发电站监视画面、趋势画面、报警画面、实时报表画面。

（2）给排水子系统。给排水子系统一般通过工艺流程画面清晰展现全厂用水管道的分布情况及相关的水流量、温度、压力、液位及其他在线水质和报警信息。主要监视画面有：趋势画面、报警画面、实时报表画面。

（3）动力子系统。动力子系统一般展现全厂原煤、蒸汽、压缩空气等能源介质的生产供应信息及管道分布情况。信息测点包含压力、温度、流量及其他能实时采集的相关数据。

原煤、蒸汽子系统监视画面有：给煤系统监视画面、蒸汽管网监视画面、锅炉系统运行监视画面。

压缩空气子系统监视画面有：空压站监视画面，压缩空气主管网监视画面、趋势画面、报警画面、实时报表画面。

在各子系统监视画面中包含一级监视画面、二级监视画面、三级监视画面，在相关能源介质能流图中显示主要生产用能设备的运行状态信息，管网压力、温度、流量，这样便于调度人员全面掌握相关用能设备运行状态，并进行调度分析。

12.3.2　数据采集系统

数据采集系统实现电压、电流、频率、功率、压力、流量、热值、温度、电导率、开度、水位、设备状态信号等实时数据的采集存储；采用分散方式，以减少系统风险并提高系统的安全性和可维护性。数据采集对象的选择应按照工艺监控的实际要求、能源系统输配和平衡的要求、能源管理的精度和粒度要求谨慎选择。数据采集系统包含符合 OPC 标准的工控单元数据标准接口系统和实时数据存储系统（实时数据库）两个模块。

12.3.3　基础能源管理系统

基础能源管理系统一般提供计划实绩、运行支持、质量管理、能源监察、设备管理等业务功能。

（1）计划实绩。计划实绩功能是指根据各工序产品生产计划，按工序各介质单耗，预测一定时期内的能源需求量，并在期末通过能源计量规划点统计完成的实绩量，在后续各计划期中，以历史实绩为参照，不断修正能源计划量，以达到计划量与实绩量的不断趋近。

（2）运行支持。运行支持提供对能源调度的日常性工作进行登记与管理的功能，一般包括：

1）调度日志管理；

2）停复役管理；

3）重要事件管理。

（3）质量管理。质量管理一般提供两方面功能：

1）为能源量结算提供质量支撑依据；

2）为能源管理营运部门提供能源系统日常运行的质量检测与结果。

（4）能源监察。能源监察提供能源管理部门对企业由产能到用能整个链路环节进行检查，发现能源隐患时，对存在的隐患提出整改意见的过程记录功能。

（5）能源设备管理。能源设备管理提供能源管理部门管理范围内，为保障能源系统正常运行，需要关注的能源设备管理功能。

12.3.4　能效分析系统

能效分析系统针对工业企业普遍存在的能效问题，系统、科学地构建企业的能效指标体系，应用对标分析、单位产品能耗分析法、平衡分析法、E-P（物流-能流）分析法、OLAP分析法（多维度分析法）等能效分析方法，从多个层次、多个维度分析、评估企业的能效水平，找到节能"短板"，提出节能对策，支持企业能效的持续改进。其主要采用系统节能理论与方法，全面、科学地在线分析、评价企业的能效水平。从设备、工序到企业三个层面构建科学的能效指标体系（源头指标、关联指标、末端指标）和能耗计算模型。基于自动采集的数据，准确计算本期各种相关能耗数据以及各项能耗指标（实物量、折合量），为能源计量、能效分析以及节能对策的出台提供坚实的基础，确实把握企业的能耗现状。围绕能源购入、转换、输配、使用及回收等环节开展对标分析，找到能效水平差距。应用E-P分析、OLAP分析等多种分析方法，科学评估企业的节能潜力。在此基础上，得到阶段性的节能对策，指导企业节能与能源管理工作，如图12-14所示。

一般说来，能效分析系统包括实绩分析、对标管理、能效分析及节能对策四大模块。

（1）实绩分析。基于自动采集的数据，准确计算本期各种相关能耗数据，绘制企业及工序的物流图、能流图，准确地描述企业能源、资源的来龙去脉，确实把握企业的能耗现状。

（2）对标管理。构建企业、工序、设备等多个层面的能效指标体系，通过横向与先进企业对标，找到能效水平差距；通过纵向与企业历史最佳指标对比，找出企业取得的进步和存在的差距。

（3）能效分析。应用E-P分析、OLAP分析、多因素分析等方法，挖掘企业在直接节能与间接节能方面的潜力、关键设备在运行优化方面的节能潜力。

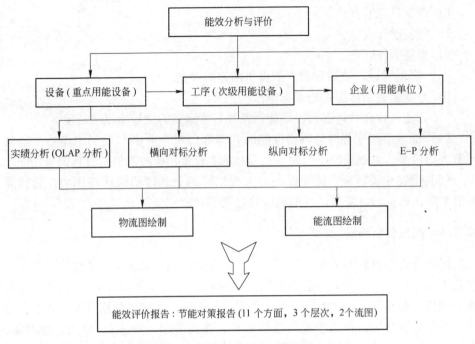

图 12-14 能效分析系统构架

（4）节能对策。基于分析结果，从 11 个方面（生产布局、外部条件、原燃料条件、工艺流程、工艺设备、辅助设备、工艺操作、热工操作、产品结构、副产品、废弃品及废能的处理）、三个层次（企业、工序、设备）、两流（物质流、能量流）等方面提出阶段性节能对策，指导企业节能与能源管理工作。

12.3.5 能源优化调度系统

建立能源预测与优化调度模型是实现企业能源管理系统重要应用的基本组成部分，结合企业的生产计划和维修计划，考虑生产中的偶然事件（如各种故障事件），建立能源优化调度系统，实现能源的动态平衡调度（能源系统随生产系统的实时启动、低负荷运行、满负荷运行、关闭等）。

该系统主要包括能源供需预测与优化调度两大模块。

12.3.5.1 能源供需预测模块

能源供需预测是企业能源管理系统进行能源在线平衡调度的基础。没有能源供需预测，就不能进行能源调度的平衡分析与优化。

企业能源供需预测方法，根据预测的时效性，可归纳为三种：基于生产排程的预测方法、基于时间序列的预测方法和智能模型预测方法。其中，基于生产排程的预测方法主要用于能源中、长期预测，为合理安排能源计划提供依据；基于时间序列的预测方法用于能源短期预测；智能模型预测方法用于影响因素复杂的用户能源预测。

在某一工序的原料条件和操作制度比较确定的情况下，能源介质的产需量及波动规律往往稳定在一定水平。对能源介质产生影响而又不经常变动的量，例如轧钢车间的轧制钢种、钢坯尺寸，炼焦车间的配煤比、焦饼成熟温度、结焦时间，烧结车间的矿石品种、点火温度、点火负压，炼钢车间的冶炼钢种，高炉车间的冶炼强度、综合焦比等工艺信息，称为静态因素或稳态因素；而生产过程中，很多短时动态工况信息，如高炉非计划性休风、减风，烧结机短时停机，轧钢车间临时待料、待轧等，使能源介质流量在静态因素一定情况下的正常波动规律被打破，这些因素称为动态因素。从钢铁企业生产工艺实际出发，针对钢铁企业各生产单元能源介质的波动特性受静态因素和动态因素双重影响的特点，可以基于静态因素、动态因素及能源介质波动规律进行建模，充分考虑生产过程中工况变化、工艺变更对其波动规律的影响，综合利用实时数据、生产过程工艺数据、生产状态信息、生产计划、检修计划建立分段短期动态预测模型，能够获得较好的预测效果。

以基于灰色多因素模型 MGM（1，n）的能源供需预测方法为例，其预测方法与模型的思想为：首先利用因子分析的方法，降低原始数列的维数，将具有错综复杂关系的变量综合为数量较少的几个因子；再根据不同因子对变量进行分类；然后对数列进行核平滑处理，再对时间点附近的点给予较大权数，最后再进行灰预测。通过此方法建立的对应预测系统克服了现有技术的不足，可有效提高能源供需预测精度。

12.3.5.2　能源优化调度模块

目前，钢铁企业能源系统的能源生产与供应计划编制大多是基于日、月和年时间上的静态分析，而对于以能源费用最小为目标的平衡调度来讲，实现分钟级的实时动态优化调度是最需要的。

能源优化调度的关键在于建立优化调度数学模型。建模过程中，目标函数设计至关重要，其直接影响各种能源介质供应量及整个系统的能源调度。一般来说，钢铁企业能源优化调度可以单位最终产品综合能耗最少和单位最终产品总能源消耗成本最少为优化调度目标。

12.4　能源子系统管控技术

12.4.1　煤气系统节能管控技术

钢铁企业在生产钢铁产品的同时，产生大量的副产品煤气，是钢铁企业中重要的二次能源，占企业总能源消耗的 40% 左右。钢铁企业煤气系统不仅涉及煤气生产、输送、储存、分配、消耗、放散等诸多环节，而且还关系到多种工序产品产量和质量的提高、原材料成本的降低、环境污染的改善等一系列问题。

为了节约能源、降低能耗、减少对环境的污染，煤气的合理利用特别是煤气的动态优化调度显得尤为重要。

然而，由于煤气的产生与消耗受生产中众多因素的影响，导致煤气供需经常处于动态不平衡状态。虽然一些企业建立了煤气平衡调度辅助系统，但应用效果普遍不佳，目前大部分钢铁企业仍依赖人工经验进行煤气调度。人工经验的调度方式下，煤气供需状态预测不准确，仅能在常见工况或故障时对煤气的生产与使用进行调整，而对不常见的工况往往束手无策，最终导致事故处理不及时、煤气不同程度的放散，不仅浪费能源，而且影响企业安全生产。

煤气系统节能管控技术是指采用数据挖掘、机理建模或二者相结合的方法建立智能煤气供需预测模型，将先进的优化算法运用于调度决策模型，可获得各种事件、事故条件下系统经济价值最大化的煤气调度方案，有效提升能源管理与调度水平，显著减少煤气放散，促进节能增效。

12.4.1.1　煤气系统结构

煤气的产生、存储、加压混合、分配和使用组成钢铁联合企业煤气系统。该系统是钢铁联合企业能源系统的主要部分。如图 12 - 15 所示，高炉煤气、焦炉煤气和转炉煤气以钢铁生产过程的副产品形式通过高炉、焦炉和转炉产生，这些煤气资源首先满足钢铁制造流程中主要生产工序（如炼铁、炼钢和轧钢等工序）使用，剩余部分供自备电厂生产蒸汽或电力。钢铁生产过程

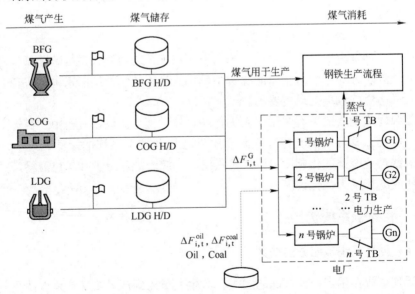

图 12 - 15　钢铁联合企业煤气系统

中，煤气作为能量流的主体总是过剩的，表现为煤气的产生量总是大于主生产工序煤气的消耗量，由于煤气产生和消耗的波动，剩余的煤气量随时间变化大且波动频繁。为了充分利用这部分煤气资源、稳定管网压力同时创造经济效益，大多数钢铁企业均建有自备电厂和煤气柜。自备电厂锅炉和高炉煤气柜、焦炉煤气柜、转炉煤气柜共同组成了钢铁企业煤气的缓冲单元。

12.4.1.2　煤气系统节能管控技术总体架构

煤气系统节能管控技术的基本模块如图 12 – 16 所示。一般说来，煤气产量与成分预测模型、煤气需求预测模型、煤气优化调度模型是煤气系统节能管控技术的核心模块。

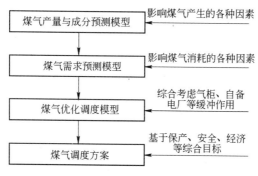

图 12 – 16　煤气系统节能管控技术的基本模块

12.4.1.3　煤气供需预测技术

目前，钢铁企业在编制煤气计划时，往往需要根据企业的主生产工序（焦化、炼铁、炼钢、轧钢）的生产计划及检修计划进行煤气的长时预测，时间尺度往往是天或周，这种预测方式实际上是简单的估算。对于为能源动态优化调度而进行的煤气供需短时预测来说，其时间尺度往往是分钟级的，且因影响因素较多，预测的难度也相应较大。一般而言，影响钢铁企业煤气生产与消耗的因素可分为静态因素、动态因素和周期性因素，如图 12 – 17 所示。静态因素是指煤气生产或消耗工序或设备的一些固有属性中对煤气的产生与消耗产生影响的因素；而动态因素则是指这些工序或设备在生产过程因故障、临时性事件而对煤气的生产或者消耗产生影响的因素；而周期性因素则是指相关设备在生产过程中一些的周期性活动而对煤气供需产生影响的因素。

依据这些因素，采用机理建模和数据挖掘相结合的方式，建立煤气供需预测模型，并进行模型求解，即可实现服务于钢铁企业煤气优化调度的煤气动态供需预测。

12.4.1.4　煤气优化调度技术

煤气优化调度是指在煤气系统相关单元出现计划性检修、设备故障、生产节

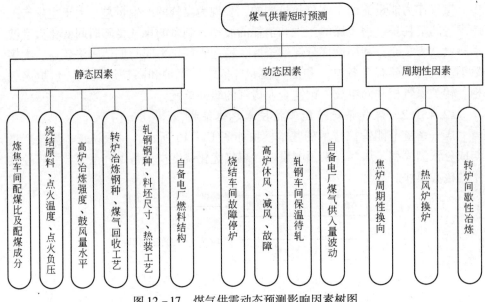

图 12-17 煤气供需动态预测影响因素树图

奏改变及随机事件并对煤气供需状况产生影响时，以实现煤气系统经济价值最大化或放散最小为目标进行优化，制定分钟级煤气各相关工序、设备的生产与使用方案，如图 12-18 所示。

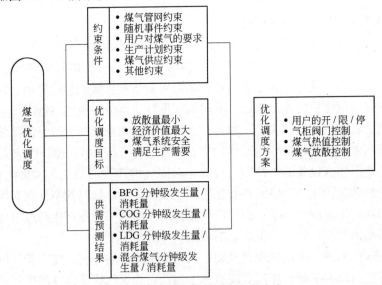

图 12-18 煤气优化调度技术路线

煤气优化调度根据供需预测结果、确定的优化调度目标，依据各类约束条件，建立煤气供需预优化调度模型，通过模型求解制定优化调度方案。

　　煤气的不平衡问题、特别是动态不平衡问题是钢铁企业面临的最为棘手的能源调度问题。应用煤气系统节能管控技术，可以基于煤气供需的短时预测，实现焦炉煤气、高炉煤气、转炉煤气的优化利用，减少高炉煤气、焦炉煤气的放散损失，增加转炉煤气的回收和利用，产生可观的经济效益。

12.4.2　蒸汽系统节能管控技术

12.4.2.1　蒸汽系统结构

　　钢铁企业的生产过程既产生蒸汽也消耗蒸汽，其蒸汽系统结构如图 12 - 19 所示。由 12 - 19 图可知，钢铁企业的蒸汽主要来源于余热锅炉、工业锅炉和自备电厂，其用户主要有生产用户和生活用户，蒸汽产点与用户之间通过企业的中压管网和低压管网联结。由于蒸汽生产的压力波动及供需不平衡，蒸汽往往存在不同程度的放散。

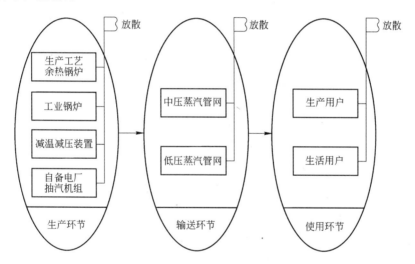

图 12 - 19　蒸汽系统结构示意图

　　生产余热蒸汽是钢铁企业利用余热余能的重要方式，焦化、烧结、炼铁、炼钢、轧钢等主生产工序均生产余热蒸汽，而钢铁企业低压蒸汽用户不多，仅作物料解冻、保温及生活上的供暖与洗澡之用，因此，低压蒸汽放散量很大，尤其是在热用户减少的夏天，放散情况更为严重。

　　如何统筹协调，特别是通过动态的管控，实现蒸汽的品质对口利用与供需平衡是解决蒸汽放散、实现经济价值的关键。

12.4.2.2　蒸汽系统的综合监控与平衡调度

　　钢铁企业蒸汽系统相对其他系统来说更为复杂，加之蒸汽在输送过程不断耗散损失，蒸汽的管理和调度难度很大，目前仅能实现蒸汽系统的综合监控及小时级平衡调度，如图 12 - 20 所示。

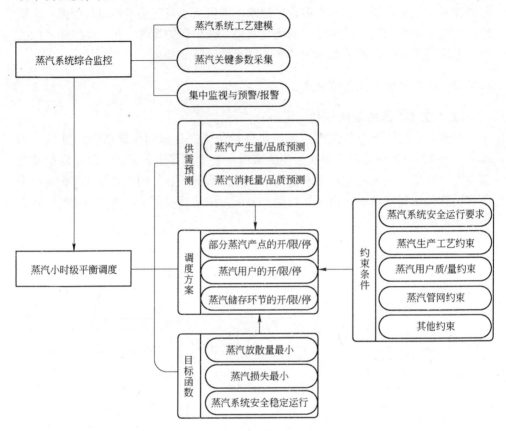

图 12 - 20　蒸汽系统综合监控与平衡调度

　　蒸汽系统的综合监控主要基于蒸汽管网，将蒸汽的产生、输送、转换及使用、回收（冷凝水）过程的关键工艺参数进行综合监控，从而及时发现蒸汽系统运行过程中的各种故障、问题，对于蒸汽的压力、温度、流量进行预警及报警，从而降低整个系统的故障率，提高安全运行水平。

　　蒸汽的小时级调度则需基于蒸汽产量及品质的小时级供需预测，考虑蒸汽系统内各产点、用户及管网的约束与要求，并根据相应的调度目标制定调度方案，即工业锅炉、自备电厂抽气量及压力调整，低级别用户蒸汽消耗量及压力的调整，蓄热器运行模式的调整等。

　　目前，对于蒸汽的综合监控技术已经非常成熟，其在国内大中型钢铁企业已得到应用，并取得了不错的效果。但对于蒸汽的调度还基本停留在人工调度阶段，尚无法实现智能调度，这使得当蒸汽的生产或使用环节出现检修或故障时，蒸汽调度不及时，导致大量蒸汽放散而造成能源浪费。

12.4.3 氧气系统节能管控技术

12.4.3.1 氧气系统结构

钢铁企业的氧气系统与氮气、氩气系统紧密关联，制氧的副产品就是氮气及氩气。如图 12-21 所示，钢铁企业氧气系统主要由制氧、储氧和用氧三个环节组成。钢铁企业主要采用深冷和变压吸附两种制氧工艺，前者单机产氧量高，可以生产纯度很高的氧气、氮气和氩气，但投资大、水电消耗高、生产灵活性差；而后者则正好相反。储氧设备一般为液氧储槽和氧气储罐，二者可以配合使用。钢铁企业的用氧大户为高炉和转炉。

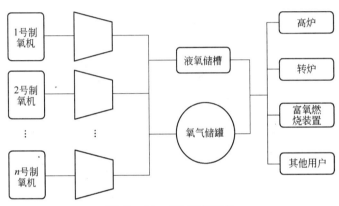

图 12-21 氧气系统结构

由于制氧的刚性生产与转炉的间歇性用氧特点，使得氧气供需难以实现动态平衡，从而导致氧气的阶段性放散。通过综合监控及平衡调度而实现氧气系统的节能管控，已成为氧气系统节能重要的技术手段。

12.4.3.2 氧气系统的综合监控与平衡调度

综合监控的目的是为了实时掌握整个氧气系统的运行状况，及时发现故障，从而为氧气系统的安全稳定运行提供保障。同时，依据采集的数据，通过模型运算，可分析氧气生产与消耗的关键指标，并作对比分析，从而指导生产运行，并为平衡调度提供参考依据，如图 12-22 所示。

氧气平衡调度则是基于氧气供需的短时预测，综合考虑氧气产生、输配、使用各个环节的约束条件，以实

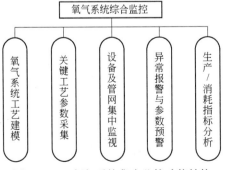

图 12-22 氧气系统集中监控功能结构

现氧气放散最小为目标制定氧气调度方案，实现关键设备及阀门的开/限/停，如图 12 – 23 所示。

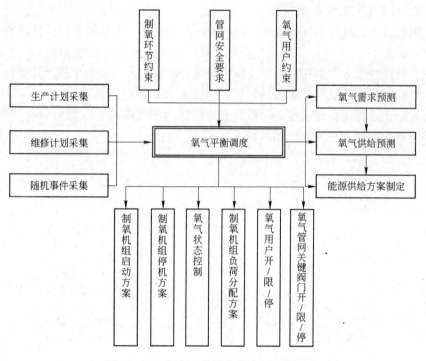

图 12 – 23　氧气系统综合监控与平衡调度

12.4.4　电力系统节能管控技术

电力是钢铁企业最为重要的能源介质之一，大型钢铁联合企业吨钢电力消耗在 500 ~ 600kW·h 之间。钢铁企业电力系统节能增效空间较大，主要表现在：（1）自发电与外购电电价不同，根据二者价格不同而实时调整用电策略即可产生效益；（2）控制用电容量在合同范围之内，可有效避免超限罚款；（3）根据冬夏季、昼夜电价不同，削峰填谷，动态优化电力需求，可实现节电增效，降低电费。

电力系统的节能管控重在电力供给与电力用户之间的供需调配，特别是根据不同时段、厂内厂外电价的差异进行电力供给和电力利用优化分配，可以取得良好的经济效益。

图 12 – 24 是电力系统供需优化的示意图。其中，供电一侧主要依据自发电和外购电的电价及其构成，以供电电费最小为目标制定自发电计划与外购电计划；而用电一侧，则根据各用电用户的特性及企业的生产计划、检修计划来确定各用户的用电计划。而供需优化的目的就是实现供电与用电小时级的匹配，同时总电费最少。

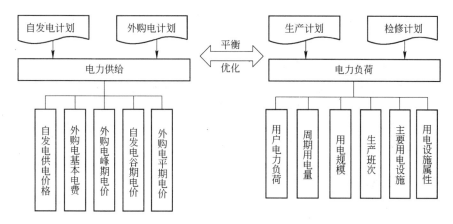

图 12 - 24 电力系统供需优化示意图

12.5 能源管理系统的实施

12.5.1 建设内容

能源管理系统需集成能源动力现场控制系统（水、电、风、气/汽）和各主工艺单元 DCS 系统（即数字信息收集系统）等第三方系统。具体包括：

（1）综合过程监控系统。综合过程监控系统主要包括过程监控系统软硬件平台、调度中心监控软件、在线调度工具等。

（2）预测与能源平衡调度模型及软件。预测与能源平衡模型及软件是实现企业能源管理中心重要应用的基本组成部分。

（3）基础能源管理系统。基础能源管理作为企业能源管理中心的离线应用功能，可实现实绩和计划管理、能源质量和量值管理、专业管理报表子系统、运行和决策支持、数据分析及考核等管理应用。基础能源管理系统是在自动化和综合过程监控系统基础上的数据分析和管理平台，是实现以过程数据为依据进行能源管理的重要子系统。

（4）管控中心工程子系统（基础设施配套）。管控中心工程子系统作为系统应用和展示平台，是能源调度指挥中心的基础设施平台。它包括控制室工程、机房工程、弱电智能化工程、大屏幕工程、视频及通信工程等基础系统。

（5）工业及管理网络系统。工业及管理网络系统主要包括工业网络和中央管理网络。企业能源管理中心的工业网络根据企业物理规模的不同，一般可达到 35 ~ 80km 不等，采用工业级交换机设备。

（6）现场控制系统改造。对现场控制系统及数据处理等方面进行适应性改造，以确保信息集合满足企业能源管理中心的应用功能规划要求。

（7）数据采集装置改造。为满足企业能源管理中心的运行要求，实现基于客观过程数据的分析和管理，实现精细化能源管理，需对数据采集仪表和电气设施进行规模化改造，尤其是对二、三级计量装置的完善。

（8）配套管理模式和机制建设。企业能源管理中心的配套管理模式和机制建设是相对于硬件设施建设的"软件"建设，其关键是建立企业能源管理中心的理念和定位，把项目建设和管理体制建设有机结合起来，做到同步规划、同步建成并实现良性互动，以提高企业能源系统调度运行管理的效率，使企业能源管理中心发挥出最佳效果。

12.5.2 实施流程

能源管理系统是一类涉及企业方方面面的工程项目。在项目实施过程中，不仅要涉及主生产工艺、各能源系统，而且还需要企业的能源管理部门、信息化部门、计量部门等密切配合。

能源管理系统项目的实施流程如图 12 - 25 所示。一般包括前期的能效咨询、顶层设计、详细设计和后期的工程实施四个阶段。

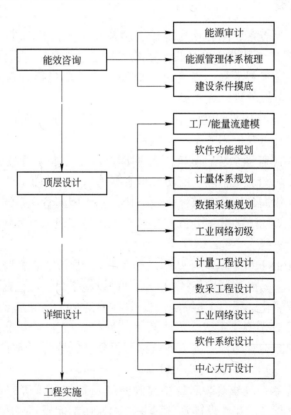

图 12 - 25 能源管理系统项目实施流程

对能源管理系统项目来说，前两个环节最为重要，直接影响后两个环节的进度和质量。其中，能效咨询环节主要完成对企业的能源审计、能源管理体系的梳理及建设条件具备情况的摸底；顶层设计则是在此基础上完成对能源管理系统的关键功能和工程的初步规划。完成了这两个环节，就可以按照图 12 - 26 所示流程编制企业能源管理系统的初步方案了。

初步方案编制完成后，即可进行详细设计，并逐步开始工程实施。

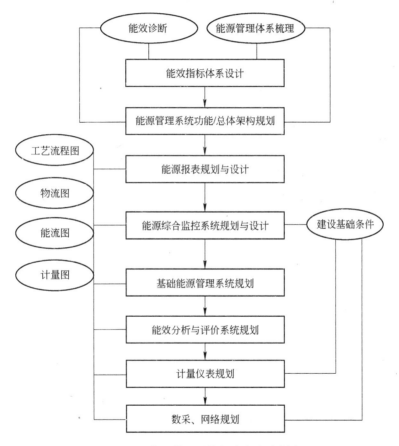

图 12 - 26　能源管理系统初步方案编制流程

中篇参考文献

[1] 中华人民共和国工业和信息化部. 钢铁行业节能减排先进适用技术指南 [R]. 2012.

[2] 郑文华. 焦化厂节能减排及煤调湿技术 [C]//2011 年全国节能减排会议. 2011.

[3] 严文福, 郑明东. 焦炉加热调节与节能 [M]. 合肥: 合肥工业大学出版社, 2005.

[4] 张欣欣, 张安强, 冯妍卉, 等. 焦炉能耗分析与余热利用技术 [J]. 钢铁, 2012, 47 (8): 1~4.

[5] 卢永, 申世峰, 严莲荷, 等. 焦化废水生化处理研究新进展 [J]. 环境工程, 2009, 27 (4): 13~16.

[6] 中国金属学会, 中国钢铁工业协会. 2011~2020 年中国钢铁工业科学与技术发展指南 [M]. 北京: 冶金工业出版社, 2012.

[7] 丰恒夫. 炼焦余热余能回收利用技术 [N]. 世界金属导报, 2012-9-4 (B03).

[8] 王绍文, 杨景玲, 贾勃. 冶金工业节能与余热利用技术指南 [M]. 北京: 冶金工业出版社, 2010.

[9] 方孺康, 孙辰. 钢铁产业与循环经济 [M]. 北京: 中国轻工业出版社, 2009.

[10] 王维兴. 钢铁生产技术节能 [N]. 世界金属导报, 2012-2-7 (B10).

[11] 潘立慧, 魏松波. 炼焦新技术 [M]. 北京: 冶金工业出版社, 2006.

[12] 李光强, 朱诚意. 钢铁冶金的环保与节能 [M]. 北京: 冶金工业出版社, 2010.

[13] 廖洪强, 钱凯, 等. 利用焦化工艺处理废塑料技术研究 [C]//首届宝钢学术年会论文集. 宝钢集团公司, 2004: 107~109.

[14] Collion G, Bujnowska B, Polaczek J. CO-coking of coal with pitches and waste plastics [J]. Fuel Processing Technology, 1997, 50 (1): 179~184.

[15] Li Dongtao, Li Wen, Li Baoqing. Co-carbonization of coking coal with different waste plastics [J]. Journal of Fuel Chemistry, 2001, 29 (1): 20~23.

[16] 王立, 童莉葛. 热能与动力工程专业实习教程 [M]. 北京: 机械工业出版社, 2010.

[17] 董辉. 钢铁企业节能减排关键技术及装备 [M]. 沈阳: 东北大学出版社, 2012.

[18] 胡长庆, 张玉柱, 张春霞. 烧结过程物质流和能量流分析 [J]. 烧结球团, 2007, 32 (1): 16~21.

[19] 唐先觉, 李希超. 现代钢铁工业技术—烧结 [M]. 北京: 冶金工业出版社, 1984.

[20] 沈晓琳, 石洪志, 刘道清, 等. 宝钢气喷旋冲烧结烟气脱硫成套技术研发 [J]. 钢铁, 2010, 45 (12): 81~85.

[21] 林春源. 梅钢 400m² 烧结机全烟气 LJS 干法脱硫项目的设计与应用 [J]. 中国钢铁业, 2010 (4): 22~25.

[22] 左海滨, 张涛, 张建良, 等. 活性炭脱硫技术在烧结烟气脱硫中的应用 [J]. 冶金能源, 2012, 31 (3): 56~59.

[23] 刘仁生, 何巍, 王维兴. 钢铁工业节能减排新技术 5000 问 [M]. 北京: 中国科学技术出版社, 2009.

[24] 刘文权. 对我国球团矿生产发展的认识和思考 [J]. 炼铁, 2010, 25 (3): 10~13.

[25] 孔令坛. 我国高炉炉料结构与低品位铁矿粉的应用 [N]. 世界金属导报, 2012 – 7 – 31 (B02).

[26] 植恒毅. 2011 年日本钢铁产业回顾 [N]. 世界金属导报, 2012 – 9 – 4 (A06).

[27] 胡传斌. 宝钢炼铁节能降耗的生产实践与展望 [C]//中国金属学会. 冶金能源环保技术会议论文集. 北京: 冶金工业出版社, 2001: 98 ~ 102.

[28] 张亚利, 张卫东, 任立军. 首钢京唐高炉全干法布袋除尘煤气温度的控制 [J]. 炼铁, 2011, 30 (1): 6 ~ 9.

[29] 张福明. 大型高炉煤气干式布袋除尘技术研究 [J]. 炼铁, 2011, 30 (1): 1 ~ 5.

[30] 郭敏雷, 尹振兴, 李有庆, 等. 宝钢 1 号高炉干法除尘系统消缺应用实绩 [J]. 宝钢技术, 2012 (1): 76 ~ 79.

[31] 朱怀宇, 朱锦明. 包钢 1 号高炉煤气干法除尘的应用 [J]. 炼铁, 2011, 30 (1): 13 ~ 15.

[32] 朱桂林, 张淑芬, 陈旭斌, 等. 钢铁渣综合利用科技创新与节能减排 [N]. 世界金属导报, 2012 – 3 – 13 (B11).

[33] 戴晓天, 齐渊洪, 张春霞. 高炉渣急冷干式粒化处理工艺分析 [J]. 钢铁研究学报, 2007, 19 (5): 14 ~ 17.

[34] 于庆波, 刘军祥, 窦晨曦, 等. 转杯法高炉渣破碎实验研究 [J]. 东北大学学报 (自然科学版), 2009, 30 (8): 1163 ~ 1166.

[35] Kazuhiro Sylvester Goto, Heinrich Wilhelm Gudenau, Kazuhiro Nagata, et al. Thermal conductivities of blast furnaceslags and continous casting powders in the temperature range 100 to 1550 [J]. Stahl Und Eisen, 1985, 105 (24): 63 ~ 68.

[36] Bisio G. Energy recovery from molten slag and exploitation of the recovered energy [J]. Energy, 1997 (22): 501 ~ 507.

[37] 陈登福, 佐祥均, 温良英. 液态高炉渣热量回收利用方法及问题 [J]. 缓解污染治理技术与设备, 2006, 7 (7): 133 ~ 138.

[38] 齐渊洪, 干磊, 王海风, 等. 高炉熔渣余热回收技术发展过程及趋势 [J]. 钢铁, 2012, 47 (4): 1 ~ 7.

[39] Szargut J, Morris D R, Steward F R. Exergy analysis of thermal, chemical and metallurgical processes [M]. New York: Hemisphere Publishing, 1988.

[40] 东北大学. 鞍钢能耗分析及节能对策研究报告 [R]. 2006.

[41] 王维兴. 2011 年重点钢铁企业能源消耗评述 [J/OL]. 中国钢铁企业网, 2012, http: //www. sinosure. com. cn/sinosure/xwzx/rdzt/ckyi/ckdt/xyzt/qcxy/inhbcyyjzt/149096. html.

[42] 王维兴. 钢铁工业能耗现状和节能潜力分析 [J]. 中国钢铁业, 2012 (4): 18 ~ 22.

[43] 陈道海, 裴永红. 转炉汽化饱和蒸汽发电技术的研究与应用 [J]. 冶金动力, 2010 (4): 41 ~ 45.

[44] 丁毅, 史德明. 钢铁企业余热资源高效利用 [J]. 钢铁, 2011, 46 (10): 88 ~ 93.

[45] 刘浏. 中国转炉 "负能炼钢" 技术的发展与展望 [J]. 中国冶金, 2009, 19 (11): 33 ~ 39.

[46] 刘剑平. 大型电炉污染物控制与减排 [J]. 炼钢, 2012, 25 (2): 74~77.

[47] 苏兴文, 李晓阳, 刘镭. 鞍钢鲅鱼圈钢厂钢渣短流程处理的应用与实践 [C]//第八届 (2011) 中国钢铁年会论文集. 中国金属学会, 2011: 231~237.

[48] 尚秋丽, 刘雪峰, 王佩兰. 炉渣轮法粒化装置——一种新型的炉渣处理装置 [J]. 山西机械, 2001 (S1): 34~36.

[49] 曹志栋, 谢良德. 宝钢滚筒法液态钢渣处理装置及生产实绩 [J]. 宝钢技术, 2001 (3): 1~3.

[50] 赵春禾, 周昌勇. 轧钢加热炉低品质余热蒸汽发电实践 [J]. 江苏冶金, 208, 36 (2): 56~57.

[51] 王绍文, 邹元龙, 杨晓莉, 等. 冶金工业废水处理技术及工程实例 [M]. 北京: 冶金工业出版社, 2008.

[52] 张琦, 蔡九菊, 王建军, 等. 钢铁厂煤气资源的回收与利用 [J]. 钢铁, 2009, 44 (12): 95~99.

[53] 王维兴. 2010 年重点钢铁企业技术经济指标评述 [J/OL]. 中国钢铁企业网, 2011, http://www. chinasie. org. cn/news_ info. aspx? lei = 36&id = 66344.

[54] 张琦, 谷延良, 提威, 蔡九菊. 钢铁企业高炉煤气供需预测模型及应用 [J]. 东北大学学报 (自然科学版), 2010, 31 (12): 1737~1740.

[55] 张琦, 蔡九菊, 庞兴露, 姜文豪. 钢铁联合企业煤气系统优化分配模型 [J]. 东北大学学报 (自然科学版), 2011, 32 (1): 98~101.

[56] 张琦, 提威, 杜涛, 蔡九菊. 钢铁企业富余煤气-蒸汽-电力耦合模型及应用 [J]. 化工学报, 2011, 62 (3): 753~758.

[57] 张琦, 张大伟, 蔡九菊, 等. 钢铁企业能源管理系统现状及发展方向 [C]//第四届宝钢学术年会. 上海: 宝山钢铁集团, 2010.

[58] 刘旭, 孙明庆. 钢铁厂燃用低热值煤气燃气-蒸汽联合循环发电装置探讨 [J]. 钢铁技术, 2003 (3): 37~46.

[59] 张怀东, 李志全, 贾文君, 等. 邯钢 CCPP 发电技术的选择与应用 [J]. 能源研究与利用, 2006 (6): 38~42.

[60] 王太炎. 焦炉煤气开发利用的问题与途径 [J]. 燃料与化工, 2004, 35 (6): 1~3.

[61] Peter Diemer, Hans-Jürgen Killich, Klaus Knop, et al. Potentials for utilization of coke oven gas in integrated iron and steel works [J]. Stahl und Eisen, 2004, 124 (7): 21~30.

[62] 张琦, 蔡九菊, 王建军, 等. 冶金工业副产煤气的高效利用 [J]. 中国冶金, 2006, 16 (3): 44~47.

[63] 李建锁, 王宪贵, 王晓琴. 焦炉煤气制甲醇技术 [M]. 北京: 化学工业出版社, 2011.

[64] 李克兵, 陈健. 焦炉煤气和转炉煤气综合利用新技术 [J]. 化工进展, 2010, 29 (增刊): 325~327.

冶金工业 节能减排技术

有色冶金工业节能减排技术 | 下篇

13 有色冶金工业节能减排概述

13.1·有色冶金工业能耗与排放特点

2010 年，我国 10 种有色金属产量为 3121 万吨，表观消费量约 3430 万吨，"十一五"期间年均分别增长 13.7% 和 15.5%，见表 13-1。其中，精炼铜、电解铝、铅、锌、镍和镁等主要金属产量分别为 458 万吨、1577 万吨、426 万吨、516 万吨、17.1 万吨和 65.4 万吨，年均分别增长 12%、15.1%、12.2%、13.7%、12.5% 和 7.7%，分别占全球总产量的 24%、40%、45%、40%、25% 和 83%。

2010 年，有色金属行业规模以上企业完成销售收入 3.3 万亿元，实现利润总额 2193 亿元，"十一五"期间年均分别增长 29.8% 和 28.1%[1]。

表 13-1 十种有色金属生产及消费量

品　种		生产量/万吨				表观消费量/万吨			
		2005 年	2010 年	年均增长率/%		2005 年	2010 年	年均增长率/%	
				十五	十一五			十五	十一五
十种有色金属		1639	3121	15.9	13.7	1670	3430	16.2	15.5
其中	精炼铜	260	458	13.7	12.0	374	753	14.0	15.0
	电解铝	780	1577	21.1	15.1	712	1592	14.0	17.5
	铅	239	426	16.6	12.2	198	424	25.0	16.5
	锌	278	516	7.1	13.7	325	560	16.9	11.5
	镍	9.5	17.1	13.2	12.5	19.7	52	27.9	21.4
	锡	12.2	16.4	1.9	6.1	10.2	12.4	15.3	4.0
	锑	13.8	18.7	4.1	6.3	7.45	7.1	14.4	-0.1
	汞	0.11	0.16	40.0	7.8	0.11	0.16	2.4	7.8
	镁	45.1	65.4	17.4	7.7	10.7	23	33.2	16.5
	钛	0.92	7.4	37.1	51.7	1.1	7.1	26.5	45.2

近年来，我国工业能源消耗总量逐年增加，由 2005 年的 15.95 亿吨标准煤增加到了 2010 年的 24 亿吨标准煤左右；工业能耗占全社会总能耗的比重由 2005 年的 70.9% 上升到 2010 年的 73% 左右；有色金属等六大高耗能行业的能源消耗

量占工业总能耗的比重由 2005 年的 71.3% 上升到 2010 年的 77% 左右。

有色金属行业是我国工业部门的重要组成部分,这一行业产业关联度高,在经济建设、国防建设、社会发展等诸多方面发挥着重要作用,其作用是其他工业部门所不可替代的。近年来,我国有色金属工业的快速发展在很大程度上依靠增加固定资产投资、扩大产业规模的粗放型发展模式。尽管通过推广先进技术,加强科学管理,推进清洁生产,有色金属工业的单位产品能源消耗和污染物排放出现下降趋势。但由于产量快速增长,能源消耗总量和污染物排放总量仍然不可避免地出现了增长。

在能源消耗方面,我国有色金属工业能源消耗总量在不断上升,已超过 15000 万吨标准煤,约占全国能源消耗的 4.4%。其中,铝工业万元 GDP 能耗是全国平均水平的 4 倍以上,这种发展态势必将对实现国家"十二五"经济和社会发展规划提出的单位工业增加值能耗降低到 21% 的目标的实现构成很大压力。

有色金属在消耗大量矿产资源、能源和水资源的同时,会产生大量固体废弃物、废水和废气。2005 年,有色金属矿山采剥废石 1.6 亿吨,产出尾矿约 1.2 亿吨,赤泥 780 万吨,炉渣 766 万吨,排放二氧化硫 40 万吨以上,废水 2.7 亿吨,这些"三废"既是污染物,也是可利用的资源。但是,当前我国有色金属工业的"三废"资源化程度还比较低,固体废弃物利用率仅为 13% 左右;低浓度二氧化硫几乎没有利用;从工业废水中回收有价元素大多数企业还是空白;除一些大型企业利用冶炼余热发电外,大部分企业余热利用率均较低。如何处置和利用有色金属工业"三废",已成为产业发展的突出问题[2]。

13.1.1 有色冶金工业能耗特点

根据我国对金属元素的正式划分与分类,除铁、锰、铬以外的 64 种金属和半金属,如铜、铅、锌、镍、钴、锡、锑、镉、汞等均被划为有色金属。这 64 种金属,根据其物理、化学性质和提取方法的不同,又分为重有色金属、轻有色金属、贵金属和稀有金属四大类。其中,重有色金属是指相对密度在 4.5 以上的有色金属,包括铜、铅、锌、镍、钴、锡、锑、镉、汞等;轻有色金属是指相对密度在 4.5 以下的有色金属,包括铝、镁、钛等;贵金属主要指金、银和铂族(钌、铑、钯、锇、铱、铂)这 8 种有色金属;稀有金属主要是指地壳中稀少、分散,不易富集成矿或难以冶炼提取的一类金属,如锂、铍、钨、钼、钒、镓、锗等。

有色金属冶炼方法有火法、湿法和电解法等。由于有色金属的物理化学特性各异,故其提炼方法各不相同。湿法冶炼是将精矿经过焙烧后产生的焙砂(或不焙烧直接用精矿)用各种酸基或碱基溶剂进行浸出,使精矿(或焙砂)中的金属进入浸出液中,由于浸出液中除了主要的金属外还有其他金属,所以,要对其进行净化，除去杂质元素，直到得到合格溶液后再进行电解，最后得到纯金属。

火法冶炼是在精矿中加入各种熔剂、还原剂使其生成金属品位较高的精矿粉，再经粗炼得到粗金属，最后用火法精炼或电解精炼制得纯金属。有些精矿在熔炼前还需要进行焙烧、烧结或制成球团等预处理。

有色金属工业是以开发利用矿产资源为主的基础原材料产业，也是我国能源资源消耗和污染物排放的重点行业之一。有色金属冶炼消耗的能源主要有煤炭、焦炭原油、天然气、电力、煤气、成品油、液化石油等。其中，电力消耗约占有色金属行业能源消耗的65%以上，其次为煤炭和焦炭，见表13-2。在有色金属工业能源消耗中，铝、铜、铅锌的能耗占有色工业总能耗的80%以上[3]。

表 13-2　2010 年我国有色金属工业能源消耗统计

能源消耗	电力 /万千瓦时	煤炭 /t	焦炭 /t	燃料油 /t	柴油 /t	汽油 /t	天然气 /万立方米	其他燃料 /tce
其他贵金属矿采选	246	4013	0	0	2	56	0	3253
钨钼矿采选	235471	176227	2074	0	18024	4101	0	463614
稀土金属矿采选	12637	18032	0	0	3942	30	249	43068
放射性金属矿采选	7088	17475	0	0	1148	158	0	22819
其他稀有金属矿采选	34942	172832	0	0	3550	252	5	132218
冶炼企业	26058889	63765352	4592497	631430	289625	41083	103477	73289638
铜冶炼	996829	1461325	843959	199238	87151	5696	9218	3651908
铅锌冶炼	1906115	5427537	1431805	6159	46128	8778	6944	7057290
镍钴冶炼	620878	1909991	608332	46745	22433	1763	2143	2523245
锡冶炼	214157	525708	88281	0	8928	1651	0	734031
锑冶炼	49997	319022	90354	0	946	155	0	380070
铝冶炼	20125984	43715790	984381	373318	76273	9296	72788	50875207
镁冶炼	266782	7965006	88797	0	7637	4709	2966	3070421
其他常用有色金属冶炼	437444	674330	167701	0	5803	1663	1953	1245493

能源消耗	电力/万千瓦时	煤炭/t	焦炭/t	燃料油/t	柴油/t	汽油/t	天然气/万立方米	其他燃料/tce
银冶炼	29539	263777	176583	194	4761	1177	11	403241
其他贵金属冶炼	8321	27634	4044	0	261	330	0	36058
钨钼冶炼	185638	340034	2767	500	21634	2056	1184	505863
稀土金属冶炼	376029	702685	6720	5260	3848	2540	2360	1100772
其他稀有金属冶炼	841175	432513	98773	16	3822	1270	3910	1706041
合金制造及加工企业	5097827	7828395	798752	336769	326362	57981	133943	14985517
有色金属合金制造	563868	378358	171689	26501	29356	10161	11961	1411707
常用有色金属压延加工	4299913	6950109	562948	310109	272073	40459	120010	12769834
贵金属压延加工	140227	391428	38479	0	22944	4768	80	538794
稀有稀土金属压延加工	93819	108500	25636	160	1989	2593	1892	265182

注：摘编自《中国有色金属工业年鉴2011》。

"十五"至"十一五"期间，经过大规模的技术改造和淘汰落后生产能力、推广先进技术、推进关键技术突破及产业化应用，加强能效对标管理，有色金属工业节能降耗成效显著。2000 年以来，有色金属工业主要产品单位能耗持续下降，一些主要技术经济指标接近或达到世界先进水平[4]。2000 ~ 2010 年主要有色金属能耗指标见表 13 - 3[5]。

表 13 - 3 2000 ~ 2010 年主要有色金属能耗指标

品 种	2000 年	2001 年	2004 年	2005 年	2006 年	2007 年	2008 年	2009 年	2010 年
铜冶炼综合能耗/kgce·t^{-1}	1277.2	1079.5	1056.2	733.1	594.8	485.8	444.3	404.1	398.8
氧化铝综合能耗/kgce·t^{-1}	1212	1180	1023.4	998.2	802.7	868.1	794.4	631.3	590.6
铝锭综合交流电耗/kW·h·t^{-1}	15480	15470	14795	14575	14697	14441	14283	14152	13964
铅冶炼综合能耗/kgce·t^{-1}	721.0	685.4	633.4	654.6	542.3	551.3	463.3	475.7	421.1

品　种	2000 年	2001 年	2004 年	2005 年	2006 年	2007 年	2008 年	2009 年	2010 年
电解锌综合能耗/kgce·t⁻¹	2306.9	2050.2	2013.1	1953.1	1247.5	1063.3	1027.6	963.1	999.1
锡冶炼综合能耗/kgce·t⁻¹	2680.4	2489.4	2531.3	2444.6	2380.7	1813.0	1655.0	1568.6	1569.5
锑冶炼综合能耗/kgce·t⁻¹	3922.1	2294.8	2138.5	1646.3	2071.7	2080.1	2021.9	1196.0	829.4
铜材加工综合能耗/kgce·t⁻¹	1106.8	925.1	958.9	719.9	531.4	565.1	314.5	280.0	243.6
铝材加工综合能耗/kgce·t⁻¹	1139.5	1111.8	985.0	746.2	538.8	450.6	371.4	409.9	390.8

2010 年，各主要有色金属综合能耗分别为：铜 398.8kgce/t、氧化铝 590.6kgce/t、铅 421.1kgce/t、锡 1569.5kgce/t，比 2005 年分别下降 40.8%、45.6%、35.7% 和 35.8%。铝锭综合交流电耗为 13964kW·h/t，比 2005 年下降了 611kW·h/t。"十一五"期间，万元工业增加值能耗下降 19.6%，部分产品综合能耗达到世界先进水平。

13.1.2 有色冶金工业排放特点

我国有色矿产资源四多、四少（小矿多，大矿少；贫矿多，富矿少；共生矿多，单一矿少；难选冶矿多，易选冶矿少）；选矿流程长，先进与落后生产工艺并存，污染相对严重[6]。近年来，特别是"十一五"期间，通过加强环境管理，开展节水减污技术研究和推广工作，取得了明显的成效，污染得到基本控制。

有色工业主要排放物包括大气污染物、水污染物和固体废弃物等。

（1）大气污染物主要有二氧化硫、氟化物、沥青烟、工业粉尘、工业烟尘。其中二氧化硫是重有色金属冶炼的特征污染物；含氟废气是铝电解生产中着重控制的特征污染物。

重金属冶炼、铝电解生产造成的大气污染对环境的影响更为突出，有色金属企业给予了较多的关注，取得了明显成效。在有色金属产量快速增长的情况下，二氧化硫的年总排放量基本维持在 40 万吨左右，没有随着有色金属产量的增长而增加。铝电解由于淘汰了自焙槽生产工艺，氟化物的总排放量保持在 5 万吨左右，稳中有降，去除率保持在一个较好的水平，几种主要污染物吨产品排放量和万元产值排放量都在逐年下降。

有色金属行业的二氧化碳排放主要是因能源消费而引起的。2009 年，我国有色金属工业由能源消费带来的二氧化碳排放总量约为 2.4 亿吨，其中由电力消费带来二氧化碳排放约占全行业二氧化碳总排放的 66.4%，由煤炭（含焦炭）消费带来的二氧化碳排放约占全行业二氧化碳总排放的 26.8%，两者带来的二氧化碳排放总量约占全行业的 93.2%；天然气、油等其他能源消费带来的二氧化碳排放只占全行业二氧化碳排放总量的 6.8%。如果扣除电力消费等所产生的二氧化碳（间接排放），有色金属行业碳排放只有 6600 万吨左右。2009 年，有色金属行业由能源消费带来的碳排放主要集中在铝（含氧化铝）、铜、铅、锌、镁等产品的冶炼环节，约占有色金属工业由能源消费带来碳排放总量的 81% 左右，与分品种能源消耗占全行业能源消耗的比例基本一致。其中，铝冶炼（含氧化铝）占 68.8%，铜冶炼占 1.6%，铅、锌冶炼占 7.7%，镁冶炼占 3.1%。矿山采选、加工和其他金属品种冶炼碳排放占全行业 19% 左右。因此，有色金属行业碳排放减排的重点在铝（含氧化铝）、铜、铅、锌、镁等产品的冶炼环节，而铝工业是碳减排的重中之重。

（2）水污染物主要是重金属离子（汞、镉、六价铬、铜、铅、锌等）化学需氧量（Chemical Oxygen Demand，简称 COD）、悬浮物、硫化物和酸性废水。有色金属选矿、冶炼排放的工业废水，不同程度地含有重金属离子以及硫化物、悬浮物等污染物。

2011 年，有色金属工业用水总量约 13.1 亿吨，排放废水约 7 亿吨。其中废水排放主要集中于铝、铜、铅锌、镍等金属冶炼过程。有色金属矿物多相共生，冶炼废水中重金属含量高、毒性大，对环境污染严重。2011 年，我国有色金属工业通过废水排放的重金属（铅、镉、汞、总铬、砷）量约为 171.3t，约占整个工业行业重金属总排放量的 27.5%[7]。

（3）固体废弃物是指有色冶金生产过程中产生的废石、尾矿、赤泥和各类冶炼渣。固体废物大多采用尾矿库、赤泥库、废石堆场和渣场进行堆存处置，不但占用大量土地，造成自然景观破坏，而且会造成沙尘污染。

中国有色金属矿产金属品位低，生产 1t 有色金属要产出几百吨乃至上千吨的固体废物（如废石、尾矿、冶炼渣等）。除少部分（如电解大修渣、电解废泥）属危险废物外，其余都属于一般废物，采用堆场和尾矿库的方式堆存处置，对环境的危害主要是粉尘污染、占地破坏环境景观以及在大气、水的作用下废堆场产生酸性废水和重金属离子污染。有色冶炼的固体废弃物综合利用水平低，多年来一直在 10% 左右。近年来，为了改善矿山的环境，减少工业用地费用，不少矿山的企业开始重视废弃土地和固体废弃物堆场的整治，大多采用复垦植被的方法，取得了一定的成效，但冶炼过程固体废弃物的处理与资源化利用水平仍较低。

有色金属工业生产产品品种繁多，由于种类不同，生产方式不同，故其能耗与排污状况也各不相同。

（1）重有色金属火法冶炼与湿法冶炼产生的污染物有所不同。火法冶炼时产生大量烟尘和毒性气体，因水力冲渣和烟气洗涤，故其水质比较复杂，且含有各种重金属毒性物质。电炉冶炼产生电炉渣，电解时则有阳极泥等固体废弃物产生。

湿法冶炼时产生大量重金属废水。精矿在焙烧时产生大量重金属烟尘，在焙烧浸出时产生各种浸出渣，在电解时产生阳极泥等污染物。

（2）轻有色金属的代表是铝和镁，因其生产工艺与产品形态不同，其能耗与排污状况也不相同。氧化铝生产工艺产生的赤泥，电解铝厂产生的含氟烟气以及大量废炭块和废弃保温材料是铝工业的主要污染物；镁生产方法有电解法和热还原法。镁冶炼烟气污染特征为氯气及其化合物，废水特征是酸性且含氯化物，固体废物为酸性废渣。

（3）稀有金属种类繁多，由于原料成分复杂，工业生产难以定型，导致污染特征各异。采用湿法冶炼稀有金属时，会产生酸性废液、碱性废液以及含有毒性物质如镉、铬、砷、铍等盐类的废水；固体废物则有酸浸渣、碱浸渣、中和渣和各种毒性废渣。采用火法冶炼时，则产生还原渣、氯化渣、氧化熔炼渣以及有毒烟尘气。废气通常以氯气及其化合物为主。废水则多为酸性或碱性并且含多种重金属、稀有金属和放射性物质。由于贵金属（如黄金）冶炼需要经过多道工序，如黄金冶炼厂的废水主要来自氰化浸金、电积和除杂等工序，相应的废水主要含有氰和铜、铅、锌等重金属离子。

13.2 有色冶金工业节能减排现状与差距分析

13.2.1 有色冶金工业节能现状

近年来，我国有色金属行业发展迅猛，尽管受到国家控制有色金属冶炼产量等因素的影响，2011 年中国有色金属产量增幅放缓，但全年十种有色金属产量依然达到 3438 万吨，连续十年居世界第一，同比增长 9.8%，如图 13-1 所示，比"十一五"期间平均增幅 13.8% 低 4 个百分点，规模以上有色金属工业增加值（按可比价格计算）同比增长 14.0%，增幅比"十一五"期间的 16.2% 低 2.2 个百分点。

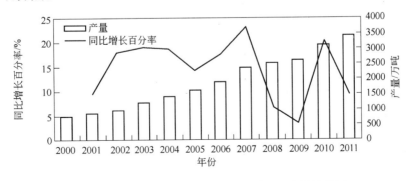

图 13-1　2000~2011 年中国十种有色金属产量趋势图

统计表明，铝、铜、铅、锌、锡、镁这六种有色金属产量占整个有色金属行业产量的90%以上，所消耗能源占有色金属行业冶炼能耗的95%以上，因此，抓好这六种主要有色金属的节能减排工作就抓住了有色金属行业节能减排的主要矛盾和主要方面[8]。

13.2.1.1 铝

2011年，原铝的全球产量约为4340万吨，较2010年提高8%。尽管中国于2011年下半年关闭产能落后的冶炼企业已削减产量，但全年铝产量仍增至1900万吨（较2010年增加10%）。

通过"十一五"期间较大规模的节能技术改造，氧化铝综合能耗实现高达10%的年降幅。2011年，氧化铝行业继续推广低品位铝土矿高效节能生产氧化铝技术、拜耳法高浓度溶出浆液高效分离技术和串联法生产氧化铝技术等，氧化铝综合能耗降至565.7kgce/t，比2010年下降4.2%。2011年，我国氧化铝先进企业的产品单耗指标为400kgce/t，达到国际先进值标准。

通过新型阴极结构铝电解槽、低温低电压铝电解等先进技术的应用和淘汰落后及加强过程控制，2011年，我国电解铝综合交流电耗为13902kW·h/t。先进企业的这一指标甚至降到了13000kW·h/t，达到了世界领先水平。

13.2.1.2 铜

2010年，我国精炼铜产量约479万吨。我国铜冶炼大都采用闪速炉和富氧熔池熔炼技术，综合回收率高、能耗低。随着氧气底吹炉连续炼铜、闪速炉短流程一步炼铜等节能技术的研发、示范与推广，铜冶炼能耗进一步下降。2011年，我国铜冶炼综合能耗为368.6kgce/t，比2010年下降7.6%，而国内先进值达到320kgce/t，处于世界领先水平。

13.2.1.3 铅

2011年，我国精铅产量为317.97万吨。近几年，通过采用新技术新工艺，特别是"底吹熔炼鼓风炉还原炼铅法"技术在全国范围内的推广应用，使铅冶炼的综合能耗下降到了380kgce/t左右。

13.2.1.4 锌

2010年，我国锌产量为527万吨。锌硫化矿多采用湿法冶炼。近年来，湿法炼锌能耗持续下降，2011年电解锌综合能耗为945.7kgce/t。

13.2.1.5 锡

2011年，我国锡产量为15.59万吨。主要的产锡企业，如云锡集团采用澳斯麦特熔池熔炼工艺，节能效果显著。统计表明，2011年，我国锡冶炼综合能耗为1950.6kgce/t，尚有节能空间。

13.2.2 有色冶金工业减排现状

我国有色金属行业通过采用先进成熟的技术，实施清洁生产技术改造、治污设施升级改造、污染源环境风险防控设施建设，大大提高了有色金属工业清洁生产水平，有色金属生产过程中产生的"三废"得到了有效处置。

在赤泥中提取铁、贵金属、碱，从铜渣、阳极泥中提取稀贵金属，从铅锌冶炼渣中提取镉、锗、铁，从黄金矿渣和氰化尾渣中提取铜、银、铅等技术在一些企业得到了应用，取得了较好的综合利用效果。有色冶炼废液的综合利用也有了长足发展，氧化铝母液回收镓、钪，电解液回收镍等技术已获得推广应用。而从有色冶炼废气中回收铅、锌、铜、锑、铋和硫、磷等有价物质已成为金属矿物综合利用的重要手段。同时，各有色金属企业普遍加强了余热的回收利用和冶炼废水的循环利用。

围绕有色金属采选矿、冶炼加工主导产业，初步构建了有色金属行业循环经济产业链。主要包括采选—尾矿—有价组分—冶炼—有色金属，冶炼—废渣—有色金属，冶炼—炉渣—建材，冶炼—尾气—磷、硫—化工产品，冶炼—余热—发电，冶炼—有色金属—再生金属—冶炼等产业链（见图 13 - 2）。

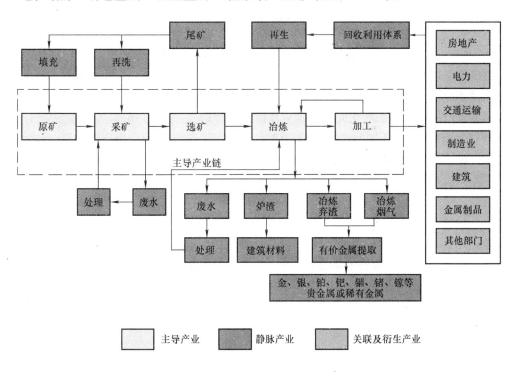

图 13 - 2　有色金属工业循环经济链

大中型有色企业应用了一批先进清洁生产技术，取得了显著的效果。不仅提高了资源综合回收利用率，而且实现了冶炼废渣综合利用及无害化，减少了重金属的排放量、烟尘排放量和二氧化硫等污染物的排放量。

13.2.3 有色冶金工业节能减排存在的差距

我国是有色金属大国，尽管在产业集中度的提高和企业的科技进步两个方面取得了一定的成绩，但在节能减排方面和先进国家的差距明显，距离有色金属强国仍有很长的路要走[9]。

（1）结构性矛盾突出。进入21世纪以来，我国有色金属冶炼规模持续扩大，导致产业结构性矛盾突出，对我国资源、能源、环境的支撑能力构成了较大压力。

（2）节能技术创新能力亟待提升。有色金属冶炼领域的能源消耗占行业总能耗的80%以上。尽管我国有色金属冶炼的工艺技术不断创新，推进了节能工作，但有一些关键性技术仍有待突破。在氧化铝生产技术方面，一水硬铝石生产氧化铝节能技术需要进一步完善。在电解铝生产技术方面，围绕节能降耗，传统生产工艺创新尚需进一步深入，新技术研究开发亟须提速。在铅锌冶炼方面，火法铅锌冶炼节能技术、伴生元素回收技术等一系列可持续发展难题需要依靠技术创新解决。

（3）落后产能淘汰难度大。虽然淘汰落后生产能力在有色金属工业行业已取得重要进展，但能源消耗高、环境污染大、劳动强度高的落后生产能力在有色金属工业中仍占相当比例。截止到2008年年底，国内能耗高、污染重的80kA及以下预焙槽产能为102万吨，100kV及以下的预焙槽产能为167万吨。此外，还有100~160kA的预焙槽产能32.5万吨。反射炉及鼓风炉铜冶炼产能有30万吨/年，烧结锅铅冶炼和落后锌冶炼产能分别有40万吨/年、60万吨/年。有色金属工业淘汰落后产能的任务仍十分艰巨，尤其是铅锌产业企业集中度低，中小企业居多，很多企业位于经济发展相对落后的地区，淘汰落后生产能力难度很大。

（4）我国平均每吨有色金属综合能耗与国际先进水平相比，差距仍比较明显。见表13-4，2010年我国铅冶炼综合能耗为421.1kgce/t，而国际先进水平为300kgce/t，仍然存在较大差距。

表13-4 我国有色金属单位产品综合能耗与国际先进水平的比较

指标名称	单位	2010年平均值	2010年先进值	国际先进水平
铜冶炼综合能耗	kgce/t	360.3	320	350
氧化铝综合能耗	kgce/t	590.6	400	400
铝锭综合交流电耗	kW·h/t	13964	13000	13500
铅冶炼综合能耗	kgce/t	421.1	380	300

（5）国内企业间能耗水平相差悬殊。我国电解铝综合交流电耗已处于世界先进水平，但是国内电解铝企业之间差距较大，最好的企业为13000kW·h/t左

右，最差的企业为 15000kW·h/t，相差 2000kW·h/t。

（6）矿产资源品质下降形成能耗上升压力。我国有色金属矿产资源经过多年开采后，原矿和精矿品位出现下降趋势。2000 年，国内铜矿坑采出矿品位为 1.0%，而 2011 年为 0.76%；锌露天开采出矿品位 2000 年为 9.10%，2011 年下降到 6.07%。矿山原矿品位的下降，必然导致能源消耗上升。据测算，如铅精矿品位每下降 1 个百分点，吨铅能耗增加 10kgce。矿产资源品质下降是行业进一步推进节能减排面临的一个重要障碍。

（7）重金属污染问题依旧突出。有色金属工业的行业特征决定了其在生产过程中重金属污染物产生和排放量较大，铜冶炼、铅锌冶炼、镍钴冶炼、锡冶炼、锑冶炼和汞冶炼等重金属污染防治的重点行业面临现有污染源防治与解决历史遗留污染的双重问题，工作难度和压力非常大。

（8）固体废弃物综合利用技术水平偏低。2011 年，我国氧化铝产量 3408 万吨，占全球产量 1/3 以上，年产赤泥量已达 3000 万吨左右。目前，我国赤泥整体综合利用率不到 4%，累积堆存量约 2 亿吨。若不加以处置与利用，预计到 2015 年，累计堆存量将达 3.5 亿吨。

13.3　有色冶金工业节能减排的方向与途径

我国有色金属行业以后的努力方向，第一是调整产品结构，加快淘汰落后有色金属生产能力，继续控制冶炼能力的过快增长；第二是创新模式，加大企业科技投入，推进节能减排的技术研发工作，依靠科技进步推进技术节能、能源转换和梯级利用；能源政策方面，加速天然气的内部开发和外部引进，改变以煤为主的单一能源结构[10]。

13.3.1　有色冶金工业节能方向与途径

结合有色冶金各品种行业生产与能源利用特点，有色金属工业可在淘汰落后、工艺革新、普及节能技术、加强能源管控等方面采取措施，推进能源转换和梯级利用，提高能源利用效率。具体节能途径如下：

（1）淘汰落后，技术革新，降低能源消耗。在电解铝、铜冶炼及铅锌冶炼行业，淘汰小预焙槽、鼓风炉粗铜冶炼、烧结机－鼓风炉工艺炼铅等能耗高、污染重的落后产能。在铝、铜、铅锌等行业通过工艺革新，逐步应用一水硬铝石型铝土矿浮选脱硅工艺、低品位铝土矿高效节能生产氧化铝技术、新型阴极结构高效节能电解槽技术、不停电停槽和启槽技术、电解槽"三度寻优"控制技术、氧气底吹炉连续炼铜技术、闪速炉短流程一步炼铜技术、液态高铅渣直接还原工艺技术、氧气底吹熔炼炉熔炼技术、铅富氧闪速熔炼工艺、铅旋涡柱闪速熔炼工艺等先进技术，可从源头降低各行业冶炼的能源消耗。

（2）普及成熟节能技术，提高能源利用水平。通过普及成熟的节能技术，如泵与风机变频技术、中低温余热回收技术、炉窑综合节能技术、蓄热燃烧技术、先进配料技术等的推广应用，在降低能源消耗的同时，可以加强余热余能的回收利用。

（3）多层次能源管控，实现管理节能。在设备、能源子系统及有色金属整个生产过程中采用能源管控自动化、信息化手段，对有色冶金生产的熔炼炉、氧气系统、煤气系统、电力系统采用能源优化调度及关键生产工序间的生产协同管控手段，可实现基于自动化、信息化手段的管理节能。

13. 3. 2 有色冶金工业减排方向与途径

针对有色冶金工业"三废"排放总量较大、处理效率低等共性问题，遵循源头预防、过程阻断、清洁生产、末端治理的全过程综合防控原则，将"三废"治理与资源综合利用相结合，发展和综合利用各种先进的处理技术，实现"三废"的减量化、再利用及资源化[11~14]。具体减排途径为：

（1）加强源头控制与末端治理，降低重金属污染排放。针对汞、铅、镉、砷等重金属污染物产生的关键领域和环节，推广安全高效、能耗物耗低、环保达标、资源综合利用率高的先进生产工艺，从源头削减汞、铅、镉、砷等污染物的产生量；推广应用重金属污染综合处理处置、废铅蓄电池资源化利用、污染源治理与修复等技术，从末端减少重金属的排放。

（2）构筑循环经济体系，提高资源综合利用水平。按照减量化、再利用、资源化的原则，构筑以提高资源产出效率和提高资源保障为目标的有色金属工业循环经济体系，加强共伴生矿产、尾矿及冶炼渣的循环利用，充分回收废渣中的有价金属，提高资源综合利用水平。

对于氧化铝生产产生的大量赤泥，可用于制备建筑材料、路基固结材料，也用于矿山充填的赤泥胶结充填料、作为干法水泥生产的铁质原料等，从而实现废弃物的资源化利用。

（3）完善再生资源回收体系，推进再生资源规模化高效利用。完善有色金属循环利用体系，提升再生有色金属产业技术装备水平，大幅提高再生铜、再生铝、再生铅产量的比例，从而减少以矿物为原料冶炼带来的污染物排放。

14 铝冶金工业节能减排

铝为银白色轻金属，相对密度2.70，熔点660℃，沸点2327℃，有良好的延展性，能够抽成细丝，轧制成各种铝制品，还可制成薄于0.01mm的铝箔，广泛用于包装香烟、糖果等，商品常制成棒状、片状、箔状、粉状、带状和丝状，如图14-1所示。铝易溶于稀硫酸、硝酸、盐酸、氢氧化钠和氢氧化钾溶液，不溶于水，在潮湿空气中能形成一层防止金属腐蚀的氧化膜。铝粉和铝箔在空气中加热能猛烈燃烧，并发出炫目的白色火焰。铝的导热系数是铜的1.5倍，在电力工

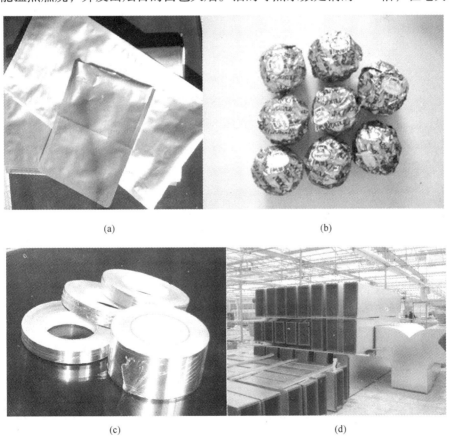

(a)   (b)

(c)   (d)

图 14-1　铝箔制品

（a）防静电铝箔袋；（b）铝箔包装；（c）铝箔胶带铝箔；（d）挤塑 xps 复合风管

业上它可以代替部分铜作导线和电缆。在生产生活上可用铝制造各种热交换器、散热材料和民用炊具等。作日用器皿的铝通常称为"钢精"或"钢种"。

　　由于铝的活泼性强，不易被还原，因而它被发现得较晚。1808~1810 年间，英国化学家戴维和瑞典化学家贝齐里乌斯都曾试图利用电流从铝矾土中分离出铝，但都没有成功。贝齐里乌斯却给这个未能取得的金属起了一个名字 alumien（源于拉丁文 alumen）。铝后来的拉丁名称 aluminium 和元素符号 Al 正是由此而来。

14.1　铝冶炼工艺概述

　　铝在地壳中的含量为 8.8%，以化合态的形式存在于各种岩石或矿石里，如长石、云母、高岭石、铝土矿、明矾石等。含铝矿物约有 250 多种，但炼铝最主要的矿石资源是铝土矿（$Al_2O_3 \cdot nH_2O$）（见图 14-2），铝土矿中含 Al_2O_3 为 40%~70%，生产要求铝土矿的铝硅比（Al_2O_3 与 SiO_2 的质量比）一般不低于 3%~3.5%。

图 14-2　铝土矿

　　1886 年，美国的豪尔和法国的海朗特，分别独立地电解熔融的铝矾土和冰晶石的混合物制得了金属铝，奠定了今天大规模生产铝的基础。由铝的氧化物与冰晶石（$3NaF \cdot AlF_6$）共熔电解可制得铝。

　　从铝土矿中提取铝的主要过程如图 14-3 所示。

　　发生的主要反应为：

　　（1）溶解：将铝土矿溶于 NaOH：$Al_2O_3 + 2NaOH = 2NaAlO_2$（偏铝酸钠）$+ H_2O$。

　　（2）过滤：除去残渣氧化亚铁（FeO）、硅铝酸钠等。

　　（3）酸化：向滤液中通入过量 CO_2：$NaAlO_2 + CO_2 + 2H_2O = Al(OH)_3\downarrow + NaHCO_3$。

　　（4）过滤、灼烧：$2Al(OH)_3 = Al_2O_3 + 3H_2O$。

　　（5）电解：$2Al_2O_3 = 4Al + 3O_2\uparrow$。

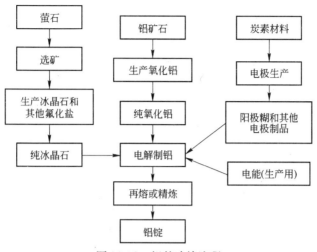

图 14 - 3 铝的冶炼流程

铝生产的两个主要过程就是氧化铝生产及电解氧化铝得到金属铝。

14.1.1 氧化铝生产

氧化铝的生产方法有酸法、碱法和热法。目前，氧化铝工业生产实际应用的是碱法。碱法又包括拜耳法、烧结法及各种形式的联合法。拜耳法是利用氧化铝能在高温高压下溶于苛性碱（NaOH）溶液而 Fe、Si、Ti 等杂质不溶的原理来提纯出纯氧化铝的方法，其生产成本低，经济效益好，流程相对简单，应用最广[15]。通常生产 1t 氧化铝需要 2.4～2.6t 铝土矿。拜耳法生产氧化铝流程如图 14 - 4 所示。

烧结法是把铝土矿、石灰石和碳酸钠混合湿磨制浆，在高温下烧结，使氧化铝和碳酸钠相互作用生成铝酸钠，通过过滤，得到铝酸钠溶液，再通入二氧化碳，得到碳酸钠和氢氧化铝，氢氧化铝煅烧得到氧化铝。其基本工艺流程如图 14 - 5

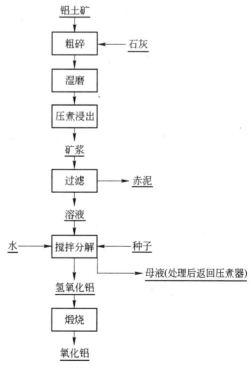

图 14 - 4 拜耳法生产氧化铝流程

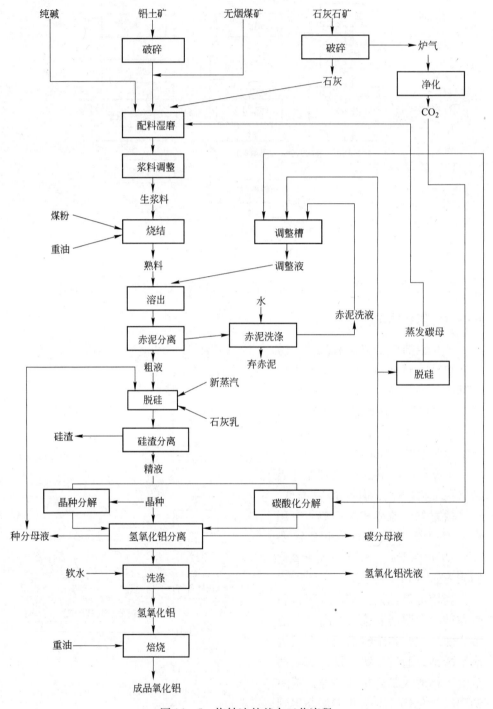

图 14-5 烧结法的基本工艺流程

所示。而拜耳－烧结法则是根据矿石的性质，把上述两种工艺联合起来用在一个工艺中得到氧化铝。

14.1.2 电解铝生产

电解铝就是氧化铝通过电解得到的铝。现代电解铝工业生产采用的是冰晶石－氧化铝融盐电解法，该法是在 1886 年由法国人 Héroult 和美国人 Hall 同时研发的，至今已有 124 年历史。熔融冰晶石是溶剂，氧化铝作为溶质，以炭素体作为阳极，铝液作为阴极，通入强大的直流电后，在 950～970℃下（950℃以上有可能形成热槽），在电解槽内的两极上进行电化学反应，即电解。阳极产物主要是二氧化碳和一氧化碳气体，其中含有一定量的氟化氢等有害气体和固体粉尘，其所产生的废气和污染物通过干法烟气净化系统进行净化处理，除去有害气体和粉尘后排入大气。阴极产物是铝液，铝液通过真空抬包从槽内抽出，送往加工厂的铸造车间，在保温炉内经净化澄清后，浇铸成铝锭或直接加工成线坯、型材等。而电解产生的残极物，一是回收重新电解，二是送到炭素厂进行处理。电解铝的生产工艺及污染治理流程如图 14－6 所示。

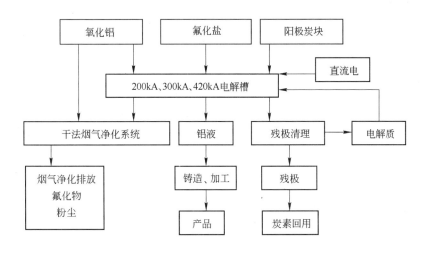

图 14－6 电解铝的生产工艺及污染治理流程

世界上所有的铝都是用电解法生产出来的，而电解铝工业对环境影响较大，属于高耗能、高污染行业[16]。电解铝生产中排出的废气主要是温室气体 CO_2 以及以 HF 气体为主的气－固氟化物等。氟化物中的 CF_4 和 C_2F_6 温室作用效果是二氧化碳的 6500～10000 倍，并且会对臭氧层造成不同程度的影响。HF 则是一种剧毒气体，通过皮肤或呼吸道进入人体，仅需 1.5g 便可致死。因此，电解铝工艺的干法烟气净化系统是必不可少的[17]。

14.2　氧化铝生产过程节能减排技术

我国铝土矿主要以高铝、高硅、低铁、难溶（铝硅比较低）的中低品位的一水硬铝石铝土矿为主，氧化铝产品大部分是由流程复杂、效率低、能耗高的混联法和烧结法生产的，只有不到30%是采用流程简单、能耗较低的纯拜耳法生产的，加之高、中品位铝土矿储量的日益减少，导致氧化铝生产的能耗增加、污染加重[18]。氧化铝生产过程废气、废水和赤泥的排放已成为备受关注的环境问题。因此，通过研发和应用先进的节能减排技术，提高能效水平，减少污染物排放，是氧化铝工业提升竞争力的关键举措[19]。

14.2.1　节能技术

14.2.1.1　铝土矿一段棒磨二段球磨 – 旋流分级技术

针对我国一水硬铝石难磨难溶的特点，采用一段棒磨二段球磨 – 旋流器组成的闭路磨矿流程。棒磨的长径比为 $L/D = 1.41$，球磨长径比为 $L/D = 2.36$；铝土矿入磨粒度不大于25mm，出磨料浆经泵池、用泵打入水力旋流器，水力旋流器溢流粒度 100% < 500 μm、99% < 315 μm、70% ~ 75% < 63 μm，固体含量350g/L，底流进球磨机继续研磨，球磨机内液固比（L/S）控制在0.5左右。

一段棒磨二段球磨 – 旋流分级技术是由旋流器与棒磨机、球磨机组成的闭路磨矿系统。铝土矿与一定比例的循环碱液在球磨机内通过物料和钢球及物料与物料之间的相互冲击与研磨，达到一定细度后，棒磨机和球磨机出料由泵一起打入旋流器进行分级。合格的铝矿浆进入矿浆槽，底流粗颗粒返回球磨机继续研磨。正常情况下，成品中较粗的颗粒在棒磨机内完成，较细的颗粒在球磨机内完成。

与一段磨矿相比，该技术可有效降低单位磨矿产品的能耗，节电 15% ~ 18%。而且得到的矿浆产品粒度均匀，与一段磨矿相比，该技术单位时间磨矿处理量提高5%以上，系统作业率提高3%，占地面积小、作业率高、分级效率高。该技术碱蒸汽排放量少，产品细度容易控制，粒度分布更为合理，有利于高压溶出和赤泥沉降。缺点是磨机衬板和旋流器排沙嘴易磨损，工艺流程复杂。

14.2.1.2　氧化铝管式降膜蒸发技术

针对我国氧化铝生产工艺中蒸发工序的蒸汽消耗偏大的实际情况，采用六效逆流管式降膜蒸发技术。该技术的基本工艺流程为：母液经六效蒸发后由一效出料至闪蒸器，经几级闪蒸降温后，送至其他工序。蒸汽在其中一效加热室中与母液冷凝换热，母液在分离室中沸腾汽化形成二次蒸汽，经过除沫器后送至下一效加热室，末效二次蒸汽在冷凝器中与循环水直接接触冷凝后送至蒸发循环水。自蒸发器与冷凝水罐是利用母液和冷凝水余热的装置，可以利用系统负压，使高温液体沸腾，自蒸发产生二次蒸汽补充到系统中，从而实现节能。

六效逆流管式降膜蒸发技术适用于拜耳法处理一水硬铝石矿的蒸发；循环母液苛碱浓度可由 170g/L 蒸浓至 245g/L，蒸汽消耗为 $0.62 \sim 0.72t/tAl_2O_3$，运转率可达 93% 以上，自动化水平高，操作劳动强度小。缺点是该技术不适用于高碳酸钠溶液的蒸发，运行过程中一效的碱浓度和温度较高，长时间运行后，部分管路有碱脆现象，并且结疤比较明显。

14.2.1.3 氧化铝深锥高效沉降槽技术

在氧化铝生产过程中，沉降槽是将溶出后的铝酸钠溶液和赤泥的混合物分离得到粗液的关键设备。深锥高效沉降槽具有槽体直、筒段高、底部锥角大、泥层高度大、耙臂承受扭矩大的特点。大的锥角使物料在槽底的流动性好。物料通过较高的泥层及大锥角的压缩，在槽底具有较好的流动性。从溶出后槽来的稀释料浆与絮凝剂充分混合后进入深锥高效沉降槽进行沉降分离，溢流用于制备精液，底流再在深锥高效沉降槽中进行多次反向洗涤后排出废弃赤泥。

深锥高效沉降槽占地面积小，约为大型平底沉降槽的 10% ~30% 左右；铝酸钠溶液水解损失小于 1%；散热损失小，散热面积约为大型平底沉降槽的 80%；运营费用低，产品质量好；赤泥附碱小于 5kg/t 干赤泥，对环保及降低生产成本极为有利；缺点是絮凝剂使用量较大，承受物料流量波动能力小。

14.2.2 减排技术

14.2.2.1 赤泥的综合利用

无论是哪种氧化铝生产方法，都会产生副产物——赤泥。赤泥是以铝土矿为原料生产氧化铝过程中产生的极细颗粒强碱性固体废物，每生产 1t 氧化铝，大约产生赤泥 0.8 ~1.5t。赤泥中含有多种有价值的成分，包括大量的氧化铁、氧化铝、氧化硅、氧化钙、氧化锌等碱性氧化物，此外还含有微量元素 Ti、Ni、Cd、K、Pb、As 等。国际上通用的做法是将其堆积成赤泥堆。赤泥大量堆存，既占用土地、浪费资源，又易造成环境污染和安全隐患。

赤泥处理与综合利用一直是困扰氧化铝生产的世界性难题之一。目前，赤泥处理与利用的主要途径为：（1）赤泥除砂后用作烧结配料；（2）赤泥提铁；（3）用作黏合剂；（4）用作脱硫剂；（5）提取其他有价金属。

A 赤泥除砂

中国铝业山东分公司第二氧化铝厂在沉降槽顶部自行设计了一套赤泥除砂工业试验流程。通过旋流器、螺旋分级机等的优化组合，通过一次分离、两次洗涤，从稀释液矿浆中选出了赤泥砂，赤泥除砂的工艺流程如图 14-7 所示。

除砂后的赤泥一部分外排，一部分送烧结作配料。实践应用证明，通过赤泥除砂，不但降低了进入烧结法生产流程的赤泥量，还稳定了烧结法配料指标。

B　赤泥提铁

回收赤泥中的铁更是赤泥综合利用的重要一环，各国科研人员都争相研究这一难题。前苏联、日本、德国、美国等在回收赤泥中铁的研究方面做了许多工作，主要方法是磁选、浮选、重选及其联合流程，其效果均不理想。将赤泥与还原剂混磨并进行还原焙烧、再进行磁选，可大大提高铁的回收率，但生产成本高、流程复杂。国内中南大学、东北大学等科研机构也对赤泥回收铁进行了较为深入的研究和探讨，但均未应用于工业生产。

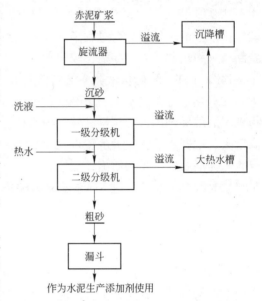

图 14-7　赤泥除砂的工艺流程

利用氧化铝生产排放的赤泥直接作为工业型煤的黏合剂，在起到型煤固硫降尘与提高锅炉热效率的同时，其燃烧后的炉渣又是廉价的高性能混凝土掺和料或硅酸盐水泥熟料，可用于道路基础垫层或压制免烧砖。

此外，还可利用赤泥的碱性中和酸性废水、吸收酸性气体（如 SO_2）；从赤泥中提取有价元素，如 Al、Ti、Ni 等。

14.2.2.2　氧化铝水污染控制

我国氧化铝企业已基本实现了生产废水的零排放，氧化铝工业废水治理技术包括：

（1）采用先进的清洁生产工艺，对压煮溶出工艺采用全部间接加热工艺，对赤泥、氧化铝采用逆流洗涤，严格控制进入工艺系统的水量。

（2）采取"清污分流、一水多用"的技术措施：生产用水设置循环水系统，循环水系统的排污水排入生产废水处理站，处理后的水返回工艺系统循环利用。

（3）由工艺系统回收高浓度含碱废液：包括赤泥附液、清洗设备的废水和其他工艺废料，使工艺过程的含碱溶液在工艺中循环利用，降低碱耗和减少废水排放，在减轻污染的同时又有效降低了成本。

（4）提高水的重复利用率和串级使用。如母液蒸发过程冷凝水中含碱不能返回热电站，可送到赤泥沉降洗涤工段作洗涤水；生料浆配置少用新水，尽量采用工业废水处理站处理后的水；酸碱废水可作冲灰水。

14.2.2.3 氧化铝生产烟气处理技术

A 熟料烧成窑烟气治理

熟料烧成窑是以煤粉为燃料的烧结法生产最主要的废气污染源。我国氧化铝企业早期对熟料烧成窑烟气治理一般采用旋风+棒纬式电除尘，由于棒纬式电除尘器为单电场，运行及除尘效率不稳定，排尘浓度（标态）一般在 250 ~ 700mg/m³ 之间，对环境污染严重。近年来，各氧化铝企业加大熟料窑烟气治理力度，改为采用板卧式电除尘取代棒纬式电除尘。板卧式电除尘器为三电场或四电场，具有除尘效率高、操作方便、运行稳定、自动化水平高、维修量小的特点，除尘效率达 99.5% 以上，排尘浓度（标态）可控制在 200mg/m³ 以内。

B 氢氧化铝焙烧炉烟气治理

流态化氢氧化铝焙烧炉产生的烟气温度在 1000℃ 左右。为充分利用余热，热烟气与氢氧化铝物料逆向流动，利用热烟气余热干燥氢氧化铝并进行预焙烧，焙烧好的氧化铝与热烟气在热分离器中分离。热烟气经二级旋风预热器及文丘里干燥器进行热交换后，温度降至 165℃ 左右，经旋风筒气固分离并经板卧式电除尘器除尘净化后由烟囱排放。国内外氢氧化铝焙烧炉绝大部分采用板卧式电除尘器，排尘浓度（标态）可控制在 50mg/m³ 以内。

C 生产性粉尘收集与处理

氧化铝生产工序多、流程长，生产环节物料破碎、筛分、磨粉、储仓及输送等都易产生粉尘。目前，各氧化铝企业对以上散尘点均采取集尘罩辅以通风收尘系统进行处理。集尘罩采用高标准设备，以提高粉尘捕集率，通风除尘系统采用布袋除尘器，除尘效率在 99% 以上，粉尘排放浓度（标态）一般可控制在 100mg/m³ 内。氧化铝企业的另一主要环境问题是原燃料堆场的无组织排放。氧化铝企业的原料储存量大，原料堆场特别是铝土矿堆场多为露天堆存，在风吹雨淋时，不仅容易造成原料的损失，而且容易造成环境污染。

14.3 电解铝生产过程节能减排技术

电解铝产业是一个高能耗的产业，其能源消耗约占有色金属工业能源总消耗的 30%。因此，铝工业是有色金属工业节能工作的重点，而电解铝节能则是铝工业节能减排工作中的重要环节。

电解铝生产的主要能源消耗为电能，可占电解铝生产总能耗的 90% 以上。因此，大幅度降低电解铝生产的电能消耗是电解铝节能的关键所在。而电解铝生产过程排放的主要污染物为氟化物，其次是氧化铝卸料、输送过程中产生的各类粉尘。因此，加强氟化物的治理是电解铝减排的重点。

14.3.1　节电技术

14.3.1.1　节电原理

电能是铝电解主要的成本构成部分，目前生产 1t 铝需要 13000 ～ 15000kW·h 的电能。电解铝主流电耗（直流）为：

$$W = 2980 \times \frac{V_{平}}{CE} \tag{14-1}$$

式中　$V_{平}$——槽平均电压；

　　　CE——电流效率。

由式（14-1）可知，电解铝工艺的节电原理在于：（1）降低 $V_{平}$；（2）提高 CE。若提高电解槽的电流效率 1%，则可降低电耗约 150kW·h/t 铝。而降低槽电压 0.1V，则可降低电耗约 320kW·h/t 铝。

一般说来，降低槽电压的方法包括：

（1）提高阳极质量，降低阳极电阻；

（2）选用石墨化、半石墨化或石墨质的阴极炭块；

（3）选用适当电解质成分，添加 LiF 等，提高电解质的导电性；

（4）提高电解温度；

（5）降低母线的电流密度，即加大母线的断面面积，从而使母线的电压降低。

14.3.1.2　大型预焙槽技术

中国铝电解技术自 20 世纪 70 年代末引进 160kA 中间下料预焙槽技术之后，从消化国外技术开始，揭开了中国现代铝电解技术发展的序幕，以铝电解槽热电磁力特性及磁流体数学模型研究为核心，在工艺、材料、过程控制及配套技术等方面开展了广泛深入的研究工作。90 年代以来，在基础理论、大型铝电解槽开发以及工程应用方面取得了一系列成果，成功开发了 400kA、600kA 以上的特大型电解槽技术，铝工业的技术进步令人瞩目（见表 14-1）。大容量电解槽的开发，使中国铝电解技术总体上达到了国际先进水平，电解铝工业的面貌发生了根本性转变[20]。

表 14-1　大型电解槽技术的节能成果

参　　数	KACC（1984）	AP28（1987）	SY350（2007）	AP50（2008）
电流强度/kA	195	282	350	500
直流电耗/kW·h·kg⁻¹	13.1	13.4	< 13.2	13.2
电流效率/%	94.7	94.6	> 94	95.7

2011 年，400kA 槽型的吨铝直流电耗平均为 12300kW·h/t，比 2009 年全国

电解铝平均吨铝直流电耗低 900kW·h/t。如果 2015 年全国电解铝产量中 20% 采用 400kA 及以上大型电解槽，就可减排二氧化碳约 250 万吨；如果做好了铝电解槽新型阴极结构技术的推广应用工作，将使我国铝电解生产技术和能耗指标位居世界领先水平。

除了采用特大型电解槽技术以外，对现有中小型电解槽进行节能改造也是卓有成效的节能减排手段。抚顺铝业本着减少对铝电解槽的干扰、保持铝电解过程平稳进行及降低电耗的原则，从阳极周期与更换方式、电解质成分、阳极效应、氟化铝添加及槽电压五个方面对 200kA 预焙铝电解槽进行了改造。表 14-2 是从 2004 年初开始双极更换以来的部分工艺条件和指标对比。由表可知，通过对电解槽的改造，提高了电流效率，降低了平均槽电压，并最终降低了吨铝直流电耗。

表 14-2 抚顺铝业电解槽改造前后部分工艺条件和指标对比

时　间	电流效率/%	平均电压/V	分子比	效应系数	直流电单耗/kW·h
2004 年	92.2	4.231	2.35	0.36	13673
2005 年	93.8	4.224	2.19	0.22	13418
2006 年 1~4 月	93.7	4.202	2.18	0.13	13362
2006 年 4 月	93.9	4.186	2.186	0.11	13283

14.3.1.3 新型结构导流槽铝电解技术

新型高效节能电解槽阴极结构的设计原则是要使阴极铝液具有最小的铝液波动[21]，为此：

(1) 阴极炭块上的凸起结构，应使铝液能在竖立的凸起之间有流动性，且铝液的流速平稳，速度较小。

(2) 凸起上表面的铝液层的高度不能太高，也不能太低。太低容易使凸起展露于电解质熔体中，引起凸起的电化学腐蚀；太高会降低减波的效果。比较适宜的高度应为高出凸起上表面 5cm 左右。

在以上设计原则的指导下，新型阴极结构电解槽采用如图 14-8 所示的若干种新型阴极结构：

(1) 阴极炭块纵向方向一个间断。凸起高度 9~15cm，宽度 17~35cm，如图 14-8 (a) 所示。

(2) 凸起与阴极炭块的纵向方向一致，三个间断。凸起高度 9~15cm，宽度 17~35cm，如图 14-8 (b) 所示。

(3) 横向凸起与纵向凸起交叉排列，如图 14-8 (c) 所示。

(4) 在同一个阴极炭块上有两排横向凸起的阴极结构铝电解槽，排与排之间的凸起相互交错，如图 14-8 (d) 所示。

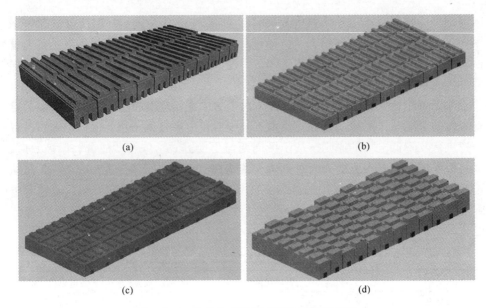

图 14 - 8　几种典型的新型阴极结构示意图

　　以上每种阴极结构都有减波和减少铝液流速的功能，但第一种阴极结构在阴极炭块的纵向方向和阴极周边有较大的铝液流速；第二种、第三种和第四种阴极结构无论是 x 方向还是 y 方向，铝液流速大大被减小，减波功能效果更好，因此，第三种和第四种新型阴极结构电解槽可能是未来的主要应用和发展方向[22]。

　　采用新型结构导流槽铝电解技术，吨铝可节电 1000kW·h，并有效减少氟化物、二氧化碳的排放。

14.3.1.4　铝电解优质炭阳极及开槽阳极技术

　　优质炭阳极生产技术以及炭阳极开槽技术的主要目的是为降低铝电解过程中炭阳极消耗及炭阳极表面气泡层厚度（降低槽电压及电耗），实现铝电解节能降耗。

　　优质炭阳极生产技术主要包括石油焦混配技术、多粒级干料配方、糊料混捏技术、生炭阳极块成型冷却技术以及炭阳极焙烧技术。开发优质炭阳极生产技术的主要目标是：提高炭阳极质量，减少铝电解产生的炭渣量，保持铝电解过程的稳定性；实现降低炭耗和电耗。

　　优质炭阳极生产技术的主要特点是：

　　（1）综合考虑石油焦微量元素之间的耦合作用行为及其对炭阳极抗氧化性影响的规律，实现了石油焦选择性耦合混配。

　　（2）考虑石油焦煅烧工艺装备、煅后焦球磨控制和残极带入杂质对炭阳极质量的影响，开发了石油焦煅烧、干料多粒级配方、球磨控制工艺以及洁净残极配比技术。

（3）结合我国黏结剂煤沥青的流变性，开发了高黏度煤沥青的混捏、成型新工艺。

（4）以最佳焙烧升温曲线为核心的焙烧控制技术。

开槽炭阳极技术是关于炭阳极开槽的形状与方法的相关技术。其中，炭阳极开槽模具的研制及保持开槽形状尺寸的焙烧技术是关键。

应用该项技术可降低炭阳极消耗 10kg/tAl 以上、炭阳极气膜压降降低约 20～40mV，折合降低直流电耗 64～128kW·h/tAl；此外，由于这些技术具有提高电解槽稳定性的作用，因此，可降低电解极距，对降低槽电压的间接贡献可达 200～300mV，折合直流电耗达 640～960kW·h/tAl。

14.3.1.5　铝电解系列（全电流）不停电停开槽技术

针对目前电解槽系列单槽停槽、开槽均必须全系列停电的问题，开发超大电流通、断能力的短路分流装置及"多路磁力机构智能控制装置"铝电解槽专用不停电开槽技术及相关装置，实现电解槽的不停电短路操作，可有效节电。利用多台分置联动开关组成的开关组，在停槽操作时，在短路母线接点的两侧装上开关，将开关组接通后再接通短路母线达到停槽。开槽过程与此相反。铝电解槽系列不停电停（开）装置如图 14-9 所示。

铝电解系列（全电流）不停电停开槽技术具有电弧减能熄灭功能、电阻小、分流量大等优点。而且控制系统先进，同步性高，具有多重保护功能，能与电解槽实现最佳配合。通过本技术应用，可实现吨铝节电 50～100kW·h。

14.3.1.6　低温低电压铝电解槽结构优化技术

降低槽电压是电解铝节能的基本途径之一。但简单地通过降低极距来降低槽电压，往往会导致电流效率的显著下降而使能耗反而升高。因此，要实现低温低电压工艺，必须解决降低极距、电流效率变化与电压稳定性等问题。低温低电压铝电解槽结构优化技术就是针对这一问题而开发出来的。

该技术综合应用计算机仿真和实测技术，通过改变补偿母线走向、回流母线走向、内衬保温结构配置、阳极上部保温结构，对电解槽母线配置及内衬保温结构等进行系统优化，得到在低温低电压下电解槽最优化母线和内衬结构配置，从而使得在超低极距下，铝电解槽的铝液与阴极电流分布均匀、水平电流与垂直磁场小、熔体具备超高稳定性，同时确保电解槽在低温低电压下具备较高热稳定性。

其基本原理是：应用仿真优化平台获得铝电解槽在低温低电压工艺条件下高效、低耗与低排放运转所需的最佳物理场分布、槽腔内形和磁流体稳定性，在此基础上，确定最佳槽结构参数、工艺参数以及相适宜的控制参数。应用该技术所获得的电解槽结构优化方案可为电解槽实施低温（920～935℃）、低电压

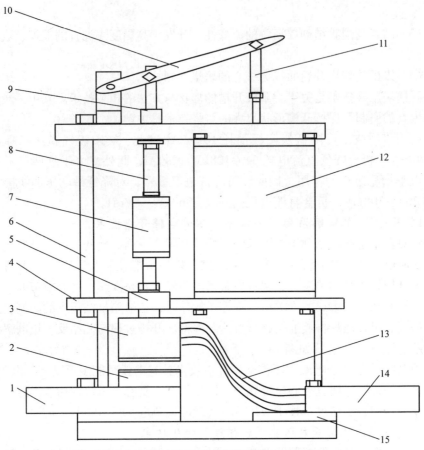

图 14 – 9　铝电解槽系列不停电停（开）装置

1—导电排1；2—静触头；3—动触头；4—框架板；5—动触头绝缘套；6—框架连杆；
7—绝缘传动推杆；8—弹簧；9—传动推杆绝缘；10—传动杆连接板；11—推动拉杆；
12—磁力机构；13—软连接；14—导电排2；15—导电排绝缘

（3.7～3.8V）高效节能工艺奠定基础。

　　该技术是针对低温低电压节能工艺而开发的铝电解槽结构优化新技术，并可同时获得最佳槽结构参数、工艺参数以及相适宜的控制参数，适用范围较广。应用该技术至少可实现槽电压降低 50mV，折合吨铝节电约 160kW·h（电流效率按 93%）。

14.3.2　减排技术

　　氟化物是电解铝产生的特征污染物。国内外预焙电解槽均采用氧化铝吸附干法净化技术，部分企业电解铝烟气集气净化效果见表 14 – 3。由表可知，净化系统正常运行时，氟化物净化率可达 99%。

表 14-3 电解槽烟气集气效率和净化效率

企　　业	槽型	净化技术	集气效率 / %	净化效率 / %	单槽排烟量 /$m^3 \cdot h^{-1}$
中铝贵州分公司二电解	160	干法管道吸附	98.21	99.23	6000
中铝贵州分公司一电解	160	干法管道吸附	97.43	99.31	6100
中铝广西分公司	160	干法管道吸附	97.40	98.27	—
新安铝厂	160	干法管道吸附	98.00	98.70	6000
焦作万方	280	干法管道吸附	98.30	99.20	8000
郑州龙祥铝业	160	干法管道吸附	98.00	98.20	6000
三门峡天元铝业	190	干法管道吸附	98.00	99.00	6500
关铝公司	190	干法管道吸附	97.00	99.40	6000
抚顺铝业	200	干法管道吸附	98.50	99.00	6500
伊川铝业	300	干法管道吸附	98.50	98.80	9000
山西华泽铝业	350	干法管道吸附	98.50	99.00	9000

注：以上数据均为监测实际值[23]。

　　铝电解原料氧化铝具有较大的比表面积，对氟化氢气体有较强的吸附能力。铝电解生产过程中产生的含氟烟气经密闭罩捕集后，汇入排烟总管，在进入收尘器之前，将新鲜氧化铝、载氟氧化铝分别经过均匀分料后，加入排烟总管和喷射反应器中，使氧化铝和含氟烟气气固两相充分接触发生反应，氟化氢被氧化铝吸附，形成载氟氧化铝，载氟氧化铝和从电解槽中随烟气带出的粉尘均在脉冲喷吹袋式收尘器内被分离下来，一部分循环进入喷射反应器，一部分经风动溜槽和气力提升送至载氟氧化铝料仓，再输送到各电解槽上料箱供电解槽作原料使用。净化后的烟气经排烟风机由烟囱排放。具体工艺流程如图 14-10 所示。

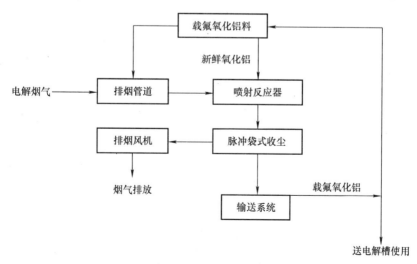

图 14-10　氟化物净化工艺流程

14.4　铝材加工过程节能减排技术

目前，铝板材生产流程主要分为三种：一种是传统的熔炼铸造 + 热轧 + 冷轧；一种是采用铸轧法直接铸轧铝卷坯，再冷轧；还有一种是采用黑兹列特连铸连轧铝加工生产线生产铝板带材。

虽然铝加工业生产 1t 铝材的能耗是生产 1t 原铝平均能耗的 1/18 ~ 1/25，与原铝生产相比其能耗要低很多，但是，随着我国铝加工业产能的不断增长，加之我国铝加工业能效与国外先进水平存在较大差距，铝加工业总的能耗仍然较高。目前，我国有铝板带箔生产企业 350 余家，铝板带生产能力和在建的生产能力约为 700 万吨/年，铝板带生产能力仅次于美国，居世界第二位；铝箔生产能力已跃居世界第一位，如此大的产能使铝材加工产业成为能耗大户[24, 25]。表 14 - 4 是我国铝板带材加工企业单位产品的综合能耗与准入水平、先进水平的比较。由表可知，与先进水平相比，我国铝板带材加工的单位产品能耗依然较高，节能空间很大。

表 14 - 4　我国铝板带材加工企业单位产品的综合能耗与准入水平、先进水平的比较

产品名称	生产工艺	目前单耗 /kgce·t^{-1}		准入单耗 /kgce·t^{-1}		先进水平单耗 /kgce·t^{-1}	
		软合金	硬合金	软合金	硬合金	软合金	硬合金
铸轧带（板）	铝锭（或铝液）→铸轧带（板）	550		395		350	
热轧带（板）	铝锭→铸锭→热轧带（板）	565	940	445	790	395	705
	铸锭→热轧带（板）	215	450	180	420	129	380
冷轧带（板）	铝锭（或铝液）→铸轧带（板）→冷轧带（板）	695		530		479	
	铝锭→铸锭→热轧带（板）→冷轧带（板）	710	1370	580	1192	488	1086
	铸锭→热轧带（板）→冷轧带（板）	360	880	315	822	258	761
	铸轧带（或热轧带）→冷轧带（板）	145	430	135	402	129	381

铝加工过程的污染物主要发生在熔炼与铸造两个环节。主要的废气污染物有烟气、氮氧化物、二氧化硫、含铝化合物（主要是 Al_2O_3）、HCl、生产性粉尘以及少量的氯气等。

14.4.1　节能技术

炉料熔炼、铝液精炼及铸造（铸轧）是铝板带材加工企业能源及材料消耗最大的生产环节。目前，铝板带材加工的节能措施有[26]：

（1）选择节能型工艺流程与设备。

1）直接使用原铝液生产锭坯缩短工艺流程。如圆锭和扁锭放到电解铝厂生产，铝加工厂只生产电解铝厂不能生产的高质量产品的铸锭，这样可以减少铝锭重熔量，从而节约能源、资源，减少排放。此外，只有罐料、航空航天板带材、高档 PS 版基、高压阳极铝箔等必须用热轧坯料生产的产品才采用传统的热轧法方案，其余的产品都可采用投资更少、能耗更少、制造成本低的铸轧法生产。

2）采用连铸连轧工艺，可直接将电解铝液连铸连轧成板带材，从而减少中间生产环节，实现节能。

3）采用永磁搅拌等先进设备和工艺，有效提高熔化效率，不仅节能，而且不会造成环境污染。

4）使用绿色熔铸技术，淘汰氯气精炼工艺，使用炉底透气砖技术，实现无氟/氯等有害气体并减少炉渣排放。

（2）采用等温熔炼工艺。等温熔炼是指在恒定温度下进行熔炼。就铝的等温熔炼炉而言，是指炉膛内铝熔体的温度波动范围很小，而且各处的温度几乎完全一致。

等温熔炼的工艺流程如图 14 – 11 所示。由图可知，等温熔炼是一个连续的工艺过程，熔化后的铝熔体在一个完全封闭的系统内循环流动。系统由 4 个区组成：循环泵送区、固体炉料区、浸没加热区、中间处理区。

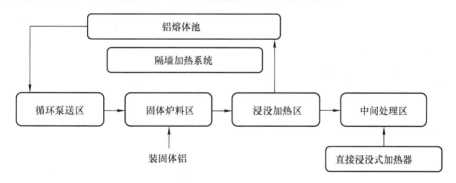

图 14 – 11　等温熔炼工艺流程示意图

采用等温熔炼工艺，熔体温度均匀一致，成分均匀，炉渣显著减少，熔体品质大大提高，溶解的气体、固体夹杂物少，加热器的热效率高达 97%，金属熔炼的潜在损耗可由 6% 降至 2% 以下。同时，可实现熔铝炉节能 40% ~50%。

（3）对熔铝炉、加热炉进行节能改造。

1）对熔铝炉及加热炉的燃烧系统进行"油改气"的改造，从而提高燃料燃烧效率，降低能耗。

2）改造熔铝炉的加料方式，利用烟气余热预热冷铝锭，实现余热回收利用。

14.4.2　减排技术

铝加工产生的工业废气主要有烟尘、粉尘等颗粒物废气和含酸、碱、油雾的工业废气[27]。

14.4.2.1　烟尘治理

以熔化炉烟尘处理技术为例，除尘方法主要有袋式除尘器处理工艺、电除尘器处理工艺和颗粒层除尘器处理工艺。袋式除尘工艺是指高温含尘烟气经预处理器、袋式收尘器过滤后排入大气。根据烟尘的特点一般选用防水防油性能较好的耐高温针刺毡，形式上采用旁偏插袋脉冲除尘器比较合适，但要防止结露，系统管道和设备应采取保温措施。电除尘器处理工艺是指高温烟气经雾化冷却增湿器和电除尘器再排入大气，要注意烟气对电机及电板都具有腐蚀作用，同样必须对系统管道和设备采取保温措施，投资相对较高。颗粒层除尘器处理工艺要注意沸腾反吹清灰的选择形式。影响沸腾清灰的主要因素是反吹风速：风速太低达不到使颗粒层达到流化所要求的最低"临界流化速度"，风速太高有可能把颗粒吹出。设计和选型时可采用数值模拟技术结合生产实际经验综合选择最佳的沸腾反吹风速。

14.4.2.2　油雾治理

油雾净化技术主要有波纹挡板式净化工艺、填料式净化工艺、丝网过滤式净化工艺。国内采用最多的是净化效率较高的丝网过滤式油雾净化器，有立卧组合式、箱式和抽屉式三种形式。

14.4.2.3　酸雾、碱雾治理

铝加工过程中铸块、板材、模压件的蚀洗以及铝材表面氧化着色处理过程中所排放的酸雾、碱雾工艺废气可根据主要污染物的酸碱特性，采用吸收法和吸附法处理。

15 铜冶金工业节能减排

15.1 火法炼铜工艺概述

15.1.1 铜的性质

铜是人类发现最早的金属之一，也是最好的纯金属之一，其质地稍硬、极坚韧、耐磨损，还有很好的延展性，导热和导电性能较好。它的化学符号是 Cu（拉丁语 cuprum）。西方传说，古代地中海的塞浦路斯（Cyprus）是产铜的地方，因而由此得到它的拉丁名称 cuprum 和它的元素符号 Cu。英文中的 copper，拉丁文中的 cuivre 都源于此。

Cu 的原子序数是 29，它是一种过渡金属，呈紫红色光泽，密度 $8.92g/cm^3$，熔点 $1083.4 \pm 0.2℃$，沸点 $2567℃$。常见化合价为 +1 和 +2，电离能 7.726eV。

纯铜（Cu）为玫瑰红色，如图 15 - 1 所示。各种铜的合金因呈现不同颜色而被称为黄铜、青铜、白铜等。铜是人类发现和使用最早的有色金属，它最初只是用来制作生产工具。在我国，距今 4000 年前的夏朝就已经开始使用红铜，即天然铜，是锻锤出来的。1957 年和 1959 年两次在甘肃武威皇娘娘台的遗址发掘出铜器近 20 件，经分析，铜器中铜含量高达 99.63% ~ 99.87%，属于纯铜。但是，纯铜制成的物件太软，容易弯曲，并且很快就钝。很快人们发现把锡掺到铜里去制成的铜锡合金 - 青铜（黄铜 - 铜锌合金，白铜 - 铜钴镍合金）更为实用。青铜器件的熔炼和制作比纯铜容易得多，比纯铜坚硬（假如把锡的硬度定为 5，

图 15 - 1 铜的外观

那么铜的硬度就是 30，而青铜的硬度则是 100 ~ 150）。

　　铜是与人类关系非常密切的有色金属。在现代常用工程金属材料中，铜的导电和导热性首屈一指，这是它对当前电气化和电子信息社会产生举足轻重作用的主要原因，其被广泛地应用于电气、轻工、机械制造、建筑工业、国防工业等领域，在我国有色金属材料的消费中仅次于铝。铜在电气、电子工业中应用最广、用量最大，占总消费量一半以上。传输电能是铜的重要使命之一，世界上铜消费量的 60% 用于电气制造。

　　在机械和运输车辆制造中，铜被用于制造工业阀门和配件、仪表、滑动轴承、模具、热交换器和泵等；在化学工业中，铜被广泛应用于制造真空器、蒸馏锅、酿造锅等。在国防工业中，铜被用以制造子弹、炮弹、枪炮零件等，每生产300 万发子弹，需用铜 13 ~ 14t。在建筑工业中，铜被用作各种管道、管道配件、装饰器件等。此外，铜还是超导材料的基体、计算机及通讯产品的导体材料，在光电电池和粉末冶金领域都扮演着重要角色。

　　铜还具有许多的综合性能，如对大气、海水、土壤以及许多化学介质有很强的耐腐蚀性；作为结构材料，铜韧性强、耐摩擦、抗磨损，且具有多彩的外观，成为古朴典雅的象征。从铜的性能应用比例来看，导电性占 64%，耐蚀性占23%，结构强度占 12%，装饰性只占 1%。

15.1.2　铜冶炼工艺发展

　　铜是一种存在于地壳和海洋中的金属。铜在地壳中的含量约为 0.01%，在个别铜矿床中，铜的含量可以达到 3% ~ 5%。自然界中的铜，多数以化合物即铜矿物的形式存在。铜矿物与其他矿物聚合成铜矿石，开采出来的铜矿石，经过选矿而成为含铜品位较高的铜精矿。

　　中国古代有一种独特的制铜技术，称为胆水炼铜，又称胆铜法，为我国首创，是湿法冶金的起源。它是将铁放在胆矾（硫酸铜）溶液（俗称胆水）里，使胆矾中的铜离子被金属铁所置换而成为单质铜沉积下来的一种产铜方法。这种方法设备简单，技术操作容易，成本低，只要将铁薄片和碎片放入胆水槽中，浸渍几天，就可得到金属铜的粉末。胆铜法可在常温下提取铜，不需要火法炼铜那样的高温，也不需要很多设备，且贫矿、富矿都适用。宋代时，胆铜法不仅用于生产，而且是大量产铜的主要方法之一，到南宋时期，利用胆铜法生产出来的铜已经占当时全国铜总产量的 85% 以上。而直到 16 世纪，胆铜法才引起欧洲人的注意。

15.1.3　现代火法铜冶炼技术

　　我国第一个近代铜矿冶炼厂是 20 世纪 30 年代沈阳的奉天金制炼所（沈阳

冶炼厂前身），其使用的工艺流程是烧结锅烧结—敞开鼓风炉熔炼—真吹炉吹炼电解精炼。现代火法炼铜流程如图 15-2 所示。铜精矿经熔炼工序生产铜锍，铜锍经吹炼工序生产粗铜，粗铜依次经精炼、电解工序最后产出电解铜。铜冶炼近年来所取得的成绩，主要得益于企业淘汰了高能耗的传统冶炼工艺，开始采用先进的富氧闪速及富氧熔池熔炼新工艺[28, 29]。这类工艺替代了反射炉、鼓风炉和电炉等传统工艺，提高了熔炼的强度和能源效率，减少了污染物的排放，所以在"十二五"期间，氧气底吹炉连续炼铜技术、闪速炉短流程一步炼铜技术、新型侧吹熔池熔炼等铜冶炼工艺的推广应用，将是铜冶炼节能的重要途径。

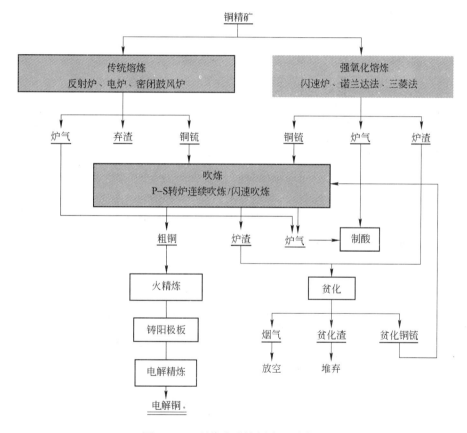

图 15-2　现代火法炼铜流程示意图

现在，我国的铜冶炼技术已经接近或达到了世界先进水平。污染严重的鼓风炉、反射炉、电炉炼铜工艺逐步被淘汰，取而代之的是引进、消化、自主创新的闪速（悬浮）熔炼、熔池熔炼（如诺兰达、艾萨法和澳斯麦特等）先进技术[30, 31]，如图 15-3 所示。

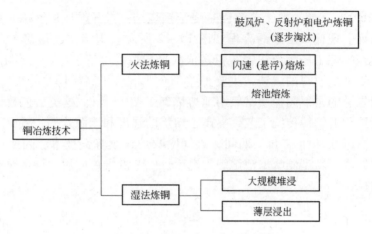

图 15 - 3　现代铜冶炼技术分类

15.2　熔炼过程节能减排技术

15.2.1　富氧强化熔炼机理

富氧燃烧是近代燃烧技术节能的热点之一，在工业炉窑富氧送风、污染土壤的热处理、炭黑生产节能降耗以及硫黄装置富氧工艺等领域均有广泛的应用。由于富氧燃烧技术在炉窑节约能源、减少废气排放方面的巨大优势，现代有色冶炼工艺大多都采用了富氧燃烧技术的熔炼方法。20 世纪 50 年代，由于高效廉价的制氧方法和设备的开发，富氧燃烧技术在转炉纯氧顶/底吹炼钢、全氧高炉炼铁和高炉富氧喷煤炼铁等工艺上获得广泛应用，并逐步拓展到真空吹氧脱碳精炼、熔融还原炼铁等工艺领域。在有色金属熔炼中，也开始用提高鼓风中空气含氧量（从 21% 到 95%）的办法，开发新的熔炼方法和改造落后的传统工艺。

有色金属冶炼过程主要发生硫化矿的氧化和氧化矿或氧化物料的还原两种类型的反应[32]，其主要反应如下：

$$2MeS + 3O_2 === 2MeO + 2SO_2（氧化焙烧） \qquad (15-1)$$

$$[FeS] + (MeO) === [MeS] + (FeO)（造锍熔炼） \qquad (15-2)$$

$$[MeS] + O_2 === [Me] + SO_2（直接熔炼） \qquad (15-3)$$

$$[MeS] + 2(MeO) === 3[Me] + SO_2（锍的吹炼） \qquad (15-4)$$

式中，Me 代表欲提取的金属，[ ] 代表硫化物或金属熔体，( ) 代表氧化物炉渣熔体。炉渣中的氧化物 MeO，实际上起着传递气相中氧的作用。可见，从硫化矿熔炼获得金属的过程自始至终是氧化过程。熔炼鼓风中氧浓度愈大，炉内氧的分压愈高，氧的扩散速度也愈快，硫化物的氧化速度也随之增加。

氧化矿或氧化物料的还原熔炼（包括炉渣烟化）大多使用固体碳质燃料作发热剂兼还原剂，燃料燃烧提供还原反应和炉料熔化所需的热量和 CO 还原剂。其主要反应是：

$$C + O_2 \longrightarrow CO_2 \text{（碳的完全燃烧）} \tag{15-5}$$

$$C + CO_2 \longrightarrow 2CO \text{（碳的气化反应）} \tag{15-6}$$

$$MeO + CO \longrightarrow Me + CO_2 \text{（氧化物还原反应）} \tag{15-7}$$

采用富氧鼓风时，燃料燃烧的理论最高温度随鼓风中氧含量的增加而升高，燃烧速度加快，气相中一氧化碳的分压和炉内的温度增加，从而加速了还原反应和炉料的熔化。

工业氧气的应用也推动了熔池熔炼方法的开发和推广。自 20 世纪 70 年代以来，先后出现的诺兰达法、三菱法、白银炼铜法、氧气底吹炼铜法等，都离不开富氧（或工业氧气）鼓风。根据生产工艺的具体特点，可选择顶吹、侧吹、底吹或复合型的富氧鼓入方式，以获得适合不同精矿特点、炉型结构和具体工艺过程的富氧喷吹最佳参数。

15.2.2 富氧强化铜冶炼技术

目前，世界上原生铜产量中有 80% 是采用火法冶炼技术生产的，其余约 20% 是由湿法冶炼技术生产的。反射炉、鼓风炉和电炉熔炼是火法炼铜的传统工艺，其炼铜炉型如图 15-4 所示。传统的鼓风炉、反射炉、电炉等造锍熔炼工艺用空气作氧化剂，氧化脱硫程度都很低，生成低品位冰铜；熔化所需的热少部分利用氧化反应热，大部分靠外部加热；产生的烟气量大且二氧化硫浓度低，不利于制酸，而且造成环境污染。

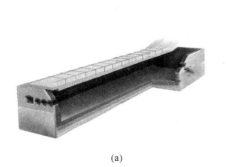

(a)　　　　　　　　　(b)　　　　　　　　　(c)

图 15-4　传统炼铜设备

（a）反射炉；（b）铜鼓风炉；（c）电炉

近10年以来，我国铜冶炼技术进步巨大。通过引进国外技术和消化吸收以及国内的自主开发，出现了许多新型火法铜冶炼技术。而引起这些流程的革命性变化的正是引进或开发的新冶金炉型，如闪速炉、诺兰达炉、澳斯麦特熔炼、艾萨炉熔炼、三菱法熔炼、白银法熔炼及底吹炉等[33]。这些现代炼铜工艺是利用纯氧或富氧空气作氧化剂，脱硫程度高且反应速度快，生产能力是传统工艺的十几倍；熔化所需的热主要来自反应热，基本为自热熔炼；烟气量小且浓度高，能够实现两转两吸制酸。

此类硫化矿物强化熔炼技术充分利用了硫化物氧化所生成的热来进行熔炼。一般分为两类（见图15-5）：一类是闪速（悬浮）熔炼（如闪速熔炼、旋涡熔炼等），将干燥的粉状物料和热富氧空气经喷嘴以高速喷入高温炉内，进行快速氧化和熔化，生成锍和渣；另一类是熔池熔炼（如诺兰达法、白银炼铜法等），通过侧吹、底吹或顶吹喷嘴或喷枪往高温熔体中喷入富氧空气或纯氧，使熔体激烈搅动，从而加速传质传热过程，使不断加入的物料迅速氧化和熔化。而富氧或纯氧的使用为强化熔炼提供了更为有利的条件。

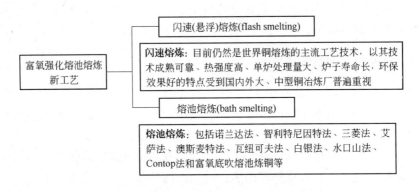

图15-5 富氧强化熔炼工艺分类

利用工业氧气代替部分或全部空气，富氧为氧化反应和燃料燃烧提供氧而减少了通过炉内气体中的氮量，所带来的明显好处是：（1）减少炉内需加热的氮气量，降低了能耗；（2）参加反应气体的分压相应增加，提高了反应速度，强化了熔炼过程；（3）硫化矿富氧熔炼（吹炼）烟气中二氧化硫浓度升高，烟尘量减少，有利于烟气的综合利用，减少污染；（4）减少了通过炉子的气体量以及鼓风、排烟的设备负荷。尽管制取富氧熔炼所需的工业氧气要耗用电能，但闪速熔炼生产实践表明，只要（单位质量）油的价格/（单位质量）氧气价格不低于4时，用氧气代替油在经济上就是可行的，再加上富氧鼓风能提高炉子的熔炼强度以及硫和金属的回收率等，其经济效益更为可观。

下面简要介绍几种铜强化熔炼技术。

A　闪速炉富氧熔炼技术

闪速炉属于悬浮熔炼，其炉型如图 15 – 6（a）所示。细小的固体精矿颗粒在经过干燥以后和熔剂颗粒、反应气体一起，经由高速精矿喷嘴喷入反应塔内。在反应塔内气固两相之间在高速摩擦的状态下混合，基本上在几秒钟的时间内就完成了容量反应。所生成的锍和渣一起落入沉淀池内，进一步完成反应并发生沉淀分离，分别从放锍口和放渣口排出。闪速炉的这种反应速度快、熔炼强度高的特点使其单炉生产能力很大。

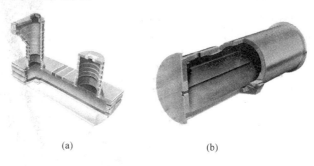

（a）　　　　　　　　　　（b）

图 15 – 6　现代炼铜设备

（a）闪速炉；（b）诺兰达炉

1952 年，加拿大国际镍公司（Inco）首先采用工业氧气（含氧 95%）闪速熔炼铜精矿，熔炼过程不需要任何燃料，烟气中 SO_2 浓度高达 80%，这是富氧熔炼最早的一例。1971 年，奥托昆普（Outokumpu）型闪速炉开始用预热的富氧空气代替原来的预热空气鼓风熔炼铜（镍）精矿，使这种闪速炉的优点得到更好的发挥，硫的回收率可达 95%。只要采用氧浓度较高的富氧鼓风，生产较高品位的铜锍，也可以实现不用燃料的自热熔炼。目前，世界上 30 多台炼铜闪速炉几乎都采用富氧（或工业氧气）熔炼。随着富氧浓度的提高，闪速熔炼正向直接炼铜和闪速吹炼的方向发展，并被用于硫化铅精矿直接熔炼生产粗铅，前苏联的基夫赛特炼铅法就是直接炼铅的一例。

B　诺兰达法富氧熔炼技术

加拿大诺兰达公司所研制的诺兰达法是工业上应用最早的熔池熔炼法，其主体设备是一个卧式圆筒形的熔炼炉，如图 15 – 6（b）所示。炉体一侧设有 37 个风口。精矿配料后由炉子熔炼一端加入熔池内，与经风口送入熔池的富氧空气混合搅动并快速反应，生成粗铜和炉渣。粗铜和炉渣在炉内经过沉淀后，分别由炉子底部的放铜口和炉子另一端的放渣口放出。炉体可以在圆周方向做 0° ~ 48° 的转动。当计划或因故障停风时可以转动炉体将风口转到熔池液面上，以免熔体灌入风口。世界上第一个诺兰达炉于 1973 年在霍恩（Horne）厂投产。在采用了浓度为 23.2% 的富氧后，熔炼能力由 1000t/a 增加到 1400t/a。到 20 世纪 80 年代末，又将富氧浓度上升到35%，日处理精矿量已高达2000t，年产铜总量突破15万吨，炉龄也由最初的不到一个月延长至1年[34]。我国大冶有色金属公司引进了诺兰达法，产能达到每年10万吨粗铜，吨铜能耗由原来的1.45tce降到0.536tce，硫利用率从60%提升至95%，节能减排效果显著。

C　富氧顶吹熔炼技术

目前，国内有色冶炼工业应用最广的还是澳斯麦特和芒特艾萨冶炼技术。澳斯麦特熔炼法和艾萨熔炼法是20世纪70年代由澳大利亚联邦科学工业研究组织矿业工程部J. M. Floyd博士发明的，起初以"赛洛"（CSIRO）命名。该冶炼方法是在多用途的悉罗（SIRO）喷枪的基础上发展而来的浸没喷枪炼铜技术。最初用于铅生产，在芒特艾萨建成了6万吨/年的铅厂，而后又建成了20万吨/年的铜厂。随后荷兰、津巴布韦、澳大利亚等20多个国家采用了澳斯麦特熔炼法。我国铜陵的金昌冶炼厂、中条山有色金属公司侯马冶炼厂和云南锡业有限公司先后引进了澳斯麦特熔炼炉。美国Cyprus Miami冶炼厂在1992年用艾萨炉替代了矿热电炉。由于两种技术起源相同，直至发展到今天，在核心技术——浸没式喷枪顶吹熔炼技术、关键设备——喷枪提升系统和工程设计及应用领域方面还是有很多的相似之处。图15-7为云南铜业艾萨熔炼系统。

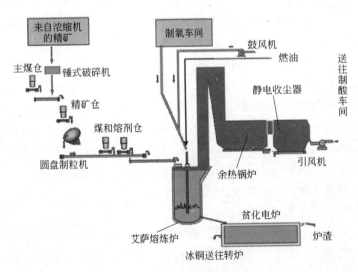

图15-7　云南铜业艾萨熔炼系统

富氧顶吹自热熔炼炉内进行的是富氧顶吹浸没式熔池熔炼过程。其工艺过程是：炉料从炉顶的加料孔加入熔池，喷枪也由炉顶的喷枪插入且深入到熔池，富氧空气通过喷枪鼓入熔池内，造成熔体和炉料的强烈搅动，于是气、固、液三相在熔池内高速混合并快速反应，迅速完成熔炼过程。

富氧顶吹自热熔炼炉结构简单，体积可随产量大小及场地条件而灵活调整，对原料的适应性强，备料工序比较简单；熔炼强度高，烟气量较小，烟气 SO_2 浓度高，有利于制酸。

15.2.3 熔炼过程减排技术

15.2.3.1 烟气制酸技术

铜冶炼烟气中含有铜精矿中近98%的硫资源。一般情况下，烟气经干法收尘后生产硫酸，熔炼炉烟尘返回冶炼系统。目前，各大中型铜冶炼厂的烟气制酸系统均处于世界先进水平，且很好地与冶炼能力配套并有适应冶炼系统扩大产能的富余量，采用双转双吸制酸工艺，系统硫利用率（含废酸处理回收的硫）在99%以上。

制酸系统清洁生产的主要环节在于与冶炼能力配套以避免多余的烟气放空，提高系统的硫回收率使尾气确保达标排放。同时，净化工序产出的废酸要经过有效处理才能排放。

15.2.3.2 酸性污水治理

大型铜冶炼企业污酸处理的成熟工艺为：料浆过滤产出硫酸铅渣—石灰石中和产出石膏—投加硫化钠硫化产出硫化铜、硫化砷等金属硫化物，固液分离后清液送污水处理工序进行深度处理，硫酸铅渣、石膏和铜、砷渣等均直接外销[35]。

与大型企业相比，小炼铜厂制酸系统清洁生产的几个方面均不尽如人意，只有极少数小炼铜厂的制酸系统富余量较大而保证了无烟气放空，但全硫利用率仍不高，多数在80%以下，废水和尾气难以达标排放。铜陵一冶采用石灰一次中和加硫酸亚铁盐经曝气氧化深度除砷—戈尔膜过滤器进行污泥浓缩—压滤产出中和渣的工艺（运行数据见表15-1）。尾气处理引进美国孟山都动力波洗涤技术和洗涤器等关键设备，工艺过程为石灰乳与尾气逆喷洗涤脱硫产出亚硫酸钙—鼓风氧化为硫酸钙—压滤产出石膏，尾气中 SO_2 浓度（标态）由 $6206mg/m^3$ 降至 $288mg/m^3$。通过这两个项目的实施，污水和尾气治理获得了很好的效果。两个项目均具有投资少、效果好、运行稳定可靠的优点，值得在小型铜冶炼厂推广。

表15-1 铜陵一冶污水处理运行数据 （mg/L）

污染物成分	Cu	As	Zn	F	Cd	H_2SO_4	SS
处理前浓度	665	157	500	130	25	17155	3000
处理后浓度	0.83	0.49	0.61	8.95	0.09	0（pH=9）	130
去除率/%	99.8	99.7	99.8	93.1	99.6	100	95.7

15.2.3.3 炉渣的综合利用

2011年，我国铜产量518万吨，产出炉渣约1500万吨。在铜冶炼过程中，产生的熔融态炉渣经水淬急冷形成菱角状、玻璃体粒状冶金渣。铜渣对大气和水均会产生污染，铜渣中粉尘能毒害人类和动物，长期堆放，渣中有害物质渗入土壤、流入江河，对水造成污染。此外，炼铜炉渣一般含铜0.2%~0.5%、锌2%左右，每年渣中损失约3万吨铜和约12万吨锌。渣中的Fe、CaO、A1$_2$O$_3$和SiO$_2$等也都是可以利用的成分。如果渣中Au、Ag含量达到提取程度，也可从炉渣中提取出来。由上可见，对铜炉渣开展综合利用，不仅减轻环境污染，而且也可提取有价金属[36~38]。

A 用于配置混凝土、修筑路基等建材

铜渣混凝土和普通混凝土的物理力学性能非常接近。通过铜渣砂浆、铜渣混凝土的工程试验，证明铜渣砂浆砌体工程使用十年以上无冻酥现象，无收缩裂缝；铜渣混凝土结构使用正常，未发现构件裂缝，宏观感觉优于普通混凝土。工程实践表明，铜渣混凝土的力学性能和耐久性与普通混凝土基本一致。

利用炼铜炉渣作铁路、公路路基，必须掺配一定的胶结材料，如石灰、石灰渣或电石渣等，不能单独使用。石灰铜渣基层的施工养护和其他工业弃渣基本相同，主要是把握好配料、拌和、碾压三道工序。铜渣、石灰结合料的化学反应较缓慢，基层早期强度主要靠内摩擦阻力，早期板体性不明显，但半年后，随着强度的增长，板体性大大增强。

除了上述利用途径之外，铜渣还用于生产矿渣棉、采矿业中作充填料以及由炼铜水淬渣和其他工业废渣为细骨料，与水泥按照最佳配比，经过振动、加压成型而制成小型砌块、空心砌块和隔热板等。产品具有自重轻、保温隔热、抗渗性好的优点，可作墙体材料用于建筑物的各个部位，也可用于窑炉建筑。

B 在水泥生产中的应用

铜渣可生产铜渣水泥、代替铁粉作矿化剂生产水泥熟料、作铁制矫正原料生产硅酸盐水泥熟料。铜渣水泥以水淬渣为主要原料，掺入少量激发剂（石膏和水泥熟料）和其他材料细磨而成，其各项技术指标符合钢渣矿渣水泥标准。经工程使用证明，铜渣水泥与其他品种水泥相比，具有后期强度高、水化热低、收缩率小、抗冻性能好、耐腐蚀、耐磨损等特点。生产这种水泥工艺简单、投资少、见效快，可用于工业和民用建筑、抹灰砂浆、低标号混凝土及空心小型砌砖等几种水泥制品，还可消除或减轻废渣所造成的污染。

C 生产铜渣磨料作防腐除锈剂

由于炼铜水淬渣是在1250~1300℃的高温下，经过复杂的造渣反应，生成十分稳定的2FeO·SiO$_2$、CaO·FeO·SiO$_2$、2CaO·SiO$_2$盐共熔体，没有游离的SiO$_2$，冷却后硬度高、含灰量低，这种性能比常用作防腐除锈的黄砂好，故可以代替黄砂作防腐除锈剂使用。

近几年来，铜渣磨料产品逐渐被用户所认可，经造船、桥梁等部门使用表明，铜渣磨料是船舶、桥梁、石油化工、水电等部门的最佳除锈材料。铜渣磨料代替黄砂石，降低了成本，改善了工人的劳动条件，质量能够达到瑞典质量标准Sa2 - 2（1/2）级，如有特殊要求可以达到 Sa3 级。随着国内外铜渣喷射除锈工艺的兴起，特别是日本产 Ac 系列喷砂机的广泛应用，这种磨料在国内外市场上有了更加广阔的应用前景。

由于国内对炉渣的理论研究工作不够深入，尤其是热力和动力学方面的研究还很少，致使炼铜炉渣含有价金属较高，渣量较大，给炉渣的综合利用带来了困难[39]。到目前为止，炼铜炉渣的综合利用虽然得到了较广泛的研究，但是形成工业生产规模的方法还不多，而且大部分方法的综合利用率较低。

15.3 吹炼过程节能减排技术

15.3.1 闪速吹炼技术

与飞速发展的铜熔炼工艺相比，冰铜吹炼技术的改进已远远落后于熔炼工艺。在我国，除中条山冶炼厂采用澳斯麦特炉吹炼及山东阳谷祥光铜业有限公司采用闪速吹炼炉外，吹炼几乎全是 PS 转炉，另外还有富春江冶炼厂、滇中冶炼厂、红透山矿冶炼厂等几家小冶炼厂采用反射炉式连续吹炼炉（也称连吹炉）。随着熔炼和精炼技术的发展与完善，PS 转炉吹炼成为制约铜冶炼厂洁净生产的关键瓶颈[40]。

闪速吹炼技术是一种新型吹炼技术，已在不少企业成功应用。它将熔炼系统产出的冰铜经水淬、磨碎、烘干后，用喷嘴连续加入闪速吹炼炉，60% ~70% 的富氧条件下进行吹炼产出粗铜。与转炉吹炼相比，闪速吹炼具有单炉产量大、烟气 SO_2 浓度高、烟气量波动小、吹炼的冰铜品位高、环境污染少、综合能耗低等优点，是今后冰铜吹炼的发展方向。

2008 年，祥光铜业首次引进了"双闪"铜冶炼工艺，并于当年 4 月实现了达产达标。其工艺流程如图 15 - 8 所示。

实践表明，采用闪速熔炼、闪速吹炼，节约了能源，与国家标准相比单位产品能耗降低 36% ，硫的总回收率高达 97%[41]。

15.3.2 PS 转炉烟气管网优化

应用 PS 转炉进行冰铜吹炼存在着如下一些问题：

（1）间断作业。产出的烟气量与烟气成分波动幅度大，送风时率低，不利于烟气制酸。

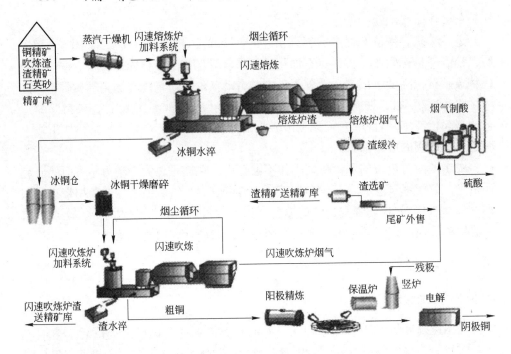

图 15 – 8 祥光铜业闪速熔炼和闪速吹炼（"双闪"）工艺流程

（2）漏风量大。转炉排烟罩之间的密封不完全，吹炼时固定烟罩与转炉炉口的间隙漏入大量冷空气，漏风率大约 70%，致使烟气余热回收、收尘和制酸设施庞大。

（3）SO_2 烟气外逸。当转炉在加料、倒渣和出铜位置时，炉口移出烟罩，此时 SO_2 的外逸特别厉害。

其中，后两个问题与烟气管网设计有关。烟气管网设计不合理，会导致烟气运行不畅，或者大量吸入冷空气，或者导致烟气的大量外逸。一般来说，可采取以下措施对 PS 转炉烟气管网进行优化[42]：

（1）采用合适的管道，并且避免 90° 急转弯，从而解决烟气流通不畅的问题。

（2）减少管网中的支路和阀门，以减少阻力，便于操作。

（3）根据管网的阻力，配置压力和流量适合的引风机。

15.3.3 PS 转炉烟气收尘工艺优化

转炉吹炼将铜锍冶炼成含铜 98.5% ~ 99.5% 的粗铜，吹炼后铜锍中的铁被氧化进入炉渣，Pb、Zn、As、S 等元素被氧化进入烟气，贵金属等元素进入粗铜。同时吹炼过程为间断作业，造渣期和造铜期的送风量也不一样，这对电收尘器产生许多不利影响：

（1）烟气中 SO_2 的露点温度高，且烟气量波动大，造成烟气易结露，腐蚀设备，影响二次电压的升高，从而影响收尘效率。

（2）烟气含尘浓度高，Pb、Zn 的比电阻高，集尘极的粉尘不易振打下来，降低了电晕电流，影响收尘效率[43]。

由于 PS 转炉制酸设备对烟气的含尘浓度有较严格的要求，因此电收尘器的除尘效果对制酸工序的正常生产有重大影响。此外，电收尘器还能回收烟尘中的大量有价金属，提高工厂的综合回收率，提高经济效益，对保护环境也有着十分重要的作用。

电收尘器能否达到预期的收尘效果，不但与电收尘器的参数确定是否合理有关，而且与其机构设计是否合理有关。收尘工艺优化的主要措施为：

（1）防止烟气结露的措施。可采取的防止漏风和保温措施有：

1）优化设计电收尘器灰斗，以减少排料口数量，减少漏风点，从而降低设备的漏风率。

2）将壳体保温层由 100mm 增加到 150mm，减少烟气在电收尘器内的温降，防止烟气结露。

（2）采用可调振打频率，保证振打效果。对集尘器、电晕极、灰斗、分流板等分别采取不同的振打措施，并且采用可调的振打频率，使电收尘器各部分的振打切实有效，从而提高收尘效率。

（3）采用先进的低压控制系统。采用先进的低压控制系统对电收尘器进行优化控制，从而实现对电收尘器清扫热风温度的实时测控并对振打装置、排灰装置实行时间控制、逻辑控制，最终确保电收尘器安全可靠地运行。

15.4　电解过程节能减排技术

15.4.1　电解过程节能措施

电能消耗是铜电解工艺中最重要的技术经济指标之一。它可以综合地反映出电解生产的技术水平和经济效益[44]。单位阴极铜电能消耗决定于电解槽的槽电压和电流效率。槽电压愈高或电流效率愈低，则电解电能消耗愈大。很显然，减少铜电解电耗的根本途径就是降低槽电压和提升电流效率。影响电耗的主要因素如下[45,46]：

（1）电解液温度。合适的电解液温度，对降低电耗有重要的作用。电解液温度过低，会造成电解液黏度增大，各种离子的扩散速度减慢，必将增加电解液的电阻，从而使槽电压升高，电耗增加。

（2）电解液成分。阳极板中的杂质在溶液中的积累，会使硫酸铜的溶解度减小，增大电解液的密度和黏度，使阳极泥沉降速度减慢，增加电解液中漂浮阳极泥的含量，加大悬浮物对阴极铜的污染程度，导致阴极铜的质量降低，还会使电解液的电阻增大，槽电压升高，电耗升高。因此，控制好电解液的成分对于降低槽电压显得非常重要。

（3）电流密度。提高电流密度会使阴、阳极电位差加大，同时电解液的电压降、接触点和导体上的电压损失增加，从而增加了槽电压和电解的直流电耗。

（4）阴阳极周期。阳极周期的长短与阳极自身的重量、残极率、电流效率、电流密度有直接关系。在其他条件相同的情况下，阴、阳极周期越短，出、装槽作业越频繁，劳动强度和设备能源的损耗越大，若阴、阳极周期太长，则除了影响阴极铜质量外，还会使生产资金占用额增加。

（5）电解液的循环量。在电解过程中，电解液必须不断地循环流动，以保持电解槽内电解液温度和浓度均匀，但是在电解精炼过程中可以产生电极极化和浓差极化，产生反电动势，使槽电压升高，电耗增加。

（6）加强添加剂的监控。适量的添加剂可使阴极铜结构致密、表面光滑、杂质含量减少，但添加剂过多，槽电压也会随之上升，造成电耗增加。因此，必须加强对添加剂的监控。

（7）极间短路。极间短路是电流效率下降的主要原因之一，造成短路的原因有：阴、阳极板的加工精度和垂直悬挂度差，阴阳极排列不均，极距的缩短会使极间的短路接触增多。

因此，降低槽电压的主要措施包括：

（1）改善阴极板质量，力求将粗铜中的杂质在火法精炼中脱除，以降低阳极电位，减少阳极泥的生成，同时还可以减少杂质对电解液的污染。

（2）保持合理的残极率，一般控制在18%～20%即可，过低的残极率会引起阳极工作周期末期的电解槽的槽电压急剧升高。

（3）控制和稳定电解液的成分，在不影响电解液 Cu^{2+} 和 H_2SO_4 平衡的条件下，加大净化量，尽可能地降低其杂质的含量，电解液的温度应维持在55～60℃之间。

（4）科学合理地缩短极间距离。

此外，电流效率的高低可归纳为两大方面的因素：一是设备因素；二是操作因素。因此，如果发生电流效率显著降低时，可采取以下措施：

（1）检校整流设备上的各种电压表、电流表。

（2）测量设备及循环系统的漏电情况。

（3）大力加强槽上管理，认真执行"一光、二正、三等、两消灭"的方法。"一光"就是接触点光；"二正"就是阴阳极对正；"三等"就是各槽槽电压、流量、温度相等；"两消灭"就是消灭跑酸、漏液。检查项目的重点是槽电压、电极短路、电流强度、电解液温度和循环量。

15.4.2 电解过程减排措施

电解过程的主要污染物为阳极泥及废电解液。阳极泥中含有 Cu、Au、Ag、Te、Se 和 Pt 等有价金属,必须进行回收。而废电解液中含有 $CuSO_4$、H_2SO_4 和一些其他金属杂质等,不能将废液直接排放。

15.4.2.1 阳极泥的治理

阳极泥的治理方法较多,其中较好的治理方法是:铜阳极泥进行硫酸化焙烧后,排出烟气用水浸出提取精硒(Se),再用提纯法制得纯 Se。焙烧后的阳极泥进行熔炼可制得氧化后期渣以回收铋(Bi);而金银合金进行电解精炼可制得电解 Au 和电解 Ag;金电解废液再回收 Au、Pt 和 Pd;而苏打渣可回收 Te。通过上述系列的工艺过程,可综合回收 Se、Bi、Au、Ag、Pt 和 Pd 等稀少金属。

15.4.2.2 废电解液的治理

阳极板铜电解时所产生的电解废液呈酸性(H_2SO_4),含有 Cu、Ni 和 Co 等有价金属,既是废物又是资源,必须进行治理和回收利用。

目前,处理废电解液的方法主要为分步中和沉淀法。分步中和沉淀法可直接用于处理铜废液、铜－钴废液和铜－锌废液。分步中和沉淀法处理电解废液具有设备简单、操作容易、能够有效回收和分离溶液中铜和钴等优点。它的缺点是产出大量的钙－铁渣,需要过滤和堆场,且会带走一定数量的铜,硫酸不能综合利用,消耗大量的石灰和纯碱。

此外,还可对电解铜废液中的废酸进行回收。其基本工作原理为:利用离子交换树脂酸阻滞特性将废液中的废酸吸附在树脂上,重金属盐顺利通过,然后利用纯水解析树脂回收酸。利用离子交换树脂吸附强酸并从溶液中去除金属盐,达到分离自由酸和重金属离子的目的,并在后期加入废水净化设备实现达标排放。

15.5 铜材加工过程节能减排技术

我国生产的铜材包括管、杆、棒、型、线、板带和铜箔,约有 250 种合金、近千个产品品种。传统的铜加工工艺为三段式工艺,即熔炼铸锭—热加工—冷加工。其中,热挤、热轧、热锻等热加工工序能耗高、污染重。因此,铜材加工工艺的发展趋势是压缩热加工环节,缩短工艺流程。

通过技术引进和自主研发,我国铜材加工技术得到了长足发展。熔炉潜流化、联体化技术、连续铸造技术、行星轧制技术及连续挤压技术已经在行业内得到广泛应用,部分技术已居世界领先水平。我国铜加工的技术经济指标见表 15 – 2。统计表明,2005 年以来,我国铜加工能耗逐年下降,2008 年吨铜材综合能耗为 314.47kgce/t,比 2005 年下降 56.3%,但与世界先进水平相比,仍有差距,尚存节能空间。

表 15 – 2 我国铜加工技术经济指标

名 称	2004 年	2005 年	2006 年	2007 年	2008 年
熔铸成品率/%	91.14	91.6	92.84	93.08	92.06
加工材成品率/%	73.67	75.21	75.24	75.28	74.38
加工材综合成品率/%	63.71	64.71	70.31	66.84	67.73
金属消耗/kg·t⁻¹	1093.48	1100.76	1055.41	1076.82	1050.41
综合电耗/kW·h·t⁻¹	1865.54	1418.11	1175.17	1031.06	1107.68
单位产品能耗/kgce·t⁻¹	958.94	719.88	531.39	565.1	314.47

铜板带材生产节能减排的主要途径和措施为[47,48]：

（1）开发新型短流程生产工艺。新开发的联体炉水平连铸机组，采用多腔体联体感应电炉熔化保温和耦联式结晶器，使生产的无氧铜和紫铜带坯氧含量低、表面光亮、氧化轻微，不需铣面直接冷轧，且总加工率可达 90% 以上。该工艺与传统的热轧法相比，省去了铸锭加热、热轧工序，具有工艺流程短、投资少、建设周期短、节能降耗及生产成本低等优点。

（2）在设计中选用节能设备，提高自动化控制装备水平。从铜板带生产工艺流程看，铸锭加热、热轧、冷轧和退火是主要耗能环节，因此，应将这些工艺环节作为节能降耗的主要切入点。

1）熔炼铸造节能。在熔炼铸造方面，可根据项目建设情况选用燃气竖炉。竖炉采用一次能源（液化气或天然气），熔化能力大，适宜生产单一合金品种，主要用于熔炼紫铜类合金。如德国 KME 公司、意大利 LMI 公司、德国 MKM 等公司均有竖炉熔铸生产线，用于生产大规模紫铜铸坯。与感应电炉相比，竖炉热效率高，能够快速、低耗熔炼优质熔体，而且停开炉方便，占地面积小。熔化 1t 紫铜，竖炉比感应电炉节能 70~80kgce，即可使能源成本降低 50% 以上。

2）铸锭加热炉节能。铸锭加热采用高效节能步进式加热炉，淘汰落后的环形加热炉；采用先进的燃烧控制技术、烟气余热利用技术和计算机控制技术，同时加强炉温、炉气气氛、炉压的精确控制，减少铸锭氧化，提高热效率。其中，燃烧烟气的余热回收是提高铸锭加热炉热效率的主要途径。采用压力损失小、比表面积大的蜂窝型蓄热体，蓄热体与烧嘴有机地结合一体，可以将助燃空气预热到不低于 900℃（仅比烟气温度低 100℃），排放的废烟气温度不超过 200℃，使烟气余热得到极限回收，余热回收率可达 80%，炉子的热效率高于 70%。对于以天然气为燃料的铜铸锭加热炉，采用蓄热式加热技术可节约能源 5~7kgce/t。

3）热轧机节能。热轧节能技术主要包括大锭轧制、快速轧制、轧制工艺优化、提高成材率、减少轧制间隙时间、提高轧机传动效率、优化工艺润滑系统等。

根据企业的生产规模合理选择热轧机，尽可能采用大规格铸锭和高速轧制。采用大规格铸锭热轧，轧机产能大，材料损失少，能有效地提高成材率、减少能耗；高速轧制可提高带坯的终轧温度，减少带坯头尾温差，使带坯性能均匀、稳定，有利于提高冷轧带材的精度和成材率。同时，在热轧机工艺润滑系统中采用新型盒式冷却装置，与传统直接向热轧辊辊缝喷射乳液的方式相比，其喷射量小，使用量降低了30%，既可充分冷却轧辊，在轧辊和带材间建立正常润滑油膜，又能防止大量乳液喷淋到带材表面，减少了带材温降。

4）冷轧机节能。选择自动化水平高、控制精度高的现代化高速冷轧机，可提高生产效率、成品率和产品质量，并有效降低能源消耗。

5）钟罩式退火炉节能。钟罩式退火炉是铜板带材退火的主要炉型。钟罩式退火炉设有强对流循环风机及密封的炉体结构，具有升温快、温度均匀、热效率高的特点，且一般产品退火后可不酸洗，具备一定的节能优势。在炉型设计上，应致力于增大内罩受热面积，采用高效加热元件，优选炉衬材料，选用大功率风机，实施强制循环，提高炉内料温的均匀性，从而提高炉子的热效率。

（3）加强含酸、含碱废气的治理。

铜加工过程中会产生酸性气体、脱脂碱性气体、防锈钝化气体等污染物。这些废气的处理是铜材加工减排的重要内容。

废气治理的基本流程如图15-9所示。废气处理流程主要包括收集段、冷却段和过滤段[49]。

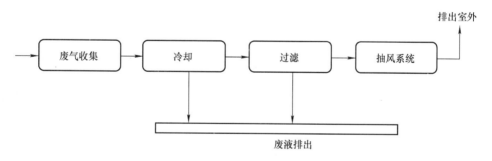

图15-9 废气治理的基本流程

其中，冷却段的主要功能为：含有上述成分的废气，通过管道进入酸（碱）收集器，首先进入冷却段，此时将产生速度变化与温度变化。速度变慢，使液态的酸（碱）液沉降到冷却段底部，经底部排液管排出。温度降低，使气态的酸碱气变成液态，使小液滴变成大液滴。

过滤段的主要功能为：含有大量液滴的废气进入过滤段，废气中液滴与过滤丝网进行碰撞，留在丝网内，起到净化作用。净化后空气经风机排至室外，从丝网中流到过滤器底部的废液排液管排出。

16 铅锌冶金工业节能减排

16.1 铅锌冶炼工艺概述

16.1.1 铅的性质

铅（lead, plumbum）是人类所用的五种史前金属之一，炼铅术和炼铜术大致始于同一历史时期（公元前 7000 ~ 5000 年）。但是直至公元前 1600 ~ 1400 年，铅才成为常见的金属。在现代工业所有消耗的有色金属中，铅居第四位，仅次于铝、铜和锌，是工业基础的重要金属之一。

铅是蓝灰色的金属，新的断口具有灿烂的金属光泽。铅的密度为 11.27 ~ 11.48g/cm³。纯铅是重金属中最柔软的金属，铅的熔点为 327.5℃，沸点为 1525℃。铅的物理性质见表 16 - 1。

表 16 -1 铅的物理性质

名称	平均热容 (18 ~ 100℃) /J·(g·℃)$^{-1}$	熔化潜热 /J·g^{-1}	汽化潜热 /J·g^{-1}	导热系数(100℃) /J·(cm·℃·s)$^{-1}$	黏度(340℃) /Pa·s
数值	0.1281	26.204	841.386	0.3391	0.0189

名称	表面张力 (327.5℃) /N·cm^{-1}	比电阻 (20 ~ 40℃) /μΩ·cm^{-3}	线膨胀系数 (20 ~ 100℃) /cm·(cm·℃)$^{-1}$	凝固收缩率/%	
数值	0.00444	20.648	29.1 × 10^{-6}	3.44	

铅是一种具有毒性的重金属元素，它在人体内的理想水平应为零。目前，全球含铅尘埃已经达到 4 亿多吨，汽车尾气排出的卤化铅粒子，沉降在马路两旁地面上，大气中 80% 以上的铅尘悬浮在大气中约距地面 75 ~ 100cm 左右的地方，成为儿童最易吸入的铅源之一。由于铅污染造成的儿童健康问题越来越严重。

铅的主要用途为：铅蓄电池（蓄电池工业的用铅量最大，当今世界 60% 以上的铅用于蓄电池生产），运输行业用铅作轴承合金，建筑行业中的隔音材料，X 射线室的屏蔽材料，化学和冶金工业中的防腐、防漏材料以及溶液储存设备等。

16.1.2　铅的冶炼

自然界中纯的铅很少见，一般铅主要与锌、银和铜等金属一起冶炼和提取。其最主要的铅矿石是方铅矿（PbS），含铅量达86.6%，其他常见的含铅矿物有白铅矿（$PbCO_3$）和铅矾（$PbSO_4$）[50]。

目前，世界上铅冶炼主要采用火法，湿法炼铅工艺尚未实现工业化。火法炼铅可分为传统炼铅法和直接炼铅法[51]。

传统炼铅法包括：（1）烧结—鼓风炉熔炼法；（2）密闭鼓风炉熔炼法（ISP法，适用于铅锌联合冶炼和锌冶炼）；（3）电炉熔炼法（极少）等。

直接炼铅法包括：（1）氧气底吹炼铅法（QSL法）；（2）基夫赛特法（Kivcet）；（3）氧气底吹—鼓风炉炼铅工艺（SKS法）；（4）顶吹旋转转炉法（卡尔多法）；（5）富氧顶吹喷枪熔炼法（ISA或Ausmelt法）；（6）奥托昆普闪速熔炼法；（7）瓦纽可夫法等。

下面就烧结—鼓风炉法及氧气底吹炼铅法做简要介绍。

16.1.2.1　烧结—鼓风炉法

烧结鼓风炉炼铅法属传统炼铅工艺，我国原有的铅生产厂几乎都采用这一传统工艺。其工艺流程如图16-1所示。烧结—鼓风炉熔炼流程主要由原料制备、烧结焙烧（氧化SO_2）、鼓风炉熔炼（C还原）等工序组成。硫化铅精矿经烧结焙烧后得到铅烧结块，在鼓风炉中进行还原熔炼，产出粗铅。

16.1.2.2　氧气底吹炼铅法（QSL法）

氧气底吹炼铅法简称QSL法，由德国鲁奇公司等研制，已在中国、德国、韩国建厂，其工艺流程如图16-2所示。QSL法是将铅精矿与熔剂、烟尘、粉煤等按一定比例混合制粒后直接加入反应器，炉料在1050~1100℃时先后完成脱硫及还原过程，产出粗铅和炉渣，熔炼连续进行，依靠反应器底部的喷枪（氧枪及还原枪）供给氧化剂与还原剂，以维持氧化和还原的进行。

QSL法过程简单，铅回收率高达99%，硫回收率也可达99%。其对原料制备要求相对较为宽松，物料水分、粒度组成不受严格的限制。由于冶炼过程是在密闭的反应器中进行，车间操作岗位的铅尘含量可在0.1mg/m³以下。QSL反应器冶炼产生的烟气SO_2浓度可达8%，利于两转两吸制酸。该工艺流程短，投资较少，但技术条件控制要求高，生产过程自动化水平高，适宜于大型冶炼厂的技术改造和新建。另外，该工艺由于氧化与还原在同一个装置中完成，终渣含铅为5%~10%，氧耗高、电耗高。

16.1.3　锌的性质

锌和铜的合金-黄铜，早被古人利用，黄铜的生产可能是冶金学上最早的偶

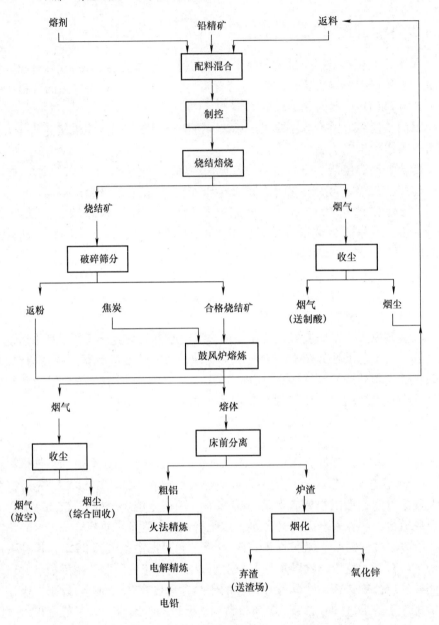

图 16-1 烧结-鼓风炉炼铅法工艺流程

然发现之一，但是人们获得金属锌的时间却比较晚。当碳和锌矿共热时，温度很快高达 1000℃，而锌在 923℃沸腾，在此温度下成蒸气状态，随烟散失，不易被察觉。因此，尽管锌是第四常见的金属，仅次于铁、铝及铜，但锌登上历史舞台的时间要比铜、锡、铁、铅晚得多。

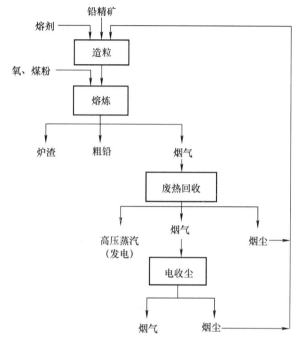

图 16 - 2　QSL 法炼铅工艺流程

在 1737 年和 1746 年，德国矿物学家亨克尔和化学家马格拉夫先后将菱锌矿与木炭共置于陶制密闭容器中烧，得到金属锌。拉瓦锡在 1789 年发表的元素表中，首先将锌列为元素。

自然界中，锌多以硫化物状态存在，主要含锌矿物是闪锌矿或铁闪锌矿，也有少量氧化矿，如菱锌矿和异锌矿。纯锌是一种蓝白色金属，如图 16 - 3 所示，有光泽，密度为 7.14g/cm³，熔点为 419.5℃，沸点为 907℃，化合价为 +2。硬度 2.5（莫氏硬度），具有延展性。在室温下较脆，100 ~ 150℃时变软，超过 200℃后又变脆。

已知锌有 15 个同位素，是很好的导热体和导电体，电离能为 9.394eV，化学性质比较活

图 16 - 3　锌的外观

泼，但在常温下的空气中，其表面会生成一层薄而致密的碱式碳酸锌膜，可阻止进一步被氧化，相对比较稳定。当温度达到 225℃后，锌氧化激烈。燃烧时，发出蓝绿色火焰。锌易溶于酸，也易从溶液中置换金、银、铜等。锌具有强还原

性，与水、酸类或碱金属氢氧化物接触能放出易燃的氢气，与氧化剂、硫黄反应会引起燃烧或爆炸。因此，锌要储存于阴凉干燥处，远离火种、热源，与氧化剂、胺类、硫、磷、酸碱类需分储。

由于锌在常温下表面易生成一层保护膜，所以锌最大的用途是用于镀锌工业。锌能和许多有色金属形成合金，其中锌与铝、铜等组成的合金，广泛用于压铸件；锌与铜、锡、铅组成的黄铜，可用于机械制造业。含少量铅、镉等元素的锌板可制成锌锰干电池负极、印花锌板、有粉腐蚀照相制版和胶印印刷版等。锌肥（硫酸锌、氯化锌）有促进植物细胞呼吸、碳水化合物代谢等作用。锌粉、锌钡白、锌铬黄可作颜料。氧化锌还可用于医药、橡胶、油漆等工业。锌可以用来制作电池，如锌锰电池以及最新研究的锌空气蓄电池。

16.1.4 锌的冶炼

炼锌方法可分火法和湿法两大类，其原则工艺流程如图 16-4 所示[52]。目前，世界主要的炼锌方法是湿法，产量占世界总产量的 80% 以上。我国锌冶炼为火法和湿法两种工艺并存，以湿法为主，以密闭鼓风炉、竖罐及其他工艺为辅。

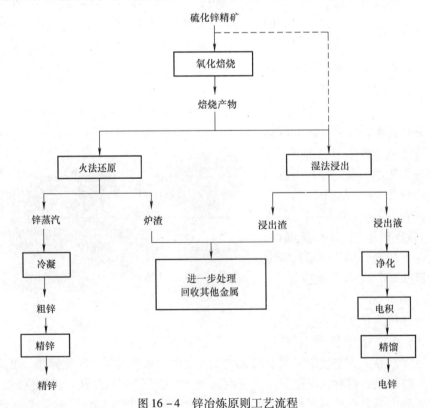

图 16-4 锌冶炼原则工艺流程

16.1.4.1　火法炼锌

火法炼锌有鼓风炉、横（平）罐蒸馏法、竖罐蒸馏法以及电热（炉）法。

鼓风炉炼锌（简称 ISP 法）。ISP 法主要由烧结焙烧或热压团、密闭鼓风炉还原挥发熔炼、锌蒸汽冷凝和粗锌精炼四部分组成。其工艺流程如图 16 – 5 所示[53]。

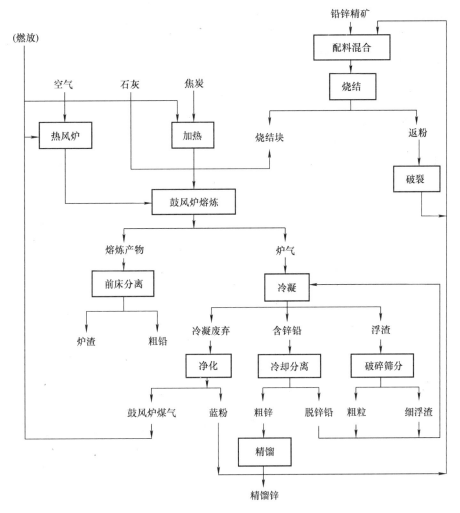

图 16 – 5　鼓风炉炼铅锌的一般流程

铬锌精矿、复杂锌铅精矿、再生锌等原料和熔剂配料后在鼓风烧结机上焙烧，进行脱硫和造块，不需要脱硫的原料则可用热压团法造块。热烧结块和经过预热的焦炭一道加入密闭鼓风炉，烧结块中的锌、铅等金属氧化物在炉内高温下被还原，还原所得的锌呈蒸气状态与焦炭燃烧产生的 CO_2 和 CO 气体一道从炉顶排出进入铅雨飞溅冷凝器，锌蒸气被铅雨吸收后，流出冷凝器进一步冷却析出液体锌。还原得到的粗铅、炉渣、铜锍从炉缸放入电热前床进行分离。

16.1.4.2　湿法炼锌

湿法炼锌（又称电解法炼锌）最早于 1916 年投入工业生产。目前，新建的锌冶炼厂大都采用湿法炼锌工艺。世界上采用湿法炼锌工艺产出的锌金属量已超过 85%，我国也占到了 70%。湿法炼锌包括常规浸出法、热酸浸出黄钾铁矾法、热酸浸出针铁矿法、热酸浸出赤铁矿法、热酸浸出—喷淋除铁法。在 20 世纪 80 年代，还发展了取消锌精矿焙烧工艺的硫化锌精矿氧压浸出法。

传统的湿法炼锌工艺包括焙烧、浸出、溶液净化、电解沉积、阴极锌熔铸五个工序。

常规浸出法是将酸性浸出渣用火法处理加浸出的方法。株洲冶炼厂是我国第一个采用常规法连续浸出流程设计并投产的现代化大型湿法炼锌厂。常规浸出法的典型工艺流程如图 16-6 所示[52]。锌焙烧矿冶炼采用第一段中性浸出、第二段酸性浸出的工艺。

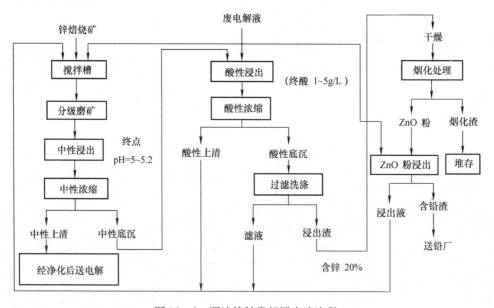

图 16-6　湿法炼锌常规浸出法流程

焙烧矿常规浸出的主要目的是尽可能使锌溶解进入溶液，并通过水解法除去铁、砷、锑、硅、锗等大量有害杂质。固液分离分出的溶液经净化后，获得合格的中性硫酸锌溶液，送去电解得到高纯度电锌。

16.1.5　铅锌冶炼的节能减排方向

铅锌冶炼消耗的一次能源主要为煤，二次能源主要为重油、焦炭、电。2010

年，我国铅冶炼综合能耗为421.1kgce/t，而国际先进水平为300kgce/t，仍然存在较大差距。2010年，我国电解锌综合能耗为999.1kgce/t，尚有节能空间。

铅锌冶炼节能的重点是采用液态高铅渣直接还原、铅富氧闪速熔炼、硫化锌精矿常压富氧直接浸出、硫化锌精矿加压氧气直接浸出、锌氧化矿及二次物料溶剂萃取锌等先进的工艺技术。同时，要注重非稳态余热的高效回收利用，铅锌冶金过程节能控制与能量梯级利用。

铅锌冶炼过程产生的"三废"包括冲渣水、烟气净化废水、洗涤制酸废水、冲洗废水，含尘、含SO₂的废气以及富含各种有价金属的冶金渣。铅锌冶炼废水一般均含有重金属，因此，要尽量将废水与重金属都回收利用。一般可采用石灰中和法、硫化物沉淀法、吸附法、离子交换法、氧化还原法、膜分离法及生物法处理。铅锌冶炼烟气一般需经过收集、净化处理、提取有价金属、制酸等过程，实现烟气的综合利用与无害化处理。对于铅锌冶金渣，一般可采取烟化挥发法、还原熔炼法、湿法冶金法进行处理。

16.2 铅冶金节能减排技术

16.2.1 节能技术

与国外相比，我国铅冶炼厂绝大部分规模小、装备水平低，综合利用水平差。节能的关键是应用先进的节能高效熔炼工艺，实现电解工序的自动控制与设备成套以及加强余热余能的回收利用。

16.2.1.1 基夫赛特法

基夫赛特法的技术基本工艺为：浸锌渣和铅精矿混合均匀后制备成干燥粉料，与工业纯氧喷入 Kivcet 炉内进行高温闪速熔炼，产出氧化熔体通过焦炭还原产出渣、粗铅和高硫烟气。渣送烟化炉回收锌，粗铅送电解精炼产出电铅或合金，高硫烟气送制酸。

基夫赛特法的综合能耗约为290kgce/t粗铅，电耗为235kW·h/t粗铅，焦炭单耗46kg/t粗铅，氧气单耗为175m³/t粗铅。其节能效果十分明显，每吨粗铅可节能100kgce以上。尤其是基夫赛特法对原料适应性最强，能在炼铅的同时，搭配处理大量锌浸出渣，利用硫化矿的自热，使处理浸出渣的能耗大幅度下降，而且可以消除浸出渣处理过程低浓度SO₂对环境的污染。

16.2.1.2 氧气底吹—液态高铅渣底吹还原铅冶炼技术

该法的主要设备是底吹炉和还原炉。铅精矿和辅料进行配料混合后，送入氧气底吹炉进行熔炼，产出粗铅、液态高铅渣和含尘烟气。液态高铅渣直接进入卧式转炉内，底部喷枪送入天然气和氧气，上部设加料口，加入煤粒和石子。天然气和煤粒部分氧化燃烧放热用来维持还原反应所需要的温度，同时生成一定量的还原性气体 CO 和 H$_2$，在气体搅拌下，进行高铅渣的还原，生成粗铅和炉渣。

该工艺采用液态高铅渣的直接还原，充分利用了高铅渣熔体的潜热，节约了能源。吨铅综合能耗为 230kgce/t 粗铅；氧气单耗为 325m^3/t 炉料，天然气单耗为 25m^3/t 炉料，粉煤单耗为 196kg/t 炉料，电耗为 75kW·h/t 炉料，硫总回收率为 96.8%。由于引入天然气、氧气，结束了传统工艺使用大量冶金焦的现状，有效减少了 SO$_2$ 和 CO$_2$ 的排放量。密闭的还原炉结构和高效能的热还原工艺，可方便回收烟气余热，进行余热发电。

该技术具有能耗低、环境条件好、投资少、自动化水平高、劳动生产率高等优点。

16.2.1.3　澳斯麦特法炼铅技术

澳斯麦特法炼铅的主要原理是：通过垂直插入渣层的喷枪向耐火材料砌筑的熔池中直接吹入空气或富氧空气、燃料、粉状物料和熔剂或还原性气体，强烈搅拌熔池，使炉料发生强烈的熔化、硫化、还原、造渣等物化过程。它是一种连续的熔炼过程，燃料和粉料通过喷枪喷入熔池，块料、湿料可通过螺旋给料机从炉顶另开的专用孔中投入。

该技术的粗铅综合能耗为 285kgce/t 粗铅，电耗为 400kW·h/t 粗铅，焦炭单耗为 30~35kg/t 粗铅，氧气单耗为 64~78m^3/t 粗铅，能源消耗处于国内较好水平。

16.2.1.4　旋涡柱连续炼铅工艺

旋涡柱连续炼铅工艺是以中心旋涡柱流股连续熔炼及富铅渣液态直接还原贫化技术为核心，在一台冶金炉中直接产出粗铅和低铅渣的节能、高效、清洁强化的炼铅新工艺[54]。旋涡柱连续炼铅炉结构如图 16-7 所示，其工艺核心是炉料经计量后由旋涡喷嘴给入，炉料在喷嘴出口与工艺氧充分混合后，呈高度弥散及旋转状态进入反应塔高温反应空间，在悬浮状态下熔炼反应迅速完成。氧化铅液

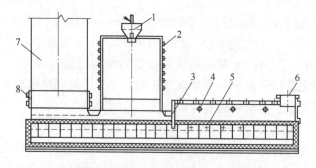

图 16-7　旋涡柱连续炼铅炉结构图

1—精矿喷嘴；2—反应塔及冷却水套；3—水冷隔墙；4—燃烧器；
5—粉煤喷吹口；6—还原区排烟口；7—余热锅炉底部；8—上升烟道

滴和固体渣的混合物落入熔炼区沉淀池面上的焦炭过滤层,在穿过焦炭过滤层时,氧化铅液滴大多被还原成金属铅进入粗铅层,还原区侧墙设置了还原剂喷吹口对渣层喷吹粉煤,将渣含铅降低到3%以下。

旋涡柱连续炼铅工艺是悬浮熔炼和熔池熔炼的组合,其工艺流程短、自动化程度高,可处理含铅品位20%~70%的炉料,铅回收率大于98%,能耗低于320kgce/t粗铅[54]。

16.2.1.5 立模浇铸铅大极板电解技术

电解精炼是利用不同元素在电解过程中的阳极溶解或阴极析出难易程度的差异而提纯金属,使粗铅中杂质因电解时不溶解而以元素(如 Au,Ag)或化合物(Bi_2O_3,Bi_2S_3)形态进入阳极泥。

经多年的生产实践和不断的改进完善,铅电解精炼工艺技术日趋成熟。采用大极板、大电解槽、长周期电解,极板制作、铅电解操作过程、铅锭浇铸等实现了大型化、机械化、自动化。而我国铅电解精炼基本都采用小极板、小电解槽生产,工艺技术落后、装备水平低、能耗高、环境污染严重、劳动生产率低、劳动强度大,总体技术及装备水平仅相当于20世纪70年代的国际水平。

从2005年至今,驰宏锌锗、豫光金铅等几家铅冶炼公司通过对大极板、长周期铅电解精炼关键工艺技术的试验研究,从日本引进了铅电解阴阳极板浇铸、制作设备,并自主开发了大电解槽及出装槽、极板洗涤等相关设备。改写了中国铅电解精炼技术落后的历史,该系列设备的引进和开发,标志着我国铅电解精炼已达到了国际先进水平。

通过应用该技术,可实现铅回收率高于99%,单位产品硅氟酸耗低于2.5kg/t铅,电解综合能耗低于60kgce/t铅,单位产品铅尘产生量低于8kg/t铅。

16.2.2 减排技术

铅冶炼的减排重点是冶炼渣的处理。铅冶炼渣主要有鼓风炉渣、回转窑炉渣、反射炉渣、烟化炉渣等。火法炼铅炉渣是一种非常复杂的高温熔体体系,它由 FeO、SiO_2、CaO、Al_2O_3、ZnO、MgO 等多种氧化物及它们相互结合而形成的化合物、固溶体、共晶混合物所组成,还含有硫化物、氟化物等。由于铅渣成分复杂、含有价金属较多,难以处理和综合利用。在实际冶炼过程中,有80%以上的 Zn、20%的 Cu、2%~3%的 Pb 及一些 Ge、In、Cd、Sn 和贵金属进入渣中。目前,铅冶炼渣处理回收的主要对象除铅以外还有与其伴生的铜和金、银以及某些稀散金属。处理的方法主要有烟化挥发法、还原熔炼法、湿法冶金法。

株洲冶炼厂、鸡街冶炼厂、会泽铅锌矿用烟化挥发法处理铅鼓风炉渣取得了较好的成效。铅挥发率分别为75%~80%、94%~95%、90%~96%。湖南湘潭化工厂从铅渣中回收铅、锌,并生产三盐基硫酸铅产品,处理1t渣可获得经济效益约 900 元，贵溪冶炼厂通过氯化浸出用铅渣生产氯化铅；而山西红旗铅锌矿则用铅浮渣生产出了铬黄、红丹。除了回收其中有价金属和稀散金属外，铅渣还被用作井下矿坑的充填材料，生产玻璃、砖、砌块水泥及水泥混合材等建材[55]。

16.3　锌冶金节能减排技术

16.3.1　节能技术

16.3.1.1　硫化锌精矿常压富氧直接浸出技术

硫化锌精矿富氧直接浸出技术被普遍认为是锌冶炼的又一次重大技术突破，号称第三代炼锌技术。富氧直接浸出工艺主要分为两大类：即富氧压力浸出（简称氧压浸出）和常压富氧浸出。

氧压浸出历史较早，工艺也较为成熟，早在 20 世纪 80 年代初，世界上第一个工业化的锌加压浸出装置在加拿大科明科公司特雷尔锌厂试车投产。但高压釜设备、仪表、控制等原因，使该技术难以推广。常压富氧直接浸出是在氧压浸出基础上发展起来的新技术，它规避了氧压浸出高压釜设备制作要求高、操作控制难度大等问题，而且同样达到浸出回收率高的目的。

常压富氧浸出和氧压浸出基本原理没有本质区别，氧压浸出和常压富氧浸出均把锌精矿中的化合物硫转化成单质硫，而不是转化成二氧化硫，因而能使锌的生产与硫酸的生产脱钩。

两种浸出方式产出的溶液中含有少量杂质元素并没有很大差异，常压富氧浸出液中的铁含量高，需设除铁工序，氧压浸出液中的铁含量低，不需设除铁工序。氧压浸出渣过滤后产出的单质硫中杂质低于常压富氧浸出产出的单质硫中杂质。两种方式的浸出液含锌量基本一致。表 16 - 2 为两种浸出工艺的对比。

表 16 - 2　常压富氧浸出与氧压浸出工艺的对比

对比项目	常压富氧浸出	氧压浸出
Zn 的回收率	98%	98%
反应时间	24h	2h
反应容器	较大	较小
反应压力	100 ~ 200kPa	1100 ~ 1300kPa
生产控制	要求一般	要求严格
原料处理	浆化设备较多，费用较高	浆化设备较少，费用较低
工艺的适应性	较强，适用于已有焙烧、浸出厂的技术改造，可搭配处理浸出渣	强，适用于已有焙烧、浸出厂的技术改造，并可单独新建厂
维护	维修费用较低	维修费用较高
一次性投资	适中	稍高

常压富氧直接浸出技术的原则工艺流程如图 16-8 所示。

将球磨后的硫化锌精矿，通过加入电解废液浆化，送到一系列反应器中进行浸出，浸出过程在反应器底部鼓入 98% 的纯氧进行氧化。浸出过程主要利用高铁离子对硫化锌精矿的氧化浸出，硫化锌精矿被分解得到硫酸锌溶液和单质硫。氧气的作用主要是将浸出后的亚铁离子氧化成铁离子，实现对硫化锌精矿的连续循环浸出。该工艺技术为传统湿法炼锌工艺的替代工艺，具有生产清洁、环保，有价金属回收率高等特点。

应用该工艺流程，可将湿法炼锌的吨锌综合能耗降低至 852.3kgce/t 锌，并实现锌浸出率大于 98%，锌总回收率大于 97%。与传统湿法炼锌方法相比，无焙烧烟气排放，无需建设配套的焙烧车间和制酸厂，更有利于清洁生产。

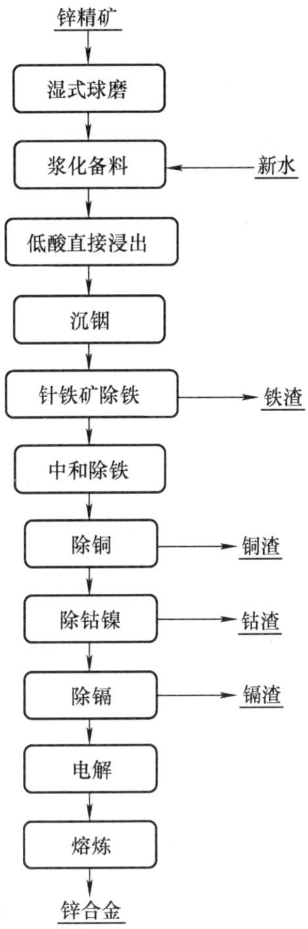

16.3.1.2 硫化锌精矿加压氧气直接浸出技术

硫化锌精矿加压氧气直接浸出技术不需要焙烧、烟气制酸工序，其基本工艺流程为：将细磨（98% 小于 44μm）的硫化锌精矿、锌电解废液、氧气连续加入加压釜，在高温 150℃、高压 1.1~1.3MPa 状态下，利用纯氧作为氧化剂，用废电解液作浸出剂，实现硫化锌精矿直接进行浸出。在加压条件下提高反应温度，对反应的热力学和动力学都有利，反应过程只需 1~1.5h，锌的浸出率即可达到 98% 以上，同时硫化锌中的硫被氧化，产出单质硫。

图 16-8 常压富氧直接浸出原则流程

该技术对物料适应能力较强，可处理含铁高的低品位锌精矿、铅锌混合精矿及锌冶炼厂产出的含铁酸性和铁氧体的残渣，生产成本低。该法既可结合常规的焙烧-浸出工艺来提高生产能力，又可全部使用锌精矿浸出，成为独立系统生产。但工艺反应条件要求高温高压，对设备要求高，原料需通过湿式球磨使锌精矿粒度 98% 小于 44μm，且氧气纯度不低于 98%。

应用该技术炼锌，吨锌的综合能耗仅 777kgce，电耗为 3921kW·h，氧气单耗为 220m³。该工艺为世界先进的炼锌工艺，能耗低，环境友好，已被国内外厂家陆续采用。

16.3.1.3 锌氧化矿及二次物料溶剂萃取提取锌工艺

应用溶剂萃取法从硫酸锌溶液中萃取提锌，目前还没有找到一种选择性好、负载量大的特效锌萃取剂，比较适合于从硫酸锌溶液中萃锌的萃取剂仍为 P204。锌氧化矿及二次物料溶剂萃取提锌工艺流程为：原料→浸出中和→浓密过滤→硫酸锌溶液→溶剂萃取→电积→铸锭→锌锭。硫酸锌溶液溶剂萃取提锌是利用萃取剂 P204 的强选择性，达到从硫酸锌溶液中富集回收锌的目的。即以 P204 为萃取剂，200 号或 260 号煤油为稀释剂，在控制萃取平衡 pH 值、萃取相比和萃取平衡时间的条件下进行萃取，得到含锌有机相，然后以硫酸或高酸度废电解液为反萃剂，使有机相中的锌离子与硫酸或废电解液中的 H^+ 进行交换，得到高浓度、杂质含量达锌电积标准的硫酸锌溶液，然后并入常规湿法炼锌的电积工序，再经铸型工序，得到锌锭产品。硫酸锌溶液溶剂萃取既起富集锌的目的，又能实现对硫酸锌溶液的净化，只要萃取条件控制得好，反萃液经脱油处理，即得到高质量的电积新液。

该技术适用于从复杂难选的低品位氧化锌矿、高杂质氧化锌矿、高杂质（包括高氟氯）氧化锌物料、含锌的二次物料及含锌废水中回收锌。

该工艺能耗低，除浸出工序需加热外，溶剂萃取工序等均在常温下进行。应用该技术生产锌的吨锌综合能耗为 867kgce/t，电耗为 3560kW·h/t，原煤单耗为 601kg/t。因萃取在常温下进行，环境污染极低，且萃取可将硫酸锌溶液中的 F、Cl 除掉，降低了电积时阴阳极板被腐蚀的可能性，改善了工人的操作环境。

16.3.2　减排技术

鉴于湿法冶炼已成为锌冶炼的主流方法。这里仅就湿法冶炼的"三废"治理技术进行介绍。一般情况下，湿法炼锌生产过程的污染物主要有：废气（包括烟尘、二氧化硫、酸雾和砷化氢）、废水、废渣（中间渣、弃渣），而废水与废渣又是湿法炼锌最常见的污染物。

16.3.2.1　废水处理

锌湿法冶炼电解工序生产过程中会产生大量的含酸废水，其含锌浓度为 8～10g/L，一个年产 30 万吨电锌的生产厂其电解废水量可达 10～15 万吨/年。电解废水主要源于：（1）电解阴极板出槽带出电解液滴漏至地面；（2）阴极板出槽后用水清洗阴极板上黏附的电解液和冲洗剥锌场地；（3）电解液输送过程中的泄漏液。受湿法冶炼系统容量的限制，只有 30%～50% 的电解废水可直接回收进入系统利用，其余部分一般采用石灰中和进行处理，废水经处理后直接排放[56]。

目前，电解废水处理和回用的主要工艺有：

（1）用碱直接中和沉淀处理，渣过滤回收锌利用，废水直接排放。

（2）用蒸汽蒸发浓缩法制备硫酸锌溶液，回收进锌冶炼系统使用或制备硫酸锌产品。

（3）用膜分离法处理，浓缩液回收进入系统使用，透过液返回洗板，实现循环利用。

（4）用萃取分离法将电解废水中锌萃取浓缩后返回系统使用，废水排放。

但这四种工艺各有利弊。中和沉淀法方法简单，实施便捷，但渣中锌回收利用成本高，废水难以直接回用。而蒸发浓缩法可以直接得到硫酸锌产品，无废水排放，但能源消耗高，运行成本也高。膜分离法可实现全部废水的回收利用，但投资较高。萃取分离法投资少，可实现电解废水中锌萃取后回用，但萃取后废水实现回用困难，运行成本也相对较高，操作比较繁琐。

16.3.2.2 废渣处理

依据工艺流程不同，一般情况下，湿法炼锌过程会产生铅银渣、铁矾渣、铜渣及镉渣。

（1）铅银渣。铅银渣是锌焙砂高酸浸出产生的一种弃渣，渣中含有 Zn、In、Ag、Pb、Cu、Cd 等有价金属，均具有回收价值。

目前，国内外锌浸出渣富集回收的工艺主要有回转窑挥发工艺、澳斯麦特（Ausmelt）工艺和烟化炉挥发工艺。各工艺对比见表 16－3[57]。

表 16－3　锌浸出渣富集回收工艺对比

炉型	燃料	渣形态	余热回收	可回收元素	Zn、In 回收率
烟化炉	粉煤	水淬渣	能	Zn、In、Pb	高
澳斯麦特炉	粉煤	水淬渣	能	Zn、In、Pb、Ag、Cu	低
回转窑	焦粉	粉渣	否	Zn、In、Pb	高

（2）铁矾渣。铁矾渣是炼锌过程中高酸浸出液除铁产生的高铁渣，是提取铟的原料。渣中 In、Zn 含量较低，必须富集后才可以高效回收。针对铁矾渣成分特点，采用回转窑高温挥发法是比较理想的处理工艺。应用该工艺，渣中的 Zn、In 富集到烟尘中，生成含铟氧化锌，作为提铟的原料；窑渣含有未反应的焦粉、Fe_3O_4、SiO_2 等，通过磁选产出铁精粉，磁选尾矿中的 SiO_2、焦粉是烟化炉良好的造渣剂及燃料。

（3）铜镉钴渣。铜镉钴渣是湿法炼锌净液工段产生的净液渣经过浸出、置换得到的净液铜渣和净液镉渣的混合物，是 Cu、Cd、Co 的富集物。目前，成熟的处理工艺是通过湿法工艺利用铜镉钴渣生产精镉、副产铜渣、富钴渣及含锌溶液，并将含锌溶液送入炼锌系统。

下篇参考文献

[1] 工业和信息化部. 有色金属工业"十二五"发展规划 [R]. 2011.

[2] 王绍文, 杨景玲, 等. 冶金工业节能减排技术指南 [M]. 北京: 化学工业出版社, 2009.

[3] 陈倩倩. 浅析有色金属企业节能减排的研究 [J]. 化工贸易, 2011 (12): 88~89.

[4] 康义. 全面启动重点用能企业能效对标工作大力推进有色金属工业节能减排工作再上新台阶 [J]. 有色冶金节能, 2008 (6): 5~6.

[5] 吴滨. 中国有色金属工业节能现状及未来趋势 [J]. 资源科学, 2011, 33 (4): 647~652.

[6] 刘友勤. 略论有色选矿厂的节能设计 [J]. 有色冶金节能, 2010 (1): 20~23.

[7] 国家环境保护部网站信息 (http://zls.mep.gov.cn).

[8] 唐绍铧, 罗凯. 提高集中度推进技术进步是有色行业节能减排的关键 [J]. 有色冶金节能, 2008, 6 (3): 4~6.

[9] 成先红, 吴义千, 赵志龙. "九五"期间我国有色金属工业可持续发展及与国外的差距 [J]. 有色金属, 2003, 55 (S1): 5~9.

[10] 曲永祥. 节能减排蕴藏机遇 [J]. 中国有色金属, 2010 (19): 36~37.

[11] 卢宇飞, 何艳明. 有色湿法冶金工艺废水的最佳节能治理技术研究 [J]. 云南冶金, 2010, 39 (1): 78~81.

[12] 戴志雄. 再生有色金属产业发展的三个不等式 [J]. 金属世界, 2011 (5): 2~4.

[13] 胡平. 节能减排促发展 [J]. 中国有色金属, 2010 (15): 27~28.

[14] 李春超, 杨征. 齐心协力保减排 [J]. 中国有色金属, 2010 (16): 30~31.

[15] 顾松青, 吴礼春. 有色金属进展 (1996—2005) 第三卷: 轻金属 [M]. 长沙: 中南大学出版社, 2007.

[16] 唐骞, 甘霖, 蒋科进. 铝电解节能之路 [J]. 中国有色金属, 2007 (2): 26~28.

[17] 刘丁. 电解铝: 节能减排重点 [J]. 中国金属通报, 2001 (38): 16~17.

[18] 刘建新. 适应我国铝土矿特点的氧化铝生产工艺技术探讨 [J]. 轻金属, 2010 (10): 13~16.

[19] 车玲. 我国氧化铝工业技术现状与发展趋势 [J]. 世界有色金属, 2005 (5): 14~18.

[20] 王吉来. 大型预焙铝电解槽节能的理论与实践 [C] //第五届铝电解专业委员会 2005 年年会暨学术交流会论文集, 2005.

[21] 冯乃祥. 铝电解 [M]. 北京: 化学工业出版社, 2008.

[22] 韩华, 丁立伟, 等. 高效长寿电解槽的技术问题 [J]. 有色矿冶, 2006, 22 (5): 32~37.

[23] 周蕾, 张立民, 孙宏, 等. 电解铝行业清洁生产实践 [J]. 环境保护欲循环经济, 2011, 3: 43~45.

[24] 邱佐群. 节能节材型铝材硫酸阳极氧化新工艺 [J]. 表面工程资讯, 2007 (6): 28~29.

[25] 马道章. 论铝板带连铸连轧工艺与节能、减排的关系 [J]. 世界有色金属, 2008 (5): 60~62.

[26] 潘秋红. 我国铝板带材加工行业节能减排现状及措施 [J]. 轻铝合金加工技术, 2011, 39 (5)：17 ~ 20.

[27] 周连碧. 有色金属进展（1996—2005）第十二卷：有色金属工业环境保护 [M]. 长沙：中南大学出版社, 2007.

[28] 赵波, 周遵波. 铜工业以技术创新促节能 [J]. 中国有色金属, 2010 (13)：29 ~ 30.

[29] 杨小琴, 张邦其. 铜冶炼系统节能降耗技术改造效果评价 [J]. 有色冶炼, 2003 (5)：5 ~ 9.

[30] 姚素平. 近几年我国铜冶炼技术的进步和展望 [J]. 有色冶金设计与研究, 2002, 23 (3)：1 ~ 5.

[31] 姚素平. 我国铜冶炼技术的进步 [J]. 中国有色冶金, 2004 (1)：1 ~ 4.

[32] 逄猛. 铜硫化矿熔炼过程的能源消耗（下）[J]. 有色冶金节能, 2010 (5)：5 ~ 9.

[33] 蒋开喜. 有色金属进展（1996—2005）第四卷：重有色金属 [M]. 长沙：中南大学出版社, 2007.

[34] 高淮昆. 铜冶炼系统节能降耗与余热利用前景分析 [J]. 有色冶金节能, 2007 (1)，46 ~ 48.

[35] 余元俭. 我国火法炼铜清洁生产现状及促进措施探讨 [C] //中国有色金属学会第六届学术年会论文集, 2005：169 ~ 173.

[36] 白厚善, 金哲男, 郎晓珍, 等. 炼铜炉渣的直流电贫化 [C] //2002 年全国铜冶炼生产技术及产品应用学术交流会论文集, 2002：40 ~ 45.

[37] 姚素能. 用澳斯麦特技术回收渣中的铜镍和钴 [J]. 有色冶金, 2003 (3)：57 ~ 60.

[38] 秦庆伟, 黄自力, 李密, 等. 反射炉炼铜渣综合利用技术研究 [J]. 铜业工程, 2010 (1)：49 ~ 54.

[39] 韩明霞, 孙启宏, 乔琦, 等. 中国火法铜冶炼污染物排放情景分析 [J]. 环境科学与管理, 2009, 34 (12)：40 ~ 44.

[40] 李卫民. 铜吹炼技术的进展 [J]. 云南冶金, 2008, 37 (5)：24 ~ 48.

[41] 周松林. 祥光"双闪"铜冶炼工艺及生产实践 [J]. 有色金属（冶炼部分）, 2009 (2)：11 ~ 15.

[42] 高志正, 盛强. 转炉吹炼铜锍烟气输送管道改造 [J]. 硫磷设计与粉体工程, 2013, 3：32 ~ 35.

[43] 邓爱民. 大型炼铜转炉高温烟气电收尘器的设计实践 [J]. 有色冶金设计与研究, 2008, 29 (2)：12 ~ 14.

[44] 欧阳准. 浅谈铜电解的电能消耗 [J]. 有色冶金节能, 2004, 21 (2)：25 ~ 27.

[45] 别良伟. 铜电解精炼过程中的节能措施与实践 [J]. 铜业工程, 2011 (1)：43 ~ 45.

[46] 张杰. 电解铜工艺的节能措施及效果 [J]. 有色矿冶, 2010 (3)：95 ~ 96.

[47] 钱俏鹂, 蒋春蓉, 钟云波, 等. 铜材在节能减排中的机遇 [J]. 循环经济, 2007 (8)：53 ~ 56.

[48] 田明焕. 铜加工节能减排途径探索 [J]. 中国有色金属, 2011 (19)：52 ~ 53.

[49] 王学斌. 铜产品深加工过程中酸、碱废气处理研究与探讨 [J]. 湖南有色金属, 2009,

25（3）：53~54.

[50] 张乐如. 现代铅锌冶炼技术的应用与特点［J］. 技术与装备，2007（4）：20~22.

[51] 彭容秋. 铝锌冶金学［M］. 北京：科学出版社，2003.

[52] 彭容秋. 锌冶金［M］. 长沙：中南大学出版社，2005.

[53] 铜锌铅冶炼设计参考资料编写组. 铜锌铅冶炼设计参考资料［M］. 北京：冶金工业出版社，1978.

[54] 姚素平. 旋涡柱连续炼铅工艺特点及产业化应用［J］. 中国有色冶金，2010（4）：17~19.

[55] 李凯茂，崔雅茹，王尚节，等. 铅火法冶炼及其废渣综合利用现状［J］. 中国有色金属，2012.2：70~73.

[56] 何煌辉. 锌冶炼电解废水处理与回用技术研究. 湖南有色金属［J］，2007，23（5）：37~41.

[57] 王凤朝，马永涛. 锌冶炼渣综合利用与节能减排的工艺探讨［J］. 有色冶金节能，2008，1：47~49.

索　引

冶金工业出版社部分图书推荐

书　名	定价(元)
钢铁冶金的环保与节能（第 2 版）	56.00
钢铁产业节能减排技术路线图	32.00
冶金工业节能与余热利用技术指南	58.00
冶金工业节水减排与废水回用技术指南	79.00
钢铁工业烟尘减排与回收利用技术指南	58.00
冶金过程污染控制与资源化丛书	
绿色冶金与清洁生产	49.00
冶金过程固体废物处理与资源化	39.00
冶金过程废水处理与利用	30.00
冶金过程废气污染控制与资源化	40.00
冶金企业污染土壤和地下水整治与修复	29.00
冶金企业废弃生产设备设施处理与利用	36.00
矿山固体废物处理与资源化	26.00
工业企业节能减排技术丛书	
大型循环流化床锅炉及其化石燃料燃烧	29.00
燃煤汞污染及其控制	19.00
冶金资源高效利用	56.00
电炉炼钢除尘与节能技术问答	29.00
钢铁工业废水资源回用技术与应用	68.00
电子废弃物的处理处置与资源化	29.00
工业固体废物处理与资源	39.00
现代生物质能源技术丛书	
生物质生化转化技术	49.00
生物柴油科学与技术	38.00
沼气发酵检测技术	18.00
生物柴油检测技术	22.00
中国钢铁工业节能减排技术与设备概览	220.00
生活垃圾处理与资源化技术手册	180.00
环保设备材料手册（第 2 版）	178.00
冶金资源综合利用（本科教材）	46.00
固体废物污染控制原理与资源化技术（本科教材）	39.00